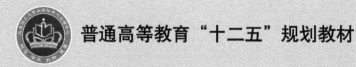

普通高等教育"十二五"规划教材

几何精度规范学

GEOMETRICAL ACCURACY SPECIFICATIONS

陈强华　何永熹◎主编

北京理工大学出版社
BEIJING INSTITUTE OF TECHNOLOGY PRESS

图书在版编目（CIP）数据

几何精度规范学／陈强华，何永熹主编．—北京：北京理工大学出版社，2015.11
（2019.1重印）

ISBN 978 - 7 - 5682 - 1204 - 5

Ⅰ．①几…　Ⅱ．①陈…②何…　Ⅲ．①金属切削－几何误差　Ⅳ．①TG801

中国版本图书馆 CIP 数据核字（2015）第 208425 号

出版发行／北京理工大学出版社有限责任公司

社　　　址／北京市海淀区中关村南大街 5 号

邮　　　编／100081

电　　　话／（010）68914775（总编室）
　　　　　　（010）82562903（教材售后服务热线）
　　　　　　（010）68948351（其他图书服务热线）

网　　　址／http：//www.bitpress.com.cn

经　　　销／全国各地新华书店

印　　　刷／北京虎彩文化传播有限公司

开　　　本／787 毫米×1092 毫米　1/16

印　　　张／21.75　　　　　　　　　　　　　　　责任编辑／钟　博

字　　　数／506 千字　　　　　　　　　　　　　文案编辑／钟　博

版　　　次／2015 年 11 月第 1 版　2019 年 1 月第 2 次印刷　责任校对／周瑞红

定　　　价／48.00 元　　　　　　　　　　　　　责任印制／王美丽

前言

机械工业是国民经济的基础。一切物质和精神产品的创造，都离不开机械工业的发展和进步。广义上，机械可以涵盖设备制造、航空航天、仪器仪表、建筑、电力电子、医疗、材料、化工、生物、食品、汽车、船舶、卫生、环境、贸易等诸多领域，它们无不与机械密切相关。在机械产品的生产中，其几何特性的精度对产品的使用功能具有重要的影响，精度指标是产品品质的重要指标之一。不断提高机械产品的精度，是增强国际市场竞争能力的重要手段之一。

机械产品精度的获得大致可以分为三个阶段：设计、制造和验收。在设计阶段，从产品功能要求出发，对组成整机的固态零部件的几何要素逐一进行分析，以确定其几何精度的评定项目，然后根据相应的几何精度技术规范或标准，完成精度设计，并按规定在图样上正确表达。在制造阶段，根据设计图样进行工艺设计，完成零部件及整机的加工、装配和调试。在验收阶段，根据设计图样拟定并实施检测方案，对测量结果进行误差评定，并根据由设计要求确定的验收条件进行合格性判断。机械产品的精度设计与检测就是本书的主要内容。

北京理工大学在面向新世纪的教改工作中，进行了机械基础课群改革的研究和实践，以培养学生的综合设计能力为主线，将机械几何精度设计与检测课程作为机械专业的主干课程，以培养学生的精度设计与检测能力为目标，建立全新的课程体系，对教材内容和编排进行了全新探索，继承了北京理工大学以往系列版本教材的改革成果，体现了教学改革的思路和新理论、新技术的应用。本教材的编写旨在令学生掌握机械产品设计、制造和质量检测的必备基础理论知识，使学生初步具备解决产品几何精度设计和质量检测等实际问题的综合能力。面对近年课程改革带来的课程课时压缩的实际情况，本书没有取消和减少知识内容，而是在编排和讲授方式上进行了改革与实践，在强调掌握相关理论知识的同时，着重培养学生分析问题、解决问题，灵活运用相关理论知识和实践经验的能力。

本书分为几何精度设计及几何精度检测两大部分。前者主要介绍几何精度设计基础，尺寸、表面、形状和位置等基本几何精度设计，几何精度综合设计，以及圆柱、圆锥、螺纹、键等结合要素和齿轮、螺旋等传动要素的精度设计。后者主要介绍几何精度检测原理、误差评定、检测技术和量规检测。

　　本书根据国际上产品几何规范技术和几何量检测技术的最新发展，以现行最新国家标准和国际标准为依据，按照专业理论知识体系论述几何精度规范及其设计应用，并结合检测规范介绍几何误差检测理论与方法，强调对学生掌握精度设计与检测技术基础理论知识及其应用能力的培养。在内容表达上，运用数学、物理等基础科学理论阐述、描述、表达相关技术问题及其解决方案，使学生能够应用数学物理等基础科学知识掌握相关的专业理论。本书还引入相应的美国标准进行介绍和对照比较，使学生在将来走上工作岗位后能更快适应经济全球化、产品设计制造国际化的需要。

　　本书是普通高等学校机械工程学科本科、研究生的基本教材，也可供机械工程技术人员参考使用。

　　由于水平有限，本书在编写过程中难免有错误或疏漏之处，编者诚挚地希望得到读者的批评与指正。

编　者

2015 年夏

目 录
CONTENTS

第一章　机械与几何

1.1　机械与几何误差

1.1.1　机械与固态产品

机械是机器与机构的总称。从广义上讲，任何机械都是由以各种不同方式连接起来的一组构件组成的，其具有一定的结构形状并能够完成一定的运动/传动或承载功能，以帮助人们在认识和利用自然的过程中降低工作难度。

机械产品是固态产品，主要由具有一定几何形状的零部件组成。

固态产品就是具有几何特性的产品。固态产品包括传统的金属机械产品、木工等非金属制品等，也包括采用现代技术的机电一体化产品，电工电子产品，仪器仪表，计算机，航空航天、生物工程产品等。

固态产品的特点是具有特定的几何外形，而且几何外形的特性对其使用功能有直接的影响。

1.1.2　几何误差

固态产品在设计后需要经过加工和装配调试才能形成成品。由于在加工和装配过程中，存在加工误差和装配误差，成品与所设计的理想产品在几何特性上必定存在差异。几何误差就是指制成品的实际几何参数（表面结构、几何尺寸、几何形状和相互位置）与设计给定的理想几何参数之间偏离的程度。

1. 几何误差产生的原因

几何误差是由于加工和装配过程的实际状态偏离其理想状态所形成的。几何误差的产生原因主要有加工原理误差、工艺系统的几何误差、工艺系统的运动误差、工艺系统受力变形引起的误差、工艺系统受热变形引起的误差、工件内应力引起的加工误差和测量误差等。

产生几何误差的主要因素有机床、刀具、夹具、工艺、环境、材料和操作人员等。

（1）机床为加工过程提供刀具与工件间的相对运动和实现切除材料所需的能源。刀具与工件间不准确的相对运动使工件的几何要素产生形状误差，如平面度误差、圆柱度误差等；刀具与工件间不准确的相对位置使工件各几何要素间产生位置误差，如孔距误差、分度误差、同轴度误差等，同时也导致工件的尺寸产生变动，即产生尺寸误差。

（2）作为切除材料的主要工具，刀具的形状与尺寸将直接复现在已加工表面上，它们将与各种切削参数（如切削深度、进给量、切削速度等）一起，共同影响工件的表面精度、尺寸和形状，形成表面粗糙度、波纹度、形状误差和尺寸误差。生产过程中刀具的位置调整和磨损是导致尺寸误差的主要原因。

（3）夹具的作用是确定工件在机床上的位置。卡具的制造和安装误差将直接影响工件的正确定位，从而造成工件与刀具的相对运动和相对位置的不准确，形成工件几何要素的方向和位置误差，如垂直度误差、同轴度误差和位置度误差等。特别是工艺基准与设计基准的不一致或工艺基准的改变，都将造成显著的位置误差。

（4）工艺因素主要有切削用量、切削力及热处理工艺。它们将直接影响加工表面质量，产生受力变形和温度变形，形成表面粗糙度和形状误差。

（5）环境因素主要是切削热导致的工件与刀具的变形和温度变动产生的加工系统的变形。它们主要影响大尺寸工件的尺寸误差和形状误差。

（6）材料特性也是产生几何误差的关键因素。材料的内应力，材料的腐蚀、弹性和塑性变形等因素，会直接导致产品的几何特性产生变化。原材料和毛坯的内应力和尺寸稳定性，将影响完工工件的几何精度及其持久性。

（7）在试切法的加工过程中，操作人员的技术水平和责任心，直接影响工件的尺寸误差。采用调整法、数控自动或半自动加工方法，可以大大减少以至消除操作人员对加工误差的影响。

此外，采用近似的成形运动或近似的刀具刃口轮廓进行加工会产生加工原理误差。例如，仿形加工的齿轮的渐开线齿形就存在原理误差。

几何误差是一定存在的且不能被完全消除的，其影响了产品的使用性能。几何误差是可以被控制、减小的，分析误差来源，采取限制减小误差、提高精度的措施，是工程技术人员的重要任务。

2. 几何误差对使用功能的影响

在相同型号的一批产品中，零部件的几何特性设计是相同的，但是其成品在外观感觉、使用功能、无故障工作时间和使用寿命等方面都各不相同，这是由产品零部件在制造、装配过程中存在的几何误差所造成的。不同的生产者根据相同的设计图样制造同类产品时，虽然设计要求相同，但是其制造误差不同、产品测量和品质检验误差不同，这使产品在性能和使用寿命上有所差别。不同的生产者用来源相同的零部件组装产品时，安装误差（即安装精度）的差别，也会造成产品的性能和使用寿命的不同。

测绘仿制产品无法具备原型产品的性能和使用寿命，其关键原因也是在测绘仿制过程中，虽然能够得到原型产品的原理、结构等信息，但是无法得到原型产品的精度设计信息（几何误差允许范围）。

对产品几何误差大小的控制体现了国家和企业的工业水平。除去原材料性能和品质以外，机械工业的能力关键体现在其高精度制造能力上，也就是体现在几何精度的设计、生产和检测等方面的水平上。

机械产品的市场占有率、利润率取决于产品的性能、无故障工作时间和使用寿命等因素，即取决于产品的质量，特别是产品零部件的几何精度。

从上述现象可以看出，零部件的几何误差对于机械产品的使用功能和使用寿命具有直接的影响，合理限制几何误差是产品设计和制造过程的关键工作之一。

　　各种不同几何特性的误差对产品的使用功能的影响有所不同。表面误差主要影响外观、摩擦磨损、腐蚀性、噪声等，尺寸和形状误差主要影响零、部件的空间相互位置，直接影响运动传递、载荷传递等性能。

　　如图 1-1 所示的内燃机，它由一个活塞杆与曲轴相连，工作过程从活塞在顶部开始，进气阀打开，活塞往下运动，吸入油气混合气，然后活塞往顶部运动，压缩油气混合气；当活塞到达顶部时，火花塞放出火花来点燃油气混合气，爆炸使活塞再次向下运动到达底部，排气阀打开；活塞再次往上运动，将尾气从气缸由排气管排出。活塞的往复直线运动经曲轴转化为连续旋转运动。

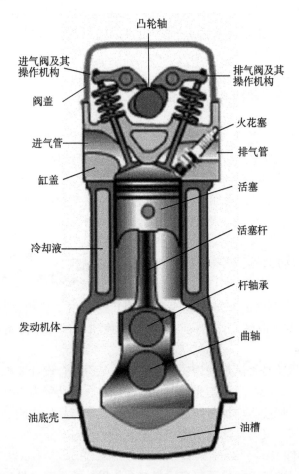

图 1-1　内燃机示意

　　其中，凸轮轴控制进气阀和排气阀的开闭，凸轮形状误差会导致进气阀和排气阀在开闭时机出现偏差，直接影响发动机的功率。进、出气阀分别在适当的时候打开以吸入油气混合气和排出尾气。在压缩和燃烧时，这两个阀都是关闭的，以保证燃烧室的密封性。阀门的几何误差影响其与缸体之间的密封状况。活塞环在气缸壁和活塞之间起到密封作用，防止在压缩和燃烧时油气混合气和尾气泄漏进入润滑油箱，也防止润滑油进入气缸内燃烧。活塞环的几何误差会导致密封失效，引起尾气管冒青烟等现象。活塞杆连接活塞和曲轴，使得活塞和曲轴维持各自的运动，它们的几何误差会直接影响其运动副的配合性能。

产品在使用过程中，由于摩擦磨损等原因，其性能会下降或失效，需要进行维修维护，以确保其正常使用。产品的几何精度高，精度储备充分，就能够延长无故障工作时间，降低维修维护成本。

在产品使用维护阶段，需要根据产品零部件的磨损、失效等情况对产品进行维修，如调整装配、更换零部件、重新加工零部件等。

当相对运动的零件由于摩擦磨损等原因，使配合间隙变大，影响使用功能时，可以通过调整装配位置、更换新的零件等方法，使配合重新满足要求。

当失效零件具有互换性时，可以采用同一规格的合格零件替换。当失效零件是选配件而不具完全互换性时，需对相配零件进行测量然后配作新零件替换；当失效的配合具有可调整结构（如锥配合、张紧装置等）时，也可以通过配合位置的调整获得要求的间隙或过盈。

3. 几何误差与成本的关系

几何误差与制造成本、检测成本和维修成本之间存在密切的关系。

为获得较小的制造几何误差，必然需要采用相对复杂的工艺过程，使用相对精密的工艺设备，由技术水平较高的操作人员操作，所以相对生产成本较高。实践表明，几何误差与相对生产成本的关系曲线如图 1 - 2 所示。由图可见，几何误差减小一定会导致相对生产成本的增加，特别是当几何误差较小时，相对生产成本随几何误差减小而增加的速度远远高于几何误差较大时的速度。

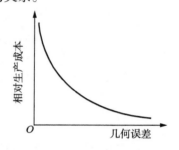

图 1 - 2　几何误差与相对生产成本的关系曲线

随着工作时间的增加，运动零件的磨损将使机械精度逐渐降低，直至产品报废。零件的几何误差越大，其工作寿命就越短，维修成本也相应增加。适当提高零件的几何精度，获得必要的精度储备，往往可以大幅度地增加平均无故障工作时间，从而减少停机时间和维修费用，提高产品的综合经济效益。

制成产品的几何误差是否满足使用功能的要求，是否符合设计要求，需要对其几何量进行检测。检测过程中存在的测量误差将导致误判，或将合格品判为不合格而误废，或将不合格品判为合格而误收。误废将增加生产成本，误收则影响产品的功能要求。检测准确度的高低直接影响误判的概率，又与检测费用密切相关。

4. 几何误差的特性

几何误差是在一定的加工条件下很多因素综合作用的结果。批量生产时，零件的几何误差呈现出一定的统计规律。几何误差的大小、分布都与具体的生产条件密切相关，并直接影响使用功能。

由于各种几何误差产生的机制不尽相同，它们的大小和分布规律也就各不相同。因此，当对几何误差进行分析和综合时，必须考虑到误差的分布规律，使分析更接近实际情况。

可以用统计学方法来描述几何误差的分布规律。在概率统计学里，常用概率密度函数 $p(x)$ 来描述随机变量的分布特性：

$$p(x) = \int_{-\infty}^{x} p(x)\,\mathrm{d}x$$

各种加工工艺产生的几何误差的分布特性不尽相同，如图 1-3 所示。例如在一般情况下，由于尺寸加工误差的各种影响因素的作用都不显著，因此尺寸误差多为正态分布。当采用数控机床加工时，尺寸误差多为均匀分布。当采用试切法人工操作调整加工时，由于心理因素起主导作用，尺寸误差多为偏态分布。

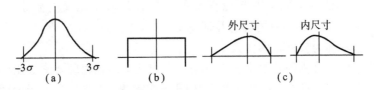

图 1-3　几何误差的分布

（a）正态分布；（b）均匀分布；（c）偏态分布

在大批量生产时，大多数几何误差的分布特性与正态分布近似，可以按正态分布进行描述和分析处理。

1.2　几何要素

固态零件是由若干几何要素构成的实体。

几何要素是指构成零件实体的几何特征，包括点、线、面等，简称为要素，如图 1-4 所示。点要素有顶点、中心点、交点等，如图 1-4 所示零件上的球心、锥顶；线要素中常见的有直线、圆弧（圆）及任意形状的曲线等，如图 1-4 所示零件上的圆柱面素线、圆锥面素线、轴线等；面要素常见的有端平面、圆柱面、圆锥面、球面及任意形状的曲面等。

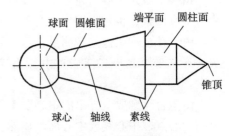

图 1-4　几何要素

按照不同的定义和用途，几何要素可以有以下不同的分类。

1. 轮廓要素和中心要素

由一个或几个表面形成的要素称为轮廓要素（或称为组成要素），它们是零件上实际存在的、可以被视觉或触觉感知的面或面上的线等要素，如图 1-4 所示的圆柱面、圆锥面、圆柱面与端平面的交线等。

由一个或几个轮廓要素导出的中心点、中心线或中心面称为中心要素（或称导出要素）。图 1-4 所示的圆柱的轴线是由圆柱面导出的中心要素；球心是由球面导出的中心要素。

中心要素是假想的几何要素，由相应的轮廓要素导出并依存于该轮廓要素，主要用于表达相应轮廓要素的形状、方向和位置。

由于实际上不对轮廓面上的点要素提出精度要求，所以通常所说的轮廓要素主要是轮廓面和轮廓线要素，不包括点要素。线要素中的圆弧（圆）、任意形状的曲线以及面要素中的圆柱面、球面、任意形状的曲面等不可能作为中心线或中心面存在，因此只能为轮廓要素。

点要素、线要素中的直线、圆弧（圆），面要素中的平面和圆柱面称为典型要素。线要素中的任意形状的曲线、面要素中的任意形状的曲面又称为通用要素。

为了在设计、制造和检测过程中实现数字化的需求，国际标准定义了方位要素：能确定要素方向和/或位置的点、直线、平面或螺旋线类的要素。

2. 理想要素和实际要素

由技术制图或其他方法确定的理论正确的、具有几何学意义的要素，称为理想要素（或公称要素）。它们是没有误差的理想几何图形。

理想的轮廓要素称为公称轮廓要素。

理想中心要素称为公称中心要素，就是由一个或几个理想轮廓要素导出的中心要素。

完工零件上客观实际存在，并将零件与周围介质分隔的要素称为实际轮廓要素，简称实际要素。

由于中心要素实际上是不存在的，所以理论上只有实际轮廓要素而无实际中心要素。

3. 测得轮廓要素和拟合轮廓要素

实际轮廓要素需要通过测量才能被认识，所以在实际工作中必须用测得轮廓要素来代替实际轮廓要素，也称提取组成要素。

测得轮廓要素是按规定的方法测量实际轮廓要素上有限个点而得到的要素。它是实际轮廓要素的近似替代要素。

由一个或几个测得轮廓要素经过一定的处理方法导出的中心点、中心线或中心面，称为测得中心要素，也称提取导出要素。

由于存在加工误差和测量误差，测得轮廓要素一定不具有理想的几何形状。按规定的方法（通常采用最小二乘法）由测得轮廓要素形成的具有理想形状的要素，称为拟合轮廓要素。

由拟合轮廓要素导出的中心要素称为拟合中心要素，它是由一个或几个拟合轮廓要素导出的中心点、中心线或中心面。显然，拟合中心要素也具有理想形状。

如图 1-5 所示，首先通过测量得到被测圆柱的多个测得圆截面轮廓，由所有测得圆截面形成测得圆柱面。将测得圆柱面按照规定方法（最小二乘法）进行拟合形成拟合圆柱面，从而得到拟合轴线。

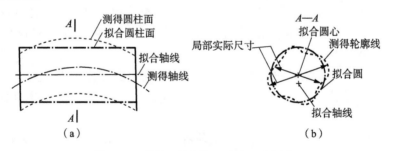

图 1-5 圆柱面的测得要素和拟合要素

（a）主视图；（b）断面图

然后通过对每个垂直于拟合轴线的截面测得轮廓进行拟合形成拟合圆，得到每个拟合圆的圆心，并由这些拟合圆心形成测得轴线。

图 1-6 所示的是圆柱面的理想要素、实际要素、测得要素和拟合要素之间的关系。

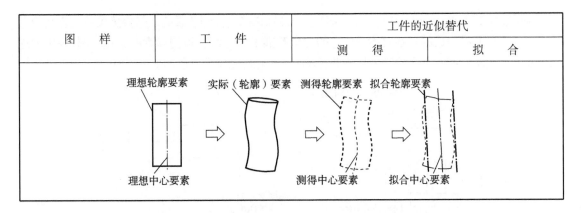

图　样	工　件	工件的近似替代	
		测　得	拟　合

图 1-6　圆柱面的理想要素、实际要素、测得要素和拟合要素之间的关系

4. 被测要素和基准要素

在零件设计时，给出了几何精度要求的要素，也就是需要经过测量确定其几何误差的要素，称为被测要素。图 1-7 所示零件的上表面标注了平行度和直线度的精度要求，是被测要素。

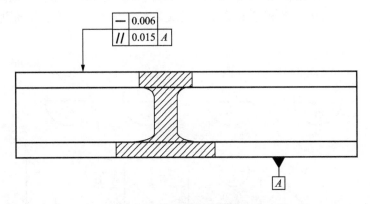

图 1-7　被测要素和基准要素

在零件设计时，用来确定理想被测要素的方向或（和）位置的要素，称为基准要素。理想的基准要素简称为基准。

通常，基准要素由设计者在设计图样上用规定的方法标明。

如图 1-7 所示零件的下表面，它是确定理想上表面的方向（平行）的要素，所以它是上表面平行度公差要求的基准要素，由它提取的理想平面是基准 A。

基准是机械制造中十分重要的一个概念，机械产品从设计时零件尺寸的标注，制造时工件的定位，校验时尺寸的测量，一直到装配时零部件的装配位置的确定，都要用到基准的概念。在工程上，基准就是确定生产对象的几何关系所依据的理想点、线或面，基准要素就是用来建立基准并实际起基准作用的实际轮廓要素（如一条边、一个表面或一个孔）。

基准代号通过一个位于基准符号内的大写字母来表示，如图 1-8 所示。

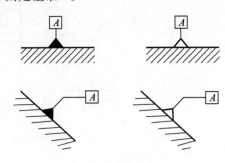

图 1-8　基准代号

确定固态产品的几何误差时，通常采用基准体系来确定被测要素的几何位置关系。它是由三个相互垂直的基准组成的三基面体系，它的三个基准平面是测量被测要素的起点。图1-9中球心的位置度要求受相互垂直的三个基准平面限制。实际应用中可以使用1~3个基准。

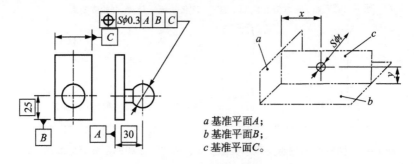

a 基准平面A；
b 基准平面B；
c 基准平面C。

图1-9 基准体系

对于尺寸较大的零件，有时需要以几何误差较大或未加工的表面作为基准。如果以整个表面作为基准，会在加工或检测中因多次定位产生较大误差，降低定位的重复精度。因此通常以零件上与加工或检验设备相接触的点、线或局部区域作为基准，这称为基准目标，如图1-10所示。

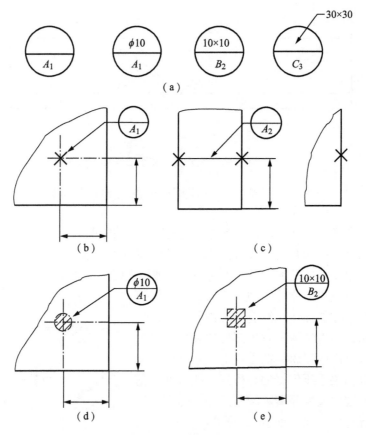

图1-10 基准目标

（a）基准符号；（b）点目标；（c）线目标；（d）圆形面目标；（e）方形面目标

基准按功用可分为设计基准、加工基准、装配基准和检测基准，选择基准时应尽可能使四者一致。基准是否正确，关系到整个零件的质量，基准选择不当，零件的设计要求将无法得到保证，并将给零件的加工测量带来困难。

5. 单一要素和关联要素

当要素的几何精度要求与其他要素（基准）无关时，称为单一要素，如给出形状公差要求的要素为单一要素。

当要素的几何精度要求与其他要素（基准）有关时，称为关联要素，如给出位置公差要求的要素为关联要素。

对于图 1-7 所示零件的上表面，当考虑它平行于纸面的素线的直线度精度要求时，它是单一要素；上表面具有相对下表面（基准）的平行度精度要求，所以上表面又是关联要素。

6. 尺寸要素和非尺寸要素

轮廓要素（主要是轮廓面）可以分为尺寸要素和非尺寸要素两类。

由一定大小的线性尺寸或角度尺寸确定的几何形状称为尺寸要素，其区域被材料包围或充满材料，如由直径尺寸确定的圆柱面和球面、由距离尺寸确定的两反向平行平面、由直径尺寸和锥角尺寸确定的圆锥面等。

尺寸要素都具有对称性，可以导出相应的中心要素。

非尺寸要素是没有大小的几何形状，如平面、直线等。显然，非尺寸要素没有相应的中心要素。

7. 单尺寸要素和多尺寸要素

只由一个尺寸确定的尺寸要素称为单尺寸要素，如圆柱面、球面、两反向平行平面等。

由两个或两个以上尺寸确定的尺寸要素称为多尺寸要素，如圆锥面、楔面等。

1）孔和轴

单尺寸要素的截面尺寸是固定不变的，如圆柱面、两反向平行平面等，通常称为孔或轴。孔和轴的特征如下所述：

（1）孔：通常是指零件的圆柱形内表面，也包括其他非圆柱形内表面（由两反向平行平面或切面形成的包容面）。

（2）轴：通常是指零件的圆柱形外表面，也包括其他非圆柱形外表面（由两反向平行平面或切面形成的被包容面）。

由此可见，上述孔、轴具有广泛的含义，其不仅是通常意义上的圆柱形内、外表面，而且也包括非圆柱形内、外表面。形成孔的包容面内没有材料，而形成轴的被包容面内充满材料。

孔和轴结合构成机械产品中最基本的装配关系，也称为光滑孔轴结合。

图 1-11 所示的各要素中由尺寸 D_1、D_2、D_3、D_4 和 D_5 确定的内表面（包容面）称为孔；由尺寸 d_1、d_2、d_3 和 d_4 确定的外表面（被包容面）称为轴；由尺寸 L_1、L_2 和 L_3 所确定的表面，由于两构成表面同向，不能形成包容或被包容的形态，因而既不是孔，也不是轴。

2）圆锥

多尺寸要素的截面，其尺寸是变化的，如圆锥、楔形等。

圆锥表面是由与轴线形成一定角度且一端相交于轴线的一条直线段（母线）围绕该轴

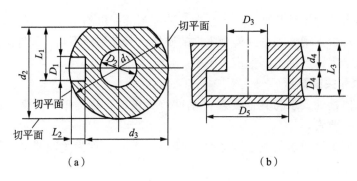

图 1 – 11　孔和轴

（a）带键槽空心轴；（b）T 形槽

线旋转形成的表面。

　　圆锥是圆锥表面与一定尺寸所限定的一个几何形体，分为内圆锥（圆锥孔）和外圆锥（圆锥轴），如图 1 – 12 所示。所谓一定尺寸，它包含圆锥角 α、圆锥直径 D（d、d_x）、圆锥长度 L、锥度等，如图 1 – 13 所示。

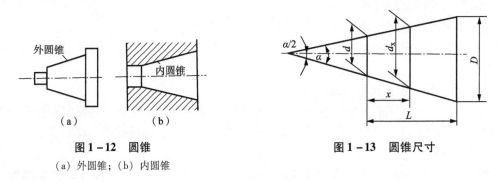

图 1 – 12　圆锥

（a）外圆锥；（b）内圆锥

图 1 – 13　圆锥尺寸

　　圆锥面是组成机械零件的仅次于圆柱面的常用几何要素，圆锥孔与圆锥轴的配合是机械产品中另一种常见的典型装配结构，称为光滑圆锥结合。它常用于对中定位、传递力矩等场合，与光滑圆柱结合比较，它具有精度高、紧密性好、易于安装调整等优点。

1.3　几何精度

1.3.1　几何精度概述

　　几何精度就是零部件允许的几何误差，也称为几何公差，简称公差。几何精度是根据产品的使用功能要求和加工工艺确定的。

　　几何精度设计的主要依据是产品功能对零部件的静态与动态精度要求，以及产品生产和使用维护的经济性。

　　根据市场需求在进行产品的概念设计之后，转入产品的工程设计阶段，进行产品的系统设计、参数设计和精度设计。

　　系统设计是根据使用功能要求确定机械产品的基本工作原理和总体布局，以保证总体方案的合理和先进。机械系统的系统设计主要是原理设计，包括产品运动学的设计，如传动系原理、位移、速度、加速度等。例如，实现由旋转运动转变为往复直线运动，可以选用曲柄－连杆－滑块机构，如图1－14所示。再根据使用功能对滑块直线往复运动的行程、速度和加速度的要求，来确定曲柄与连杆的长度（r与l）以及曲柄的回转速度（ω）。

参数设计是根据产品的使用功能要求确定机构各零件的结构和尺寸，即产品几何形体各要素的标称值（或公称值）。参数设计主要是结构设计，必须按照静力学、动力学、摩擦磨损、可靠性等原理，采用优化、有限元等方法进行设计计算，选择合适的形状、尺寸、材料及处理方式。例如，在上述曲柄连杆机构的设计中，要根据载荷、速度和工作寿命，来确定输入功率，从而计算各转轴的直径、曲柄与连杆的截面形状与尺寸、滑块尺寸以及机体的外观尺寸等，并选择适当的材料及其热处理工艺。

精度设计是根据产品的使用功能要求和制造条件确定机械零部件几何要素允许的加工和装配误差。一般来说，零件上任何一个几何要素的误差都会以不同的方式影响其功能。例如，图1－15所示的曲柄－连杆－滑块机构中的连杆长度尺寸l的误差，将导致滑块的位置和位移误差，从而影响其使用功能。

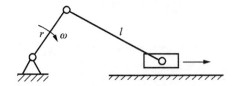

图1－14　曲柄－连杆－滑块机构

图1－15　尺寸误差的影响

由此可见，对零件每个要素的各类误差都应给出精度要求。正确合理地给定零件几何要素的公差是设计工程技术人员的重要任务。几何精度设计在机械产品的设计过程中具有十分重要的意义。

1.3.2　基本几何精度

固态零件的基本几何精度是指所有零件共有的几何要素精度。为了经济地满足使用功能要求，需要较为全面地规定零件要素的基本几何精度。

零件几何要素的基本精度包括：表面精度、尺寸精度和形状与位置精度。

零件的表面特征（表面结构）是由实际表面的重复或偶然的偏差所形成的微观表面三维形貌，可以分为表面缺陷、表面粗糙度和表面波纹度。表面精度要求可以用三者不同的评定参数极限值来表示。

几何要素的尺寸决定零件的大小及形状。尺寸的精度要求用尺寸公差（极限偏差）表示。尺寸公差可以分为线性尺寸公差和角（锥）度尺寸公差两大类。

几何要素的形状有直线、平面及圆柱面等典型形状。此外还有任意形状的曲线和曲面。几何要素的位置关系有定向和定位两类。定向关系有平行、垂直，还有呈任意角度的倾斜关系；定位关系除共面、同轴（共轴、同心）等，还有任意的位置关系。

几何要素的形状和位置精度要求，用形状和位置公差表示，简称形位公差。

三类基本几何精度对产品功能要求的影响有时相互独立，有时密切相关，因而在设计时应相应地采用不同的设计原则。

当几何要素的各项精度要求及各要素的精度要求对产品功能的影响互不相关时，应该按照独立原则进行精度设计，要求实际要素分别独立满足各项精度要求。

当要素的各项精度要求或若干要素的精度对产品功能产生综合作用时，应该在设计时规定相关要求，从而综合控制要素的各项几何误差或若干相关要素的误差。

各种机械零件上，除具有直线、圆、平面、圆柱面、圆锥面等基本几何要素外，还有许多典型要素，如齿轮、螺纹、花键等。对于这些要素，除规定其基本精度以外，还应规定其特殊精度要求，如齿轮公差、螺纹公差、花键公差等。

1.3.3 几何精度设计的基本原则

一般说来，产品几何精度设计的基本原则是经济地满足功能要求。

精度设计时，应该考虑使用功能、精度储备、经济性、互换性、协调匹配等主要因素。

1. 使用功能

任何产品都是为满足人们的生活、生产或科学研究的某种特定需要而设计制造的，这种需要表现为机械产品可以实现的功能。因此，几何精度设计首先必须满足产品的功能要求。固态产品功能要求的实现，在相当程度上依赖于组成该产品的零部件的几何精度。因此，零部件几何精度的设计是实现产品功能要求的基础。

机械零件上的几何要素按照其使用功能分类，基本上可以分为结合要素、传动要素、导引要素、支承要素和结构要素等几类。

（1）结合要素主要实现配合功能，以完成连接或支承，如轴颈与轴承的圆柱结合、键与键槽的平行平面结合、螺钉与螺母的螺旋结合等，它们都有各自不同松紧的功能要求，或为联结可靠而应较紧，或为装配方便和可以相对运动而应较松。

（2）传动要素主要实现传递运动和载荷的功能，如齿轮传动、蜗杆传动、丝杠传动等，它们都有传递运动的精度要求和为保证动力传递可靠的传动平稳和承载能力的要求。

（3）导引要素主要实现一定的运动导引功能，如直线导轨、各种凸轮等，它们的工作表面都有形状精度和表面结构的要求。

（4）支承要素主要实现承载功能，多为形成固定连接的表面，如机座底面、机身与箱盖连接的平面、垫圈端面、机床工作台面等，它们都应具有一定的平面度和表面粗糙度要求。

（5）结构要素是指构成零件外形的要素。结构要素的尺寸主要取决于强度和毛坯制造工艺，其精度要求一般较低，如机壳外形、倒圆、倒角等。

由此可见，在进行零件的几何精度设计时，首先要对构成零件的几何要素的性质和功能要求进行分析，然后对各类要素给出不同类型和大小的公差，以满足其使用功能要求。

2. 精度储备

在许多情况下，固态产品的失效不是由产品损坏所导致，而是产品在使用过程中，因为摩擦磨损、形变等原因，其精度逐渐降低，使用功能逐渐丧失所致。

在进行几何精度设计时，考虑到设计结果的不确定性和产品使用过程中的摩擦磨损等因素，为了保持产品长期、稳定的良好工作性能，延长使用寿命，提高使用价值，就需要在设计时考虑精度储备。与同产品强度设计的"安全系数"概念一样，精度储备可用精度储备系数表示为

$$精度储备系数 = \frac{功能允许误差}{设计给定公差}$$

显然精度储备系数应该大于 1，一般情况下取 2。设计给定公差比产品使用功能所允许的误差更小，以弥补产品在使用过程中的磨损、变形等精度消耗。

3. 经济性

在满足功能要求的前提下，几何精度设计还必须充分考虑到经济性的要求。综合考虑产品的经济性时，主要考虑产品的制造成本、检测成本、使用成本和维修成本。

高精度（小公差）固然要求在制造和检测时的高投入，即高生产成本，但适当提高零件的几何精度，获得必要的精度储备，往往可以大幅度地增加平均无故障工作时间，延长产品的使用寿命，从而减少停机时间和维修费用，降低产品的平均使用成本，提高产品的综合经济效益。

因此，在对具有重要功能要求的要素进行精度设计时，特别要注意生产经济性，应该在满足功能要求的前提下，选用尽可能低的精度（较大的公差），从而提高产品的性价比。

当然，精度要求与生产成本的关系是相对的。随着科学技术和生产水平的提高，以及更为先进的工艺方法的应用，人们可以在不断降低生产成本的条件下提高产品的精度。因此，满足经济性要求的精度设计主要是一个实践的问题。

4. 互换性

在不同工厂、不同车间、由不同工人生产的相同规格的零部件，可以不经选择、修配或调整，就能被装配成为满足预定使用功能要求的机械产品，则零部件所具有的这种性能就称为互换性。能够保证产品具有互换性的生产，就称为遵循互换原则的生产。

由此可见，互换性表现为对产品零部件在装配过程中三个不同阶段的要求：装配前，不需选择；装配时，不需修配和调整；装配后，可以满足预定的功能要求。

显然，为了使零部件具有互换性，首先应对其几何要素提出适当的、统一的要求，因为只有保证了对零部件几何要素的要求，才能实现其可装配性并使其在装配后满足与几何要素（表面、尺寸、形状等）有关的功能要求。

但是，要全面满足对产品的使用功能的要求，仅仅保证零部件具有几何要素的互换性是不够的，还需要从零部件的物理性能、化学性能、机械性能等各方面提出要求。这些在更广泛意义上的互换性，可称为广义互换性。

有时，常常把仅满足可装配性要求的互换称为装配互换；把满足各种使用功能要求的互换称为功能互换。

当前，互换的原则已经成为组成现代化生产的一项重要的技术经济原则。它已经在各个行业被普遍地、广泛地采用。从手表、缝纫机、自行车到机床、汽车、电视机、计算机以及各种军工产品，无不在极大的规模和极高的程度上，按照互换的原则进行生产。

互换的要求首先是从使用上提出来的。在 19 世纪，为了在战争中争取时间，赢得胜利，人们要求能迅速更换发热的枪管，以保证连续射击，这就产生了互换。随着生产的发展，对生产和生活中使用的各类产品的互换要求也越来越广泛。具有互换性的产品可以在使用过程中迅速更换易损零部件，从而保持其连续可靠地运转，给使用者带来极大的方便，以获得充分的经济效益。

互换程度的提高同时也给制造过程带来极大的方便。例如，磨损的刀具的迅速更换（以保证加工过程的持续性）、自动和半自动机床上原材料装夹的稳定与可靠、设备维修中易损零部件的更换等，都是以互换性为前提的。所以，互换性也提高了制造过程的经济效益。

对于不同的产品和不同的生产阶段，应该在何种范围内和何种程度上具有互换性，还需进行具体的分析。例如，滚动轴承作为由专业化工厂生产的高精度标准部件，它与其他零件具有装配关系的各尺寸应该具有完全的互换性，但其内、外圈和滚子等零件相互装配的尺寸的精度要求极高，如果也要求其具有完全的互换性，就会给制造带来极大的困难，所以其往往只有不完全的互换性，即采取选择装配的方法，才能取得较好的经济效果，又不影响整个轴承的使用。

在追求个性化的时代，如果产品不是批量或大批量生产，而是单件或少批量生产，产品的零部件可以不需要具有互换性，采用配制的方法制造即可。

如果产品的性能要求非常严格，相应的配合精度要求非常高，采用通用批量生产的设备和加工方法无法保证时，一般采用配制的方法进行生产，这样的零部件则不具备互换性。

5. 协调匹配

产品的几何精度是由众多零部件的几何精度综合构成的，零部件的几何精度是由组成零部件的各个要素的几何精度综合构成的，要素的几何精度则是由各种不同几何特性的精度要求综合构成的。在精度设计时，应该根据使用状态和制造工艺，使这些精度要求相互和谐匹配，提高经济效益，降低加工和保障成本。

在对产品整机进行精度设计时，根据产品中各个零部件对产品精度影响程度的不同，分别对各个零部件提出不同的精度要求，提高影响使用功能的关键精度要求，降低无关的精度要求，达到既保障优质使用功能，又降低产品成本的目的。例如，一般机械中，运动链中各零部件的精度要求比较高，应使这些环节保持足够的精度，而对于其他零部件则应根据不同的要求分配适当的精度。

相互结合的零部件的精度、零部件上的各个要素的精度、要素的各种精度之间，应该相互协调和匹配。如果单项精度过高，不仅不能够提高整体的精度，反而会增加产品成本。而单项精度要求过低，会造成其他精度的损失，从而使整体精度降低。

1.3.4 几何精度设计的主要方法

几何精度设计的原始依据是产品的技术要求。因此，首先应调查、分析、提出产品的技术要求。在明确产品的使用功能、性能、结构、材料、使用环境、批量、生产率等因素后，方能开始几何精度设计。

精度设计时，首先需要确定产品整机的精度，随后确定部件的精度要求，最后确定零件的精度。

精度设计的方法主要有类比法、计算法和试验法三种。

1. 类比法

类比法（也称经验法）就是与经过实际使用证明合理的类似产品的相应要素相比较，确定所设计零件的几何要素的精度。

采用类比法进行精度设计时，必须正确选择类比产品，分析它与所设计产品在使用条件和功能要求等方面的异同，并考虑实际生产条件、制造技术的发展、市场供应信息等诸多因素。

采用类比法进行精度设计的基础是资料的收集、分析与整理。

类比法是大多数零件要素精度设计所采用的方法。

2. 计算法

计算法就是根据由某种理论建立起来的功能要求与几何要素精度之间的定量关系，计算确定零件要素的精度。例如，根据液体润滑理论计算并确定滑动轴承的最小间隙、根据弹性变形理论计算并确定圆柱结合的过盈、根据机构精度理论和概率设计方法计算并确定传动系统中各传动件的精度等。

目前，用计算法确定零件几何要素的精度，只适用于某些特定的场合。而且，对于用计算法得到的公差，往往还需要根据多种因素进行调整。

3. 试验法

试验法就是先根据一定条件，初步确定零件要素的精度，并按此进行试制。再将试制产品在规定的使用条件下运转，同时对其各项技术性能指标进行监测，并与预定的功能要求比较，根据比较结果再对原设计进行确认或修改。经过反复试验和修改，就可以最终确定满足功能要求的合理设计。

试验法的设计周期较长、费用较高，因此主要用于新产品设计中个别重要因素的精度设计。

迄今为止，几何精度设计仍处于以经验设计为主的阶段。大多数要素的几何精度都是采用类比的方法由设计人员根据实际工作经验确定的。

必要时，应对零件各要素的精度和组成部件的相关零件的精度进行综合设计与计算，以确保产品的总体精度。

计算机科学的兴起与发展为机械设计提供了先进的手段和工具。计算机辅助几何精度设计不仅需要建立和完善精度设计的理论与精确设计的方法，而且需要建立具有实用价值和先进水平的各种技术信息数据库以及相应的软件系统，只有这样才可能使计算机辅助公差设计进入实用化的阶段。

1.3.5 几何精度的体现

几何精度通常采用几何公差项目来体现。各种几何公差项目对零件的精度要求，可以有以下几种不同的方式。

1. 规定极限值方式

有些公差项目，如线性尺寸公差、角度尺寸公差等，可以规定其最大极限值和最小极限值，完工零件的被测项目（如实际尺寸、实际角度）应不超出规定的极限范围值。

2. 规定公差带（区域）方式

有些公差项目，如形状公差、位置公差等，可以规定实际要素允许变动的区域，即形状和位置公差带，完工零件的实际要素应不超出规定的区域。根据不同的实际情况，公差带可以是平面区域，也可以是空间区域。无论哪种区域，都应从区域的形状、大小、方向和位置四个方面进行限定。

3. 规定评定参数方式

有些公差项目，如表面粗糙度要求，可以根据被测对象的不同特性设定不同的评定参数，并规定相应的极限值。实际要素的被测参数（如参数值 Ra）应不超出规定的极限。通常只给出评定参数的最大极限值或最小极限值，必要时也可以同时给出最大和最小极限值。

1.3.6　几何精度的标注

在确定了要素的精度以后，必须用适当的方法在设计图样上予以表达，即进行公差标注，以之作为制造、检测和验收的依据。

零件上各个要素的尺寸、形状或各要素之间的位置等都有一定的功能要求。无功能要求的要素是不存在的。而要素的尺寸、形状和要素间的位置都一定会有误差，因此，对在图样上表达的所有要素都应给出一定的公差。

几何精度的表达主要有一般公差和注出公差两种方法。

1. 一般公差

一般公差就是各种加工设备在正常条件下能够保证的公差，亦称常用精度或经济精度。

由于零件的多数要素采用一般公差就可以满足其功能要求，因此，对于采用一般公差的公差项目不需要在零件设计图样上逐一单独标注，只需要在图样或技术文件中以适当的方式做出统一规定，所以一般公差又通称"未注公差"。

一般公差是在车间普通工艺条件下，机床设备一般加工能力可以保证的公差。在正常维护和操作情况下，一般公差代表经济加工精度。

一般公差可应用于线性（长度）尺寸、角度尺寸、形状和位置等要求。

由于一般公差是在正常情况下可以保证达到的精度，因此通常都不需检验。如果实际要素的误差超出规定的一般公差要求，只有当它对零件的功能要求有不利影响时，才给予拒收。所以采用一般公差还可以减少检验费用和供需双方不必要的争议。

采用一般公差表示零件的几何精度，具有以下好处：

（1）简化制图，使图样清晰易读；

（2）节省设计时间，技术人员只需要熟悉和应用一般公差的规定，无需逐一考虑公差值；

（3）明确了哪些要素可由一般工艺水平保证，可简化对这些要素的检验要求并有助于质量管理；

（4）突出了图样上注出公差的要素，这些要素大多是重要且必须要控制的，以便在加工和检验时引起重视；

（5）由于明确了图样上要素的一般公差要求，这便于供需双方达成加工和销售协议，交货时也可避免不必要的争议。

采用一般公差的前提是生产部门必须对所有加工设备的正常精度进行实际测定，并定期进行抽样检查和维修，以确保其精度得到维持。

当要素的功能要求低于一般公差的精度时，通常也不需要单独标注，除非其较大的公差对零件的加工制造具有显著的经济效益，才采用单独标注的方法。

2. 注出公差

当要素的功能要求高于一般公差的精度，或者特别低的精度且有经济效益时，应在零件设计图样上以适当的方式逐一进行单独标注，通称"注出公差"。

注出公差的方式可以在技术条件中描述，也可以采用规范的符号在图面上标注，例如在基本尺寸后面加注上、下偏差或公差带代号，用框格标注形位公差等。

1.3.7　几何精度的实现

根据经济地满足使用功能要求的基本原则，给出固态零件各几何要素的公差，并按标准规定的方法在设计图样上进行标注以后，还需要采用相应的制造和检测方法予以实现。

按设计要求规定的材料和毛坯的提供方法，通常都需对毛坯进行加工，才能全面实现设计图样的要求。为此，必须进行工艺设计，包括机床、刀具、卡具和工艺过程的选用与设计，以及检测方式和测量器具的选用、验收和仲裁标准的制定等。工艺设计的依据是设计图样，所以必须正确理解设计图样所表达的精度要求，即所谓"读懂图样"。因为几何精度的表现形式种类繁多（如尺寸精度、表面精度、形状精度、定向精度、定位精度、运动精度等）、固态零件的几何要素多种多样（如直线、平面、圆、圆柱面、圆锥面、螺旋面、渐开线面等）、精度的表达形式不同（如极限控制、几何区域控制等），因此必须根据要素的特点，正确理解其精度要求，才能合理地选择制造与检测方法。特别是在一定测量条件下，测量数据的处理和合格性的判断，与对设计图样精度要求的理解正确与否的关系尤为密切。

制造与检测方法的选择应遵循经济地满足设计要求的原则。所用制造方法应在确保产品精度的前提下，尽可能降低生产成本。这就不仅需要分析零件的精度要求，而且要考虑生产批量和规模、协作的可能性、工艺装备的折旧与更新，以及技术开发与储备等诸多因素。

选择检测方法时，首先分析测量误差及其对检验结果的影响。因为测量误差将导致误判，误废将增加生产成本，误收则影响产品的功能要求。检测准确度的高低直接影响误判的概率，又与检测费用密切相关。其次是确定合理的验收条件。验收条件与验收极限的确定将影响误收和误废在误判概率中所占的比重。因此，合理确定检测准确度和正确选择验收条件，对于保证产品质量和降低生产成本是十分重要的。

1.4　几何精度规范

在生产水平低下的情况下，社会的主要经济形态是自然经济。一家一户或一个手工业作坊，就可以完成某些产品的全部生产过程。但是，随着生产力的发展和对产品质量的要求与复杂程度的提高、科学技术的进步、大量生产的出现，特别是商品经济的发展，就不可能也不应该只由一个工厂来完成某一产品的全部生产过程，必须组织专业化的协作生产。

例如在汽车制造业中，汽车上的成千上万个零件分别由几百家工厂生产。汽车制造厂只负责生产若干主要的零件，并与其他工厂生产的零件一起装配成汽车。为顺利地实现这种专业化的协作生产，各工厂生产的零件或部件都应该有适当的、统一的技术要求。否则，就可能在汽车厂装配时发生困难，或者不能满足对产品功能的要求。

在当前全球化大生产的条件下，按照专业协作的原则进行生产，是提高产品质量，降低生产成本，从而提高经济效益的必由之路。专业化协作生产的基础是生产者共同遵守相同的标准规范。

1.4.1　优先数与优先数系

在设计产品和制定技术标准时会涉及很多技术参数，这些技术参数在生产各环节中往往不是孤立的。当选定一个数值作为某种产品的参数指标后，这个数值就会按一定规律向一切相关的零部件、材料、加工工具等有关参数指标传播扩散。例如动力机械的功率和转速数值确定后，不仅会传播到有关机器的相应参数上，而且一定会传播到其本身的轴、轴承、键、齿轮、联轴节等一整套零部件的尺寸和材料特性参数上，传播到加工和检验这些零部件的刀具、量具、夹具及专用机床的相应参数上。

这些技术参数，即使只有很小的差别，经过多次传播以后，也会使规格参数杂乱繁多。如果随意取值，势必给组织生产、协作配套和设备维修带来很大困难。因此，在生产中，为了满足各种各样的需求，同一种产品的同一参数就要从大到小取不同的值，从而形成不同规格的产品系列，这个系列确定得是否合理，与所取的数值如何分级直接相关。这就是优先数和优先数系。

优先数和优先数系是对技术参数的数值进行简化、统一、科学的数值制度，工程上的各种技术参数指标，特别是需要分档分级的参数指标，采用优先数系可以防止数值传播的紊乱。优先数系是国际上统一的数值分级制度，不仅适用于标准的制定，也适用于标准制定前的规划、设计，从而把产品品种的发展从一开始就引向科学的标准化的轨道，其是国际上一个重要的基础标准。目前我国的国家标准为 GB/T 321—2005，国际标准为 ISO3、ISO17、ISO497。

为使生产过程经济合理，优先数和优先数系采用相对误差不变的等比数列，因此不会造成分级的疏密不均的不合理现象。具体而言，工程中优先数系采用十进制等比数列，即由公比分别为 10 的 5、10、20、40、80 次方根，且项值中含有 10 的整数幂的理论等比数列导出的一组近似等比的数列。各数列分别用符号 R5、R10、R20、R40 和 R80 表示，称为 R5 系数、R10 系数、R20 系数、R40 系数和 R80 系数。优先数系中的任一项的值均称为优先数。例如 R5 系数包含 1.00、1.60、2.50、4.00、6.30、10.00 共 6 个优先数。

优先数系分为基本系列、补充系列和派生系列，R5、R10、R20、R40 为基本系列，R80 为派生系列，从基本系列或补充系列中每 p 项取值导出的系列为派生系列。

优先数系简单、易记、计算方便，具有广泛的适应性，适用于各种尺寸、参数的系列化和质量指标的分级，对保证各种工业产品品种、规格的合理简化分档和协调具有重大的意义。

1.4.2 标准与标准化

1. 标准化

标准化是在经济、技术、科学及管理等社会实践中，对重复性事物和概念通过制定、实施标准使之达到统一，以获得最佳秩序和社会效益的过程。标准化的目的是发展商品经济，促进技术进步，改进产品质量，提高社会经济效益，维护国家和人民的利益。

标准化在经济发展的历程中发挥了重要的作用。实践证明，标准化是国民经济和社会发展的技术基础，是科技成果转化为生产力的桥梁，是组织现代化、集约化生产的重要条件，是推动技术进步、产业升级，提高产品质量、工程质量和服务质量，加速我国实现现代化，推进社会发展，从而向先进社会迈进的重要技术基础。

标准化的主要形式有简单化、统一化、系列化、通用化和组合化。

简单化是在一定范围内缩减对象事物的类型数目，使之在既定时间内足以满足一般性需要的标准化形式。统一化是把同类事物两种以上的表现形态归并为一种或限定在一定范围内的标准化形式。系列化是对同一类产品中的一组产品同时进行标准化的一种形式，是使某一类产品系统的结构优化、功能最佳的标准化形式。通用化是指在互相独立的系统中，选择和确定具有功能互换性或尺寸互换性的子系统或功能单元的标准化形式。组合化是按照标准化原则，设计并制造出若干组通用性较强的单元，根据需要将之拼合成不同用途的物品的标准化形式。

在当今经济发展全球化的大趋势下，标准化更显现出至关重要的作用。标准化既是突破贸易技术壁垒，实现各国技术交流和贸易往来的基础，又是构建贸易技术壁垒，实现技术控制和市场占领的手段。在全球经济日益一体化的进程中，以关税为手段的贸易壁垒逐渐减弱，而技术法规、标准、合格评定、认证等技术壁垒已成为多边贸易中最隐蔽、最难对付的一种非关税壁垒，构成了当今国际贸易中最棘手的问题之一。欧盟、美国及日本积极利用标准化以发展和保护各自的工业，取得了明显的成效。

2. 标准

标准是对重复性事物和概念所做的统一规定。它以科学、技术和实践经验的综合成果为基础，经有关方面协商一致，由主管机构批准，以特定形式发布，作为共同遵守的准则和依据。

标准是对有关的事物和概念所作的一种统一规定，对被规定的对象提出了其必须满足和应该达到的各方面的条件和要求，对于实物和制件对象还要提出相应的制作工艺过程和检验规范等规定。通常，标准以文字规定的形式体现，也可能以"实物标准"体现，如各类计量标准、标准物质、标准样品等。

标准所涉及的对象必须是具有重复性特征的事物和概念，事物和概念不具重复性，则无需标准。

标准反映其所涉及对象的内在本质并符合对象的客观发展规律，因而标准是涉及这些对象的科学、技术和实践经验的综合成果。由于科技水平的不断发展及人类社会实践经验的不断丰富，人们对客观世界的认知也会随之深化，因而对同一事物制定的标准也必须在不断修订中提高水平。

标准的实施将涉及社会、经济利益。因而，在制定标准的过程中必须既考虑其所涉及的各个方面的利益，又要考虑社会发展和国民经济的整体和全局的利益。这就要求标准制定不但要有科学的基础，还要有广泛的调研和涉及利益多方的参与协商。通过反复协商来协调部门与整体、局部和全局的利益，并由主管部门以一定形式发布和推行标准，使标准成为一定范围内的统一规定。从而，制定的标准将能使其所涉及的对象在重复出现中体现最佳秩序并获得最佳的社会经济效果。

标准的制定、批准、发布、实施、修订和废止等，具有一套严格的流程和形式。

在技术经济领域内，标准可分为技术标准和管理标准两类不同性质的标准，如图 1 – 16 所示。

基础标准是以标准化共性要求和前提条件为对象，在较广范围内普遍使用或具有指导意义的标准，如计量单位、术语、符号、优先数系、机械制图、极限与配合、零件结构要素等标准。

产品标准是以产品及其构成部分为对象，规定要达到的部分或全部技术要求的标准，如机电设备、仪器仪表、工艺装备、零部件、毛坯、半成品及原材料等基本产品或辅助产品的

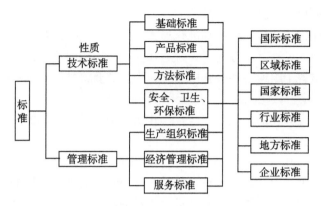

图 1-16 标准分类

标准。产品标准包括产品品种系列标准和产品质量标准。前者规定产品的分类、形式、尺寸、主要性能参数等，后者规定产品的质量特征和使用性能指标等，如质量指标、检验方法、验收规则，以及包装、储存、运输、使用、维修等。

方法标准是以生产技术活动中的重要程序、规划、方法为对象的标准，如设计计算方法、设计规程、工艺规程、生产方法、操作方法、试验方法、验收规则、分析方法、抽样方法等标准。

安全、卫生、环保标准是专门为了安全、卫生与环境保护目的而制定的标准。

国际标准是指在国际范围内由众多国家、团体共同参与制定的标准。目前，世界上有近300 个国际和区域性组织所制定的标准或技术规则。其中，国际标准化组织（ISO）、国际电工委员会（IEC）、国际电信联盟（ITU）制定的标准为国际标准。此外，被 ISO 认可、被收入 KWIC 索引中的其他 25 个国际组织制定的标准，也被视为国际标准。

工业发达国家的标准为自愿性标准，例如美国的几何和尺寸公差标准（GD&T），其强制性则是根据需要，由法规引用部分或全部相关标准所形成，从而使技术规范变成了法规。

随着贸易的国际化，标准也日趋国际化。以国际标准为基础制定本国标准，已成为 WTO 对各成员国的要求。

自从我国发布第一个国家标准《工程制图》以来，我国基本形成了以国家标准为主体，行业标准、地方标准和企业标准相互协调配套的中国国家标准体系。标准化从传统的工农业产品向高新技术、信息技术、环境保护和管理、产品安全和卫生、服务等领域发展，一批关系国计民生的重要标准不断完善，为国民经济现代化建设提供了有力的技术支持。

对需要在全国范畴内统一的技术要求，制定和使用国家标准。

对没有国家标准而又需要在全国某个行业范围内统一的技术要求，可以制定和使用行业标准。

对没有国家标准和行业标准而需要在省、自治区、直辖市范围内统一的技术要求，可以制定和使用地方标准。

企业生产的产品，没有国家标准、行业标准和地方标准的，应当制定和使用相应的企业标准；对已有国家标准、行业标准或地方标准的，鼓励企业制定和使用严于国家标准、行业标准或地方标准要求的企业标准。

另外，对于技术尚在发展中，需要有相应的标准文件引导其发展或具有标准化价值、尚不能制定为标准的项目，以及采用国际标准化组织、国际电工委员会及其他国际组织的技术报告的项目，可以制定国家标准化指导性技术文件。

中国国家标准又可分为强制性标准和推荐性标准两类性质的标准。保障人体健康，人身、财产安全的标准和法律、行政法规规定强制执行的标准是强制性标准，其他标准是推荐性标准。强制性国家标准就是技术领域的法律法规，在技术工作中必须强制遵守。

中国国家标准的政府管理部门是国家标准化管理委员会。中国国家标准的代号及其含义见表1-1。

表1-1　国家标准的种类

代号	含　义
GB	中华人民共和国强制性国家标准
GB/T	中华人民共和国推荐性国家标准
GB/Z	中华人民共和国标准化指导性技术文件
GJB	中华人民共和国国家军用标准

1.4.3　产品几何技术规范（GPS）

产品几何技术规范（Geometrical Product Specification，GPS）是规范所有符合机械工程规律的几何形体产品的整套几何量技术标准，它覆盖了从宏观到微观的产品几何特征，涉及产品开发、设计、制造、检测、装配以及维修、报废等产品生命周期的全过程。它不但是产品的信息传递与交换的基础，也是产品市场流通领域中评定合格与否的依据。在国际标准中，GPS标准体系是影响最广、最重要的基础标准体系之一，与质量管理（ISO 9000）、产品模型数据交换（STEP）等重要标准体系有着密切的联系，是产品质量保证和制造业信息化的重要基础。

第一代GPS以几何学为基础，包括几何产品从毫米级到微米级的几何尺寸（公差）、从宏观到微观的表面结构（表面粗糙度、表面波纹度、表面形状与位置）、测量原理、测量设备及仪器标准，提供了产品设计、制造及检测的技术规范，但没有建立它们彼此之间的联系。随着国际经济的发展和科学技术的进步，公司规模和地域分散性逐步扩大，传统的内部交流和联系机制日趋消失，先进的制造方法和技术、CAD/CAM/CAQ以及先进测量仪器的出现和使用，在市场需求和技术进步的推动下，新一代GPS以数学作为基础语言结构，以计量数学为根基，给出了产品功能、技术规范、制造与计量之间的量值传递的数学方法。为设计人员、产品开发人员以及计量测试人员提供了共同的语言，建立了一个交流平台。

GPS标准体系主要有以下四个组成部分：

（1）基础的GPS标准（The Fundamental GPS Standards）；

（2）综合的GPS标准（The Global GPS Standards）；

（3）通用的GPS标准矩阵（General GPS Standards Matrix）；

（4）互补的GPS标准矩阵（Complementary GPS Standards Matrix）。

通用的GPS标准（矩阵）是ISO/TC 213 GPS标准体系的主体部分（见表1-2），不难看出其矩阵行是根据产品的功能要求，对其相应的几何技术特征进行分析归纳后规范的18

种工件/要素的几何特征（尺寸、形状、位置及光滑表面特征等）；矩阵列则从系统的角度统筹考虑，给出了从产品的功能要求、规范设计到检验评定整个系统过程的各主要链环（图样标注—特征定义—操作算子—比较认证—测量仪器—评定校准）的规范。

表1-2 通用产品几何技术规范体系

链环号	1	2	3	4	5	6
要素的几何特性	产品文件表代码	公差定义、理论定义和参数值	实际要素的定义、特性或参数	工件偏差的评定与公差极限比较	测量器具的要求	校准要求测量标准器
1　尺寸						
2　距离						
3　半径						
4　角度（以度为单位）						
5　与基准无关的线的形状						
6　与基准有关的线的形状						
7　与基准无关的面的形状						
8　与基准有关的面的形状						
9　方向						
10　位置						
11　圆跳动						
12　全跳动						
13　基准平面						
14　粗糙度轮廓						
15　波纹度轮廓						
16　原始轮廓						
17　表面缺陷						
18　棱边						

在通用产品几何技术规范体系中，规范标准形成相应的标准链，相关的规范标准是相互影响的。

国际 GPS 相关标准由 ISO/TC213 技术委员会负责制定。目前，我国的基础几何标准规范还没有完全满足通用产品几何技术规范体系的要求，正在不断发展的过程中。我国常用的几何技术规范见附表1。

随着经济全球化和制造产业的国际化，国内企业也大量采用国际标准规范。GD & T（Geometric Dimensioning and Tolerancing）是国际上机械产品的几何和尺寸公差标准，包含尺寸标注和几何公差两大部分。国际标准化组织的 GD & T 规范文件为 ISO 1101—2004，美国的 GD & T 规范文件为美国机械工程师协会（American Society of Mechanical Engineers,

ASME）在通用汽车公司标准的基础之上制定的 ASME Y14.5—2009。ASME 标准和我国 GPS 体系中的 GB/T 1182—2008 标准都等效采用了 ISO 标准，所以其绝大多数内容都是相同的。

思 考 题

1. 产品制造误差的来源有哪些？制造误差与成本有什么关系？
2. 什么叫互换性？它有何重要意义？其适用范围是什么？
3. 什么是优先数和优先数系？生产中为何要采用优先数系？
4. 何谓标准化？标准化的主要形式是什么？强制性和推荐性国家标准的异同是什么？
5. 为什么要规定机械零部件的几何精度要求？各种几何要素的使用功能要求是什么？
6. 几何精度设计的基本原则是什么？主要设计方法有哪些？各种设计方法有何特点？
7. 几何精度要求如何表达？各种表达方式有何特点？为什么要采用一般公差？
8. 几何要素的各种分类的含义是什么？
9. 什么是孔、轴要素？为什么说孔、轴要素是机械零件中最重要的几何要素？
10. 哪些是机械零件的基本几何精度？
11. 什么是产品几何技术规范？

第二章　尺寸与几何公差

几何要素的尺寸决定机械零件的大小及形状，通过实际生产过程所制成的机械零件的实际尺寸与设计的理想尺寸必然存在差异，这种尺寸偏差必然影响产品的使用功能。因此，为了满足零件的使用功能要求，必须限制这种差异，对零件尺寸规定精度要求。尺寸的精度要求在设计时用尺寸公差表示。尺寸公差可以分为线性尺寸公差和角（锥）度尺寸公差两大类。

此外，零件几何要素的形状、方向和位置精度对产品的性能也会产生诸多影响。因而在进行零件的几何精度设计时，除了规定适当的尺寸精度要求外，还需要规定形状、方向和位置精度要求，即规定零件几何要素的形状、方向和位置公差（简称形位公差或几何公差），以限制几何要素的几何误差。

2.1　尺寸公差基础

2.1.1　尺寸

一般来说，用特定单位表示长度值或角度值的数值称为尺寸。

代表长度值的尺寸称为线性尺寸，除非特别注明，毫米是公制体系中图纸通常采用的测量单位，英寸是英制体系中图纸通常采用的测量单位；代表角度值的尺寸称为角度尺寸。

配合尺寸是可以形成配合的尺寸，如孔、轴尺寸为配合尺寸；非配合尺寸不形成配合的尺寸，如孔中心距、台阶高度等为非配合尺寸。

机械零件中的角度尺寸多由圆锥或棱体所形成。图 2-1 所示为棱体的角度尺寸。

尺寸通常用于描述零件几何要素的大小、方向、位置和其他几何特征。例如图 2-2 所示的尺寸 45 描述了零件左右两端面相互之间的位置距离，尺寸 $\phi14$ 描述了零件右端圆轴直径的大小，图 2-1 中角度 α 描述了棱体上表面相对于下表面的方向角度大小。

在图纸上显示为共线或共面时，则默认线性尺寸值为 0 mm，在图纸上显示为直角而没有标注角度时，则默认角度尺寸值为 90°。除非特别注明，所有尺寸均指在室温 20 ℃ 以及自由状态条件下的数值。所有尺寸只适用于该图纸所表述的产品层次级别。

1. 公称尺寸（基本尺寸）

公称尺寸是设计给定的尺寸标称值，也称基本尺寸，是所表示尺寸的规格称号。公称尺寸是精度设计的起始尺寸，用来与极限偏差（上偏差和下偏差）一起计算得到极限尺寸（最大极限尺寸和最小极限尺寸）的尺寸。

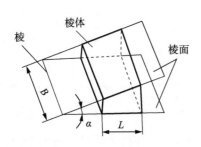

图2-1　棱体的角度尺寸

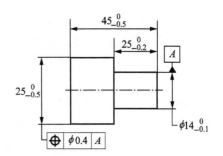

图2-2　描述几何要素大小、位置的尺寸

公称尺寸是在设计过程中经过设计计算和分析，并经过圆整、标准化确定的尺寸，只代表尺寸的基本大小或名义值，并不一定是在实际加工中要求得到的尺寸。

相互配合的孔和轴、内螺纹和外螺纹等的基本尺寸必须相同。

一般情况下，孔的基本尺寸常用大写字母 D 表示，轴的基本尺寸常用小写字母 d 表示，非孔非轴的基本尺寸常用 L 表示，角度的基本尺寸也称为基本角度，用 α 表示。

2. 实际尺寸和局部实际尺寸

通过测量得到的尺寸称为实际尺寸。

孔的实际尺寸用 D_a 表示，轴的实际尺寸用 d_a 表示，非孔非轴的实际尺寸常用 L_a 表示。角度的实际尺寸也称为实际角度，用 α_a 表示。

由于测量过程中存在测量误差，所以实际尺寸不是被测尺寸客观存在的真实大小（也称真值），而是测得尺寸。

由于实际零件存在形状误差，所以在其同一表面的不同位置上的实际尺寸往往也是不相等的，如图2-3所示。多次重复测量同一被测尺寸所得的实际尺寸也是各不相同的，如图2-4所示。

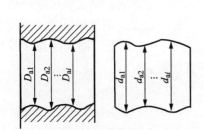

图2-3　不同测量位置测得的实际尺寸

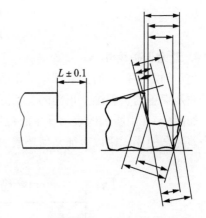

图2-4　重复测量同一位置测得的实际尺寸

使用两点法测量得到的实际尺寸称为局部实际尺寸。

此外，采用不同测量方法测量同一几何要素所得的实际尺寸也是各不相同的，如图2-5所示。一般来说，每一个测得尺寸都可以称为实际尺寸。

不同的测量器具、不同的环境、不同的操作人员所测得的尺寸含有不同的测量误差，因而也就会产生不同的测得值，这些测得值都可以作为被测尺寸的实际尺寸。在生产实际中，应该以含有多大测量不确定度的测得值作为实际尺寸，要根据经济合理的原则，依据相应的标准规定和被测尺寸的精度要求做出适当的选择。

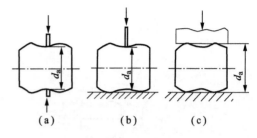

图 2-5 不同测量方法测得的实际尺寸
（a）两点式；（b）点线式；（c）两线式

在采用三坐标测量机等带有计算装置的测量仪器对零件进行测量时，可以对被测零件轮廓要素的测量数据进行处理，按照规定的方法得到测得轮廓要素和测得中心要素、具有理想形状的拟合轮廓要素和拟合中心要素。可以取拟合轮廓要素的尺寸作为实际尺寸，并以通过拟合中心要素的直线与测得轮廓线相交的两点之间的距离作为局部实际尺寸。

3. 极限尺寸

允许尺寸变化的界限值称为极限尺寸。通常规定两个界限值，其中较大的一个界限值称为最大极限尺寸或上极限尺寸；较小的一个界限值称为最小极限尺寸或下极限尺寸。

孔的最大极限尺寸和最小极限尺寸分别以 D_{max} 和 D_{min} 表示，轴的最大极限尺寸和最小极限尺寸分别用 d_{max} 和 d_{min} 表示，非孔、非轴的最大极限尺寸和最小极限尺寸常用 L_{max} 和 L_{min} 表示，角度的极限尺寸也称为极限角度，最大极限角度和最小极限角度分别用 α_{max} 和 α_{min} 表示。

设计中规定极限尺寸是为了限制零件实际尺寸的变动，以满足预定的功能要求。在一般情况下，完工零件的尺寸合格条件就是任一局部实际尺寸都在最大、最小极限尺寸之间，即

$$D_{max} > D_a > D_{min}$$
$$d_{max} > d_a > d_{min}$$
$$L_{max} > L_a > L_{min}$$
$$\alpha_{max} > \alpha_a > \alpha_{min}$$

4. 理论正确尺寸

用于确定零件几何要素理想的正确位置、方向或轮廓的尺寸称为理论正确尺寸。理论正确尺寸是理想的、理论上正确的、实际上不存在的尺寸，没有误差，用加框格的尺寸数字表示，如图 2-6 中所示的表示孔中心位置和表示方向角度的尺寸。理论正确尺寸通常需和几何公差配合使用，用以表征几何要素的形状、方向或位置误差。

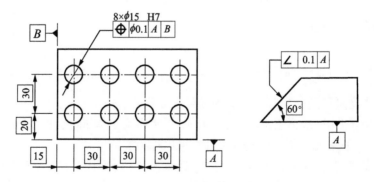

图 2-6 理论正确尺寸的标注

5. 参考尺寸

参考尺寸是为技术人员设计、计算、加工等操作方便提供参考使用的尺寸，用外加括号的尺寸数字表示，例如图2–7中所示的尺寸68。参考尺寸仅起参考提示作用，不具有实际意义，不作为零件产品的设计、计算、加工、检验等的依据。

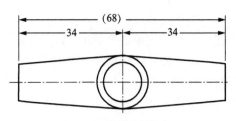

图2–7　参考尺寸的标注

2.1.2　尺寸公差

某一尺寸减去其基本尺寸所得到的代数差称为尺寸偏差，简称偏差。

1. 实际偏差

实际尺寸减去其基本尺寸所得到的代数差称为实际偏差。

孔、轴的实际偏差分别以 E_a 和 e_a 表示，非孔、非轴的实际偏差无专用符号，通常采用孔的实际偏差代号来表示，即

$$E_a = D_a - D$$
$$e_a = d_a - d$$

2. 极限偏差

极限尺寸减去其基本尺寸所得到的代数差称为极限偏差。

最大极限尺寸减去其基本尺寸所得到的代数差称为上极限偏差，简称上偏差，即

$$孔的上偏差　ES = D_{max} - D$$
$$轴的上偏差　es = d_{max} - d$$

最小极限尺寸减去其基本尺寸所得到的代数差称为下极限偏差，简称下偏差，即

$$孔的下偏差　EI = D_{min} - D$$
$$轴的下偏差　ei = d_{min} - d$$

非孔、非轴的极限偏差无专用符号，通常采用孔的极限偏差代号来表示。

极限偏差是为了使用方便而定义的极限尺寸的导出值，因而具有与极限尺寸相同的含义。完工零件的尺寸合格条件也可用偏差的关系表示为

$$ES > E_a > EI$$
$$es > e_a > ei$$

3. 尺寸公差和尺寸公差带

尺寸的允许变动量称为尺寸公差。

尺寸公差等于最大极限尺寸与最小极限尺寸之差，也等于上、下偏差之差，即

$$孔的尺寸公差　　　T_D = D_{max} - D_{min} = ES - EI$$
$$轴的尺寸公差　　　T_d = d_{max} - d_{min} = es - ei$$
$$非孔、非轴的尺寸公差　T_L = L_{max} - L_{min} = ES - EI$$
$$角度公差　　　　　AT = \alpha_{max} - \alpha_{min}$$

角度公差可以用角度单位表示，也可以用长度单位表示，当以微弧度（μrad）或度（°）、分（′）、秒（″）等角度单位表示时，角度公差代号为 AT_α；当以微米（μm）等长度单位表示时，角度公差的代号为 AT_D。AT_α 与 AT_D 的换算关系为

$$AT_D = AT_\alpha \times L \times 10^{-3}$$

式中，AT_D 的单位为 μm；AT_α 的单位为 μrad；L 的单位为 mm。

尺寸公差表示尺寸允许的变动范围，是允许的尺寸误差的大小，它体现设计对尺寸加工精度要求的高低。公差值越小，零件尺寸允许的变动范围就越小，要求的加工精度就越高。对于线性尺寸，公差值大小还与基本尺寸有关，同一精度下基本尺寸越小，公差值越小。对于角度尺寸，公差值大小还与构成角度的两个边尺寸有关，构成边的尺寸越大，公差值越小。

由代表极限偏差或极限尺寸的直线所限定的区域称为尺寸公差带。尺寸公差带是对尺寸公差的直观图示，主要作用是辅助理解尺寸公差的意义。角度公差带是两极限角度所限定的区域，如图 2-8（a）所示。

取基本尺寸作为零线，用适当的比例画出以两极限偏差表示的公差带，即为线性尺寸公差带图，如图 2-8（b）所示。

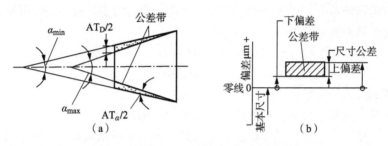

图 2-8　角度尺寸公差带和线性尺寸公差带
（a）角度公差带；（b）线性尺寸公差带

尺寸公差带具有两个特征：大小和位置。

尺寸公差带的宽度就是尺寸公差的大小，它体现对加工精度的要求，该数值通常按照国家标准规定的标准公差确定。线性尺寸公差的标准公差按加工精度由高到低依次分为 IT01、IT0、IT1、IT2、IT3、…、IT18 共 20 个等级。附表 2 列出了基本尺寸至 3150 mm、标准公差等级为 IT1～IT18 的标准公差数值。角度尺寸公差的标准公差按加工精度由高到低依次分为 AT1、AT2、…、AT12 共 12 个等级，与线性尺寸公差值大小与基本尺寸相关不同，角度尺寸公差值大小与形成该角度的短边长度 L 有关，L 越大，角度误差越小。因此，在同一公差等级中，按角度短边长度 L 的不同，规定不同的角度公差值 AT。角度的短边长度上在 6～630 mm 的范围内分为 10 个角度尺寸分段。国家标准规定的角度公差数值列于附表 3 中。

尺寸公差带的位置由一个极限偏差（上偏差或下偏差）确定，该极限偏差称为基本偏差。线性尺寸的基本偏差通常按国家标准规定选取。角度公差带的位置可以对零线按单向或双向配置两种。单向配置时，一个极限偏差为零，另一个极限偏差为正或负角度公差；双向配置时，可以是对称的公差带，极限偏差为 $\pm AT_\alpha/2$ 或 $\pm AT_D/2$，也可以是不对称的。对于有配合要求的圆锥，其圆锥角极限偏差会影响内、外圆锥的初始接触部位，应参照圆锥精度标准选择。

在 ASME 标准中规定了一种统计公差，即在所标注的公差项后面注以符号 ⓈⓉ，如图 2-9 所示，其零件尺寸合格条件不要求所有测得的实际尺寸全部必须在最大、最小极限尺寸之间，而是只要求处在最大、最小极限尺寸之间的实际尺寸数量所占比例在规定的概率区间之内即可。

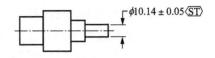

图 2-9　统计公差（ASME 标准）

除参考尺寸和理论正确尺寸外，所有尺寸都有公差。尺寸公差在不同对象上的适用优劣情况见表 2-1。

表 2-1　尺寸公差在不同对象上的适用优劣情况

尺寸类型	好用	不好用
孔、轴大小尺寸	X	
形体尺寸	X	
倒角	X	
半径	X	
壁厚	X	
台阶面	X	
斜面	X	
沉头孔	X	
控制位置		X
控制方向角度		X
控制形状		X

4. 一般公差（未注公差）

在车间通常加工条件下可保证的公差称为一般公差或未注公差，采用一般公差的尺寸，在该尺寸后不需注出公差值。除孔、轴外，线性（长度）尺寸的注出公差没有专门的国家标准规定，除圆锥锥角外，角度尺寸的注出公差没有专门的国家标准规定，但国家标准规定了线性（长度）和角度尺寸的一般公差的公差等级和极限偏差数值。

线性尺寸的一般公差适用于金属切削加工的尺寸，也适用于一般的冲压加工的尺寸。非金属材料和其他工艺方法加工的尺寸可参照采用，包括线性（长度，如外尺寸、内尺寸、台阶尺寸、直径、半径、距离、倒圆半径和倒角高度）和角度尺寸（包括图样上标出角度数值的角度和通常不需要标出角度数值的角度，如 90°角）、机加工组装件的线性（长度）和角度尺寸。

但是一般公差不适用于其他已有相关标准规范对一般公差精度做出了专门规定的尺寸，也不适用于圆分度的角度和坐标轴之间的角度。这是因为在圆周上等分的要素的角度误差可以累积，而坐标轴间的角度则被视为不给出公差的理论角度。参考尺寸和理论正确尺寸没有一般公差。

尺寸的一般公差规定了四个公差等级：精密级（f）、中等级（m）、粗糙级（c）和最粗级（v）。

线性尺寸的一般公差极限偏差数值、倒圆半径和倒角高度尺寸的一般公差极限偏差数值、角度尺寸一般公差的极限偏差数值表见附表 4 和附表 5，角度尺寸一般公差的极限偏差数值表见附表 6，其一般公差的极限偏差数值按角度短边长度确定。

若采用尺寸的一般公差，只需在图样上或技术文件中用国家标准号和公差等级代号标注即可。例如按产品精密程度和车间普通加工经济精度选用标准中规定的 m（中等）级，可表示为线性和角度尺寸的一般公差按 GB/T 1804—m。这表明图样上凡是一般公差的尺寸（包括长度尺寸、倒圆半径及倒角尺寸、角度尺寸）均按 m（中等）级加工制造。

2.2 几何公差基础

2.2.1 几何公差

任何机械零件均是按照图样的设计要求经过加工而获得的。由于机床、夹具、刀具等加工设备存在制造和调整误差，加上切削力、机械振动、工件原材料性能等因素的影响，完工零件的几何要素不可能具有理想的形状和理想的相互位置，零件几何要素的实际形状和位置对其理想形状和位置的差异就是几何误差（或形位误差）。虽然几何误差的产生不可避免，但是可以将其控制在一定的范围之内，这个实际被测要素对理想被测要素的允许变动范围称为几何公差（或形位公差）。

几何误差对机器、仪器仪表等机械产品的工作精度、连接强度、运动平稳性、耐磨性和可装配性等方面都有直接或间接的影响。如圆柱表面的形状误差会导致配合性质不均匀；机床导轨的直线度以及两导轨的平行度误差会影响运动部件的运动精度，从而影响加工精度；齿轮箱孔轴线的平行度误差会使相互啮合的齿轮轴线不平行，导致齿轮副的齿面受力不均匀，承载能力降低等。因此，必须对几何误差予以控制。

在机械零件图样上规定几何要素的几何误差要求时，用几何公差的特征项目及相应的公差值来表达。几何公差的特征项目分为形状公差、方向公差、位置公差和跳动公差 4 类，共18 项，这些项目的名称和符号见表 2 - 2。

表 2 - 2　几何公差特征项目及其符号

公　差	特征项目	适用要素	符　号	有无基准
形状公差	直线度	单一要素	—	无
	平面度		▱	
	圆度		○	
	圆柱度		⌀	
	线轮廓度		⌒	
	面轮廓度		⌓	
方向公差	平行度	关联要素	//	有
	垂直度		⊥	
	倾斜度		∠	
	线轮廓度		⌒	
	面轮廓度		⌓	

续表

公 差	特征项目	适用要素	符 号	有无基准
位置公差	同轴（心）度	关联要素	◎	有
	对称度		═	
	位置度		⊕	有或无
	线轮廓度		⌒	有
	面轮廓度		⌓	
跳动公差	圆跳动	关联要素	↗	有
	全跳动		↗↗	

1. 形状公差

几何要素的形状除直线（曲率为 0）、圆弧（圆、曲率固定）、平面（曲率为 0）及圆柱面（曲率固定）等典型形状以外，还有任意形状的曲线（任意曲率线轮廓）和曲面（任意曲率面轮廓）。

形状公差是单一实际被测要素对其理想要素的允许变动量，包括对常见典型几何要素的形状精度要求，即直线度、平面度、圆度、圆柱度，也包括对任意形状几何要素的形状精度要求，即未标明基准的线轮廓度和面轮廓度。

由于形状公差是对单一要素的形状精度提出的要求，因此它没有基准。

2. 方向、位置和跳动公差

几何要素的位置关系有方向和位置两类。方向关系除平行（0°）、垂直（90°）以外，还包括任意角度的倾斜关系（非 0°、非 90°）；位置关系除对称（共面）、同轴（共轴、同心）以外，还有任意距离的位置关系。

方向、位置和跳动公差是关联实际被测要素相对具有确定方向或位置的理想被测要素的允许变动量，理想被测要素的方向或位置由基准和理论正确尺寸（角度）确定。

方向公差用来控制被测要素的方向精度，包括平行度、垂直度和倾斜度。

位置公差用来控制被测要素的位置精度，包括同轴度、对称度和位置度。

方向公差和位置公差中的轮廓度用于控制任意曲线或曲面轮廓的形状和位置精度，即标明基准的线轮廓度和面轮廓度。

跳动公差用来控制被测要素相对某参考线或参考点的位置或方向精度，根据测量方法，分为圆跳动和全跳动。

在方向、位置和跳动公差中，除了位置度可能无基准外，其他项目均涉及基准。

3. 几何公差带

几何公差是实际被测要素对理想被测要素的允许变动范围，几何公差带就是这种允许变动的几何区域，这个区域可以是平面区域或空间区域，它体现了对被测要素的设计精度要求，也是加工和检验的依据。

除非特别规定，实际被测要素在几何公差带内可以具有任何形状。

几何公差带具有形状、大小、方向和位置的特征。几何公差带特征完全相同的两项几何公差，即使项目名称不同，但其设计要求也是完全相同的。

常用的几何公差带有 9 种形状，见表 2-3，用来控制相应的几何要素。

表 2-3　几何公差带的主要形状

形　状		说　明
圆及其衍生形状内的区域	*φt* 图	公差带是圆内的平面区域； 被测要素为平面内的点
	Sφt 图	公差带是球内的空间区域； 被测要素为空间点
	φt 图	公差带是圆柱内的空间区域； 被测要素为空间直线（一般为轴线）
平面内两等距线之间的区域	*t* 图	公差带是两平行直线之间的平面区域； 被测要素为平面内的直线
	t 图	公差带是两等距曲线之间的平面区域； 被测要素为平面内的曲线
	t 图	公差带是两同心圆之间的平面区域； 被测要素为圆弧或圆（一般为圆柱或圆锥正截面的轮廓线）
两等距面之间的区域	*t* 图	公差带是两平行平面之间的空间区域； 被测要素为空间直线或平面。
	t 图	公差带是两等距曲面之间的空间区域； 被测要素为任意曲面
	t 图	公差带是两同轴圆柱面之间的空间区域； 被测要素为圆柱面

公差带的形状取决于被测要素的几何特征和设计要求。有些被测要素的公差带形状是唯一的，如平面度、圆度、圆柱度等；有些被测要素根据设计要求的不同而具有不同形状的公差带，如对空间直线的直线度要求，若限制一个方向的直线度误差，公差带为两平行平面之间的区域；若限制任意方向的直线度误差，公差带为圆柱内的区域。

几何公差带的大小就是公差带的宽度或直径数值，即图样上标注的公差值。数值越小，实际被测要素允许变动的区域就越小，其几何精度要求就越高。

几何公差带的方向和位置由几何公差项目所决定，分为浮动和固定两种。所谓浮动，是指公差带的方向和位置可以随实际被测要素的变动而变动，没有对其他几何要素（基准）保持正确几何关系的要求；所谓固定，是指公差带的方向或位置不能变动，必须与其他要素（基准）保持正确的方向或位置关系。

4. 几何误差的评定

几何公差带是用来限制实际被测要素变动的几何区域，实际被测要素只有处在该区域内才是合格的。

通过对实际被测要素是否处于相应的几何公差带内的判断，可以评定被测要素的形状和位置是否满足精度要求。在实际检验时，还可以采用对几何误差值是否小于给定的几何公差值的判断，来评定被测要素是否满足设计精度要求。

几何误差值就是最小包容区域的宽度或直径。最小包容区域是与几何公差带形状、位置、方向相同、包容实际被测要素且具有最小宽度或直径的区域。

图 2–10 所示的实际平面直线，包容实际被测要素的区域的形状与公差带的形状相同，也是两条平行直线之间的平面区域，方向和位置没有给定的要求，

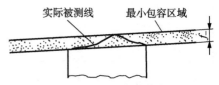

图 2–10 平面直线度误差的
最小包容区域

且该包容区域的宽度为最小。此区域即为该实际被测线的最小包容区域，该区域的宽度的 f_- 即为该被测线的直线度误差。

如图 2–11 所示，上平面对底面的平行度误差是包容实际被测面且距离为最小的两平行平面的宽度 $f_{//}$，该包容区域的平面应与底面（基准面）保持正确的方向（平行）关系。

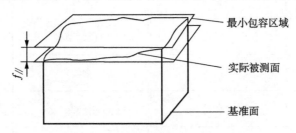

图 2–11 平行度误差的最小包容区域

由此可知，最小包容区域与几何公差带的形状、方向或位置是相同的。区别在于最小包容区的大小是几何误差，而公差带的大小是几何公差。可见几何公差带不仅体现了对被测要素的设计精度要求，也是评定几何误差的依据。因此正确理解和规定几何公差带是非常重要的。

2.2.2 几何公差的标注

在机械零件的设计图样上，当几何要素的几何误差要求不高，一般制造精度可以满足要求时，应采用未注几何公差（几何公差的一般公差），无需在图样上注出。对于功能要求较高的几何要素，其几何公差应在图样上采用框格标注，特殊情况也可以在技术要求中使用文字说明。

$$\boxed{-\ |\ 0.01}$$

几何公差的标注采用框格表示法进行图样标注，主要标注三部分内容：框格、被测要素和基准要素。

$$\boxed{\circledcirc\ |\ \phi 0.05\circledM\ |\ A\circledM}$$

1. 几何公差框格标注法

几何公差框格是由细实线绘制的矩形框格，由两格或多格组成（见图 2–12）。图样上几何公差框格一般为水平放置，必要时也允许

$$\boxed{\oplus\ |\ \phi 0.03\circledM\ |\ C\ |\ A\ |\ B}$$

图 2–12 几何公
差框格

垂直放置。框格中从左到右（框格垂直放置时为从下到上）依次填写以下内容：

第一格——几何公差特征项目的符号（见表 2-2）；

第二格——几何公差值及附加符号（见表 2-4）；

第三、四、五格——基准要素的字母代号及其附加符号（见表 2-4）。

表 2-4　几何公差标注及附加符号

说　明	符　号	说　明	符　号
被测要素	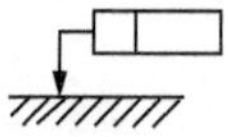	包容要求	Ⓔ
基准要素	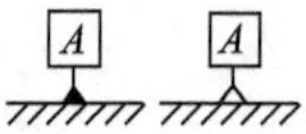 A　A	可逆要求	Ⓡ
基准目标	$\dfrac{\phi 2}{A1}$	公共公差带	CZ
理论正确尺寸	30　45°	小径	LD
延伸公差带	Ⓟ	大径	MD
最大实体要求	Ⓜ	中径、节径	PD
最小实体要求	Ⓛ	素线	LE
自由状态条件 （非刚性零件）	Ⓕ	不凸起	NC
全周（轮廓）	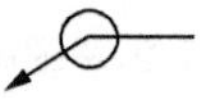	任意横截面	ACS

几何公差的公差值一律以毫米为单位标注（单位代号不需标注），当公差带为圆柱内或圆内的区域时，公差值前应加"ϕ"；当公差带为球内的区域时，公差值前应加"$S\phi$"。

如果要求在几何公差带内进一步限制实际被测要素的形状，则应在几何公差值后面加注相应的符号（见表 2-5）。

表 2-5　限制实际被测要素形状的符号

含　义	符号	示　例	含　义	符号	示　例
只许中间向材料内凹下	(－)	▱ 0.01(－)	只许从左至右减小	(▷)	⌖ 0.01(▷)
只许中间向材料外凸起	(＋)	— 0.01(＋)	只许从右至左减小	(◁)	⌖ 0.01(◁)

2. 被测要素的标注

被测要素一般采用直接标注方法，即用带指示箭头的指引线（细实线）连接公差框格与被测要素。指引线可引自框格的任意一侧，箭头指向被测要素。为便于读图，指引线应与框格垂直相连并尽量少折弯。箭头的方向一般为公差带的宽度方向或直径方向，箭头的位置应根据被测要素的类型确定。

（1）被测要素为轮廓要素。当被测要素为轮廓要素时，箭头应指在被测表面的轮廓线上或其延长线上，但必须与尺寸线明显错开，如图2-13（a）、（b）所示。当在实际可见表面上标注几何公差要求时，可在该表面上引出一带点的参考线，将箭头指在该参考线上，如图2-13（c）所示。

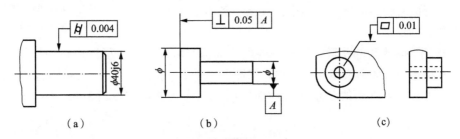

图2-13　被测轮廓要素的标注

（a）箭头指在被测表面的轮廓线上；（b）箭头指在被测表面的延长线上；（c）箭头指在参考线上

（2）被测要素为中心要素。当被测要素为中心要素（轴线、中心线、中心平面、圆心、球心等）时，指引线的箭头应对准该中心要素对应的轮廓要素的尺寸线，如图2-14所示。指引线的箭头可以代替一个尺寸线的箭头，如图2-14（b）所示。

当被测要素为圆锥面轴线时，指引线的箭头应与圆锥的大端或小端的直径尺寸线对齐，如图2-14（c）所示。

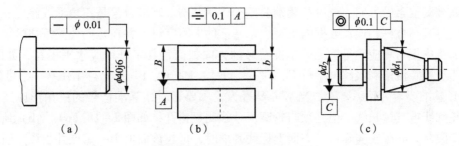

图2-14　被测中心要素的标注

（a）箭头对准尺寸线；（b）指引线代替尺寸线的箭头；（c）指引线的箭头应与圆锥大端直径尺寸线对齐

（3）被测要素为多个要素。当几个被测要素有同一几何公差带要求时，为简化标注，可以只使用一个公差框格，由该框格引出一条指引线再分别与被测要素相连，如图2-15（a）

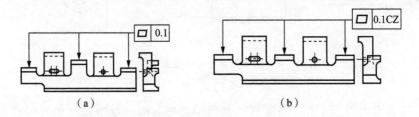

图2-15　多个被测要素有同一公差要求的标注方法

（a）多个被测要素各有相同的公差要求；（b）多个被测要素组成的公共要素有公差要求

所示。

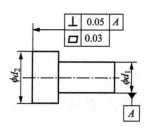

图 2-16　同一被测要素有多项要求的标注方法

当几个被测要素组成的公共要素（公共轴线、公共平面等）有同一几何公差带要求时，即用一个公差带限制这几个被测要素，显然只能采用一个公差框格，并在公差框格的公差数值后面书写"CZ"字样，如图 2-15（b）所示。

（4）被测要素有多项公差要求。同一被测要素有多项几何公差要求时，可以将公差框格重叠绘出，只用一条指引线引向被测要素，如图 2-16 所示。

（5）被测要素为局部要素。当被测要素为局部区域要素时，可以用点画线将局部区域标注出，并将指引线的箭头指向点画线，如图 2-17（a）、（b）所示。当被测要素为任一局部区域时，可在公差框格的公差数值后面标明区域大小并以"/"隔开，如图 2-17（c）所示。

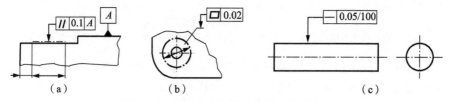

图 2-17　被测要素为局部要素的标注方法

（a），（b）当被测要素为局部区域要素时；（c）当被测要素为任一局部区域时

3. 基准要素的标注

关联被测要素的方向、位置和跳动公差须注明基准。基准符号是三角形或涂黑三角形并用细实线将其与方框相连，方框内填写表示基准的大写字母，并在几何公差框格的第三、第四、第五格中填写相应字母。无论基准符号的方向如何，其字母均应水平填写，如图 1-8 所示。为了避免混淆和误解，字母 E、F、I、J、L、M、O、P、R 不得用作基准字母代号。

（1）基准要素为轮廓要素。当基准要素为轮廓要素时，基准符号的三角形应连接基准要素的轮廓线或其延长线，但必须与轮廓尺寸线明显错开，如图 2-18（a）、（b）所示。当受到视图限制，必须在实际可见表面上标注基准时，可在该面上画一黑点并由该点引出参考线，把基准符号标注在参考线上，如图 2-18（c）所示。

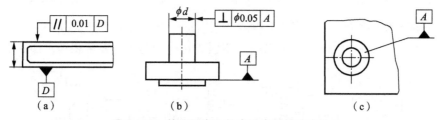

图 2-18　基准要素为轮廓要素的标注方法

（a），（b）当基准要素为轮廓要素时；（c）当受到视图限制时

（2）基准要素为中心要素。当基准要素为中心要素时，基准符号的连线应对齐并体现该中心要素的轮廓尺寸线，如图 2-19（a）所示。基准符号中的连线也可代替尺寸线的一个箭头，如图 2-19（b）所示。当基准要素为球心时，基准代号的连线应位于通过基准点

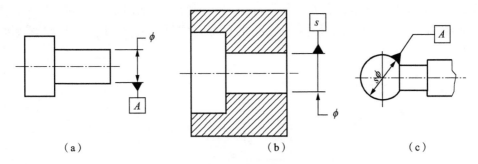

图 2-19　基准要素为中心要素的标注方法
（a）基准符号的连线对齐尺寸线；（b）基准符号中的连线可代替尺寸线；（c）当基准要素为球心时

的方向，并与球的尺寸线对齐，如图 2-19（c）所示。

（3）基准体系。当采用两个或三个要素组成基准体系时，应将表示基准的字母按基准的优先顺序（与字母表的顺序无关）从左到右分别写在相应框格中，如图 2-20（a）所示。图中第一基准、第二基准和第三基准是三基面直角坐标体系中两两相互垂直的基准要素，三个基准的先后顺序对保证零件的质量非常重要。通常选取最重要的要素作为第一基准。

当采用两个要素共同组成公共基准时，这两个要素应用不同字母表示且分别标注，在框格中两字母间须加一横线，如图 2-20（b）所示。

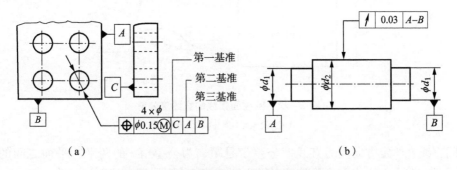

图 2-20　基准体系和公共基准的标注
（a）采用基准体系时的标注；（b）采用公共基准时的标准

2.3　形状公差

形状公差是单一实际被测要素对其理想要素的允许变动量，形状公差带是限制单一实际被测要素变动的区域。由于形状公差没有基准，所以形状公差带可以随被测要素方向、位置的变化而浮动。

2.3.1　直线形状公差（直线度）

直线度公差是实际被测线对理想直线的允许变动量。由于直线可分为平面直线和空间直线，所以直线度公差带可以有几种不同的形状。

在给定平面内直线的直线度公差带是距离为公差值 t 的两平行直线之间的平面区域。

图 2-21（a）所示的标注表示给定平面内的直线度公差。被测要素为被测平面上的一

条素线，它是在平行于图示投影面的任一截面内（即给定平面内）得到的，公差带为给定平面内间距为 0.1 mm 的两平行直线之间的区域，实际素线必须位于这个区域内，如图 2-21（b）所示。

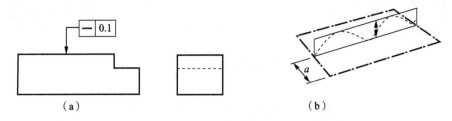

图 2-21 给定平面内直线的直线度公差

（a）公差标注；（b）公差带

图 2-22（a）所示的标注表示圆柱面素线的直线度公差为 0.02 mm。被测要素为圆柱面上的一条素线，它是通过圆柱轴线的任一平面（即给定平面）与圆柱面相截得到的，公差带为给定平面内间距为 0.02 mm 的两平行直线之间的区域，实际素线必须位于这个区域内，如图 2-22（b）所示。

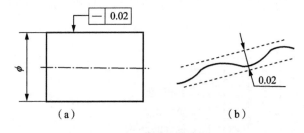

图 2-22 圆柱面素线的直线度公差

（a）公差标注；（b）公差带

空间直线在给定方向上的直线度公差带是距离为公差值 t 的两平行平面之间的空间区域，在任意方向上的直线度公差带是直径为公差值 t 的圆柱面内的空间区域。

图 2-23（a）所示的标注表示三棱尺的棱线在箭头所示方向上的直线度公差为 0.1 mm，实际棱线必须位于距离为 0.1 mm 且垂直于给定方向的两平行平面之间，如图 2-23（b）所示。这两个平行平面不要求严格与给定方向垂直，可随实际被测要素而浮动。

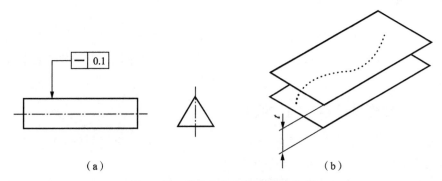

图 2-23 给定方向上的直线度公差

（a）公差标注；（b）公差带

当同时给定两个方向的直线度公差时，该两个直线度公差的箭头必须相互垂直，图 2-24（a）所示的标注表示实际棱线必须位于相互垂直的两组平行平面之间的区域内，该区域的水平方向宽度为 0.2 mm，竖直方向宽度为 0.1 mm，如图 2-24（b）所示。

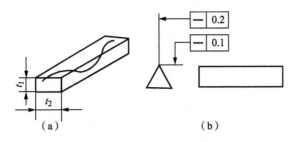

图 2-24　给定两个方向上的直线度公差
（a）公差带；（b）公差标注

图 2-25（a）所示的标注表示 ϕd 轴线的直线度公差为 0.04 mm。实际轴线必须位于直径为 $\phi 0.04$ mm 的圆柱面之内，如图 2-25（b）所示。

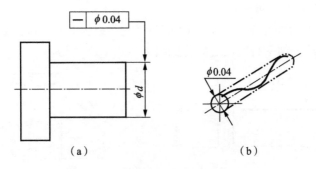

图 2-25　任意方向上的直线度公差
（a）公差标注；（b）公差带

当给相同被测要素规定多个直线度公差时，可采用复合直线度公差。图 2-26 所示的标注给圆柱轴线规定了复合直线度公差，该轴线必须同时满足上框格和下框格中的公差要求。复合直线度中的公差框格共用一个公差符号，上框格的公差一般为整体要求而下框格的公差一般为局部要求，且下框格的公差值比上框格的公差值小（局部比整体要求严格）。

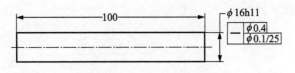

图 2-26　复合直线度公差

2.3.2　圆弧形状公差（圆度）

圆度公差是实际被测线对理想圆的允许变动量。圆度公差带是在同一正截面上，半径差为公差值 t 的两同心圆之间的平面区域。

图 2-27（a）所示的标注表示圆锥面的圆度公差为 0.01 mm。圆锥面的任一垂直于其轴线的正截面上的实际轮廓必须位于半径差为公差值 0.01 mm 的两同心圆之间，如图 2-27（b）

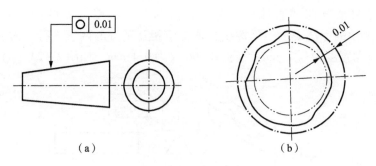

图 2 – 27　圆度公差

（a）公差标注；（b）公差带

所示。

2.3.3　平面形状公差（平面度）

平面形状公差是实际被测面要素对理想平面的允许变动量。平面度公差带是距离为公差值 t 的两平行平面之间的空间区域。

图 2 – 28（a）所示的标注表示上表面的平面度公差为 0.08 mm。实际表面必须位于距离为公差值 0.08 mm 的两平行平面之间，如图 2 – 28（b）所示。

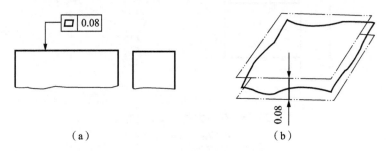

图 2 – 28　平面形状公差

（a）公差标注；（b）公差带

当给相同被测要素规定多个平面度公差时，可采用复合平面形状公差。图 2 – 29 所示的标注给上表面规定了复合平面形状公差，该表面的平面形状必须同时满足上框格和下框格中的公差要求。复合平面度公差中的公差框格共用一个公差符号，上框格的公差一般为整体要

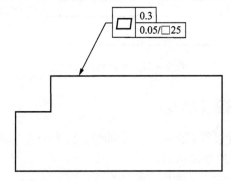

图 2 – 29　复合平面形状公差

求，而下框格的公差一般为局部要求，且下框格的公差值比上框格的公差值小（局部比整体要求严格）。

2.3.4　圆柱面形状公差（圆柱度）

圆柱度公差是实际被测面对理想圆柱面的允许变动量。圆柱度公差带是半径差为公差值 t 的两同轴圆柱面之间的空间区域。

图 2 – 30（a）所示的标注表示被测圆柱面的圆柱度公差为 0.02 mm。实际表面必须位于半径差为公差值 0.02 mm 的两同轴圆柱面之间，如图 2 – 30（b）所示。

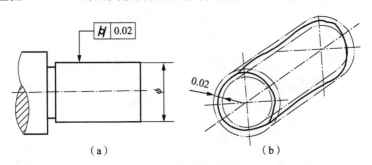

（a）　　　　　　　　（b）

图 2 – 30　圆柱度公差

（a）公差标注；（b）公差带

2.4　方向公差

方向公差是关联实际被测要素对其具有确定方向的理想要素的允许变动量。理想要素的方向由基准及理论正确尺寸（角度）确定。当理论正确角度为 $\boxed{0°}$ 时，称为平行度，为 $\boxed{90°}$ 时称为垂直度，为其他任意角度时称为倾斜度。

方向公差带是限制关联实际被测要素变动的区域，它相对于基准有确定的方向，但其位置可以浮动。方向公差涉及的被测要素和基准要素均可以为直线或平面，因此可分为线对线、线对面、面对线和面对面四种情况。

2.4.1　直线方向公差

1. 直线的平行度

当被测要素为直线时，若为平面直线，其公差带是距离为公差值 t 且平行于基准要素（平面或直线）的两平行直线之间的平面区域；若为空间直线，其公差带将取决于对被测要素的方向要求。

（1）线对线的平行度。图 2 – 31（a）所示的标注表示上方孔轴线对下方孔轴线和下底面在给定方向上的平行度公差为 0.1 mm。上方孔的实际轴线必须位于距离为 0.1 mm，且在给定方向上平行于基准轴线 A 及基准平面 B 的两平行平面之间，如图 2 – 31（b）所示。基准平面 B 参与确定公差带的方向，起辅助定向作用。

当同时给定两个方向的平行度公差时，该两个平行度公差的箭头必须相互垂直，

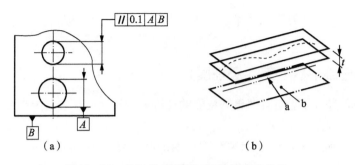

图 2-31　给定方向的线对线的平行度公差

（a）公差标注；（b）公差带

a—基准轴线；b—基准平面

图 2-32（a）所示的标注表示上方孔的轴线必须位于相互垂直的两组平行平面之间的区域内，该两组平行平面与基准轴线 A 平行、与基准平面 B 分别平行及垂直，如图 2-32（b）所示，该区域的水平方向宽度为 0.2 mm，竖直方向宽度是 0.1 mm。基准平面 B 参与确定公差带的方向，起辅助定向作用。

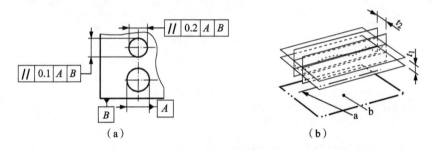

图 2-32　给定两个方向的线对线的平行度公差

（a）公差标注；（b）公差带

a—基准轴线；b—基准平面

图 2-33（a）所示的标注表示上方孔轴线对下方孔轴线任意方向上的平行度公差为 0.03 mm。上方孔的实际轴线必须位于直径为公差值 0.03 mm，且平行于基准轴线 A 的圆柱面之内，如图 2-33（b）所示。

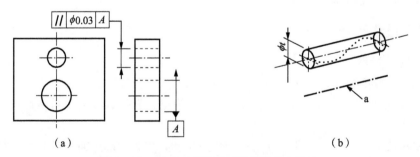

图 2-33　任意方向的线对线的平行度公差

（a）公差标注；（b）公差带

a—基准轴线

（2）线对面的平行度。图 2-34（a）所示的标注表示孔轴线对底面的平行度公差为

0.01 mm。实际轴线必须位于距离为公差值 0.01 mm，且平行于基准平面 B 的两平行平面之间，如图 2 - 34（b）所示。

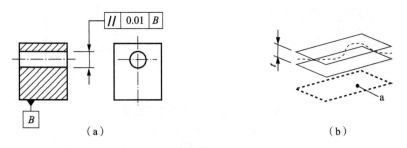

图 2 - 34 空间线对面的平行度公差
（a）公差标注；（b）公差带
a—基准平面

图 2 - 35（a）所示的标注表示给定平面内的线对面的平行度公差为 0.02 mm。被测要素为被测平面上的一条素线，它是在平行于基准平面 B 的任一截面内（即给定平面内）得到的，实际素线必须位于给定平面内、距离为公差值 0.02 mm，且平行于基准平面 A 的两平行直线之间，如图 2 - 35（b）所示。

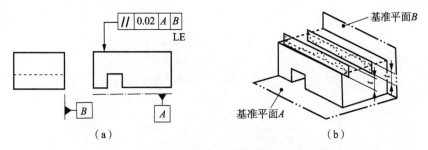

图 2 - 35 给定平面内的线对面的平行度公差
（a）公差标注；（b）公差带

2. 直线的垂直度

当被测要素为直线时，若为平面直线，其公差带是距离为公差值 t 且垂直于基准要素（平面或直线）的两平行直线之间的平面区域；若为空间直线，其公差带将取决于对被测要素的方向要求。

（1）线对线的垂直度。图 2 - 36（a）所示的标注表示斜孔轴线对水平孔轴线的垂直度公差为 0.06 mm。斜孔的实际轴线必须位于距离为公差值 0.06 mm，且垂直于基准轴线 A 的两平行平面之间，如图 2 - 36（b）所示。

（2）线对面的垂直度。图 2 - 37（a）所示的标注表示圆柱轴线在给定方向上对底面的垂直度公差分别为 0.1 mm。实际轴线必须位于距离为 0.1 mm，且分别垂直于基准平面 A 及平行于基准平面 B 的两平行平面之间，如图 2 - 37（b）所示。必要时也可规定给定两个方向上现对面的垂直度公差。

图 2 - 38（a）所示的标注表示圆柱轴线对底面在任意方向上的垂直度公差为 0.01 mm。圆柱实际轴线必须位于直径为公差值 0.01 mm，且垂直于基准平面 A 的圆柱面内，如图 2 - 38（b）所示。

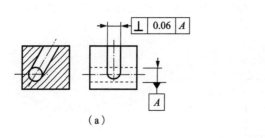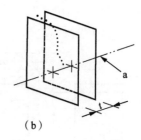

图 2-36　线对线的垂直度公差

（a）公差标注；（b）公差带

a—基准线

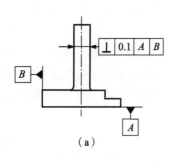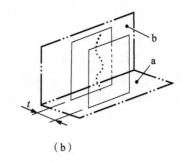

图 2-37　给定方向上线对面的垂直度公差

（a）公差标注；（b）公差带

a—基准平面 A；b—基准平面 B

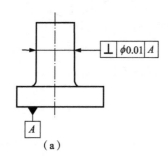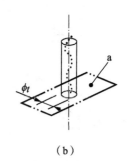

图 2-38　任意方向上的线对面的垂直度公差

（a）公差标注；（b）公差带

a—基准平面

3. 直线的倾斜度

当被测要素为空间直线时，其公差带将取决于对被测要素的方向要求。

（1）线对线的倾斜度。图 2-39（a）所示的标注表示斜孔轴线对水平圆柱公共轴线的倾斜度公差为 0.08 mm。斜孔的实际轴线必须位于距离为公差值 0.08 mm，且与公共基准轴线 $A—B$ 呈理论正确角度 $\boxed{60°}$ 的两平行平面之间，如图 2-39（b）所示。

图 2-40（a）所示的标注表示斜孔轴线对水平圆柱公共轴线的倾斜度公差为 0.08 mm。由于斜孔的实际轴线与公共基准轴线不在同一平面内，给定的倾斜角应为在与图示投影面相互平行的平面内两者之间的夹角。斜孔的实际轴线同样必须位于距离为公

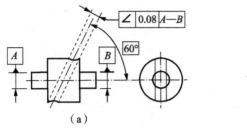
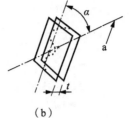

图 2-39　被测线与基准线在同一平面内线对线的倾斜度公差

（a）公差标注；（b）公差带

a—基准轴线

差值 0.08 mm，且与公共基准轴线 *A—B* 呈理论正确角度 $\boxed{60°}$ 的两平行平面之间，如图 2-40（b）所示。

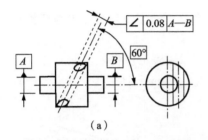
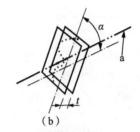

图 2-40　被测线与基准线不在同一平面内线对线的倾斜度公差

（a）公差标注；（b）公差带

a—基准轴线

（2）线对面的倾斜度。图 2-41（a）所示的标注表示斜孔轴线对下底面的倾斜度公差为 0.08 mm。斜孔的实际轴线必须位于距离为公差值 0.08 mm，且与基准平面 *A* 呈理论正确角度 $\boxed{60°}$ 的两平行平面之间，如图 2-41（b）所示。

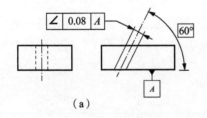
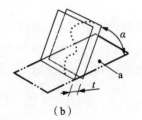

图 2-41　线对面的倾斜度公差

（a）公差标注；（b）公差带

a—基准平面

图 2-42（a）所示的标注表示斜孔轴线对平面 *A* 和平面 *B* 均有任意方向的精度要求。斜孔的实际轴线必须位于直径为公差值 0.1 mm，且与第一基准平面 *A* 呈理论正确角度 $\boxed{60°}$、平行于第二基准平面 *B* 的圆柱面之内，如图 2-42（b）所示。

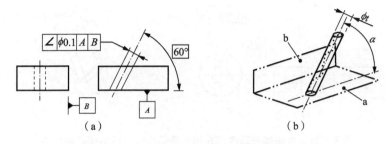

图 2 - 42 任意方向上的线对面的倾斜度公差

（a）公差标注；（b）公差带

a—基准平面 *A*；b—基准平面 *B*

2.4.2 平面方向公差

1. 平面的平行度

当被测要素为平面时，其平行度公差带是距离为公差值 *t* 且平行于基准要素（平面或直线）的两平行平面之间的空间区域。

（1）面对线的平行度。图 2 - 43（a）所示的标注表示零件上平面对孔轴线的平行度公差为 0.1 mm。实际上表面必须位于距离为公差值 0.1 mm，且平行于基准轴线 *C* 的两平行平面之间，如图 2 - 43（b）所示。

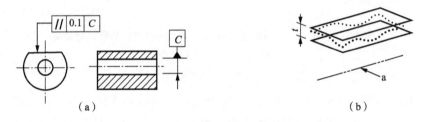

图 2 - 43 面对线的平行度公差

（a）公差标注；（b）公差带

a—基准轴线

（2）面对面的平行度。图 2 - 44（a）所示的标注表示零件上平面对底面的平行度公差为 0.01 mm。实际上表面必须位于距离为公差值 0.01 mm，且平行于基准平面 *D* 的两平行平面之间，如图 2 - 44（b）所示。

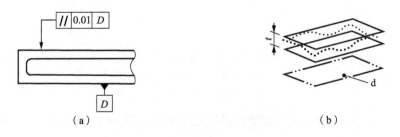

图 2 - 44 面对面的平行度公差

（a）公差标注；（b）公差带

d—基准平面

ASME 标准规定了一种正切要求的平行度公差，即在所标注的公差值后面注以符号Ⓣ，如图 2 – 45 所示，表示实际上表面的切平面必须位于距离为公差值 0.1 mm，且平行于基准平面 A 的两平行平面之间。

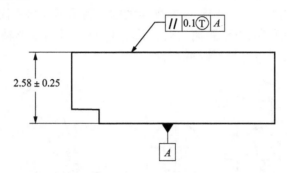

图 2 – 45　正切要求的平行度公差（ASME 标准）的标注

2. 平面的垂直度

当被测要素为平面时，其公差带是距离为公差值 t 且垂直于基准要素（平面或直线）的两平行平面之间的空间区域。

（1）面对线的垂直度。图 2 – 46（a）所示的标注表示零件右端面对圆柱轴线的垂直度公差为 0.05 mm。实际右端面必须位于距离为公差值 0.08 mm，且垂直于基准轴线 A 的两平行平面之间，如图 2 – 46（b）所示。

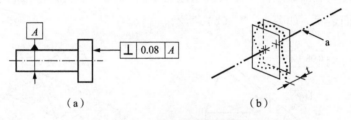

（a）　　　　　　　　　　　　　（b）

图 2 – 46　面对线的垂直度公差

a—基准轴线

（2）面对面的垂直度。图 2 – 47（a）所示的标注表示零件右侧面对底面的垂直度公差为 0.08 mm。实际右侧面必须位于距离为公差值 0.08 mm，且垂直于基准平面 A 的两平行平面之间，如图 2 – 47（b）所示。

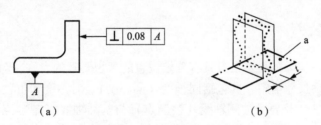

（a）　　　　　　　　　　　　　（b）

图 2 – 47　面对面的垂直度公差

（a）公差标注；（b）公差带

a—基准平面

3. 平面的倾斜度

当被测要素为平面时，其倾斜度公差带是距离为公差值 t 且与基准轴线或基准平面呈理论正确角度的两平行平面之间的空间区域。

（1）面对线的倾斜度。图 2–48（a）所示的标注表示零件斜平面对轴线的倾斜度公差为 0.1 mm。实际斜表面必须位于距离为公差值 0.1 mm，且与基准轴线 A 呈理论正确角度 $\boxed{75°}$ 的两平行平面之间，如图 2–48（b）所示。

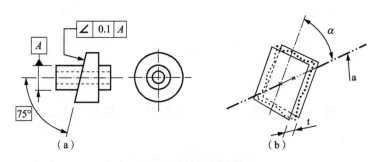

图 2–48　面对线的倾斜度公差

（a）公差标注；（b）公差带

a—基准直线

（2）面对面的倾斜度。图 2–49（a）所示的标注表示零件斜平面对底面的倾斜度公差为 0.08 mm。实际斜表面必须位于距离为公差值 0.08 mm，且与基准平面 A 呈理论正确角度 $\boxed{40°}$ 的两平行平面之间，如图 2–49（b）所示。

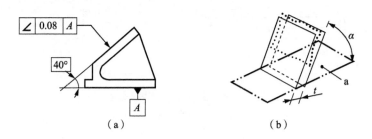

图 2–49　面对面的倾斜度公差

（a）公差标注；（b）公差带

a—基准平面

2.5　位置公差

位置公差是关联实际被测要素对具有确定位置的理想要素的允许变动量。理想要素的位置由基准及理论正确尺寸确定。其包括同轴度（同心度）、对称度和位置度。

同轴度（同心度）是要求被测轴线（被测点）与基准轴线（基准点）相重合的一项精度。对称度是被测中心要素（轴线、中心线或中心平面）与基准中心要素（轴线、中心线或中心平面）共线或共面的精度要求。位置度是要求实际被测要素与其理想要素位置相重合的精度要求，理想要素的位置由基准和理论正确尺寸确定。

位置公差带是限制关联实际被测要素变动的区域，它一般具有确定的方向和位置。

2.5.1　点位置公差

1. 点的同心度

平面内点的同心度公差带是直径为公差值 t 且与基准点同心的圆内平面区域。

图 2-50（a）所示的标注表示零件任一横截面上的内孔圆心对外圆圆心的同心度公差为 0.1 mm。实际内孔的圆心必须位于直径为公差值 0.1 mm，且与基准圆心 A 同心的圆内，如图 2-50（b）所示。

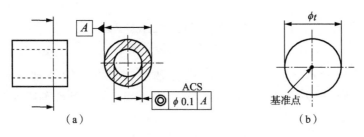

图 2-50　同心度公差
（a）公差标注；（b）公差带

2. 点的位置度

空间点（平面点）在任意方向上的位置度公差带是直径为公差值 t、以点的理想位置为中心的球面内（或圆内）的空间（或平面）区域。

图 2-51（a）的标注表示被测球心相对基准 A、B、C 的位置度公差为 0.3 mm。实际中心必须位于直径为公差值 0.3 mm 的球面内，该球面的中心与基准平面 A、B 的距离理论正确尺寸为 $\boxed{30}$ 和 $\boxed{25}$，且位于基准平面 C 上，如图 2-51（b）所示。

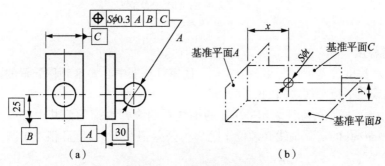

图 2-51　点的位置度公差
（a）公差标注；（b）公差带

图 2-52（a）的标注表示一组圆心相对基准 A、B 的位置度公差为 t。实际圆心必须位于一组直径为公差值 t 的圆内，该组圆心间的相互位置以及与基准 A、B 的距离由给出的理论正确尺寸确定，如图 2-52（b）所示。

2.5.2　直线位置公差

1. 线的同轴度

同轴度公差带是直径为公差值 t 且轴线与基准轴线重合的圆柱面内的空间区域。

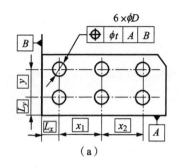
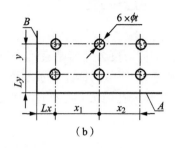

图 2 - 52　成组点的位置度公差

（a）公差标注；（b）公差带

图 2 - 53（a）所示的标注表示左端圆柱轴线相对右端圆柱轴线的同轴度公差为 0.1 mm。实际被测轴线必须位于直径为公差值 0.1 mm，且与基准轴线 A 同轴的圆柱面之内，如图 2 - 53（b）所示。

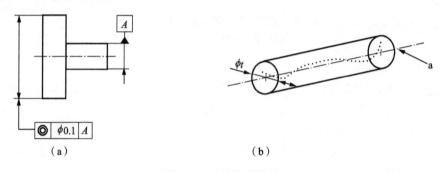

图 2 - 53　同轴度公差

（a）公差标注；（b）公差带

a—基准轴线

2. 线的对称度

线对面的对称度公差带是距离为公差值 t 且相对基准中心要素对称配置的两平行直线之间的平面区域或两平行平面之间的空间区域。

图 2 - 54（a）所示的标注表示 ϕD 孔的轴线对两个开口槽的公共中心平面的对称度公差为 0.1 mm。ϕD 孔的实际轴线必须位于距离为公差值 0.1 mm，且相对于基准公共中心平

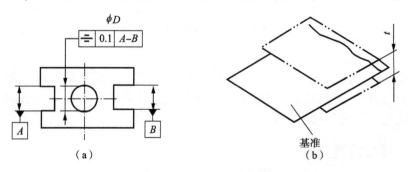

图 2 - 54　线对面的对称度公差

（a）公差标注；（b）公差带

面 $A-B$ 对称配置的两平行平面之间，如图 2-54（b）所示。

3. 线的位置度

平面内线的位置度公差带是距离为公差值 t 且以线的理想位置为中心对称配置的两平行直线内的平面区域或两平行平面间的空间区域。空间直线在给定方向上的位置度公差带，是距离为公差值 t，且以线的理想位置为中心对称配置的两平行平面间的空间区域。空间直线在任意方向上的位置度公差带，是直径为公差值 t，且轴线在其理想位置上的圆柱面内的空间区域。

图 2-55（a）所示的标注表示三条刻线相对基准 A 的位置度公差为 0.05 mm。三条实际刻线必须分别位于距离为公差值 0.05 mm 的两平行直线之间，诸两平行直线的对称中心位于由基准 A 和理论正确尺寸为 ⒇ 和 ⑧ 所确定的理想位置上，如图 2-55（b）所示。

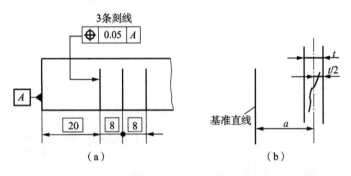

图 2-55　平面内的线位置度公差（两平行直线内的区域）
（a）公差标注；（b）公差带

图 2-56（a）所示的标注表示一组刻线相对基准 A、B 的位置度公差为 0.1 mm。实际刻线的中心线必须分别位于距离为公差值 0.1 mm 的两平行平面之间，诸两平行平面的对称中心平面与基准平面 A 垂直并位于由基准平面 B 和理论正确尺寸为 ㉕ 和 ⑩ 所确定的理想位置上，如图 2-56（b）所示。

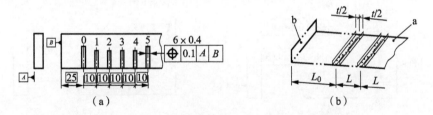

图 2-56　平面内的线位置度公差（两平行平面间的区域）
（a）公差标注；（b）公差带
a—基准平面 A；b—基准平面 B

图 2-57（a）所示的标注表示一组孔的轴线相对基准 A、B 的位置度公差在水平方向上为 0.05 mm，在竖直方向上为 0.2 mm。实际孔的轴线必须位于一组由两对相互垂直的平行平面组成的矩形区域内，诸两平行平面的距离分别为水平方向 0.05 mm、竖直方向 0.2 mm。诸两平行平面的对称中心平面各自与基准平面 A、B 平行并位于由基准平面 A、B 和理论正确尺寸为 ㉚、⒇ 和 ⒂ 所确定的理想位置上，如图 2-57（b）所示。

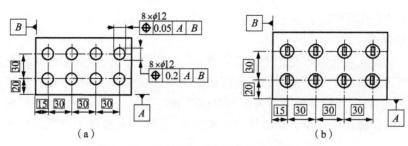

图 2-57 给定方向上空间线的位置度公差

（a）公差标注；（b）公差带

图 2-58（a）所示的标注表示孔的轴线相对基准 C、A、B 的位置度公差为 0.08 mm。孔的实际轴线必须位于直径为公差值 0.08 mm 的圆柱面内，该圆柱面的轴线与基准平面 C 垂直并位于由基准平面 A、B 和理论正确尺寸为 $\boxed{100}$、$\boxed{68}$ 所确定的理想位置上，如图 2-58（b）所示。

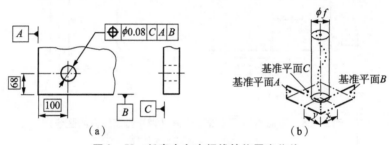

图 2-58 任意方向空间线的位置度公差

（a）公差标注；（b）公差带

ASME 标准规定了一种用极坐标表示的位置度公差，公差带是由两个平行平面以及两个同心圆柱面共同围成的空间区域，如图 2-59 所示。

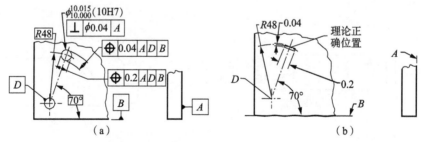

图 2-59 任意方向空间线的位置度公差

（a）公差标注；（b）公差带

2.5.3 平面位置公差

1. 面的对称度

面的对称度公差带是距离为公差值 t 且相对基准中心要素对称配置的两平行平面之间的空间区域。

（1）面对线的对称度。图 2-60（a）所示的标注表示键槽的中心平面对圆柱轴线的对称度公差为 0.05 mm。槽的实际中心平面必须位于距离为 0.05 mm，且相对于基准轴线 B 对称配置的两平行平面之间，如图 2-60（b）所示。

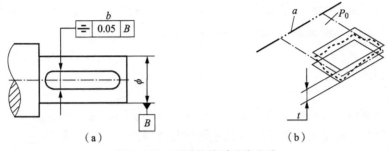

图 2-60 面对线的对称度公差

（a）公差标注；（b）公差带

（2）面对面的对称度。图 2-61（a）所示的标注表示开口槽的中心平面对 L 的中心平面的对称度公差为 0.08 mm。槽的实际中心面必须位于距离为 0.08 mm，且相对于基准中心平面 A 对称配置的两平行平面之间，如图 2-61（b）所示。

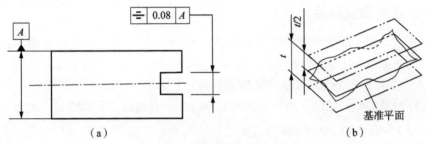

图 2-61 面对面的对称度公差

（a）公差标注；（b）公差带

2. 面的位置度

面的位置度公差带是距离为公差值 t 且以面的理想位置为中心对称配置的两平行平面之间的空间区域。

图 2-62（a）所示的标注表示斜表面相对基准 A、B 的位置度公差为 0.05 mm。实际表

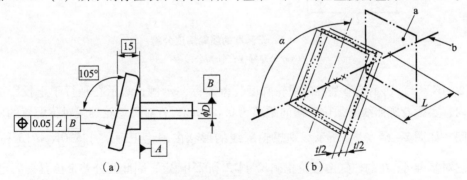

图 2-62 面的位置度公差

（a）公差标注；（b）公差带

a—基准平面；b—基准轴线

面必须位于距离为公差值 0.05 mm 的两平行平面之间，该两平行平面的中心面位于由基准平面 A、基准轴线 B，以及理论正确尺寸 $\boxed{105°}$ 和 $\boxed{15}$ 所确定的理想位置上，如图 2-62（b）所示。

以上诸例位置度均为标注基准的位置度公差，它们的公差带的位置是固定的。对于成组要素，位置度公差也可以根据功能要求不标注基准。

2.6 轮廓公差

任意形状要素包括任意形状的线轮廓要素和任意形状的面轮廓要素。

线轮廓要素和面轮廓要素的理想形状在设计时由理论正确尺寸确定。

当线轮廓要素和面轮廓要素的理想形状定义不与其他几何要素相关时，它们属于单一要素，单一要素的轮廓度公差不标明基准，属于形状公差。

当线轮廓要素和面轮廓要素的理想形状需要与其他几何要素（基准）保持由理论正确尺寸确定的位置关系时，它们是关联要素。关联要素的轮廓度公差应标明基准，属于方向和位置公差。

2.6.1 线轮廓度公差

线轮廓度公差用于限制平面曲线（或曲面的截面轮廓）的形状或位置误差，其公差带是法向距离为公差值 t 且对理想轮廓线对称配置的两等距曲线之间的平面区域。

图 2-63（a）所示是无基准的线轮廓度公差标注示例，表示在平行于正投影面的任一截面内，实际轮廓曲线必须位于法向距离为 0.04 mm，且对理想轮廓线对称配置的两等距曲线之间，如图 2-63（b）所示。理想轮廓线形状由理论正确尺寸 $\boxed{R30}$、$\boxed{R15}$ 和 $\boxed{22}$ 所确定，其方向和位置可以浮动。

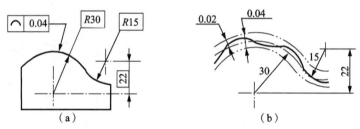

图 2-63　无基准的线轮廓度公差

（a）公差标注；（b）公差带

图 2-64（a）所示是有基准的线轮廓度公差的标注示例，表示在平行于正投影面的任一截面内，实际轮廓曲线必须位于法向距离为 0.04 mm，且对理想轮廓线对称配置的两等距曲线之间，如图 2-64（b）所示。理想轮廓线的形状由理论正确尺寸 $\boxed{R30}$、$\boxed{R15}$ 和 $\boxed{22}$ 所确定，它对基准 A、B 的位置由理论正确尺寸 $\boxed{12}$ 和 $\boxed{25}$ 确定，因此其公差带位置是固定的。

2.6.2 面轮廓度公差

面轮廓度公差用于限制任意曲面的形状或位置误差，其公差带是法向距离为公差值 t，

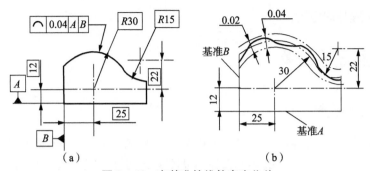

图 2-64 有基准的线轮廓度公差

(a) 公差标注；(b) 公差带

且对理想轮廓面对称配置的两等距曲面之间的区域。

图 2-65 (a) 所示是无基准的面轮廓度公差的标注示例。实际轮廓曲面必须位于法向距离为 0.02 mm，且对理想轮廓面对称配置的两等距曲面之间，如图 2-65 (b) 所示。理想轮廓面的形状由理论正确尺寸 $\boxed{SR35}$ 确定，其位置可在尺寸极限 40±0.2 范围内浮动。

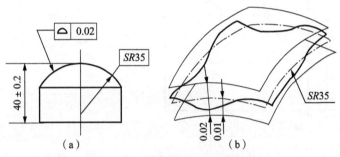

图 2-65 无基准的面轮廓度公差

(a) 公差标注；(b) 公差带

图 2-66 (a) 所示是有基准的面轮廓度公差的标注示例。实际轮廓曲面必须位于法向距离为 0.02 mm，且对理想轮廓面对称配置的两等距曲面之间，如图 2-66 (b) 所示。理想轮廓面的形状由理论正确尺寸 $\boxed{SR35}$ 确定，其位置由基准 A 和由理论正确尺寸 $\boxed{40}$ 确定，

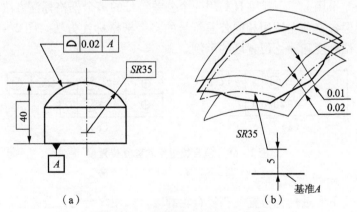

图 2-66 有基准的面轮廓度公差

(a) 公差标注；(b) 公差带

因此其公差带位置是固定的。

2.7　成组要素公差

2.7.1　成组要素

零件上具有相同大小和形状、按一定规律排列的一组几何要素称为成组要素，如图 2-67（a）所示零件上的一组 4 个直径为 ϕ10 mm 的孔。成组要素中各几何要素之间理想的方向和位置关系由理论正确尺寸确定，称为理论正确框架。通常情况下，成组要素作为整体相对于基准的几何公差较大，而成组要素内的各个几何要素相互之间的几何公差较小。

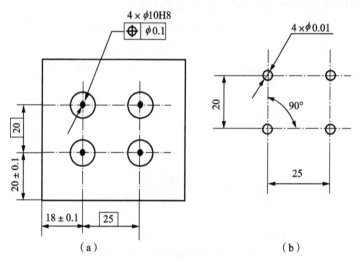

图 2-67　成组要素的无基准位置度公差
（a）公差标注；（b）公差带

成组要素作为整体对其他要素的公差要求以及成组要素内部各个要素间的公差要求通常需要多个几何公差进行控制，可通过复合几何公差或多个独立几何公差进行控制。

复合几何公差采用上、下排列且共用一个公差符号的多个框格标注方法，独立几何公差采用上、下排列但各自独立使用相同公差符号的多个框格标注方法。图 2-68（a）和（b）分别给出了复合位置度和独立位置度的示例。

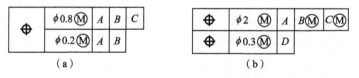

图 2-68　复合位置度和独立位置度
（a）复合位置度；（b）独立位置度

复合几何公差主要是复合位置度和复合轮廓度。采用复合几何公差标注时，所有公差框格共用一个公差符号；最上一行公差框格描述的是成组要素作为一个整体的几何公差，不仅限制成组要素中各个要素之间的相互位置，而且限制成组要素作为一个整体相对于基准的位置，第二行及以下公差框格描述的是成组要素中各个要素间的相互位置公差，除了限制成组要素中各个要素之间的相互位置之外，也限制成组要素作为一个整体相对于基准的几何误差（无基准时为形状误差），但最多限制到方向而不限制位置（最多到约束旋转自由度，不约束移动自由度）；当第二行及以下公差框格中有基准时，这些基准必须是按顺序严格重复第一行框格中的基准的一部分或全部；成组要素作为整体相对于基准的位置度公差或轮廓度公差较大，成组要素内的各个要素的相互位置度公差或轮廓度公差较小（局部比整体要求严格），因此复合几何公差中的每一行框格中的公差数值总小于其上一行；被测要素必须同时满足所有公差框格的公差要求。

采用独立几何公差标注时，各行公差框格各自独立使用相同的公差符号；各行公差框格描述的都是成组要素作为一个整体的几何公差，不仅限制成组要素中各个要素之间的相互位置，同时也限制成组要素作为一个整体相对于基准的几何误差（无基准时为形状误差）；各行公差框格中有基准时，各行的基准之间互不相关；各行公差框格中的公差数值互不相关；被测要素必须同时满足所有公差框格的公差要求。

2.7.2 成组要素位置公差

对于成组要素内部的各几何要素相互之间的位置度公差不标注基准。图2-67（a）所示的标注表示四个 ϕ10 mm 孔（成组要素）的轴线相互之间的位置度公差为0.01 mm。公差带是以四孔轴线的理想相对位置（理论正确尺寸 $\boxed{25}$、$\boxed{20}$ 所确定的理论正确框架）为轴线、直径等于位置度公差值0.01 mm 的两圆柱面内的空间区域，如图2-67（b）所示。该位置度公差的四个孔轴线互为基准，因此不需标注基准。对此类标注，孔之间的公差带相对位置固定，而整组要素公差带位置则是浮动的。

图2-69（a）的标注表示一组4个 ϕD 孔的轴线（成组要素）相对基准 A、B、C 的位置度公差为0.1 mm。每个孔的实际轴线必须位于直径为公差值0.1 mm 的圆柱面内，诸圆柱面的轴线位于由基准 A、B、C 和理论正确尺寸 $\boxed{50}$、$\boxed{30}$ 所确定的理想位置上，如图2-69（b）所示。

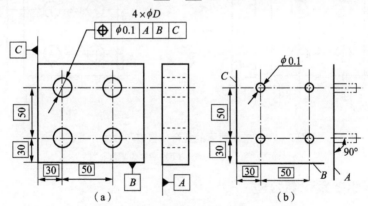

图2-69 成组要素的有基准位置度公差

（a）公差标注；（b）公差带

对图2-69所示的位置度公差标注，可将彼此相距50 mm 的4个孔作为一个成组要素看待，而两个尺寸 $\boxed{30}$ 为确定该成组要素理论正确框架的尺寸。如果对整组要素的位置精度要求不高，而对孔之间的位置度有较高的要求，则可采用复合位置度的标注方法，如图 2 - 70（a）所示。

图 2 - 70（a）中上框格表示孔组对基准 A、B、C 的位置度公差为 0.1 mm，公差带为一组 4 个直径为公差值 0.1 mm 的圆柱面内的空间区域，诸圆柱面的轴线位于由基准 A、B、C 和理论正确尺寸 50、30 所确定的理想位置上；下框格表示四孔之间的位置度公差为 0.05 mm，公差带为一组 4 个直径为公差值 0.05 mm 的圆柱面内的空间区域，诸圆柱面的轴线之间的相对位置由理论正确尺寸 50 所决定的理论正确框架确定，诸圆柱面须与基准平面 A 保持垂直，且整体只需与基准平面 B 平行（即下两圆柱面轴线所确定的平面与基准 B 平行），而不必保持理论正确尺寸 30 的距离。4 个孔的实际轴线须分别位于两个公差带的重叠区内。

图 2 - 70（b）所示为成组要素的独立位置度标注方法，上框格表示孔组对基准 A、B、C 的位置度公差为 0.1 mm，公差带为一组 4 个直径为公差值 0.1 mm 的圆柱面内的空间区域，诸圆柱面的轴线位于由基准 A、B、C 和理论正确尺寸 50、30 所确定的理想位置上；下框格表示孔组对基准 A、B 的位置度公差为 0.05 mm，公差带为一组 4 个直径为公差值 0.05 mm 的圆柱面内的空间区域，诸圆柱面的轴线位于由基准 A、B 和理论正确尺寸 50、30 所确定的理想位置上，即诸圆柱面须与基准平面 A 保持垂直、整体须与基准平面 B 保持理论正确尺寸 30 的距离（即下两圆柱面轴线所确定的平面与基准 B 平行且保持理论正确尺寸为 30 的距离），但不需与基准平面 C 保持理论正确尺寸 30 的距离。4 个孔的实际轴线须分别位于两个公差带的重叠区内。

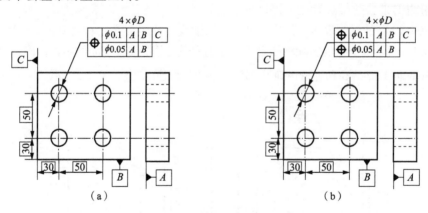

图 2 - 70 成组要素的复合位置度和独立位置度
（a）复合位置度标注；（b）独立位置度标注

2.7.3 成组要素轮廓公差

图 2 - 71（a）所示是成组要素的复合面轮廓度公差的标注实例。上框格表示轮廓曲面组对基准 A、B、C 的面轮廓度公差为 0.8 mm，实际轮廓曲面必须位于法向距离为 0.8 mm，且对理想轮廓面对称配置的两等距曲面之间，诸理想轮廓面的形状由理论正确尺寸 55、40、R23 和 R5 确定，其相互之间的位置由理论正确尺寸 40 确定，其整体须与基准平面 A

垂直，与基准平面 B、C 保持理论正确尺寸 $\boxed{20}$ 的距离。下框格表示两轮廓曲面之间的轮廓度公差为 0.2 mm，实际轮廓曲面必须位于法向距离为 0.2 mm 且对理想轮廓面对称配置的两等距曲面之间，诸理想轮廓面只需与基准平面 A 垂直，且整体只需与基准平面 B 平行而不必保持理论正确尺寸 20 的距离，实际轮廓曲面必须分别位于两个公差带的重叠区内。

图 2 - 71（b）所示是成组要素的独立面轮廓度公差的标注实例。上框格表示轮廓曲面组对基准 A、B、C 的面轮廓度公差为 0.8 mm，实际轮廓曲面必须位于法向距离为 0.8 mm 且对理想轮廓面对称配置的两等距曲面之间，诸理想轮廓面的形状由理论正确尺寸 $\boxed{55}$、$\boxed{40}$、$\boxed{R23}$ 和 $\boxed{R5}$ 确定，其相互之间的位置由理论正确尺寸 $\boxed{40}$ 确定，其整体须与基准平面 A 垂直，与基准平面 B、C 保持理论正确尺寸 $\boxed{20}$ 的距离。下框格表示轮廓曲面组对基准 A、B 的面轮廓度公差为 0.2 mm，实际轮廓曲面必须位于法向距离为 0.2 mm，且对理想轮廓面对称配置的两等距曲面之间，诸理想轮廓面须与基准平面 A 垂直，整体需与基准平面 B 平行且保持理论正确尺寸 $\boxed{20}$ 的距离，但不需与基准平面 C 保持理论正确尺寸 $\boxed{30}$ 的距离，实际轮廓曲面必须分别位于两个公差带的重叠区内。

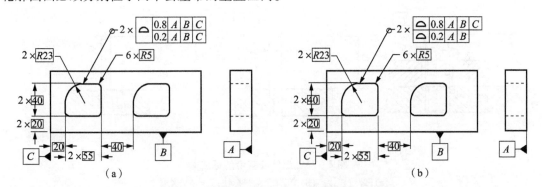

图 2 - 71　成组要素的复合轮廓度和独立轮廓度

(a) 复合轮廓度的标注；(b) 独立轮廓度的标注

2.8　延伸公差带

2.8.1　延伸公差带

在一些装配设计中，例如当零件上的螺纹孔或有过盈量的配合孔与螺钉或销连接时，若采用通常的位置公差标注，会产生装配干涉，如图 2 - 72（a）所示。此时，若采用延伸公差带标注，即把位置公差带移至实际被测要素的延长部位的表示方法，就可以消除装配干涉，如图 2 - 72（b）所示。

对图 2 - 73（a）的螺纹连接进行延伸公差带标注时，可采用图 2 - 73（b）中的标注方法，位置公差框格的箭头指向被测要素的延伸部分，延伸部分的长度及位置在图样上用细双点画线表示，长度尺寸 L 前插入符号 Ⓟ，并在框格中公差值后加上符号 Ⓟ 注明，相应的延伸公差带如图 2 - 73（b）、(c) 所示。

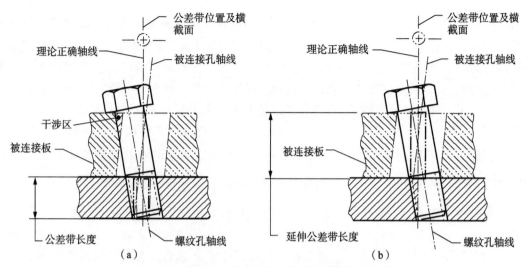

图 2-72　位置公差带标注与延伸公差带标注的比较

（a）位置公差标注；（b）延伸公差带标注

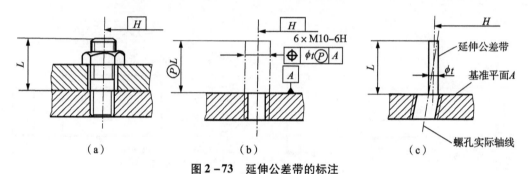

图 2-73　延伸公差带的标注

（a）螺纹连接；（b）延伸公差带标注；（c）公差带

延伸公差带也可采用图 2-74 所示的简约标注法。

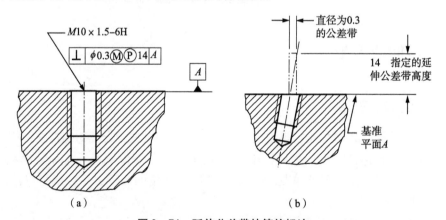

图 2-74　延伸公差带的简约标注

2.8.2　延伸公差带应用

在图 2-75（a）所示的螺纹连接中，在装配过程中有可能产生干涉的是尺寸 L 所标注

区域而尺寸 L_1 部分不涉及装配，因此延伸公差带只需标注在尺寸 L 这一部分，其标注及公差带如图 2 – 75（b）、（c）所示。

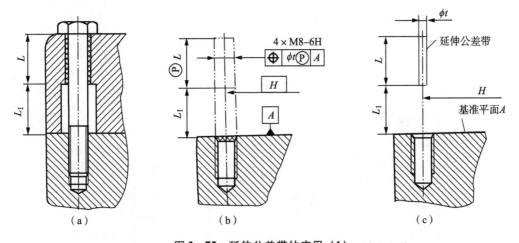

图 2 – 75 延伸公差带的应用（1）
（a）螺纹连接；（b）标注；（c）延伸公差带

图 2 – 76（a）中的零件在工作时需保证装配在相互垂直的两个孔中的两根轴轴线相交，可通过设计延伸公差带实现，其标注及公差带如图 2 – 76（b）、（c）所示。

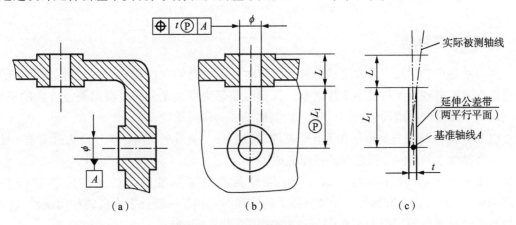

图 2 – 76 延伸公差带的应用（2）
（a）零件示意；（b）标注；（c）公差带

在图 2 – 77（a）所示的延伸公差带标注示例中，为保证两个孔轴线相交，延伸公差带的长度被设为零，此时延伸公差带退化成一条直线，如图 2 – 77（b）所示。

2.9 跳动公差

跳动公差包括圆跳动和全跳动，是基于特定检测方法而规定的公差项目，其被测要素为圆柱面、端平面和圆锥面等轮廓要素，基准要素为轴线。

跳动公差能够综合控制被测要素的形状、方向和位置精度。

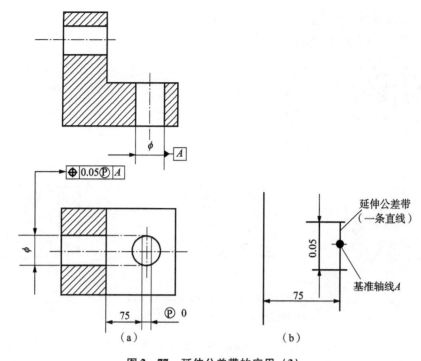

图 2－77　延伸公差带的应用（3）

（a）标注；（b）延伸公差带退化成一条直线

2.9.1　圆跳动

圆跳动是指实际被测要素绕基准轴线回转时（不许有轴向位移），由位置固定的指示器沿给定方向测得的最大与最小读数之差，其允许值即为圆跳动公差。根据测量方向的不同，圆跳动又分为径向圆跳动、端面（轴向）圆跳动和斜向圆跳动。

（1）径向圆跳动公差带是在垂直于基准轴线的任一测量平面内，半径差为公差值 t 且圆心在基准轴线上的两同心圆之间的平面区域。

图 2－78（a）所示的标注表示 ϕd 圆柱面相对于基准轴线的径向圆跳动公差为 0.03 mm。当零件绕基准轴线做无轴向移动的回转时，在任一测量平面内的径向跳动（即最大与最小半径差）均不得大于 0.03 mm，如图 2－78（b）所示。

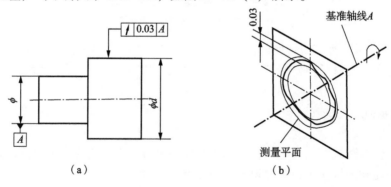

图 2－78　径向圆跳动公差

（a）公差标注；（b）公差带

径向圆跳动的被测要素可以是局部要素，如图 2 - 79 所示。

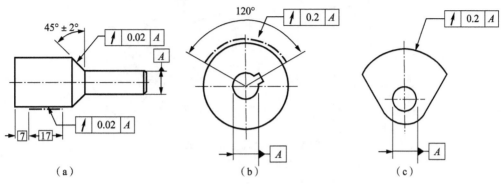

图 2 - 79　局部要素的径向圆跳动

（2）端面圆跳动公差带是在与基准同轴的任一直径的测量圆柱面上，宽度为公差值 t 的两圆之间的圆柱面区域。

图 2 - 80（a）所示标注表示右端面对基准线的端面圆跳动公差为 0.05 mm。当零件绕基准轴线做无轴向移动的回转时，右端面在任一直径上的轴向跳动量均不得大于 0.05 mm，如图 2 - 80（b）所示。

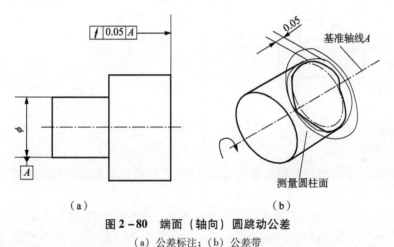

图 2 - 80　端面（轴向）圆跳动公差
（a）公差标注；（b）公差带

（3）斜向圆跳动公差带是在与基准轴同轴的任一测量圆锥面上、沿母线方向距离为公差值 t 的两圆之间的圆锥面区域。在一般情况下，测量圆锥面的母线方向（即测量方向）应是被测表面的法线方向。

图 2 - 81（a）所示的标注表示被测圆锥面相对基准轴线的斜向圆跳动公差为 0.04 mm。当零件绕基准轴线做无轴向移动的回转时，在任一测量圆锥面上的跳动量均不得大于 0.04 mm，如图 2 - 81（b）所示。

2.9.2　全跳动

全跳动是指实际被测要素绕基准轴线连续回转（不许有轴向位移），同时指示器相对工件做平行于或垂直于基准轴线的移动，在整个被测表面上测得的最大与最小读数之差，其允许值即为全跳动公差。根据测量方向的不同，全跳动又分为径向全跳动和端面全跳动。

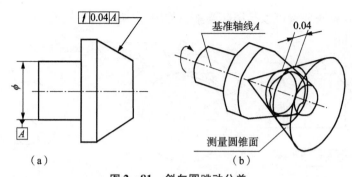

图 2 - 81   斜向圆跳动公差

（a）公差标注；（b）公差带

径向全跳动公差带是半径差为公差值 t，且与基准轴线同轴的两圆柱面之间的空间区域。

图 2 - 82（a）所示的标注表示 ϕd 圆柱面对公共基准轴线 $A—B$ 的径向全跳动公差为 0.05 mm。实际圆柱面必须位于半径差为公差值 0.05 mm，且以基准公共轴线 $A—B$ 为轴线的两同轴圆柱面之间，如图 2 - 82（b）所示，也即整个圆柱面相对基准轴线的最大与最小半径之差不得超过 0.05 mm。

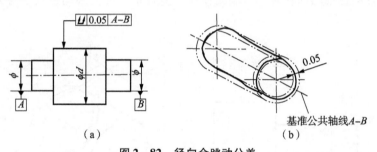

图 2 - 82   径向全跳动公差

（a）公差标注；（b）公差带

端面（轴向）全跳动公差带是距离为公差值 t，且垂直于基准轴线的两平行平面之间的空间区域。

图 2 - 83（a）所示的标注表示零件右端面相对基准轴线的端面全跳动公差为 0.06 mm。实际右端面必须位于距离为公差值 0.06 mm 且垂直于基准轴线 A 的两平行平面之间，如图 2 - 83（b）所示。

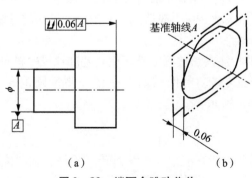

图 2 - 83   端面全跳动公差

（a）公差标注；（b）公差带

2.10 几何公差的设计

几何公差设计是产品几何精度设计的重要内容。设计时对于那些对几何误差有较高要求的几何要素，应在图样上注出它们的几何公差。而对采用一般加工工艺就能够达到的几何误差，应采用几何公差的一般公差。

2.10.1 注出几何公差

当功能要求零件要素的几何公差值小于或显著大于相应的一般公差值时，应当在零件的设计图样上单独标注，称为注出几何公差。

注出几何公差的选用包括几何公差项目的选用和几何公差值的选用，并最终体现为规定具有一定特征的几何公差带，即规定零件要素允许变动区域的形状、大小、方向和位置等四项特征。

注出几何公差的基本选用原则是经济地满足功能要求。

1. 几何公差项目的选用

几何公差特征项目的选用应依据零件的形体结构、功能要求、测量条件及经济性等因素，经分析后综合确定。

零件本身的形体结构，决定了它可能采用的几何公差项目。例如，直线度只适用于直线要素；平面度和端面（轴向）全跳动只适用于平面要素；圆度和圆跳动只适用于回转面要素；圆柱度和径向全跳动只适用于圆柱面要素；方向公差（平行度、垂直度、倾斜度）只适用于直线和平面要素；同轴度只适用于轴线；对称度只适用于中心要素（中心线、轴线、中心平面）；线（面）轮廓度主要适用于直线、圆、平面、圆柱面和球面以外的其他形状的曲线（曲面）；同心度只适用于中心点。只有位置度公差对各种形状的要素具有广泛的适用性。

分析功能要求对确定几何公差项目是非常重要的。例如与滚动轴承配合的轴颈和箱体上的轴承孔，应规定相应的几何精度，以保证主轴的旋转精度；安装齿轮的轴颈的轴线应与基准轴线同轴，以保证齿轮的正常啮合；箱体上支撑各轴的各孔的轴线之间应有必要的平行度、垂直度及同轴度要求；箱体上用于连接的螺孔，应有位置精度要求，以便于装配。

根据要素的形状和功能要求，分别确定其形状精度、方向精度或位置精度以后，还应充分考虑测量的方便与可能。例如，尽可能用素线直线度公差和圆度公差代替圆柱度公差，用径向圆跳动公差代替同轴度公差，用径向全跳动公差代替圆柱度公差，用轴向（端面）圆跳动或全跳动公差代替端面对轴线的垂直度公差，等等。考虑到加工及检测的经济性，在满足功能要求的前提下，所选项目越少越好。

与此同时，还应详细分析所用工艺方法导致的误差状况，以确认用单一公差项目代替综合公差项目，或用综合公差项目代替单一公差项目的可能性。例如，由于圆柱度误差是素线直线度误差、圆度误差和相对素线的平行度误差的综合，所以只有当这三项误差中的某一项或两项误差较小时，才能用另两项或一项来代替圆柱度误差。又如径向圆跳动是圆度误差与同轴度误差的综合，所以，当圆度误差较小时可以用径向圆跳动代替同轴度误差，而当同轴度误差较小时，可以用径向圆跳动代替圆度误差。再如，轴向（端面）全跳动或端面对轴线的垂直度误差是端面的平面度误差与端面对轴线的角度偏差的综合，如图 2 - 84 （a）所示。所以，当端面的平面度误差较小时，可以用由端面对轴线的角度偏差导致的轴向（端面）圆跳动代替轴向（端面）全跳动或端面对轴线的垂直度误差，如图 2 - 84 （b）所示。而当角度偏差较小时，可以用端面全跳动代替端面的平面度误差。

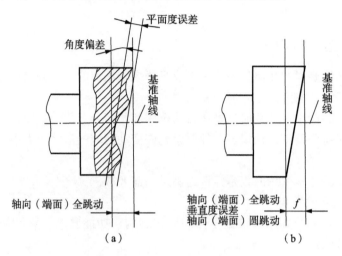

图 2 - 84 端面几何误差之间的关系

2. 基准的选择

选择位置公差项目基准时应考虑以下几个方面的内容：

（1）遵守基准统一原则，即设计基准、定位基准、检测基准和装配基准应尽量统一。这样可减少基准不重合而产生的误差，并可简化夹具、量具的设计和制造。尤其对于大型零件，便于实现在机测量。如对机床主轴，应以该轴安装时与支承件（轴承）配合的轴颈的公共轴线作为基准。

（2）应选择尺寸精度和形状精度高、尺寸较大、刚度较大的要素作为基准。当采用多基准体系时，应选择最重要的或最大的平面作为第一基准。

（3）选用的基准应正确标明，注出代号，必要时可标注基准目标。在对象具有对称形状、装配时无法区分正反形体时，可采用任选基准。

3. 几何公差值的确定

几何公差值应该在保证满足要素功能要求的条件下，选用尽可能大的公差数值，以满足经济性的要求。

迄今为止，要素的注出几何公差值的选用尚无有效的精确可靠的理论计算的方法，主要采用与现有资料对比和依靠实践经验积累的方法。

国家标准附录对除线、面轮廓度和位置度外的其余 11 项几何公差规定了相应的公差等级。其中对圆度和圆柱度分别规定了 0，1，2，…，12 共 13 个公差等级，其中 0 级最高，精度依次降低。其余 9 个项目分别规定了 1，2，…，12 共 12 个公差等级，其中 1 级最高，精度依次降低。此外，还规定了位置度公差值的数系。

对于规定有公差等级的几何公差项目，可以根据被测要素的尺寸（主参数）参考附表 7 ~ 附表 11 确定其几何公差值，圆度、圆柱度、同轴度、圆跳动和全跳动以被测要素的直径作为主参数，直线度、平面度及方向公差以被测要素的最大长度作为主参数，对称度以被测要素的轮廓宽度作为主参数。

几何公差的公差等级仅供设计时参考。一般采用类比法选择公差等级，即参照同类机器上所用的公差等级再根据工作条件的差异进行修正后而确定。表2-6～表2-9列出了11个几何公差特征项目的部分公差等级的应用场合，供选择几何公差等级时参考。

表2-6　直线度、平面度公差等级的应用实例

公差等级	应 用 举 例
1～2	高精度量仪主轴，高精度机床主轴，滚动轴承的滚珠、滚柱，精密量仪主轴、外套、阀套，高压油泵柱塞及套，高速柴油机气门，高精度微型轴承内、外圈等
3～4	小工具显微镜顶尖、套管外圈，较精密机床主轴、轴孔，喷油嘴针阀体，高压阀门活塞、活塞销、阀体孔，高压油泵柱塞，与较高精度滚动轴承配合的轴等
5～6	一般量仪主轴、测杆外圆，陀螺仪轴颈，一般机床主轴及箱孔，较精密机床主轴箱孔，高速发动机，汽油机活塞、曲轴、凸轮轴、活塞销孔，铣床动力头，轴承箱座孔，仪表端盖外圈，纺机锭子，通用减速器轴颈等
7～8	大功率低速发动机曲轴、活塞、活塞销、连杆、气缸、机体、凸轮轴，千斤顶压力油缸活塞，液压传动系统分配机构，机车传动轴，水泵轴颈，压气机连杆，炼胶机、印刷机传动系统等
9～10	空气压缩机缸体，液压传动系统，通用机械杠杆与拉杆用套筒销子，拖拉机活塞环、套筒孔，印染机布辊，绞车、吊车、起重机的滑动轴承轴颈等

表2-7　圆度、圆柱度公差等级的应用实例

公差等级	应 用 举 例
1～2	用于精密量具、测量仪器和精度要求极高的精密机械零件，如高精度量规、样板平尺，工具显微镜等精密测量仪器的导轨面、喷油嘴针阀体端面、油泵柱塞套端面等高精度零件
3～4	用于0级及1级宽平尺的工作面，1级样板平尺的工作面，测量仪器圆弧导轨，测量仪器测杆，量具、测量仪器和高精度机床的导轨，如0级平板、测量仪器的V形导轨、高精度平面磨床的V形和滚动导轨、轴承磨床床身导轨、滚压阀芯等
5～6	用于1级平板，2级宽平尺，平面磨床的纵导轨、垂直导轨、立柱导轨及工作台，液压龙门刨床和六角车床床身的导轨，柴油机进、排气门导杆，普通机床导轨面，如普通车床、龙门刨床、滚齿机、自动车床等的床身导轨，立柱导轨，滚齿机、卧式镗床、铣床的工作台及机床主轴箱导轨，柴油机体结合面等
7～8	用于2级平板，0.02游标卡尺尺身，机床床头箱体、摇臂钻床底座工作台、镗床工作台，液压泵盖，机床传动箱体、挂轮箱体、车床溜板箱体、主轴箱体、柴油机气缸体、连杆分离面、缸盖结合面、汽车发动机缸盖、曲轴箱体、减速器壳体等
9～10	用于3级平板、车床挂轮架、缸盖结合面、阀体表面等
11～12	用于易变形的薄片、薄壳零件表面、支架等要求不高的结合面

表 2-8　平行度、垂直度、倾斜度公差等级的应用实例

公差等级	应 用 举 例	
	平行度	垂直度和倾斜度
1	高精度机床、测量仪器以及量具等主要基准面和工作面	
2~3	精密机床、测量仪器、量具、模具的基准面和工作面，精密机床重要箱体主轴孔对基准面的要求	精密机床导轨，普通机床主要导轨，机床主轴轴向定位面，精密机床主轴肩端面，滚动轴承座圈端面，齿轮测量仪的心轴，光学分度头的心轴，涡轮轴端面，精密刀具、量具的基准面和工作面
4~5	普通机床、测量仪器、量具、模具的基准面和工作面，高精度轴承座圈、端盖、挡圈的端面，机床主轴孔对基准面的要求，重要轴承孔对基准面的要求，床头箱体重要孔间要求，一般减速器壳体孔，齿轮泵的轴孔端面等	普通机床导轨，精密机床重要零件，机床重要支承面，发动机轴和离合器的凸缘，气缸的支承端面，装4、5级轴承的箱体的凸肩，液压传动轴瓦的端面，量具量仪的重要端面
6~8	一般机床零件的工作面或基准面，压力机和锻锤的工作面，中等精度钻模的工作面，一般刀、量、模具，机床一般轴承孔对基准面的要求，床头箱一般孔间要求，变速器箱孔，主轴花键对定心直径，重型机械轴承盖的端面，卷扬机、手动传动装置中的传动轴，气缸轴线等	低精度机床主要基准面和工作面，回转工作台端面，一般导轨，主轴箱体孔，刀架、砂轮架及工作台回转中心，机床轴肩，气缸配合面对其轴线，活塞销孔对活塞中心线，安装6、0级轴承端面对轴承壳体孔的轴线等
9~10	低精度零件，重型机械滚动轴承端盖，柴油发动机和煤气发动机的曲轴孔、轴颈等	花键轴轴肩端面、皮带运输机法兰盘等端面对轴线，手动卷扬机及传动装置中轴承端面，减速器壳体平面等
11~12	零件的非工作面，卷扬机、运输机上用以装减速器的平面等	农业机械齿轮端面等

表 2-9　同轴度、对称度、跳动公差等级的应用实例

公差等级	应 用 举 例
1~4	用于同轴度或旋转精度要求很高，一般需按尺寸公差高于IT5级制造的零件。如1、2级用于精密测量仪器的主轴和顶尖，柴油机喷油嘴针阀等；3、4级用于机床主轴轴颈，砂轮轴轴颈，汽轮机主轴，测量仪器的小齿轮轴，高精度滚动轴承内、外圈等
5~7	用于精度要求比较高，一般需按尺寸公差IT6或IT7级制造的零件。如5级精度常用于机床轴颈、测量仪器的测量杆、汽轮机主轴、柱塞泵转子、高精度滚动轴承外圈、一般精度滚动轴承内圈；7级精度用于内燃机曲轴、凸轮轴轴颈、水泵轴、齿轮轴、汽车后桥输出轴、电机转子、0级精度滚动轴承内圈等
8~10	用于一般精度要求，按尺寸公差IT8~IT10级制造的零件。如8级精度用于拖拉机发动机分配轴轴颈；9级精度用于齿轮轴的配合面、水泵叶轮、离心泵、精梳机；10级精度用于摩托车活塞、印染机导布辊、内燃机活塞环槽底径对活塞中心等
11~12	用于无特殊要求，一般按尺寸公差IT12级制造的零件

考虑到加工的难易程度和其他因素的影响，对于下列情况在满足零件功能要求的前提下，应适当降低 1~2 级选用：

（1）孔相对于轴；

（2）细长比较大的轴或孔；

（3）相距较远的两轴或两孔；

（4）宽度较大（一般大于长度的二分之一）的零件矩形表面；

（5）线对线和线对面相对于面对面的平行度；

（6）线对线和线对面相对于面对面的垂直度。

在实际设计工作中，几何公差的设计仍采用直接给出公差数值的方法，而不像尺寸公差设计那样，采用先确定公差等级，再查表确定公差（极限偏差）数值的方法。因为几何公差等级与功能要求之间的关系，至今仍未在工程技术人员中建立明确的概念和积累充分的资料。

对同一被测要素规定多项几何公差项目时，还应遵循以下原则。

1）素线的形状公差值应小于该素线形成的面的形状公差值

面的形状公差带是两等距面之间的空间区域，它一定同时控制了面上素线的形状误差。在规定了面的形状公差值以后，当素线的形状精度有更高的要求时，才需要给出公差值更小的、由两等距线之间的平面区域形成其公差带的素线形状公差。

例如，平面度公差带具有综合控制被测平面的平面度误差和平面上任一素线的直线度误差的功能，平面在给定截面内的直线度公差值应小于其平面度公差值，如图 2-85（a）所示；圆柱度公差带对圆柱面的圆柱度、圆度和素线的直线度误差具有综合控制功能，圆柱面的素线直线度公差值和圆度公差值均应小于其圆柱度公差值，如图 2-85（b）所示；任意曲面的线轮廓度公差值应小于其面轮廓度公差值，如图 2-85（c）所示。

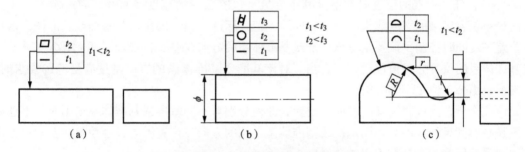

图 2-85　线与面的形状公差关系

（a）直线公差值小于平面度公差值；（b）直线和圆度的公差值小于圆柱度公差值；
（c）线轮廓度公差值小于面轮廓度公差值

2）同一被测要素的形状公差值应小于其方向公差值

根据几何公差带的概念和几何误差值的定义，任一要素对某基准的方向误差值是其定向最小包容区域的宽度或直径，它一定不小于其最小包容区域的宽度或直径——形状误差值。因此，任一要素的方向公差一定同时控制了其形状误差。在规定了某一要素对基准的方向公差值以后，只有当对其形状精度有更高的要求时，才需要给出公差值更小的形状公差。

例如，轴线的直线度公差值应小于其对基准的垂直度公差值，如图 2-86（a）所示，平面的平面度公差值应小于其对基准的平行度公差值，如图 2-86（b）所示；中心平面的平面度公差应小于其对基准的垂直度公差值，如图 2-86（c）所示；在给定截面内，平面的直线度公差值应小于其对基准的平行度公差值，如图 2 - 86（d）所示。

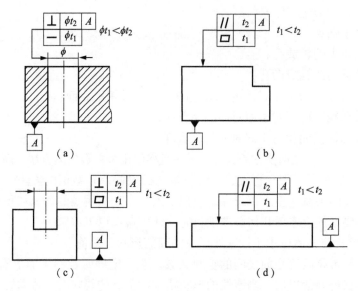

图 2 - 86　形状公差与方向公差的关系

（a）轴线的直线度公差值小于其对基准的垂直度公差值；（b）平面的平面度公差值小于
其对基准的平行度公差值；（c）中心平面的平面度公差小于其对基准的垂直度公差值；
（d）给定截面内平面的直线度公差值小于基准的平行度公差值

3）对同一基准或同一基准体系，同一被测要素的方向公差值应小于其位置公差值

根据几何公差带的概念和几何误差值的定义，对于同一基准（单基准）或基准体系（多基准），任一要素的位置误差值是其定位最小包容区域的宽度或直径，它一定不小于其定向最小包容区域的宽度或直径——方向误差值。因此，任一要素对某基准或基准体系的位置公差一定同时控制了该要素对该基准或基准体系的方向误差。在规定了某一要素对某基准或基准体系的位置公差值以后，只有当其对该基准或基准体系的方向精度有更高的要求时，才需要给出公差值更小的方向公差。

应该注意，当被测要素的方向和位置公差值分别对不同基准或基准体系给出时，上述要求不是必须满足的，因为不同基准或基准体系之间的方向或位置误差，会使被测要素的方向和位置误差值之间不具有确定的关系。

例如，平面对基准轴线的平行度公差值应小于其对同一基准的位置度公差值，如图 2 - 87（a）所示；轴线对基准平面的垂直度公差值应小于其对同一基准体系的位置度公差值，如图 2 - 87（b）所示。

由此可以推论同一要素的形状公差值应小于其位置公差值。例如，轴线的直线度公差值应小于其同轴度公差值，如图 2 - 88（a）所示；中心面的平面度公差值应小于其对称度公差值，如图 2 - 88（b）所示。

4）跳动公差具有综合控制的性质

跳动公差能够综合控制形状、方向和位置精度，也称为综合公差。回转表面及其素线的几何公差值和其轴线的同轴度公差值均应小于相应的径向圆跳动公差值。同时，同一要素的圆跳动公差值应小于其全跳动公差值。

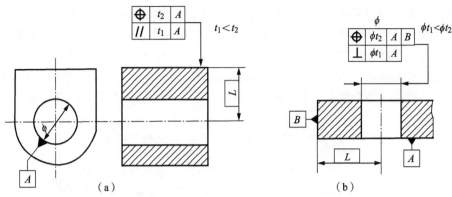

图 2 – 87 方向公差与位置公差的关系

（a）平行度公差值小于位置公差值；（b）垂直度公差值小于位置度公差值

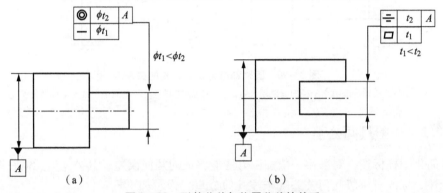

图 2 – 88 形状公差与位置公差的关系

（a）直线度公差值小于同轴度公差值；（b）平面度公差值小于对称度公差值

例如，圆柱面对基准轴线的径向圆跳动是其圆度误差与其轴线对基准轴线的同轴度误差的综合，因此，圆柱面的圆度公差值及其轴线对基准轴线的同轴度公差值，均应小于其径向圆跳动公差值，如图 2 – 89（a）所示；圆柱面对基准轴线的径向全跳动是其圆柱度误差、

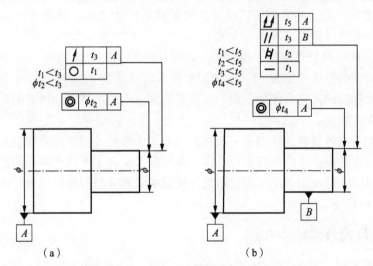

图 2 – 89 形状、方向、位置公差与跳动公差的关系

（a）圆度公差值和同轴度公差值均小于其径向圆跳动公差值；（b）均小于其径向全跳动公差值

素线直线度误差、相对素线平行度误差与其轴线对基准轴线的同轴度误差的综合，因此，圆柱面的圆柱度公差值、素线直线度公差值、相对素线的平行度公差值及其轴线对基准轴线的同轴度公差值，均应小于其径向全跳动公差值，如图 2−89（b）所示；圆柱面对基准轴线的径向圆跳动公差值应小于其径向全跳动公差值，如图 2−90（a）所示；端平面对基准轴线的轴向（端面）圆跳动公差值应小于其轴向（端面）全跳动公差值，如图 2−90（b）所示。

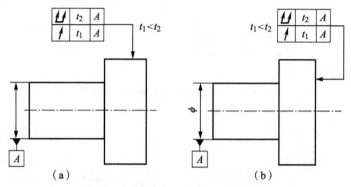

图 2−90 圆跳动与全跳动公差的关系

（a）径向圆跳动公差值小于径向全跳动公差值；（b）轴向圆跳动公差值小于轴向全跳动公差值

2.10.2 一般几何公差

为了简化图样标注，对采用一般加工方法能保证的几何误差，其公差值无需在图样上逐一单独标注。标准对一般几何公差（未注几何公差）作了如下规定：

（1）对直线度、平面度、垂直度、对称度和圆跳动的一般公差值分别规定了 H、K、L 三个公差等级。其中 H 级最高，L 级最低。

（2）圆度的一般公差值等于直径的公差值，但不能超过圆跳动的一般公差值。

（3）圆柱度误差由圆度、素线直线度和相对素线间的平行度误差等三部分组成，每一项误差均由各自的注出公差或一般公差控制，因此圆柱度的一般公差未作规定。

（4）平行度的一般公差值等于平行要素间距离的尺寸公差，或者等于该要素的平面度或直线度一般公差值（取两者中的较大者）。

（5）同轴度的一般公差值等于径向圆跳动的一般公差值。

一般几何公差的数值见附表 12。我国国家标准附录规定的几何公差的注出公差值与等效采用相应国际标准的几何公差的一般公差值具有完全不同的体系，两者的理论基础是完全不同的，因此无可比性。

其他项目均应由各要素的注出或一般几何公差、线性尺寸公差或角度公差控制。

一般几何公差值应由生产单位自行选定，并在技术文件中予以明确。采用标准规定的一般几何公差等级时，可在图样上标题栏附近注出标准号和公差等级的代号。例如：一般几何公差按 GB/T 1184—K。

2.10.3 几何公差应用实例

1. 螺纹连接应用

用螺栓或螺钉连接时孔的位置度公差，可以根据螺栓或螺钉与光孔间的最小间隙 $S_{\min}$ 通过计算进行确定。

用螺栓连接两个或多个零件时，被连接的零件上均为光孔，它们与螺栓形成间隙配合，且配合间隙通常相同，如图 2 – 91（a）所示。每个孔的轴线相对于螺栓轴线的最大偏移量均为 $\Delta = \dfrac{S_{\min}}{2}$，如图 2 – 91（b）所示，则各孔位置度公差值均为

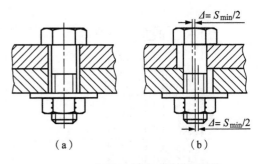

图 2 – 91　螺栓连接的孔轴线偏移量
（a）螺栓连接；（b）孔轴的最大偏移量

$$t = 2\Delta = S_{\min}$$

用螺钉（或螺柱）连接时，各个被连接零件中有一个零件上的孔为螺孔，而其余零件上的孔则为光孔，如图 2 – 92（a）所示。此时光孔的轴线相对于螺钉轴线的最大偏移量均为 $\Delta_1 = \dfrac{S_{\min}}{2}$，而螺孔的中心线相对于螺钉轴线的最大偏移量 Δ_2 取决于中径的配合间隙，一般取 $\Delta_2 = 0$，因此两孔的位置度公差之和为 $t_1 + t_2 = 2\Delta_1 + \Delta_2 = S_{\min}$，取两孔位置度公差相等 ［见图 2 – 92（b）］，则

$$t = t_1 = t_2 = \frac{S_{\min}}{2}$$

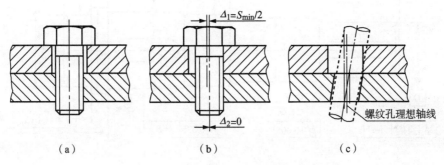

图 2 – 92　螺钉/螺柱连接的轴线偏移及倾斜
（a）螺钉/螺柱连接；（b）光孔及螺孔轴线的最大偏移量；（c）螺孔轴线倾斜超出公差带

以上仅考虑了轴线的偏移，对螺钉（或螺柱）连接，若螺孔轴线在公差带内倾斜，则螺钉轴线上部将会超出公差带从而使装配时产生干涉，如图 2 – 92（c）所示。被连接件厚度越大，产生干涉的机会就越大，为避免这种现象发生，通常采用延伸公差带。

如图 2 – 93（a）所示，用双头螺柱连接两个零件，装配时，先将双头螺柱旋入底座螺孔，再放上上盖后用螺母固定。双头螺柱与上盖光孔发生装配关系的长度为 60 mm，螺孔中径轴线的位置和方向决定了双头螺柱与光孔的装配关系。为避免干涉，螺孔中径轴线位置度公差应该采用延伸公差带，其标注如图 2 – 93（b）所示。延伸公差带是直径为公差值 0.2 mm、长度为 60 mm、公差带中心线位于理论正确位置的圆柱面内的区域，如图 2 – 93（c）所示。

2. 减速器输出轴设计

图 2 – 94 所示为圆柱齿轮减速器的输出轴。

两个 $\phi55k6$ 轴颈分别与 0 级滚动轴承内圈配合，工作时的回转轴线即为两轴颈的公共轴

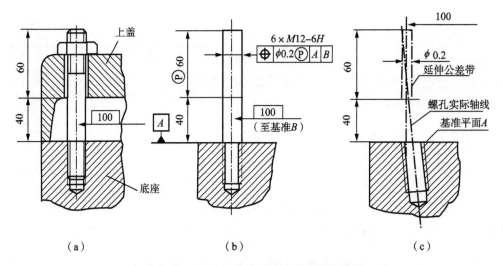

图 2-93 延伸公差带的图样标注及公差带

（a）用双头螺柱连接两个零件；（b）延伸公差带的标注；（c）延伸公差带

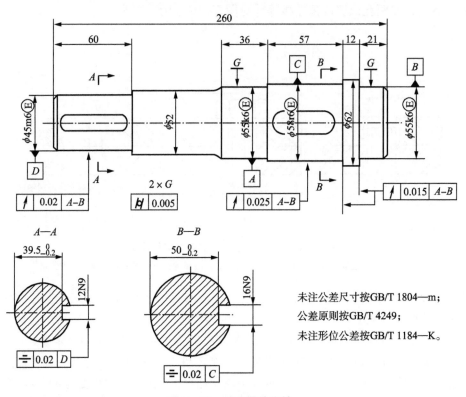

未注公差尺寸按GB/T 1804—m；

公差原则按GB/T 4249；

未注形位公差按GB/T 1184—K。

图 2-94 减速器输出轴

线，故应以该公共轴线作基准。由于轴承套圈为薄壁件，故应对轴颈规定较高的形状精度。根据滚动轴承配合的要求，规定轴颈的圆柱度公差值为 0.005 mm。

ϕ58r6 轴头与齿轮的基准孔配合，ϕ45m6 轴头与联轴器或其他传动件的孔配合，为保证相配件的轴线与该轴的回转轴线同轴，使其正常工作，对它们分别规定了相对公共基准轴线 A—B 的径向圆跳动公差，按 7 级圆跳动公差确定公差值分别为 0.025 mm 和 0.02 mm。

$\phi 62$ mm 轴肩的左端面为齿轮的轴向定位面，右端面为轴承内圈的轴向定位面，为保证零件定位可靠，轴肩端面应与基准轴线垂直，因此根据滚动轴承配合的要求，规定了它们对公共基准 A—B 轴线的端面圆跳动公差为 0.015 mm。

14N9 和 16N9 键槽规定对称度公差是为了保证键槽中心面与轴颈中心线共面，使齿轮等零件顺利装配。键槽的对称度公差一般取 7 ~ 9 级，本例选用 8 级，公差值均为 0.02 mm。

轴上其余要素的几何精度皆按一般几何公差处理。

思 考 题

1. 什么是基本尺寸？什么是实际尺寸？

2. 如何规定尺寸精度要求？尺寸公差的合格条件是什么？

3. 为何要规定几何公差？何谓形状公差？何谓方向公差？何谓位置公差？试说明有基准的轮廓度公差和无基准的轮廓度公差的异同。

4. 国家标准规定的几何公差特征项目有哪些？分别用什么符号表示？公差带分别是什么？

5. 几何公差框格指引线的箭头如何指向被测轮廓要素？如何指向被测中心要素？

6. 由几个同类要素构成的被测公共轴线、被测公共平面的几何公差如何标注？

7. 基准要素的基准符号如何标注？基准轮廓要素和基准中心要素的基准符号如何标注？

8. 试分别说明平面度公差、圆柱度公差、平面的平行度公差、径向全跳动公差对哪些几何误差具有控制功能。

9. 确定几何公差值时，同一被测要素的定位公差值、定向公差值与形状公差值间应保持何种关系？

10. 什么是理论正确尺寸？有何用途？

11. 何谓延伸公差带？主要用于哪些场合？

12. 国家标准对各项几何公差的一般公差值作了哪些规定？采用规定的一般几何公差值时，在图样上如何表示？

练 习 题

1. 改正习题图 2 – 1 中各项几何公差标注上的错误（不得改变几何公差项目）。

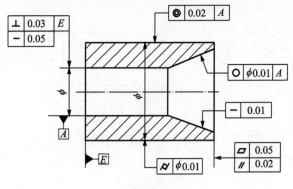

习题图 2 – 1

2. 试将下列技术要求标注在习题图 2 - 2 上。

（1）圆锥面 a 的圆度公差 0.01 mm；

（2）圆锥面 a 对 $\phi30$ 孔、轴线的斜向圆跳动公差 0.02 mm；

（3）$\phi30$ 孔轴线在任意方向上的直线度公差为 0.005 mm；

（4）$\phi30$ 孔表面的圆柱度公差 0.01 mm；

（5）右端面 b 对 $\phi30$ 孔轴线的端面圆跳动公差为 0.02 mm；

（6）左端面 c 对右端面 d 的平行度公差为 0.03 mm；

（7）轮毂槽 8 ± 0.018 的中心面对 $\phi30$ 孔轴线的对称度公差为 0.015 mm。

3. 将下列几何公差要求标注在习题图 2 - 3 上。

（1）底面的平面度公差为 0.012 mm；

（2）$\phi50$ 孔轴线对 $\phi30$ 孔轴线的同轴度公差为 0.03 mm；

（3）$\phi30$ 孔和 $\phi50$ 孔的公共轴线对底面的平行度公差为 0.05 mm。

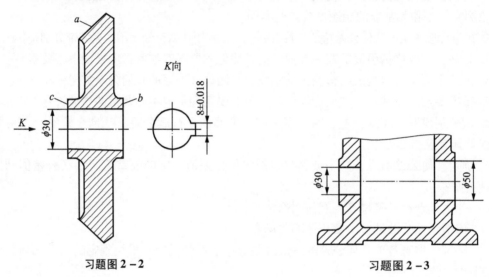

习题图 2 - 2　　　　　　　　　　　　　　习题图 2 - 3

4. 试说明习题图 2 - 4 中各要素分别是什么要素，并说明所标各几何公差的公差带的形状、大小、方向和位置。

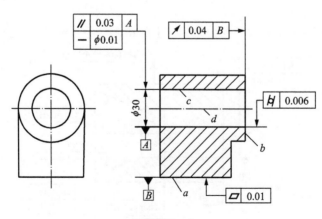

习题图 2 - 4

5. 如习题图 2-5 所示的封闭曲线（圆）采用圆度公差和线轮廓度公差两种公差项目标注时，其公差带有何异同？

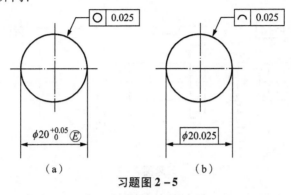

习题图 2-5

6. 比较习题图 2-6 中垂直度与位置度标注的异同。

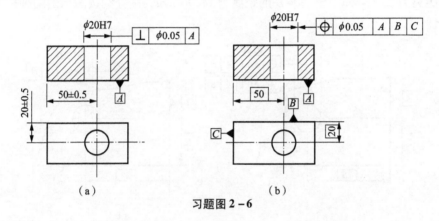

习题图 2-6

7. 比较习题图 2-7 所示两种孔轴线位置公差标注方法的区别。

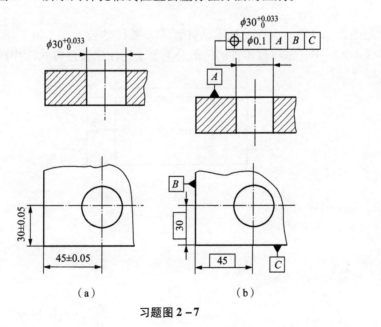

习题图 2-7

8. 对于习题图 2-8 所示的几种位置公差标注的零件，试分析说明它们的精度要求有何异同。

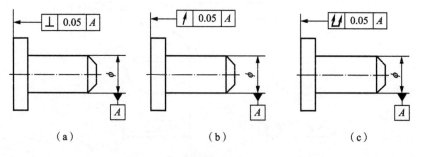

习题图 2-8

9. 比较习题图 2-9 所示的两种孔轴线位置度标注方法的区别。若实测零件上孔轴线至基准 A 的距离为 25.04mm，至基准 B 的距离为 14.96 mm，试分别按图示的两种标注方法判断其合格性。

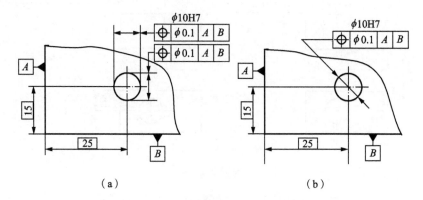

习题图 2-9

10. 习题图 2-10 所示零件的技术条件要求一般尺寸公差按 GB/T 1804—m、一般几何公差按 GB/T 1184—H，试将该零件的一般公差要求用注出公差方式标注在图样上。

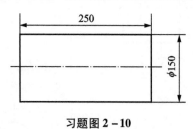

习题图 2-10

第三章　表　面　精　度

3.1　表面精度的基本知识

3.1.1　表面精度介绍

机械零件的几何表面是指零件与周围介质隔离的物理边界，机械零件几何实体由几何表面封闭构成。

机械零件的表面状况是化学的、物理的和表面几何特性的综合，化学和物理的特性包括化学成分、粒度、硬度、强度和不均匀度（边缘的特性和中心部位不同）。表面几何特性包括尺寸的偏离、形状和位置的误差、表面粗糙度、表面波纹度和表面缺陷等。

经过机械加工过程得到的零件表面，其几何特性必然呈非理想状态，其与理想表面之间的误差称为表面误差。表面误差可分为表面微观连续性误差、表面宏观偶然性误差和表面宏观连续性误差三类。表面宏观连续性误差即表面形状误差，采用形状公差评定其精度。表面微观连续性误差和宏观偶然性误差即表面结构（Surface Texture），是由实际表面的重复或偶然的偏差所形成的表面三维形貌，即由表面粗糙度、表面波纹度和表面缺陷综合形成的不规则状况，又称表面特征。

依据零件表面几何特征和对其使用性能的影响，可以将表面结构分为宏观的偶然性表面结构和微观的重复性表面结构。

宏观偶然性表面结构称为表面缺陷。表面缺陷是在加工、储存和使用过程中，非故意或偶然生成的实际表面的单元体、不规则体或成组的单元体、不规则体。这些单元或不规则体的类型，明显区别于构成一个粗糙度表面的那些单元体或不规则体。表面缺陷一般不存在明显的周期性及规律性，但其发生也有其内在的规律。

微观重复性表面结构包括：微观几何形状误差（表面粗糙度，Surface Roughness）、中间几何形状误差（表面波纹度，Surface Waviness）、原始轮廓（Primary Profile）误差（表面形状误差）等（见图 3 - 1）。

表面形状误差、表面粗糙度与表面波纹度，通常由在表面轮廓截面上采用三种不同的波长（频率）范围的定义来划定。一般而言，波长小于 1 mm，大体呈周期变化的属于表面粗糙度范围；波长在 1~10 mm 并呈周期性变化的属于表面波纹度范围；波长在 10 mm 以上而无明显周期变化的属于表面形状误差的范围。另一种方法是按波长与波幅（峰谷高度）的比值来划定，比值小于 50 的为粗糙度；在 50~1000 范围内为波纹度；大于 1000 则视为形

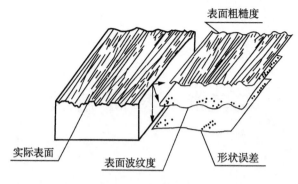

图 3-1 表面结构

状误差。这种划分的比值是在生产实际中由统计规律得出的，没有严格的理论支持。

实际上，表面形状误差、表面粗糙度以及表面波纹度之间并没有确定的界限，它们通常与生成表面的加工工艺和工件的使用功能有关。例如，汽车轮轴的粗糙度对于手表芯轴而言，可能变成波纹度或形状误差。

表面粗糙度主要是由加工过程中刀刃或磨粒在工件表面留下的痕迹、加工残留物、刀具和零件表面之间的摩擦、切屑分离时的塑性变形以及工艺系统中存在的高频振动等原因所形成的，属于微观几何误差。

表面波纹度主要是由在加工过程中加工系统的振动、发热、回转过程中的质量不均衡以及刀具进给的不规则等原因形成的，具有较强的周期性，属于微观和宏观之间的几何误差。

3.1.2 表面结构对性能的影响

1. 对摩擦磨损的影响

两个粗糙表面只能在若干峰顶之间相接触，接触面只是表面的一部分。若两个表面之间存在相对运动，"犬牙交错"的表面峰谷之间存在凸峰的弹、塑性变形或切割作用等，就会对运动产生摩擦阻力，同时产生磨损，从而失去设备或零件原有的精度。

一般来说，表面越粗糙，摩擦阻力越大，因摩擦而消耗的能量也越大。同时由于两配合表面间的实际有效接触面面积越小，单位面积压力越大，磨损也就越快，零件的耐磨性越差。但是，表面过于光洁时，由于两表面之间的分子吸附力增大，会使两表面间的接触力增强，润滑减少，反而也增加摩擦、磨损，甚至使金属表面发热产生胶合而损坏表面。

2. 对疲劳强度的影响

承受交变载荷的零件大多是由于表面产生疲劳裂纹而失效的。疲劳裂纹主要是由表面微观波纹的波谷所造成的应力集中所引起的。零件表面越光滑，因材料疲劳而引起的表面断裂的机会就越少。例如，受冲击载荷的零件，表面经过抛光，其寿命可提高数倍。

表面粗糙度对零件疲劳强度的影响与零件材料有关，钢制零件影响较大，铸铁件因其组织松散而影响较小，有色金属零件影响更小。

3. 对耐腐蚀性的影响

金属材料的腐蚀现象主要由化学过程和电化学过程所致。金属腐蚀主要发生在表面微观波谷处和裂纹处，聚集在金属表面的水汽和腐蚀性气体在微观不平的波谷内产生电化学现象，并逐渐向金属内部侵蚀。波谷越深且形状越陡的表面，越易聚集腐蚀性液体和气体，因此腐蚀就越快。受到腐蚀后，表面的腐蚀产物逐渐剥落，使新的表面更为粗糙不平，导致金属表面更快地腐蚀。不同加工方法所获得的不同表面粗糙度的金属表面，具有不同的腐蚀速度，表面越粗糙，腐蚀现象会越严重。降低表面粗糙度的数值，可提高零件抗腐蚀的能力，从而延长机械设备和仪器的使用寿命。例如，经过抛光的表面，改善了表面质量，因而能减少生锈和腐蚀。

4. 对配合性能的影响

表面结构影响配合性质的稳定性。相互配合的表面越粗糙，不仅会增加装配的困难程度，而且在设备运转时易于磨损，造成配合间隙增大，从而改变配合的性质。特别是在尺寸小、公差小的情况下，表面粗糙程度对配合性质的影响更大。

对于间隙配合，两零件表面上微小波峰彼此磨损，间隙逐渐增大，使配合性质发生改变；对于过渡配合，如果零件表面粗糙，在重复装拆过程中，间隙会扩大，从而会降低定心和导向精度；对于过盈配合，在装配过程中，粗糙表面易使峰顶因材料的塑性变形而相互挤压变平，从而使实际有效的过盈减小，降低了紧固联结的强度。例如，据实测和试验，直径为 180 mm 的车辆轮轴的过盈配合，微观凸峰的最大高度为 36.5 μm 时，虽比微观凸峰的最大高度为 18 μm 时的配合增加了 15% 的过盈量，但连接强度反而降低了 45% ~ 50%。

计算机硬盘的表面波纹度已成为制约其读写速度的"瓶颈"。因为表面波纹度会引起工作过程中磁头相对于硬盘表面之间气隙的变动。当硬盘转速很高时，此种气隙的变动可能使磁头响应不及时而造成头盘碰撞，导致信息丢失、设备损坏的严重后果。

5. 对结合密封性的影响

结合的密封分为静力密封和动力密封两种。对于静力密封面，表面过于粗糙、波谷过深时，密封材料在装配后受到的预压力还不能使微观不平的深谷填满，因而会在密封面上留下许多渗漏的微小缝隙，影响密封性。对于动力密封面，由于存在相对运动，故需添加适当的润滑油，表面粗糙会影响密封性能。但当表面过于光滑时，会使附着在波峰上的油分子受压后被排出，使有相对运动的密封表面之间无法形成一定厚度的油膜，从而失去润滑作用。

波纹度对机械接触式密封件的性能有重要影响。随着波纹度幅值的增加，油膜承受的载荷将明显增加，泄漏量也将迅速增加。

6. 对接触刚度的影响

机器的刚度不仅取决于机器本身的刚度，而且在很大程度上取决于各零件之间的接触刚度。所谓接触刚度是指零件结合面在外力的作用下抵抗接触变形的能力。表面粗糙的零件，最初是点、线接触，实际接触面很小，在承受一定载荷的作用下，表面层出现的塑性变形增大，表面层的接触刚度也变差。

7. 对振动的影响

滚动轴承工作时产生振动的主要因素是表面波纹度。滚珠的波纹度会使钢球的单体振动值上升，从而使合套后的轴承整体振动和噪声增大。试验表明，滚动轴承的振动和噪声与零件的表面波纹度的大小成正比，波纹度的大小直接影响轴承的多项性能指标。把轴承滚道和滚动体的表面波纹度控制在一定范围内，对提高滚动轴承的精度和延长其使用寿命有重要作用。

8. 对光学性能的影响

表面粗糙度对零件表面的外观感觉、光学性能有着直接的影响。表面波纹度对光学介质表面的光散射也具有不可忽视的影响。近年来的研究发现，当光学介质的表面粗糙度要求已提高到纳米级水平时，反射率并无明显提高，其原因就是波纹度的影响。

表面缺陷对产品的接触、外观等性能有较大的影响，在实际的表面上存在缺陷并不表示该表面不适用，缺陷的可接受性取决于表面的用途和功能。

9. 对测量精度的影响

零件被测表面和测量工具测量面的表面粗糙度都会直接影响测量的精度，尤其在精密测量中，由此而引起的测量误差更不容忽视。由于被测表面存在微观不平度，测量时常会出现读数不稳定现象。在测量过程中，被测表面和工具、仪器的测量面越粗糙，测量误差就越大。

综上所述，零件表面结构对于机器及零件的使用功能的影响是多方面的，不同的表面结构成分和不同程度的表面结构误差对零件及零件配合的不同使用功能有不同程度的影响。

表面结构相关的 GPS 标准见表 3 – 1。

表 3 – 1　表面结构标准

GPS 通用标准					
链环号	1	2	3	4	5	6
要素的几何特征	产品文件表示	公差定义及其数值	实际要素的特征及参数定义	工件偏差评定	测量器具	测量器具校准
粗糙度轮廓	GB/T 131	GB/T 18777、GB/T 18618、GB/T 18778.1、GB/T 1031、GB/T 12472、GB/T 18778.2、GB/T 3505、GB/T 12472、GB/T 12767、GB/T 13841、GB/T 14234	GB/T 10610、GB/T 18777、GB/T 18618、GB/T 18778.2	GB/T 10610、GB/T 18618、GB/T 18778.1	GB/T 6062、GB/T 18777	GB/T 18779.1、GB/T 18779.2、GB/T 6062、GB/T 19600、GB/T 19067.1、GB/T 19067.2、GB/T 6060.1 ~ 6060.5、GB/T 14495
波纹度轮廓	GB/T 131	GB/T 18777、GB/T 18618、GB/T 16747	GB/T 18777、GB/T 18618	GB/T 10610、GB/T 18618、GB/T 18778.1、GB/T 18778.2	GB/T 6062、GB/T 18777	GB/T 18779.1、GB/T 18779.2、GB/T 6062、GB/T 19600、GB/T 19067.1、GB/T 19067.2
原始轮廓	GB/T 131	GB/T 18777	GB/T 10610	GB/T 18778.1、GB/T 18778.2	GB/T 6062、GB/T 18777	GB/T 18779.1、GB/T 18779.2、GB/T 6062、GB/T 19600、GB/T 19067.1、GB/T 19067.2
表面缺陷	GB/T 15757	GB/T 15757		GB/T 18778.1、GB/T 18778.2		GB/T 18779.1、GB/T 18779.2、GB/T 6062

3.1.3 表面轮廓的介绍

1. 表面轮廓的术语与定义

（1）实际表面。实际表面是工件上实际存在的表面，是物体与周围介质分离的表面，如图 3–1 所示。

（2）实际表面轮廓。表面轮廓是由理想平面与实际表面相交所得的轮廓。实际表面轮廓由粗糙度轮廓、波纹度轮廓以及形状轮廓构成，如图 3–2 所示。

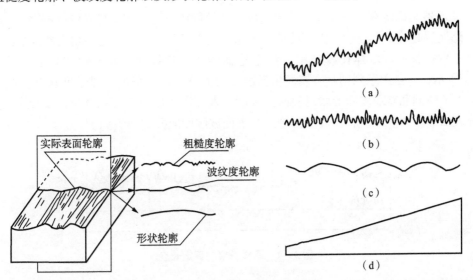

图 3–2 实际表面轮廓

（a）实际轮廓；（b）粗糙度轮廓；（c）波纹度轮廓；（d）形状轮廓

机械加工形成的表面加工痕迹通常呈一定的方向性，这种微观结构称为表面加工纹理，其主要方向称为表面纹理方向。按照相截方向的不同，实际表面轮廓又可分为横向实际轮廓和纵向实际轮廓。在评定或测量表面粗糙度、表面波纹度时，除非特别指明，通常是指横向实际轮廓，即与加工纹理方向垂直的截面上的轮廓。

①原始轮廓。原始轮廓是在应用短波长滤波器 λ_s 之后的总轮廓。原始轮廓是评定原始轮廓参数的基础。

②粗糙度轮廓。粗糙度轮廓是对原始轮廓采用 λ_c 滤波器抑制长波成分后所得的轮廓。粗糙度轮廓是评定粗糙度轮廓参数的基础，其频带由 λ_s 和 λ_c 滤波器来限定。

③波纹度轮廓。波纹度轮廓是对原始轮廓连续使用 λ_f 和 λ_c 滤波器后所获得的轮廓。波纹度轮廓是评定波纹度轮廓参数的基础，其频带由 λ_f 和 λ_c 滤波器来限定。在运用 λ_f 滤波器分离波纹度轮廓之前，应先采用最小二乘法从原始轮廓中提取标称形状。

（3）轮廓滤波器。轮廓滤波器是把轮廓分成长波和短波成分的滤波器，主要作用是区分粗糙度轮廓和波纹度轮廓。

轮廓滤波器按照波长可以分为 λ_s 滤波器、λ_c 滤波器和 λ_f 滤波器，如图 3–3 所示。

λ_s 滤波器是确定存在于表面上的粗糙度与比它更短的波的成分之间相交界限的滤波器。

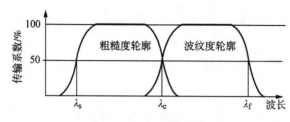

图 3 - 3 轮廓滤波器

λ_c 滤波器是确定存在于表面上的粗糙度与波纹度成分之间相交界限的滤波器。

λ_f 滤波器是确定存在于表面上的波纹度与比它更长的波的成分之间相交界限的滤波器。

（4）取样长度。取样长度是用于评定轮廓的特征参数的一段 x 轴方向上的长度，如图 3 - 4 所示。它是用于判别具有表面粗糙度或表面波纹度特征的一段基准长度。规定取样长度是为了限制和减弱表面形状对表面波纹度、表面波纹度对表面粗糙度测量结果的影响，以区分表面形貌中表面形状、表面粗糙度和表面波纹度成分。

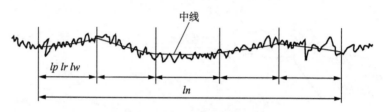

图 3 - 4　取样长度和评定长度

为了全面、充分地反映被测表面的表面粗糙度和表面波纹度特性，取样长度应包含 5 个以上的波峰和波谷。

评定粗糙度轮廓的取样长度 lr 在数值上与轮廓滤波器 λ_c 的标志波长相等。

评定波纹度轮廓的取样长度 lw 在数值上与轮廓滤波器 λ_f 的标志波长相等。

原始轮廓的取样长度 lp 在数值上与评定长度相等。

（5）评定长度。评定长度是用于判别被评定轮廓的 x 轴方向上的长度，包含一个或几个取样长度。评定长度用 ln 表示，如图 3 - 4 所示。

评定长度是为了全面且充分反映被测表面的特性，在评定或测量表面轮廓时所必需的一段长度。评定长度可包括一个或多个取样长度，表面形貌不均匀的表面，宜选用较长的评定长度，当不加以说明时默认为 5 个取样长度。

（6）中线。轮廓中线是测量和评定表面粗糙度、表面波纹度的基准，是具有理想几何轮廓形状并划分轮廓的基准线。

轮廓中线是指轮廓的最小二乘中线。在用图解法评定和测量表面粗糙度时，也可以用算术平均中线代替最小二乘中线。轮廓的算术平均中线往往不是唯一的。在一簇算术平均中线中只有一条与最小二乘中线重合。

在取样长度范围内，实际被测轮廓线上的各点至轮廓最小二乘中线的距离平方和应为最小（见图 3 - 5），即

$$\int_0^l z^2 \mathrm{d}x = \min$$

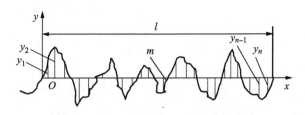

图3-5　最小二乘中线

粗糙度轮廓成分所对应的中线称为粗糙度轮廓中线。

波纹度轮廓成分所对应的中线称为波纹度轮廓中线。

对原始轮廓进行最小二乘拟合，按标称形状所获得的中线称为原始轮廓中线。

（7）轮廓单峰（单谷）、轮廓峰（谷）和轮廓单元。轮廓单峰是指两相邻轮廓最低点之间的轮廓部分，轮廓单谷是指两相邻轮廓最高点之间的轮廓部分。

轮廓峰是被评定轮廓上连接轮廓与中线两相邻交点向外（从材料到周围介质）的轮廓部分，轮廓谷是被评定轮廓上连接轮廓与中线两相邻交点向内（从周围介质到材料）的轮廓部分。

评定轮廓沿中线方向上相邻轮廓峰与相邻轮廓谷的组合称为轮廓单元（x_s），如图3-6所示。轮廓峰是指在取样长度内，中线所截轮廓两相邻交点以外的轮廓部分；轮廓谷是指在取样长度内，中线所截轮廓两相邻交点以内的部分。

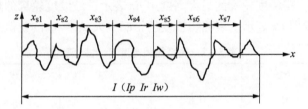

图3-6　轮廓单元

2. 表面轮廓的中线制参数

表面轮廓的参数分为中线制参数和图形参数两类。以轮廓中线为基准测量和评定原始轮廓、表面粗糙度轮廓和表面波纹度轮廓所涉及的参数称为表面轮廓的中线制参数。中线制参数是目前应用最广泛的参数制。

对于图3-7所示的表面轮廓（原始轮廓、表面粗糙度轮廓、表面波纹度轮廓），其评

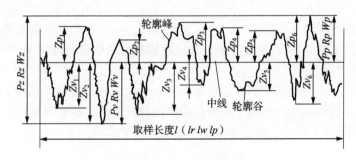

图3-7　表面轮廓参数

定参数分别从轮廓高度、间距和形状特性等方面适当表征实际轮廓。

从粗糙度轮廓上计算所得到的参数称为 R 参数。

从波纹度轮廓上计算所得到的参数称为 W 参数。

从原始轮廓上计算所得到的参数称为 P 参数。

（1）与高度特性有关的评定参数。表征表面轮廓高度特性的参数称为幅度参数，包括以峰和谷之间关系表示的参数和以纵坐标平均值定义的幅度参数。

以峰和谷之间关系表示的幅度参数有：以峰和谷值定义的最大轮廓峰高、最大轮廓谷深、轮廓最大高度、轮廓单元的平均高度及轮廓的总高度等。

以纵坐标平均值定义的幅度参数有：评定轮廓的算术平均偏差、评定轮廓的均方根偏差、评定轮廓的偏斜度及评定轮廓的陡度等。

以下是常用幅值参数的定义：

①最大轮廓峰高。最大轮廓峰高是在一个取样长度内，最大的轮廓峰高，如图 3 – 7 所示，粗糙度轮廓的最大轮廓峰高用 Rp 表示；波纹度轮廓的最大轮廓峰高用 Wp 表示；原始轮廓的最大轮廓峰高用 Pp 表示。

②最大轮廓谷深。最大轮廓谷深是在一个取样长度内，最大的轮廓谷深，如图 3 – 7 所示，粗糙度轮廓的最大轮廓谷深用 Rv 表示；波纹度轮廓的最大轮廓谷深用 Wv 表示；原始轮廓的最大轮廓谷深用 Pv 表示。

③轮廓最大高度。轮廓最大高度是在一个取样长度内，轮廓的最大峰高与最大谷深之和，如图 3 – 7 所示。粗糙度轮廓的最大高度用 Rz 表示；波纹度轮廓的最大高度用 Wz 表示；原始轮廓的最大高度用 Pz 表示。表面粗糙度的轮廓最大高度 Rz 的数值见表 3 – 2。

表 3 – 2　轮廓最大高度 Rz 的数值　　　　　　　　　　（μm）

Rz	0.025	0.4	6.3	100	1600
	0.05	0.8	12.5	200	
	0.1	1.6	25	400	
	0.2	3.2	50	800	

④轮廓单元的平均高度。轮廓单元的平均高度是在一个取样长度内轮廓单元高度的平均值。粗糙度轮廓的轮廓单元平均高度用 Rc 表示；波纹度轮廓的轮廓单元平均高度用 Wc 表示；原始轮廓的轮廓单元平均高度用 Pc 表示。

$$Pc(Rc, Wc) = \frac{1}{m} \sum_{i=1}^{m} Zt_i$$

⑤轮廓总高度。轮廓总高度是在一个评定长度内，最大的轮廓峰高与最大的轮廓谷深之和。粗糙度轮廓的轮廓总高度用 Rt 表示；波纹度轮廓的轮廓总高度用 Wt 表示；原始轮廓的轮廓总高度用 Pt 表示。

⑥评定轮廓的算术平均偏差。评定轮廓的算术平均偏差是在取样长度 l 内，被测实际轮廓上各点至轮廓中线距离绝对值的平均值，即在取样长度内，轮廓纵坐标值 $Z(x)$ 绝对值的算术平均值，如图 3 –8 所示。表面粗糙度的轮廓算术平均偏差 Ra 的数值见表 3 – 3。

$$Pa(Ra, Wa) = \frac{1}{l} \int_{0}^{l} |Z(x)| \mathrm{d}x$$

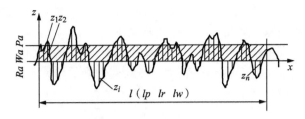

图 3-8　表面轮廓参数

表 3-3　轮廓算术平均偏差 Ra 的数值　　　　（μm）

Ra	0.012	0.2	3.2	50
	0.025	0.4	6.3	100
	0.05	0.8	12.5	
	0.1	1.6	25	

⑦评定轮廓的均方根偏差。评定轮廓的均方根偏差是在取样长度 l 内，被测实际轮廓上各点至轮廓中线距离绝对值的均方根值，即在取样长度内，轮廓纵坐标值 $Z(x)$ 绝对值的均方根值（见图 3-8），其计算式为

$$Pq(Rq,\ Wq) = \frac{1}{l}\int_0^l |\,Z(x)\,|^2 \mathrm{d}x$$

⑧评定轮廓的偏斜度。评定轮廓的偏斜度是在取样长度 l 内，纵坐标 $Z(x)$ 三次方的平均值分别与 Pq、Rq 或 Wq 的三次方的比值。

$$Psk(Rsk,\ Wsk) = \frac{1}{Rq^3}\Big[\frac{1}{l}\int_0^l Z^3(x)\,\mathrm{d}x\Big]$$

轮廓的偏斜度用于表征轮廓分布的对称性，如图 3-9 所示。如果表面含有较多的峰和较少的谷，则偏斜度为正，反之为负。

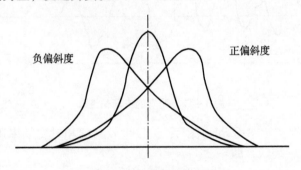

图 3-9　表面轮廓参数

⑨评定轮廓的陡度。评定轮廓的陡度是在取样长度 l 内，纵坐标 $Z(x)$ 四次方的平均值分别与 Pq、Rq 或 Wq 的四次方的比值。其计算式为

$$Pku(Rku,\ Wku) = \frac{1}{Rq^4}\Big[\frac{1}{l}\int_0^l Z^4(x)\,\mathrm{d}x\Big]$$

（2）与间距特性有关的评定参数。表征表面轮廓间距特性的参数称为间距参数，是以轮廓单元宽度值定义的参数，如轮廓单元的平均宽度等。

轮廓单元的平均宽度是在取样长度内，轮廓单元宽度 Xs 的平均值，如图 3−6 所示。

粗糙度轮廓的单元平均宽度用 Rsm 表示；波纹度轮廓的单元平均宽度用 Wsm 表示；原始轮廓的单元平均宽度用 Psm 表示。

$$Psm(Rsm，Wsm) = \frac{1}{m}\sum_{i=1}^{m} Xs_i$$

（3）与形状特性有关的评定参数。相同幅度和间距参数的表面轮廓，由于形状不同，其有关表示轮廓凸起的实体部分显然不同，如图 3−10 所示。凸起的实体部分多，凹下的空隙部分少，承受载荷的面积大，耐磨性好。图 3−10（b）所示的表面比图 3−10（a）所示的表面耐磨。

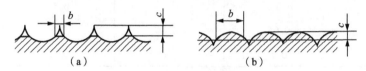

图 3−10　不同形状的表面轮廓

(a) 耐磨性差；(b) 耐磨性好

表征轮廓曲线形状特性的参数是依据评定长度而不是在取样长度上定义，以便稳定地表征曲线形状。其相关参数包括轮廓的支承长度率、轮廓的支承长度率曲线、轮廓截面高度差及轮廓幅度分布曲线等。

轮廓的支承长度率是在给定的水平位置 c 上，轮廓的实体材料长度与评定长度的比值，即平行于中线的线从峰顶线向下平移到某一位置时，与被测截面轮廓相截所得到的各段截线长度 Ml_i 之和与评定长度 ln 之比（见图 3−11）。

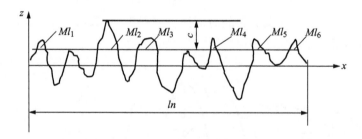

图 3−11　轮廓的支承长度率

粗糙度轮廓的相对支承率用 Rmr 表示；波纹度轮廓的相对支承率用 Wmr 表示；原始轮廓的相对支承率用 Pmr 表示，即

$$Rmr，Wmr，Pmr = \frac{1}{ln}\sum_{i=1}^{m} M_{l_i}$$

显然，从峰顶线向下平移的水平截距 c 不同，轮廓的支承长度率也不相同。

3. 表面轮廓的图形参数

用图形法来测量和评定表面轮廓所涉及的参数称为表面轮廓的图形参数。它适用于粗糙度图形和波纹度图形的评定。图形参数是标准新规定的评定参数，避免了由中线带来的误差，与目前通用的中线制评定方法有较大差别。

　　图形参数制的基本单元是图形，图形是指不一定相邻的两个轮廓单峰的最高点之间的原始轮廓部分，图形的特征用 3 个参量描述：平行于原始轮廓总方向的长度 AR_i 或 AW_i；垂直于原始轮廓总方向的深度 H_j 和 H_{j+1}、HW_j 和 HW_{j+1}；图形的 T 形特征（两个深度中的最小深度），如图 3 – 12 所示。图形分为粗糙度图形和波纹度图形两种，粗糙度图形是用某个有界限值 A 的完整的规范操作集提取的图形，如图 3 – 12（a）所示，波纹度图形是用某个有界限值 B 的完整的规范操作集从连接原始轮廓各个峰最高点的折线包络线上提取的图形，如图 3 – 12（b）所示。

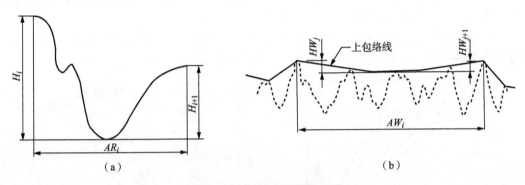

图 3 – 12　轮廓的支承长度率

（a）粗糙度图形；（b）波纹度图形

　　图形参数中的评定参数主要从深度和间距方面定义。常用图形参数的定义如下：

　　（1）粗糙度图形的平均间距。粗糙度图形的平均间距是在评定长度内，粗糙度图形中各个长度 AR_i 的算术平均值，如图 3 – 13 所示。

$$AR = \frac{1}{n}\sum_{i=1}^{n} AR_i$$

　　（2）粗糙度图形的平均深度。粗糙度图形的平均深度是在评定长度内粗糙度图形中各个深度 H_j 的算术平均值，如图 3 – 13 所示。

$$R = \frac{1}{m}\sum_{i=1}^{m} H_j$$

　　（3）轮廓微观不平度的最大深度。轮廓微观不平度的最大深度是指在评定长度内，图形深度 H_j 的最大值，如图 3 – 13 所示中的 H_3。

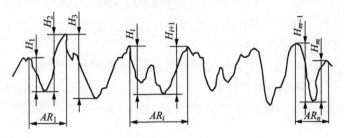

图 3 – 13　粗糙度图形参数

（4）波纹度图形的平均间距。波纹度图形的平均间距是指在评定长度内波纹度图形中各个长度 AW_i 的算术平均值，如图 3 - 14 所示。

$$AW = \frac{1}{n} \sum_{i=1}^{n} AW_i$$

（5）波纹度图形的平均深度。波纹度图形的平均深度是指在评定长度内波纹度图形中各个深度 HW_j 的算术平均值，如图 3 - 14 所示。

$$W = \frac{1}{m} \sum_{j=1}^{m} HW_j$$

（6）波纹度图形的最大深度。波纹度图形的最大深度是指在评定长度内深度 HW_j 的最大值，如图 3 - 14 所示中的 W_x。

（7）波纹度的总深度。波纹度的总深度是指在与原始轮廓总方向垂直的方向上，原始轮廓包络线的最高点与最低点之间的距离，如图 3 - 14 所示中的 W_{te}。

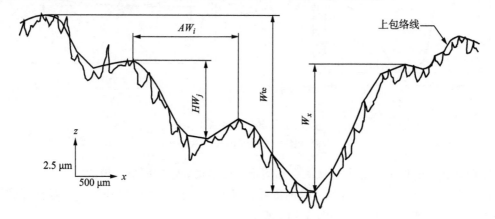

图 3 - 14　波纹度图形参数

3.2　表面粗糙度

3.2.1　表面粗糙度评定参数的新旧标准对照

表面轮廓国家标准 GB/T 3505—2009 等效采用 ISO 4287：1997 标准，在基本术语和表面结构的参数方面与表面粗糙度旧国家标准 GB/T 3505—1983 有较大的变化。而目前正在执行使用的 GB/T 1031 和 GB/T 131 标准的依据是 GB/T 3505—1983，与 GB/T 3505—2009 不能够配套使用。因此，GB/T 1031 仍为贯彻执行的现行标准，GB/T 1031 和 GB/T 3505—1983 目前仍然广泛应用在生产实际中。

GB/T 3505—1983 和 GB/T 3505—2009 在术语和表面结构参数的对照见表 3 - 4 和表 3 - 5。表 3 - 4 所示中的取样长度 lr、lw、lp 分别对应于粗糙度参数（R）、波纹度参数（W）、原始轮廓参数（P）。表 3 - 5 中只列出了 GB/T 3505—2009 规定的三类轮廓参数中的粗糙度轮廓（R）参数。

表 3 – 4　基本术语的对照

基本术语	GB/T 3505—1983	GB/T 3505—2009
取样长度	l	lp、lw、lr
评定长度	l_n	ln
纵坐标值	y	$Z(x)$
局部斜率		$\dfrac{\mathrm{d}Z}{\mathrm{d}X}$
轮廓峰高	y_p	Zp
轮廓谷深	y_v	Zv
轮廓单元高度		Zt
轮廓单元宽度		Xs
在水平截面高度 c 位置上轮廓的实体材料长度	η_p	$Ml(c)$

表 3 – 5　表面结构参数对照

表面结构参数	GB/T 3505—1983	GB/T 3505—2009	在测量范围内	
			评定长度 ln	取样长度[1]
最大轮廓峰高	R_p	Rp[2]		√
最大轮廓谷深	R_m	Rv[2]		√
轮廓最大高度	R_y	Rz[2]		√
轮廓单元的平均高度	R_c	Rc[2]		√
轮廓总高度	—	Rt[2]	√	
评定轮廓的算术平均偏差	R_a	Ra[2]		√
评定轮廓的均方根偏差	R_q	Rq[2]		√
评定轮廓的偏斜度	S_k	Rsk[2]		√
评定轮廓的陡度	—	Rku[2]		√
轮廓单元的平均宽度	S_m	Rsm[2]		√
评定轮廓的均方根斜率	Δ_q	$R\Delta q$[2]		√
轮廓支承长度率	—	$Rmr(c)$[2]	√	
轮廓水平截面高度	—	$R\delta c$[2]	√	
相对支承长度率	t_p	Rmr[2]	√	
十点高度	R_z	—		

注：√符号表示在测量范围内，现采用的评定长度和取样长度。
①表中取样长度是 lr、lw 和 lp，分别对应于 R、W 和 P 参数：$lp = ln$。
②在规定的三个轮廓参数中，表中只列出了粗糙度轮廓参数。
　例如：三个参数分别为：Pa（原始轮廓）、Ra（粗糙度轮廓）、Wa（波纹度轮廓）。

GB/T 3505—1983 中表面粗糙评定参数分别从轮廓高度、间距和形状特性来适当表征实际轮廓，如图 3-15 所示。

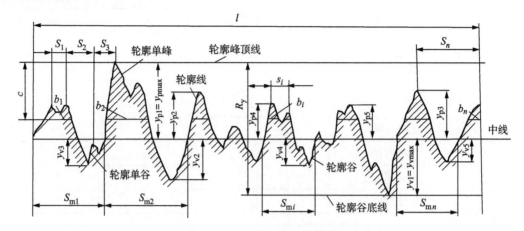

图 3-15　表面轮廓参数（旧标准）

1. 与高度特性有关的评定参数

（1）轮廓算术平均偏差 R_a。轮廓算术平均偏差 R_a 与 GB/T 3505—2009 中粗糙度评定轮廓的算术平均偏差 Ra 相同。其计算式为

$$R_a = \frac{1}{l_r} \int_0^{l_r} |Z(x)| \, \mathrm{d}x$$

（2）轮廓最大高度 R_y。轮廓最大高度 R_y 与 GB/T 3505—2009 中粗糙度轮廓的最大高度 Rz 相同。其计算式为

$$R_y = |Z_{p_{max}}| + |Z_{v_{max}}|$$

（3）微观不平度十点高度 R_z。微观不平度十点高度 R_z 在 GB/T 3505—2009 中没有相应定义，是在取样长度内 5 个最大的轮廓峰高 Z_{p_i} 的平均值与 5 个最大的轮廓谷深 Z_{v_i} 的平均值之和（见图 3-15）。其计算式为

$$R_z = \frac{1}{5} \left(\sum_{i=1}^{5} |Z_{p_i}| + \sum_{i=1}^{5} |Z_{v_i}| \right)$$

2. 与间距特性有关的评定参数

（1）轮廓微观不平度的平均间距 S_m。

轮廓微观不平度的平均间距 S_m 与 GB/T 3505—2009 中粗糙度轮廓的单元平均宽度 Rsm 相同。其计算式为

$$S_m = \frac{1}{m} \sum_{i=1}^{m} X_{S_i}$$

（2）轮廓单峰平均间距 S。轮廓单峰平均间距 S 在 GB/T 3505—2009 中没有相应定义。它是在取样长度内，轮廓单峰间距 S_i 的平均值（见图 3-15）。其计算式为

$$S = \frac{1}{n} \sum_{i=1}^{n} S_i$$

轮廓单峰间距 S_i 是相邻单峰的最高点之间沿中线方向的距离。

3. 与形状特性有关的评定参数

轮廓支承长度率 t_p 与 GB/T 3505—2009 中粗糙度轮廓的支撑长度率近似。不同之处是其评定范围在取样长度内而不在评定长度内。

$$t_p = \frac{1}{l_r} \sum_{i=1}^{n} Ml_i$$

显然，从峰顶线向下平移的水平截距 c 不同，支承长度率 t_p 也不相同。因此，t_p 值是与给定的水平截距 c 相对应的。

3.2.2　表面粗糙度的标注

表面粗糙度代（符）号的图样标注法由国家标准规定。

图 3-16（a）表示对表面结构有要求的图形符号，称为基本图形符号，基本图形符号仅用于简化代号标注，没有补充说明时不能单独使用。图 3-16（b）、（c）表示对表面结构有指定要求的图形符号，称为扩展图形符号。其中图 3-16（b）为要求去除材料的图形符号，图 3-16（c）为不允许去除材料的图形符号。

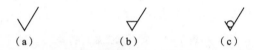

（a）　　　　　　（b）　　　　　　（c）

图 3-16　表面粗糙度的基本图形符号和扩展图形符号

（a）对表面结构有要求的图形符号；（b）要求去除材料的图形符号；
（c）不允许去除材料的符号

对基本图形符号或扩展图形符号扩充后的图形符号为完整图形符号，用于对表面结构有补充要求的标注，如图 3-17 所示。其中，图 3-17（a）表示允许任何工艺，也可用文本"APA"表示；图 3-17（b）表示采用去除材料工艺，如车、铣、磨等，也可用文本"MRR"表示；图 3-17（c）表示采用不去除材料工艺，如铸、锻等，也可用文本"NMR"表示。

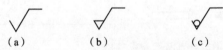

（a）　　　　　（b）　　　　　（c）

图 3-17　表面粗糙度的完整图形符号

（a）允许任何工艺；（b）采用去除材料工艺；（c）采用不去除材料工艺

表面粗糙度代号应标注在可见轮廓线、尺寸界线或其延长线、引出线上，代号必须从材料外指向轮廓，在同一张图样上，每一表面一般只标注一次代号，表面粗糙度参数值的大小、方向与尺寸数字的大小、方向一致。

在表面粗糙度代号的周围标注有关的参数值或代号，如图 3-18 所示。

在位置 a 注写对表面结构的单一要求，格式如图 3-19 所示。其中轮廓、参数及参数值在注写时不可省略，其他标注在默认情况下可省略。例如对一个表面的粗

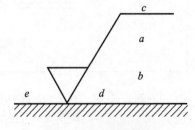

**图 3-18　表面粗糙度
参数的标注**

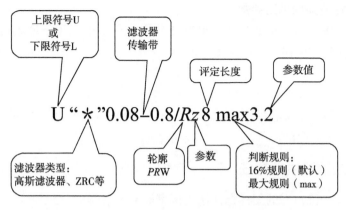

图 3 – 19　对表面结构要求的注写格式

糙度轮廓算术平均偏差上限值要求为 6.3 μm，可写为 $Ra6.3$；在位置 b 注写第二或更多个表面结构要求；在位置 c 注写加工方法、表面处理、图层或其他加工工艺要求等，如车、磨、镀等；在位置 d 注写所要求的表面纹理和纹理方向，如⊥、＝、×等，如表 3 – 6 所示；在位置 e 注写所要求的加工余量，以毫米为单位给出数值。

表 3 – 6　常用加工纹理符号

符　号	图例与说明	符　号	图例与说明
＝	纹理沿平行方向	M	纹理呈多方向
⊥	纹理沿垂直方向	C	纹理近似为以表面的中心为圆心的同心圆
×	纹理沿交叉方向	R	纹理近似为通过表面中心的辐线
		P	纹理无方向或呈凸起的细粒状

　　例如，图 3 – 20（a）表示求用去除材料的工艺使该表面的表面粗糙度要求为 Ra 的上限值为 50 μm，下限值为 6.3 μm，均为 16% 规则（默认），两个传输带均为 0.008 ~ 4 mm，默认评定长度 5 × 4 mm = 20 mm，表面纹理呈近似同心圆且圆心与表面中心相关，加工方法为铣削。图 3 – 20（b）表示求用去除材料的工艺使该表面的表面粗糙度要求为 Ra 的上限值为

1.6 μm，默认 16% 规则、评定长度及传输带；Rz 的上限值为 6.3 μm，为最大规则，传输带为 - 2.5 mm，默认评定长度 5 × 2.5 mm = 1.25 mm，表面纹理垂直于视图的投影面，加工方法为磨削。图 3 - 20（c）表示要求用去除材料的工艺使该表面得到的表面粗糙度上限值为 Ra = 3.2 μm，其余均为默认要求，加工方法、表面纹理均不要求。

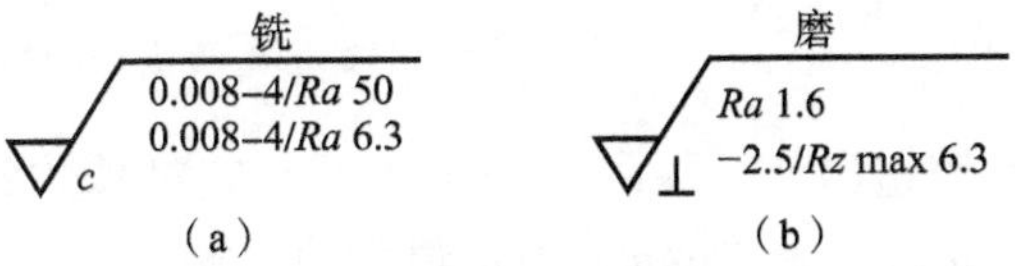

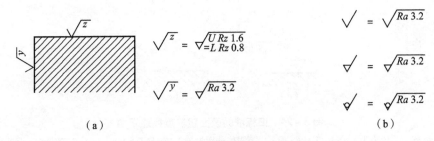

图 3 - 20 表面粗糙度标注示例

（a）Ra 上限值为 50 μm；（b）Ra 上限值为 1.6 μm；（c）Ra 上限值为 3.2 μm

在图样上标注位置受到限制时可采用简化代号等方法进行简化标注，这样既可节省设计时间，也会使图面清晰。采用简化代号，可在标题栏附近说明简化代号的意义，如图 3 - 21 所示。

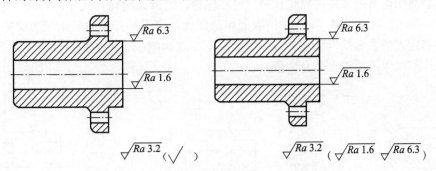

图 3 - 21 表面粗糙度的简化标注

（a）在图样上进行简化标注；（b）简化代号的意义

当零件的部分表面的表面粗糙度要求相同时，可统一标注，如图 3 - 22 所示。

图 3 - 22 相同要求表面粗糙度的多个表面的统一标注

在合同、报告中可以用文本表示法来表示表面粗糙度，例如图 3 - 20（c）可表示为 MRR Ra 3.2。

在 GB/T 3505—1983 中，表面粗糙度参数值的标注如图 3 - 23 所示。图中 a_1、a_2 是表征高度特性的参数（幅值参数）及其允许值（μm）；b 是加工要求、涂镀、表面处理或其他说明；c 是取样长度（mm）或波纹度评定参数（μm）；d 是加工纹理方向符号；e 是加工余量（mm）；f 是表征间距或形状特性的参数。

高度参数选用 Ra 作为评定参数时，可以省略其代号而只标注允许值。图 3 – 24（a）表示 Ra 值的上限值为 3.2 μm；图 3 – 24（b）表示 Ra 的上、下限值分别为 3.2 μm 和 1.6 μm；若选用 Rz 或 Ry 作为评定参数，则应在其限值前加注相应的代号。高度参数的上、下限

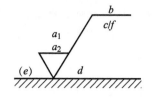

图 3 – 23　旧标准的表面粗糙度参数值的标注

值表示实测的表面粗糙度高度参数值超出上、下限值的个数不能超过总数的 16%。当不允许超出时，应在允许值后面标注"max"或"min"表示最大值、最小值，如图 3 – 24（c）所示。除规定与高度特性有关的评定参数以外，还可以标注间距特性评定参数和形状特性评定参数的允许值，如图 3 – 24（d）和（e）所示。当需要控制加工纹理方向时，可以在基本符号右侧标注相应的符号，如图 3 – 24（e）所示。

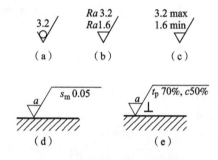

图 3 – 24　旧标准的表面粗糙度标注示例

（a）Ra 的上限值为 3.2 μm；（b）Ra 的上、下限值分别为 3.2 μm 和 1.6 μm；（c）Ra 的最大、最小值的标注法；（d）特性评定参数和形状特性评定参数的允许值的标注方法；（e）加工纹理的标注方法

当图样上标注位置受到限制时可采用简化代号等方法进行简化标注，这样既可节省设计时间，也会使图面清晰。采用简化代号，可在标题栏附近说明简化代号的意义，如图 3 – 25（a）、（b）所示。图 3 – 25（c）中的表面粗糙度代号表示部分表面是采用通常的切削加工方法就能够达到的表面精度要求，部分表面是不要求切削加工的表面，保持毛坯表面即可，这两种标注都可以不注出参数允许值。

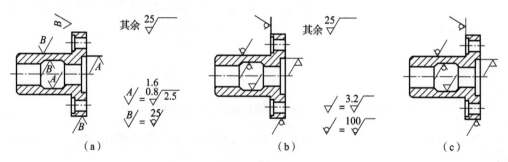

图 3 – 25　旧标准的表面粗糙度简化注法

（a）（b）在标注位置受到限制时的简化标注方法；（c）表面粗糙度的标注法

3.2.3　表面粗糙度的设计

设计零件表面粗糙度要求主要是选择适当的评定参数及其允许值。零件表面粗糙度参数

值的合理选用直接关系到零件的功能、产品的质量以及使用寿命和生产成本，因此选择的原则是首先满足零件表面的功能要求，同时顾及工艺的经济性，选择合适的参数以及合理的参数允许值。

1. 评定参数的选择

一般来说，设计人员应根据零件的功能要求选定一个或几个表面粗糙度评定参数，用以表达精度要求。在标准规定的高度参数、间距参数和形状参数中，高度参数是所有表面都必须选择的评定参数。在一般情况下可以选用 Ra，对于特别粗糙或特别光洁的表面，考虑到测量条件，可以选用 Rz 或 Ry。

具有相同高度特性而间距特性和形状特性不同的表面，其使用功能也可能不同。因此，某些具有特殊要求的零件表面，可以规定间距参数或（和）形状参数。

2. 评定参数允许值的选择

选择评定参数允许值的主要方法有试验法、类比法和计算法。

在满足零件功能的前提下，高度参数应尽量选择较大的允许值，以降低加工成本。表面粗糙度的高度参数允许值应与该表面的尺寸精度相适应。应按现行标准规定的数值选用（附表13）。通常选择表面粗糙度时应该考虑以下原则。

（1）工作表面应比非工作表面的表面精度更高；

（2）速度高、压力大的摩擦表面，表面精度应该较高；

（3）承受变动载荷、容易产生应力集中的表面，表面精度应该较高；

（4）接触刚度要求较高的表面，表面精度应该较高；

（5）配合稳定性要求较高的表面，表面精度应该较高；

（6）承受腐蚀的表面，表面精度应该较高；

（7）运动精度要求高的表面，表面精度应该较高；

（8）小间隙配合或过盈配合的表面，表面精度应该较高；

（9）尺寸和形位精度越高的表面，表面精度应该越高；

（10）一般情况下，配合孔、轴中轴的表面精度应该较高；

（11）在确定表面精度要求时，应与零件的其他精度要求相协调。

表 3－7 是各种不同功能表面的 Rz 值允许的范围，可供设计时参考。

表 3－7　零件功能允许的 Rz 值范围

不同功能的表面	表面粗糙度 Rz 值/μm											
	0.05	0.1	0.2	0.4	0.8	1.6	3.2	6.3	12.5	25	50	100
刀刃的表面							—					
电作用的表面							—	—				
过盈及过渡配合							—	—	—	—		
收缩配合的表面								—	—			
支撑表面								—	—	—	—	
涂镀层的基面						—	—	—	—	—		
测量表面				—	—	—						

续表

不同功能的表面	表面粗糙度 Rz 值/μm											
	0.05	0.1	0.2	0.4	0.8	1.6	3.2	6.3	12.5	25	50	100
钢制量块的测量面	—	—										
金相试样的表面			—									
无密封材料的密封面						—	—	—	—	—	—	
有密封材料的动密封					—	—	—	—	—			
有密封材料的静密封					—	—	—	—	—	—		
滑动面、间隙配合面				—	—	—	—	—	—	—		
导流表面				—	—	—	—	—	—	—	—	—
制动的表面							—	—	—	—		
滚子的表面			—	—	—							
流动表面												
接合面												
应力界面							—	—	—	—		

常用 Ra 值的应用见表 3-8。

表 3-8 常用 Ra 值的应用

Ra/μm	应 用 举 例
0.008 0.012	量块的工作表面；高精度测量仪器的测量面和摩擦机构的支撑面；仪器的测量表面和高精度间隙配合零件的工作表面；尺寸超过 100 mm 的量块工作表面等
0.025 0.05	量仪中中等精度间隙配合零件的工作表面；保证高度气密的结合表面；特别精密的滚动轴承套圈滚道、滚球及滚柱表面；摩擦离合器的摩擦表面；工作量规的测量表面；精密刻度盘表面；精密机床主轴套筒外圆面等
0.10 0.20	工作时承受较大反复应力的重要零件表面；保证零件的疲劳强度、耐蚀性和耐久性，并在工作时不破坏配合特性的表面；精密机床主轴配合表面；液压传动用孔的表面；阀的工作面；气缸内表面；保证精确定心的锥体表面；仪器中承受摩擦的表面，如导轨、槽面等
0.40	要求能长期保持所规定的配合特性的孔 H6，7 级精度的齿轮工作面；与 2 级滚动轴承配合的孔和轴颈表面；要求保证定心及配合特性的表面；滑动轴承轴瓦的工作表面；受力螺栓的圆柱表面，曲轴和凸轮轴的工作表面；发动机气门头圆锥面，与橡胶油封相配的轴表面等
0.80	要求保证定心及配合特性的表面；锥销与圆柱销的表面；与 5 级和 4 级精度滚动轴承相配合的孔和轴颈表面；中速转动的轴颈，过盈配合的孔 H7，间隙配合的孔 H8、H9；滑动导轨面；不要求保证定心及配合特性的活动支承面；高精度的活动球状接头表面，支承垫圈、套齿叉形件、磨削的轮齿等

续表

$Ra/\mu m$	应 用 举 例
1.6	要求有定心及配合特性的固定支承、衬套、轴承和定位销的压入孔表面；不要求定心及配合特性的活动支承面，活动关节及花键结合面；8级齿轮的齿面，齿条齿面；传动螺纹工作面；低速转动的轴颈、楔形键及键槽上下面；轴承盖凸肩表面（对中心用）；端盖内侧滑块及导向面；三角皮带轮槽表面；电镀前金属表面等
3.2	半精加工表面。用于外壳、箱体、盖面、套筒、支架和其他零件连接而不形成配合的表面；扳手和手轮的外圆表面；要求有定心及配合特性的固定支承表面；定心的轴肩、键和键槽的工作表面；不重要的紧固螺纹的表面；非传动用的梯形螺纹、锯齿形螺纹表面；燕尾槽的表面；需要滚花的预加工表面；低速下工作的滑动轴承和轴的摩擦表面；张紧链轮、导向滚轮壳孔和轴的配合表面；止推滑动轴承及中间垫片的工作表面等
6.3	半精加工表面。用于不重要零件的非配合表面，如支柱、轴、支架、外壳、衬套、盖等的端面；紧固件的自由表面，如螺栓、螺钉、双头螺栓和螺母的表面；不要求定心及配合特性的表面，如螺栓孔、螺钉孔和铆钉孔等表面；飞轮、皮带轮、离合器、联轴节、凸轮、偏心轮的侧面；平键及键槽上下面；楔键侧面；花键非定心表面；齿轮顶圆表面；所有轴和孔的退刀槽、不重要的铰接配合表面等
12.5	粗加工的非配合表面。如轴端面；倒角、钻孔、齿轮及皮带轮的侧面；键槽非工作表面；垫圈的接触面；不重要的安装支承面；螺钉、铆钉孔表面等

设计表面精度时应该考虑加工方法和加工成本，合理选择精度参数数值。表 3 - 9 列出了各种加工方法可以达到的 Rz 值，加工越精密，加工成本就越高。图 3 - 26 所示的是加工方法得到的 Ra 值与所需的相对加工时间之间的关系，加工时间越长，生产成本就越高。

表 3 - 9 各种加工方法能达到的 Rz 值

加工方法 \ Rz	0.16	0.4	1.0	2.5	6	16	40	100	250
火焰切割									
砂型铸造									
壳型铸造									
压力铸造									
锻造									
爆破成形									
成形加工									
钻孔									
铣削									
铰孔									
车削									
磨削									
珩磨									
研磨									
抛光									

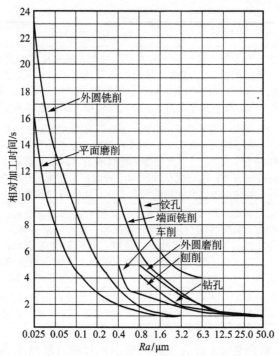

图 3-26 加工方法得到的 Ra 值与所需的相对加工时间之间的关系

[**例 3-1**] 图 3-27 所示为蜗轮轮毂。轮毂与蜗轮的配合轴、轮毂与轴的配合孔需要与蜗轮和轴精密配合，其尺寸精度为 6、7 级，粗糙度的 Ra 值设计为 1.6（μm）；轮毂两侧端面、键槽两侧面的 Ra 值设计为 3.2（μm）；与蜗轮安装的端面、键槽底面的 Ra 值设计为 6.3（μm）；其余需要切削加工表面的 Ra 值设计为 12.5（μm）；不需要切削加工的表面粗糙度要求统一标注在图纸右上角，并加注"其余"字样。

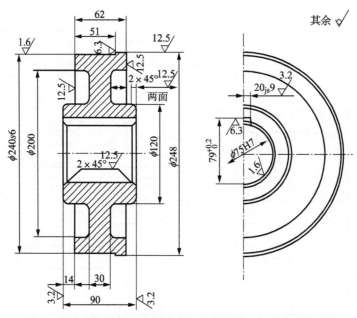

图 3-27 蜗轮轮毂（图样为实际工程图样，标注为旧标准）

图3-27所示中粗糙度代号的标注位置视图样布置可以标注在可见轮廓线、尺寸界线、引出线或它们的延长线上。轮毂两侧面倒角的尺寸已经注明两面，故只需在一侧标注粗糙度代号。

3.3　表面缺陷

3.3.1　表面缺陷概述

1. 表面缺陷种类

表面缺陷可以分为凹缺陷、凸缺陷、混合表面缺陷、区域缺陷、外观缺陷等五类。表3-10列举了各类表面缺陷的几种常见类型。

表3-10　表面缺陷的类型

类　　型	说　　明
凹缺陷	主要包括沟槽、擦痕、破裂、毛孔、砂眼、缩孔、裂缝、缝隙、裂隙、默认、凹面瓢曲、窝陷等 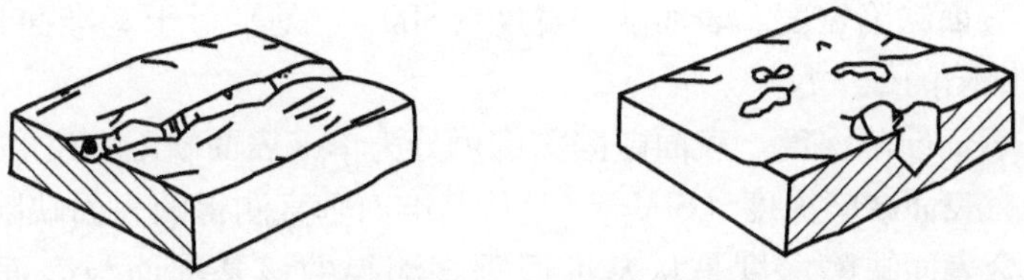
凸缺陷	主要包括树瘤、疱疤、凸面瓢曲、氧化皮、夹杂物、飞边、缝脊、附着物等 
混合表面缺陷	主要包括环形坑、折叠、划痕、切屑残余等 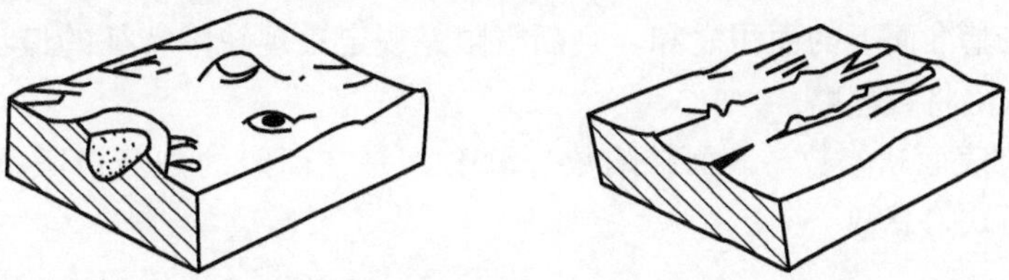
区域缺陷和外观缺陷	主要包括划痕、磨蚀、腐蚀、麻点、裂纹、斑点、斑纹、褪色、条纹、劈裂、鳞片等 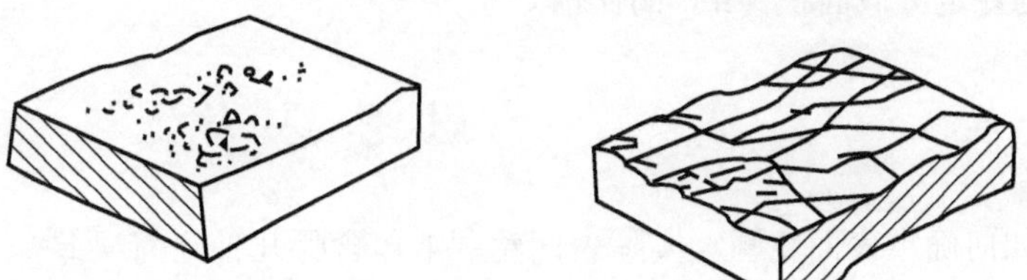

2. 表面评定区域

表面评定区域（A）是工件实际表面的局部或全部，在该区域内检验和确定表面缺陷。

3. 基准面

基准面是用于评定表面缺陷参数的一个理想几何表面。

基准面在表面缺陷评定区域内确定，是在一定的表面区域或表面区域的某有限部分确定的，这个区域与单个缺陷的尺寸大小有关，其大小必须足够用来评定表面缺陷，而且同时在评定时能够控制表面形状误差对评定的影响。

基准面通过除表面缺陷之外的实际表面的最高点，与用最小二乘法拟合确定的实际表面的拟合面等距。基准面具有和被评定表面一样的几何形状，其方位和实际表面的方位一致。

3.3.2 表面缺陷的参数

表面缺陷可以用缺陷的长度、宽度、深度、高度、面积、单位面积缺陷数等参数进行评定，并用相应参数的允许最大极限值在图样上表达设计要求。

（1）表面缺陷长度。表面缺陷长度（SIM_e）是平行于基准面测得的表面缺陷的最大尺寸。

（2）表面缺陷宽度。表面缺陷宽度（SIM_w）是平行于基准面且垂直于表面缺陷长度测得的表面缺陷的最大尺寸。

（3）表面缺陷深度。表面缺陷深度可分为单一表面缺陷深度和混合表面缺陷深度。

①单一表面缺陷深度（SIM_{sd}）是从基准面垂直测得的表面缺陷的最大深度。

②混合表面缺陷深度是从基准面垂直测得的该基准面与表面缺陷中的最低点之间的距离。

（4）表面缺陷高度（SIM_{sh}）。其可分为单一表面缺陷高度和混合表面缺陷高度。

①单一表面缺陷高度是从基准面垂直测得的表面缺陷的最大高度。

②混合表面缺陷高度是从基准面垂直测得的该基准面与表面缺陷中的最高点之间的距离。

（5）表面缺陷面积。表面缺陷面积（SIM_a）是单个表面缺陷投影在基准面上的面积。

（6）表面缺陷总面积。表面缺陷总面积（SIM_t）是在商定的判断极限内，各个表面缺陷投影在基准面上的面积之和。判断极限是规定表现缺陷特征的最小尺寸，小于该判断极限的表面缺陷将被忽略。

（7）表面缺陷数。表面缺陷数（SIM_n）是在商定的判断极限范围内，给定的评定区域内的表面缺陷总数。

（8）单位面积上表面缺陷数。单位面积上表面缺陷数 $\left(\dfrac{SIM_n}{A} \right)$ 是在表面缺陷数（SIM_n）与给定的评定区域面积（A）的比值。

思 考 题

1. 如何确定表面轮廓？实际表面轮廓上包含哪几种几何误差？

2. 表面结构中的表面缺陷对使用功能有何影响？有哪些类型？如何评价？

3. 什么是表面结构中的粗糙度轮廓？它对零件的使用功能有哪些影响？

4. 什么是表面结构中的波纹度轮廓？它对零件的使用功能有哪些影响？

5. 评价表面轮廓时，如何区分表面粗糙度和表面波纹度？

6. 评价表面轮廓时为什么要确定基准线？有哪几种基准线？如何确定？

7. 表面粗糙度的评定参数有哪些？为什么要规定评定长度？

8. 规定表面粗糙度的技术要求时，必须给出的基本要求是什么？必要时还可给出哪些附加要求？

9. 在表面粗糙度代号上给定幅度参数允许值（上限值、下限值或者最大值、最小值）时如何标注？各种不同允许值的合格条件是什么？

10. 规定表面粗糙度精度时应该注意些什么因素？表面粗糙度精度要求越高，是否越能够提高产品的使用功能？

练 习 题

1. 试解释习题图 3 - 1 所示的 6 个表面粗糙度代号中的各项技术要求？

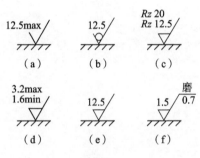

习题图 3 - 1

2. 试将下列的表面粗糙度技术要求标注在习题图 3 - 2 所示的零件图样上。

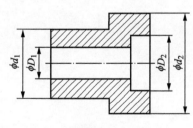

习题图 3 - 2

①ϕD_1 孔的表面粗糙度参数 Ra 的上限值为 3.2 μm；

②ϕD_2 孔的表面粗糙度参数 Ra 的上限值为 6.3 μm，最小值为 3.2 μm；

③零件右端面采用铣削加工，表面粗糙度参数 Rz 的上限值为 12.5 μm，下限值为 6.3 μm，加工纹理呈近似放射形；

④ϕd_1 和 ϕd_2 圆柱面粗糙度参数 Rz 的上限值为 25 μm；

⑤其余表面的表面粗糙度参数 Ra 的上限值为 12.5 μm。

3. 在一般情况下，圆柱度公差分别为 0.01 mm 和 0.02 mm 的两个 ϕ45H7 孔相比较，哪个孔应选用较小的表面粗糙度幅度参数允许值?

4. 在一般情况下，ϕ60H7 孔与 ϕ20H7 相比较，哪个孔应选用较小的表面粗糙度幅度参数允许值?

5. 在一般情况下，已知两轴 ϕ40f6 与 ϕ60h7 的形状公差按照尺寸公差的 40% 选取，试分别确定两轴的表面粗糙度幅度参数允许值。

第四章 孔 轴 精 度

实际生产过程中制造的机械零件的实际尺寸与设计的理想尺寸总是存在差异，特别是当孔、轴的尺寸存在偏差时，安装后形成的配合必然存在偏差，对产品的使用功能和无故障工作寿命将产生直接影响。因此，为了满足产品的使用功能要求，必须限制这种差异，对孔、轴精度及其配合精度须规定要求。

4.1 极限制

极限制是标准化的孔和轴的公差和偏差制度，国家标准对孔和轴的尺寸极限（极限偏差）进行了标准化，规定了一系列标准的公差数值和标准的极限偏差数值。

4.1.1 标准公差

标准公差是由国家标准规定的，用以确定公差带大小的公差数值，常用 IT 表示。

标准公差数值的大小与两个因素相关：加工精度高低和基本尺寸大小。

1. 标准公差等级

为了简化和统一代表各种加工方法的加工精度，经过大量的实验研究，国家标准将加工精度高低进行了等级划分，规定了 20 个标准公差等级，按加工精度由高到低的顺序依次排列为

$$\text{IT01, IT0, IT1, IT2, IT3, } \cdots \text{, IT17, IT18}$$

尺寸的标准公差等级代表相应设备的加工精度能力等级。

2. 基本尺寸分段

相同的加工设备（即具有相同的精度等级）在加工不同大小基本尺寸的零件时，产生的尺寸加工误差不同，因此相应的尺寸公差数值应与基本尺寸相关。理论上，对于每一个标准公差等级所对应的每一个标准基本尺寸都应有一个相应的标准公差数值，但这样在实际使用时非常不方便。为了减少标准公差数值的数目，统一和简化标准公差数值表格，采用对基本尺寸分段的方法，使同一公差等级、同一尺寸分段内的各基本尺寸的标准公差数值是相同的。

3. 标准公差数值

标准公差数值的计算公式为

$$\text{IT} = a \times i$$

式中，a 为公差等级系数，表示加工精度的高低。各等级的标准公差系数见表 4-1。

表 4 -1   各等级标准公差系数

公差等级	公 式		公差等级	公式	公差等级	公式
	尺寸≤500	>500 ~ 3 150				
IT01	$0.3 + 0.008D$	$1i$	IT5	$7i$	IT12	$160i$
IT0	$0.5 + 0.012D$	$\sqrt{2}i$	IT6	$10i$	IT13	$250i$
IT1	$0.8 + 0.020D$	$2i$	IT7	$16i$	IT14	$400i$
IT2	$\text{IT1}\left(\dfrac{\text{IT5}}{\text{IT1}}\right)^{\frac{1}{4}}$		IT8	$25i$	IT15	$640i$
IT3	$\text{IT1}\left(\dfrac{\text{IT5}}{\text{IT1}}\right)^{\frac{2}{4}}$		IT9	$40i$	IT16	$1\,000i$
IT4	$\text{IT1}\left(\dfrac{\text{IT5}}{\text{IT1}}\right)^{\frac{3}{4}}$		IT10	$64i$	IT17	$1\,600i$
			IT11	$100i$	IT18	$2\,500i$

注：D 为尺寸分段的计算尺寸，即所属尺寸分段内首尾两个尺寸的几何平均值；i 为标准公差因子，表示基本尺寸与标准公差的关系，其单位为 μm，其计算式为

$$i = 0.45 \sqrt[3]{D} + 0.001D \quad （基本尺寸至 500 mm）$$
$$i = 0.004D + 2.1 \quad （基本尺寸大于 500 mm）$$

附表 2 列出了基本尺寸至 3150 mm、标准公差等级为 IT1 ~ IT18 的标准公差数值。

4.1.2   基本偏差

基本偏差是由国家标准规定的，用以确定尺寸公差带位置的极限偏差。

在一般情况下，标准规定基本偏差是离零线较近的极限偏差。当尺寸公差带在零线上方时，其下偏差为基本偏差；当尺寸公差带在零线下方时，其上偏差为基本偏差。

为了满足各种不同的使用需要，国家标准分别对孔、轴尺寸规定了 28 种标准基本偏差，每种基本偏差都用一个或两个拉丁字母表示，称为基本偏差代号。轴的基本偏差代号用小写字母表示，孔的基本偏差代号用大写字母表示，如图 4 -1 和图 4 -2 所示。

非配合尺寸的基本偏差可以参照孔的基本偏差系列确定。

由图 4 -1 可见，轴的基本偏差中，a ~ h 的基本偏差为上偏差，js 为对称公差带，j ~ zc 的基本偏差为下偏差。由图 4 -2 可见，孔的基本偏差中，A ~ H 的基本偏差为下偏差，JS 为对称公差带，J ~ ZC 的基本偏差为上偏差。

附表 14、附表 15 分别列出了轴、孔的标准基本偏差数值。

4.1.3   公差带代号与标注

尺寸的公差带代号由基本偏差代号与公差等级代号组成，如 H6、h5、JS8、j7 等。在图样上标注尺寸公差时，可以在基本尺寸后标注极限偏差数值，也可以标注尺寸公差带代号，或者两者都标注，如 32H7，80js15，100g6，$100^{-0.012}_{-0.034}$，$100g6\left(^{-0.012}_{-0.034}\right)$。

根据设计要求，图样上注出公差（极限偏差或公差带代号）的尺寸可以有两种不同的

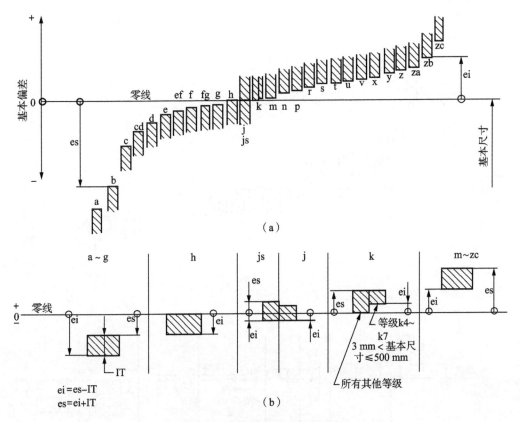

图 4 – 1　轴的基本偏差及其代号

（a）轴的基本偏差系列；（b）轴的极限偏差

解释，如下所述。

1. 公差标注按 GB/T 4249

在图样上注明"公差原则按 GB/T 4249"的尺寸，如果在公差带代号或极限偏差数值之后不附加其他标注，则应遵循独立原则，即线性尺寸公差仅控制要素的局部实际尺寸（两点法测量），不控制要素本身的形状误差（如圆柱要素的圆度和轴线直线度误差或平行平面要素的平面度误差）。形位公差由注出或未注形位公差控制。

2. 公差标注不按 GB/T 4249

若在图样上未注明"公差原则按 GB/T 4249"，则孔、轴尺寸公差应按下列方式解释。

（1）对孔：在给定长度上，与实际孔表面内接的最大理想圆柱面的直径（即体外作用尺寸）应不小于孔的最大实体尺寸（最小极限尺寸）；实际孔上任何位置的局部实际尺寸应不大于孔的最小实体尺寸（最大极限尺寸）。

（2）对轴：在给定长度上，与实际轴表面外接的最小理想圆柱面的直径（即体外作用尺寸）应不大于轴的最大实体尺寸（最大极限尺寸）；实际轴上任何位置的局部实际尺寸应不小于轴的最小实体尺寸（最小极限尺寸）。

上述解释意味着，如果孔、轴的局部实际尺寸处处等于最大实体尺寸，则该孔、轴应具有理想的形状，即理想圆柱或两反向的平行平面。除另有规定外，在上述要求的条件下，圆柱形表面的圆柱度误差可达到给定的直径公差的全值。

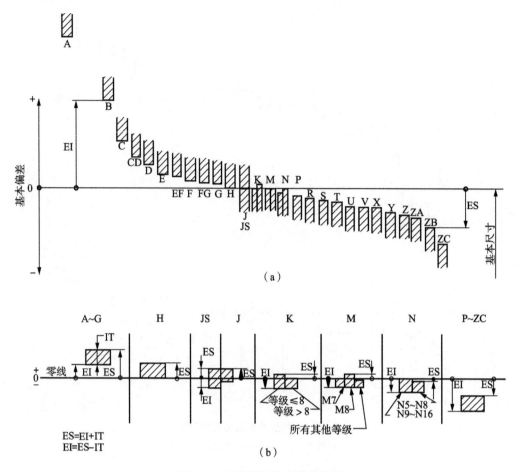

图 4 - 2 孔的基本偏差及其代号

（a）孔的基本偏差系列；（b）孔的极限偏差

简而言之，当图样上未注明"公差原则按 GB/T 4249"时，孔、轴的尺寸公差均采用包容要求。采用包容要求的孔、轴尺寸如果其可能的形位误差太大，将导致对装配件功能要求的影响时，则可再给出独立的形位公差（如圆柱度、直线度等）。

关于实体尺寸、公差原则、独立原则、包容要求等概念，详见后续章节。

4.1.4 优先、常用和一般公差带

标准公差系列中的任一公差与标准基本偏差系列中任一偏差相组合，即可得到不同大小和位置的公差带。国家标准在基本尺寸至 500 mm 范围内列出了 543 种孔的公差带和 544 种轴的公差带。如果这些孔、轴公差带在生产实际中允许任意选用，显然是不经济的，而且也是不必要的。

为了简化公差带种类，减少与之相适应的定值刀、量具和工艺装备的品种和规格，国家标准对基本尺寸至 500 mm 的孔、轴规定了推荐选用公差带，包括优先、常用和一般用途公差带。图 4 - 3 和图 4 - 4 分别为轴和孔的一般用途公差带，其中方框内为常用公差带，带圆圈的为优先公差带。设计时应优先选用优先公差带，其次才选用常用公差带，再其次才考虑选用一般用途公差带。

h1　js1
h2　js2
h3　js3
g4 h4　js4 k4 m4 n4 p4 r4 s4
f5 g5 h5 j5　js5 k5 m5 n5 p5 r5 s5 t5　u5 v5 x5
e6 f6 g6 h6 j6　js6 k6 m6 n6 p6 r6 s6 t6 u6 v6 x6 y6 z6
d7 e7 f7 g7 h7 j7　js7 k7 m7 n7 p7 r7 s7 t7 u7 v7 x7 y7 z7
c8 d8 e8 f8 g8 h8　js8 k8 m8 n8 p8 r8 s8 t8 u8 v8 x8 y8 z8
a9 b9 c9 d9 e9 f9 h9　js9
a10 b10 c10 d10 e10 h10　js10
a11 b11 c11 d11 h11　js11
a12 b12 c12 h12　js12
a13 b13 h13　js13

（a）

g6 h6 js6 k6 m6 n6 p6 r6 s8 t6 u6
f7 g7 h7 js7 k7 m7 n7 p7 r7 s8 t7 u7
d8 e8 f8 h8 js8
d9 e9 f9 h9 js9
d10 h10 js10
d11 h11 js11
h12 js12

（b）

图 4 – 3　推荐选用的轴的公差带

（a）基本尺寸至 500 mm；（b）基本尺寸大于 500 ~ 3 150 mm

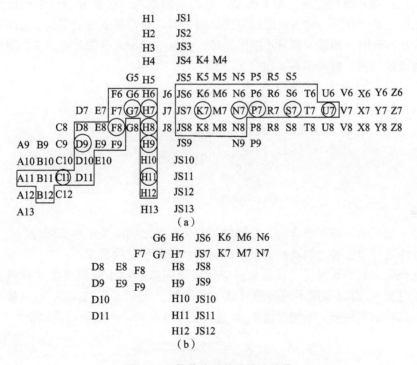

H1　JS1
H2　JS2
H3　JS3
H4　JS4 K4 M4
G5 H5　JS5 K5 M5 N5 P5 R5 S5
F6 G6 H6 J6　JS6 K6 M6 N6 P6 R6 S6 T6 U6 V6 X6 Y6 Z6
D7 E7 F7 G7 H7 J7　JS7 K7 M7 N7 P7 R7 S7 T7 U7 V7 X7 Y7 Z7
C8 D8 E8 F8 G8 H8 J8　JS8 K8 M8 N8 P8 R8 S8 T8 U8 V8 X8 Y8 Z8
A9 B9 C9 D9 E9 F9 H9　JS9 N9 P9
A10 B10 C10 D10 E10 H10　JS10
A11 B11 C11 D11 H11　JS11
A12 B12 C12 H12　JS12
A13 H13　JS13

（a）

G6 H6 JS6 K6 M6 N6
F7 G7 H7 JS7 K7 M7 N7
D8 E8 F8 H8 JS8
D9 E9 F9 H9 JS9
D10 H10 JS10
D11 H11 JS11
H12 JS12

（b）

图 4 – 4　推荐选用的孔的公差带

（a）基本尺寸至 500 mm；（b）基本尺寸大于 500 ~ 3 150 mm

4.2　配合制

在机械产品的各种常用结合中，孔、轴结合的应用最为普遍。孔、轴结合包括圆柱结合，也包括平行平面结合。形成圆柱结合和平行平面结合的包容面和被包容面都是单一尺寸的孔和轴。圆柱结合由内圆柱面（孔）和外圆柱面（轴）形成；平行平面结合由两相向的平行平面（孔）和两背向的平行平面（轴）形成。

孔、轴之间的结合关系称为光滑孔、轴配合。对孔、轴配合的研究已逾百年，其技术规范较其他结合更为完整和成熟。

4.2.1　术语和概念

1. 间隙和过盈

孔、轴结合的松紧程度用间隙或过盈表示。相互结合的孔、轴尺寸的差值称为间隙或过盈。当孔的尺寸大于轴的尺寸时，其差值称为间隙 S；当轴的尺寸大于孔的尺寸时，其差值称为过盈 δ，所以，过盈就是负间隙，间隙也就是负过盈。

（1）实际间隙和实际过盈。一对实际孔、轴结合的松紧程度用实际间隙 S_a 或实际过盈 δ_a 表示，它们是相互结合的孔、轴实际尺寸之差，即

$$\text{实际间隙} \qquad S_a = D_a - d_a$$

$$\text{实际过盈} \qquad \delta_a = d_a - D_a$$

（2）极限间隙和极限过盈。为了满足一定的功能要求，应该在设计中规定实际间隙或实际过盈允许变动的界限，称为极限间隙或极限过盈。通常都要求规定两个分别表示允许最松和允许最紧的界限，即最大和最小极限间隙，或最小和最大极限过盈。它们是确定相互结合的孔、轴极限尺寸（极限偏差）的依据，即

$$\text{最大（极限）间隙} \qquad S_{max} = D_{max} - d_{min} = ES - ei$$

$$\text{最小（极限）间隙} \qquad S_{min} = D_{min} - d_{max} = EI - es$$

$$\text{最大（极限）过盈} \qquad \delta_{max} = d_{max} - D_{min} = es - EI$$

$$\text{最小（极限）过盈} \qquad \delta_{min} = d_{min} - D_{max} = ei - ES$$

显然

$$S_{max} = -\delta_{min}$$

$$S_{min} = -\delta_{max}$$

2. 配合

基本尺寸相同的、相互结合的孔和轴的尺寸公差带之间的关系称为配合。

配合是由设计图样表达的功能要求，即对结合松紧程度的要求。

表示配合要求的松紧程度的特征值是最大极限间隙和最小极限间隙（或最大极限过盈和最小极限过盈）。有时也用平均间隙（或平均过盈）表示，平均间隙 S_{av} 是最大极限间隙和最小极限间隙的平均值，平均过盈 δ_{av} 是最大极限过盈和最小极限过盈的平均值，即

$$S_{av} = \frac{S_{max} + S_{min}}{2}$$

$$\delta_{av} = \frac{\delta_{max} + \delta_{min}}{2}$$

间隙或过盈的允许变动量称为配合公差 T_f，间隙公差等于最大极限间隙与最小极限间隙之差，或等于最大极限过盈与最小极限过盈之差，即

$$T_f = S_{max} - S_{min} = \delta_{max} - \delta_{min}$$

若将极限间隙与孔、轴极限尺寸或极限偏差的关系代入上式，则可得

$$T_f = T_D + T_d$$

上式表明，配合公差等于相互结合的孔、轴尺寸公差之和。

配合公差是表示配合的松紧均匀程度，是配合精度的特征值，是结合松紧的允许变动量。

配合的两个特征值：极限间隙（或极限过盈）和配合公差之间的关系，可以用配合公差带图直观表示，如图 4-5 所示。

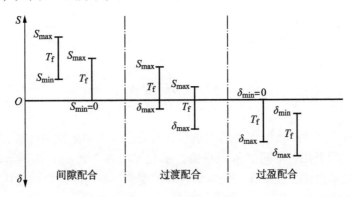

图 4-5 配合公差带图

在配合公差带图中，零线表示间隙或过盈等于零。零线以上为间隙，零线以下为过盈。与尺寸公差带相似，配合公差带的大小取决于配合公差的大小，配合公差带相对于零线的位置取决于极限间隙或极限过盈的大小。前者表示配合的精度，后者表示配合的松紧。配合公差越小，配合精度越高，配合的松紧越均匀。配合的松紧和松紧的均匀程度，是孔、轴配合的基本功能要求。

根据相互结合的孔、轴尺寸公差带不同的相对位置关系，可以把配合分为三类：间隙配合、过盈配合和过渡配合。

（1）间隙配合。保证具有间隙（包括最小间隙等于零）的配合，称为间隙配合。

从孔、轴公差带相对位置看，孔的公差带在轴的公差带以上，就形成间隙配合，如图 4-6 所示。

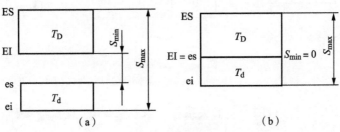

图 4-6 间隙配合

(a) $S_{min} > 0$；(b) $S_{min} = 0$

　　从孔、轴的极限尺寸或极限偏差的关系看，当 $D_{\min} \geqslant d_{\max}$ 或 EI≥es 时，形成间隙配合。

　　间隙配合主要用于孔、轴之间的运动连接。间隙的作用在于储藏润滑油、补偿温度引起的热变形、补偿弹性变形和制造安装误差等。

　　间隙的大小直接影响孔、轴之间的相对运动的灵活程度。

　　（2）过盈配合。保证具有过盈（包括最小过盈等于零）的配合，称为过盈配合。

　　从孔、轴公差带相对位置看，孔的公差带在轴的公差带以下，就形成过盈配合，如图 4-7 所示。

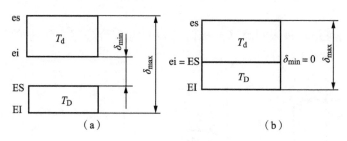

图 4-7　过盈配合

（a）$\delta_{\min} > 0$；（b）$\delta_{\min} = 0$

　　从孔、轴的极限尺寸或极限偏差的关系看，当 $D_{\max} \leqslant d_{\min}$ 或 ES≤ei 时，形成过盈配合。

　　过盈配合主要用于孔、轴间的紧固连接，不允许两者之间产生相对运动。采用过盈配合，不需要另外的紧固件，依靠孔、轴在结合时的变形，即可实现紧固连接，并可承受一定的轴向推力和圆周扭矩。

　　在装配过盈配合的孔和轴时，需要采用压力安装或者变温安装的方法，才能够将比孔尺寸大的轴安装到适当的位置。

　　过盈的大小直接影响孔、轴之间能够传递载荷的大小。过盈的大小还取决于孔和轴材料的特性，特别是材料的弹性变形特性。

　　（3）过渡配合。可能具有间隙也可能具有过盈的配合，称为过渡配合。

　　从孔、轴公差带相对位置看，孔的公差带与轴的公差带有重叠，就形成过渡配合，如图 4-8 所示。

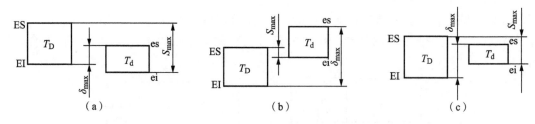

图 4-8　过渡配合

（a）孔、轴公差带部分重叠 $S_{\max} > \delta_{\max}$；（b）孔、轴公差带部分重叠 $S_{\max} < \delta_{\max}$；（c）孔、轴公差带全部重叠

　　从孔、轴的极限尺寸或极限偏差的关系看，当 $D_{\max} > d_{\min}$ 且 $D_{\min} < d_{\max}$ 或 ES > ei 且 EI < es 时，形成过渡配合。

　　过渡配合主要用于孔、轴间的定位连接。过渡配合的间隙或过盈量一般较小，以保证结合的孔、轴间在具有良好对中性（同轴度）的同时，便于装配和拆卸。

3. 结合的合用条件

一对实际孔、轴所形成的结合是否满足功能要求，即是否合用，就看它们装配以后的实际间隙或实际过盈是否在设计规定的极限间隙或极限过盈之内。因此，结合的合用条件可以表示为

$$对于间隙配合 \quad S_{max} > S_a > S_{min}$$
$$对于过盈配合 \quad \delta_{max} > \delta_a > \delta_{min}$$
$$对于过渡配合 \quad S_{max} > S_a ; \ \delta_{max} > \delta_a$$

根据孔、轴的实际尺寸与结合的实际间隙或实际过盈的关系，和孔、轴的极限尺寸与配合的极限间隙或极限过盈的关系可知，合格的孔、轴所形成的结合一定合用。而形成合用结合的孔、轴则不一定都合格，只是相应的孔或轴没有互换性。

[例 4-1]　若某配合的孔的尺寸为 $\phi30H8$，轴的尺寸为 $\phi30f7$，试分别计算其极限尺寸、极限偏差、公差、极限间隙、平均间隙、配合公差，并画出其尺寸公差带图和配合公差带图，说明配合类别。

解： 由尺寸公差国家标准可知：

①$\phi30H8$ 孔的尺寸为：$\phi30^{+0.033}_{0}$

孔的极限偏差为：$\quad ES = +0.033 \ mm ; \ EI = 0$

孔的极限尺寸为：$\quad D_{max} = 30.033 \ mm ; \ D_{min} = 30 \ mm$

孔的尺寸公差为：$\quad T_D = D_{max} - D_{min} = ES - EI = 0.033 \ mm$

②$\phi30f7$ 轴的尺寸为：$\phi30^{-0.020}_{-0.041}$

轴的极限偏差为：$\quad es = -0.020 \ mm ; \ ei = -0.041 \ mm$

轴的极限尺寸为：$\quad d_{max} = 29.980 \ mm ; \ d_{min} = 29.959 \ mm$

轴的尺寸公差为：$\quad T_d = d_{max} - d_{min} = es - ei = 0.021 \ mm$

③极限间隙为：$\quad S_{max} = D_{max} - d_{min} = 0.074 \ mm$

$$S_{min} = D_{min} - d_{max} = 0.020 \ mm$$

④平均间隙为：$\quad S_{av} = \dfrac{S_{max} + S_{min}}{2} = 0.047 \ mm$

⑤配合公差为：$\quad T_f = S_{max} - S_{min} = T_D + T_d = 0.054 \ mm$

所形成的配合是间隙配合。尺寸公差带图和配合公差带图如图 4-9 所示。

若一对孔、轴的实际尺寸分别为：$D_a = 30.021 \ mm ; \ d_a = 29.970 \ mm$，则

$$D_{max} = 30.033 \ mm > D_a = 30.021 \ mm > D_{min} = 30 \ mm$$

$$d_{max} = 29.980 \ mm > d_a = 29.970 \ mm > d_{min} = 29.959 \ mm$$

所以孔、轴尺寸都是合格的。所形成结合的实际间隙为

$$S_a = D_a - d_a = 0.051 \ mm$$

而 $\qquad S_{max} = 0.074 \ mm > S_a = 0.051 \ mm > S_{min} = 0.020 \ mm$

所以结合是合用的。

由此可见，合格的孔、轴形成的结合一定是合用的，且孔、轴均具互换性。

[例 4-2]　若已知某配合的基本尺寸为 $\phi60 \ mm$，配合公差为 $T_f = 0.049 \ mm$，最大间隙 $S_{max} = 0.019 \ mm$，孔的公差 $T_D = 0.030 \ mm$，轴的下偏差 $ei = +0.011 \ mm$。试计算此配合的孔、轴的极限尺寸、极限偏差、极限间隙（或过盈）和配合公差，并画出尺寸公差带图

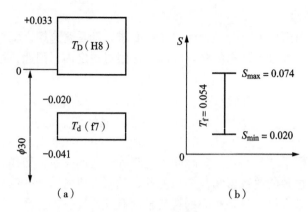

（a）　　　　　　　　　　　　（b）

图 4-9　$\dfrac{\phi 30\text{H8}}{\phi 30\text{f7}}$

（a）尺寸公差带图；（b）配合公差带图

和配合公差带图，说明配合类别。

解：

$$T_d = T_f - T_D = 0.019 \text{ mm}$$
$$S_{\min} = S_{\max} - T_f = -0.030 \text{ mm}$$
$$\delta_{\max} = -S_{\min} = 0.030 \text{ mm}$$
$$\text{es} = T_d + \text{ei} = 0.030 \text{ mm}$$
$$\text{ES} = S_{\max} + \text{ei} = 0.030 \text{ mm}$$
$$\text{EI} = \text{ES} - T_D = 0$$

由国家标准可知，此配合为过渡配合 $\phi 60\,\dfrac{\text{H7}}{\text{m6}}$。其孔、轴公差带图和配合公差带图如图 4-10 所示。

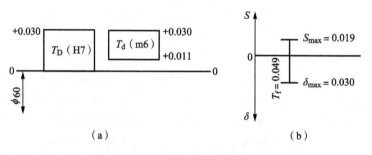

（a）　　　　　　　　　　　　（b）

图 4-10　$\dfrac{\phi 60^{+0.033}_{0}\ (\text{H7})}{\phi 60^{+0.030}_{+0.011}\ (\text{m6})}$

（a）尺寸公差带图；（b）配合公差带图

若一对实际孔、轴的实际偏差分别为 $E_a = +0.010$ mm，$e_a = +0.005$ mm，则

$$\text{ES} = 0.030 \text{ mm} > E_a = +0.010 \text{ mm} > \text{EI} = 0$$

故孔的尺寸是合格的。

又因 　　　　　　　　　$e_a = +0.005 \text{ mm} < \text{ei} = +0.011 \text{ mm}$

故轴的尺寸是不合格的（尺寸过小）。

该对孔、轴装配后的实际间隙为 　$S_a = E_a - e_a = +0.005 \text{ mm}$

则 $\qquad S_{\min} = -0.030$ mm $< S_{\text{a}} = +0.005$ mm $< S_{\max} = 0.019$ mm

故该结合是合用的。

由此可见，虽然轴的尺寸不合格，但它仍可能与某些孔形成合用的结合。但是该轴无互换性，它不能与任一合格的孔形成合用的结合。

4.2.2　配合制

由功能要求的极限间隙或极限过盈与相配孔、轴的极限尺寸或极限偏差的关系可知，一定的极限间隙（或极限过盈）并不对应唯一的孔、轴极限尺寸（或极限偏差）。也就是说，不同的尺寸极限可以满足相同的配合功能要求。例如图 4-11 所示的三种不同的孔、轴尺寸公差带配置，虽然孔、轴的极限尺寸各不相同，但都能形成 $S_{\max} = 150$ μm、$S_{\min} = 50$ μm 的间隙配合，可以满足相同的功能要求。

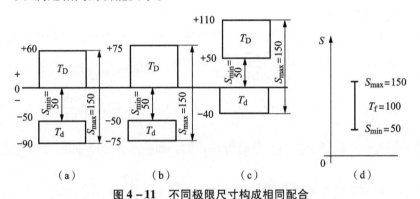

图 4-11　不同极限尺寸构成相同配合

（a），（b），（c）不同的极限尺寸；（d）相同的间隙配合

配合制是由同一极限制的孔和轴的公差带组成配合的一种制度。

1. 基孔制和基轴制

为了以尽可能少的公差带形成最多种的配合，满足不同的功能要求，国家标准规定了两种配合制：基孔配合制和基轴配合制。

（1）基孔配合制：基本偏差为一定的孔的公差带，与不同基本偏差的轴的公差带形成各种配合的制度，简称基孔制，如图 4-12（a）所示。

在基孔制中，孔是基准件，称为基准孔；轴是非基准件，称为配合轴。同时规定，基准孔的基本偏差是下偏差，且等于零（EI = 0），即基本偏差 H。

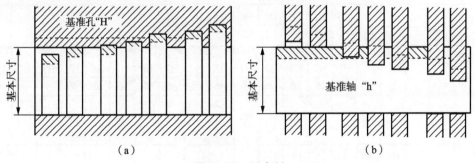

图 4-12　配合制

（a）基孔配合制；（b）基轴配合制

（2）基轴配合制：基本偏差为一定的轴的公差带，与不同基本偏差的孔的公差带形成各种配合的制度，简称基轴制，如图 4 – 12（b）所示。

在基轴制中，轴是基准件，称为基准轴；孔是非基准件，称为配合孔。同时规定，基准轴的基本偏差是上偏差，且等于零（es = 0），即基本偏差 h。

在孔或轴的各种基本偏差中，A ~ H 或 a ~ h 与基准件相配时，可以得到间隙配合；J ~ N 或 j ~ n 与基准件相配时，基本上得到过渡配合；P ~ ZC 或 p ~ zc 与基准件相配时，基本上得到过盈配合。

由于基准件的基本偏差为零，另一个极限偏差（ES 和 ei）就取决于基准件的公差大小（公差等级），所以某些基本偏差（例如 n、N）的非基准件与低公差等级的基准件（H 或 h）相配时，配合较松，可能形成过渡配合；而与高公差等级的基准件相配时，配合较紧，可能形成过盈配合。

2. 配合代号与标注

配合代号由相互结合的孔、轴公差带代号组成，并写成分数形式，分子为孔的公差带代号，分母为轴的公差带代号，如 $\dfrac{H8}{f7}$，$\dfrac{K7}{h6}$，$\dfrac{H9}{h9}$，$\dfrac{C7}{h6}$ 等。在配合代号中，分子为 H 的，是基孔制配合；分母为 h 的，是基轴制配合；分子为 H，分母为 h 的，如 $\dfrac{H8}{h7}$，可视为基孔制配合也可视为基轴制配合；分子为非 H、分母为非 h 的，如 $\dfrac{M8}{f7}$，称为不同配合制的配合。

在装配图中，配合代号标注在基本尺寸之后，如 $\phi52\,\dfrac{H7}{g6}$ 或 $\phi52\,\dfrac{H7}{g6}$。

3. 优先配合和常用配合

在规定两种配合制的基础上，国家标准又规定了优先配合（基孔制和基轴制各 13 种）和常用配合（基孔制 59 种、基轴制 47 种）。它们都是由优先公差带和常用公差带与适当的基准件组成的，见表 4 – 2。

表 4 – 2　基孔制优先和常用配合

基准孔	轴																				
	a	b	c	d	e	f	g	h	js	k	m	n	p	r	s	t	u	v	x	y	z
	间　隙　配　合								过　渡　配　合				过　盈　配　合								
H6						$\dfrac{H6}{f5}$	$\dfrac{H6}{g5}$	$\dfrac{H6}{h5}$	$\dfrac{H6}{js5}$	$\dfrac{H6}{k5}$	$\dfrac{H6}{m5}$	$\dfrac{H6}{n5}$	$\dfrac{H6}{p5}$	$\dfrac{H6}{r5}$	$\dfrac{H6}{s5}$	$\dfrac{H6}{t5}$					
H7						$\dfrac{H7}{f6}$	$\dfrac{H7}{g6}$	$\dfrac{H7}{h6}$	$\dfrac{H7}{js6}$	$\dfrac{H7}{k6}$	$\dfrac{H7}{m6}$	$\dfrac{H7}{n6}$	$\dfrac{H6}{p6}$	$\dfrac{H7}{r6}$	$\dfrac{H6}{s6}$	$\dfrac{H7}{t6}$	$\dfrac{H7}{u6}$	$\dfrac{H7}{v6}$	$\dfrac{H7}{x6}$	$\dfrac{H7}{y6}$	$\dfrac{H7}{z6}$
H8					$\dfrac{H8}{e7}$	$\dfrac{H8}{f7}$	$\dfrac{H8}{g7}$	$\dfrac{H8}{h7}$	$\dfrac{H8}{js7}$	$\dfrac{H8}{k7}$	$\dfrac{H8}{m7}$	$\dfrac{H8}{n7}$	$\dfrac{H8}{p7}$	$\dfrac{H8}{r7}$	$\dfrac{H8}{s7}$	$\dfrac{H8}{t7}$	$\dfrac{H8}{u7}$				
				$\dfrac{H8}{d8}$	$\dfrac{H8}{e8}$	$\dfrac{H8}{f8}$		$\dfrac{H8}{h8}$													

续表

基准孔	轴																				
	a	b	c	d	e	f	g	h	js	k	m	n	p	r	s	t	u	v	x	y	z
	间　隙　配　合								过渡配合				过　盈　配　合								
H9			$\dfrac{H9}{c9}$	$\dfrac{H9}{d9}$	$\dfrac{H9}{e9}$	$\dfrac{H9}{f9}$		$\dfrac{H9}{h9}$													
H10			$\dfrac{H10}{c10}$	$\dfrac{H10}{d10}$				$\dfrac{H10}{h10}$													
H11	$\dfrac{H11}{a11}$	$\dfrac{H11}{b11}$	$\dfrac{H11}{c11}$	$\dfrac{H11}{d11}$				$\dfrac{H11}{h11}$													
H12		$\dfrac{H12}{b12}$						$\dfrac{H12}{h12}$													

注：（1）$\dfrac{H6}{n5}$、$\dfrac{H7}{p6}$ 在基本尺寸小于或等于 3 mm 和 $\dfrac{H8}{r7}$ 在小于或等于 100 mm 时，为过渡配合；

（2）标注▰ 的配合为优先配合。

在实际选用时，应首先选用优先配合；若不能满足功能要求时，则再选用常用配合。当优先和常用配合都不能满足功能要求时，还可以选用其他任意的配合。在特殊情况下，也可以根据工作条件的要求，设计不符合国家标准规定的孔、轴公差带组成的配合。

4.2.3　孔轴配合的设计

孔轴配合的设计的主要依据是结合功能要求，并同时考虑制造、使用和维护过程的经济性。

可以用三种方式确定满足功能要求的配合：①直接选用标准配合或由孔、轴标准公差带形成的配合；②选用非标准的孔、轴公差带形成的配合；③采用不具互换性的配制配合。

1. 标准配合设计

按标准设计配合时，包括配合制、配合和公差等级的选用。

（1）配合制的选用。在基孔制和基轴制两种配合制中，可以得到结合性质基本相同的标准配合，因此配合制的选用与功能要求无关，主要应考虑工艺的经济性和结构的合理性。

在一般情况下，应优先选用基孔制。其主要理由是为了满足经济性的要求。因为从工艺角度分析，对较高精度的中小尺寸的孔，广泛采用定尺寸刀、量具（钻头、铰刀、拉刀、塞规等），而每一种规格的定尺寸刀、量具只能加工或检验一种规格的孔。如果在整个工业生产中广泛采用基孔制，就可以大大减少孔的极限尺寸的种类，从而减少定尺寸刀、量具的数目，获得很大的经济效益。

但是，由于结构和工艺上的特点，有时选用基轴制更为经济合理。如在农业机械和纺织机械中，由于精度要求不高，经常使用具有一定精度的冷拉钢材直接做轴而不再切削加工，在这种情况下应选用基轴制；小于 1 mm 的精密轴比精密孔难以制造，故经常使用经过光轧成形的钢丝直接做轴，因此，仪器、仪表、电子产品中常采用基轴制；与标准（部）件相配合时，必须按标准（部）件来选用配合制。例如，滚动轴承与轴颈和孔座之间的配合应以滚动轴承为基准；还有一些特殊的结构需要采用基轴制配合。

例如图4-13（a）所示的活塞部件中，活塞销2与活塞1和连杆3的配合。根据功能要求，活塞销2与活塞1应为过渡配合，活塞销2与连杆3应为间隙配合。若选用基孔制，则活塞销2与活塞1的配合为 $\phi30\dfrac{H6}{m5}$，活塞销2与连杆3的配合为 $\phi30\dfrac{H6}{h5}$，其公差带如图4-13（b）所示。显然，按照这种设计，就要把活塞销做成两头大、中间小的阶梯轴。而且，销轴两端直径可能大于连杆3的孔径，装配时会刮伤连杆孔的表面而影响配合。如果选用基轴制，则活塞销2与活塞1的配合为 $\phi30\dfrac{M6}{h5}$，活塞销2与连杆3的配合仍为 $\phi30\dfrac{H6}{h5}$，其公差带图如图4-13（c）所示。这样，活塞销就是一根光轴，便于加工和装配，降低了生产成本，也不会刮伤连杆孔的表面。如果活塞销与活塞仍选用基孔制配合 $\phi30\dfrac{H6}{m5}$，为了不使活塞销形成阶梯轴，又使活塞销与连杆的孔形成间隙配合，活塞销与连杆孔可选为 $\phi30\dfrac{F6}{m5}$，即不同配合制的配合，如图4-13（d）所示。

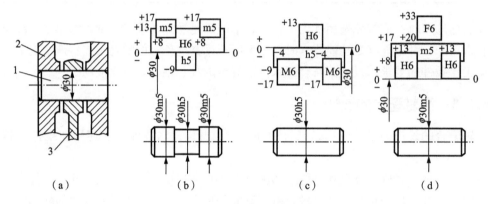

图4-13 配合制的选用示例

(a) 活塞部件；(b) 基孔配合制；(c) 基轴配合制；(d) 不同配合制

（2）配合的选择。选择配合种类的主要依据是功能要求，应根据工作条件要求的松紧程度来选择适当的配合。

通常孔、轴配合后有相对运动（转动或移动）的，应选用间隙配合；主要靠装配过盈传递载荷的，应选用过盈配合；要求有定位精度（对中要求）而且经常装拆的，主要应选用过渡配合，也可按不同情况选用小间隙或小过盈的配合。

确定配合的类别后，再根据功能要求选用适当松紧程度的配合，也就是选择适当的极限间隙（或极限过盈）和配合公差。然后根据配合公差要求选择配合件的基本偏差和标准公差。

选择配合时，首先在国家标准规定的优先配合中选用。当优先配合不能满足功能要求时，再从常用配合中选用。若标准配合都不能满足功能要求，可以选用孔、轴的标准公差带组成要求的配合。选用的顺序也是先选优先公差带，次选常用公差带，再选一般公差带。标准公差带不能满足功能要求时，可自行确定孔、轴极限尺寸（极限偏差），即采用非规范的设计。

由于松紧程度的要求和工作性能难以用定量的指标来表示，所以正确选择配合种类是一件很困难的工作。配合种类的选用方法有类比法、计算法和试验法。

计算法主要用于两种情况：一种是用作滑动轴承的间隙配合，当要求保证液体润滑摩擦时，可以根据润滑理论计算允许的间隙，从而选定适当的配合种类；另一种是完全依靠装配过盈传递载荷的过盈配合，可以根据要求传递载荷的大小计算允许的最小过盈量，再根据孔、轴材料的材料特性计算允许的最大过盈量，从而选定适当的配合种类。国家标准规定了过盈配合的计算和选用方法，在设计时可以参考使用。

对产品功能影响很大的个别特别重要的配合，可以进行专门的模拟试验，以确定工作条件要求的最佳间隙或过盈量，即采用试验法选用配合。这种方法只要试验设计合理、数据可靠，选用的配合比较理想，但是成本较高，周期较长。

配合的选用主要采用类比法。用类比法选用配合时要对照实例，类比工作条件，相应改变间隙或过盈量。表 4 - 3 列出了工作条件对配合松紧的要求，可供参考。当孔、轴材料强度较低时，不应选用过紧的配合；相对转动的滑动轴承的相对转速越高，润滑油黏度越大，则间隙配合越松。

表 4 - 3　工作条件对配合松紧的要求

工作条件	配合程度	工作条件	配合程度
经常装拆		有冲击和振动	
工作时孔的温度比轴低	松	表面较粗糙	紧
形状和位置误差较大		对中性要求高	

选用配合时应考虑的其他因素还有：

①温度变形的影响。由于国家标准规定和图样标注的公差与配合以及测量条件等均以基准温度（20 ℃）为前提，故当工作温度偏离 20 ℃时要进行温度修正，尤其是在孔、轴工作温度或线膨胀系数相差较大的场合。例如发动机中活塞和缸体的结合，由于活塞和缸体的材质不同，其线膨胀系数相差较大，工作温度和室温的差别较大，因此在设计时应该充分考虑由于温度升高对于装配间隙的影响。

除非有特殊说明，一般均应将工作条件的配合要求，换算成 20 ℃时的极限与配合标注在图样上，这对于在高温或低温下工作的机械尤为重要。

②装配变形的影响。在机械结构中，经常遇到薄壁零件装配变形的问题。考虑装配变形的具体办法有两个：其一是选择较松的间隙配合，以补偿装配变形；其二是采用适当的工艺措施。

例如在机械结构中经常遇到的套筒装配结构（见图 4 - 14），套筒外表面与机座孔的配合为过渡配合 $\left(\phi 70\,\dfrac{H7}{m6}\right)$，套筒内表面与轴的配合为间隙配合 $\left(\phi 60\,\dfrac{H7}{f7}\right)$。由于套筒外表面与机座孔之间可能产生过盈，当套筒压入机座孔后，套筒内孔收缩，使孔径变小。例如当套筒外表面与机座孔的过盈为 0.03 mm 时，套筒内孔直径可能收缩 0.045 mm；若套筒内孔与轴之间原有最小间隙为 0.03 mm，则由于装配变形，此时将有 0.015 mm 的过盈。这种情况不仅不能保证配合要求，甚至无法自由装配。因此，对有装配变形的零件，在设计时，应对其公差带进行必要的修正，即将内孔公差带上移，使孔的极限尺寸加大。或者采用工艺措施保证，将套筒压入机座孔后再精加工套筒孔，使满足其公差带的要求。

除非有特殊说明，装配图上标注的配合，应是装配以后的要求。若装配图上规定的配合是装配以前的，则应将装配变形的影响考虑在内，以保证装配后达到设计要求。

③尺寸分布特性的影响。不同加工方法得到的一批孔、轴的实际尺寸，服从不同的分布，即具有不同的分布特性。大批量生产时，多用"调整法"加工，实际尺寸通常为正态分布。单件小批量生产时，多用"试切法"加工，实际尺寸多为偏态分布，且分布中心偏向最大实体尺寸一侧。对同样一种配合，用"调整法"加工或用"试切法"加工，其实际的配合性质是不同的，后者往往比前者紧。因此，同一种配合，由于尺寸分布特性不同，装配得到的一批结合的实际间隙（或实际过盈）的分布也不相同，因而具有不同的结合性质。

以过渡配合 $\phi 50 \dfrac{H7}{js6}$ 为例，公差带如图 4 - 15 所示。当孔、轴尺寸分布按正态分布时，获得过盈的概率很小，平均间隙 S_{av} = + 12.5 μm。若孔、轴尺寸分布偏向最大实体尺寸（如图中虚线），则出现过盈的概率显著增加。

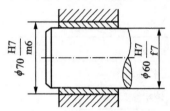

图 4 - 14　装配变形对配合的影响

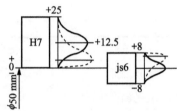

图 4 - 15　尺寸分布特性对配合的影响

因此，在单件小批量的生产条件下，采用试切法加工，可能使孔、轴实际尺寸形成偏向最大实体尺寸的偏态分布时，应选用较松的配合，或者标注统计尺寸公差，对实际尺寸分布特性做出规定。

④使用寿命的影响。孔、轴结合，特别是间隙配合的运动副，由于工作过程中的摩擦磨损，孔、轴间的实际间隙随使用时间增长而变大，最终会因间隙过大导致结合失效。因此，在设计时应考虑摩擦磨损的影响，适当提高孔、轴的配合精度要求，以延长使用寿命。

例如，在大量生产的空压机中，曲轴轴颈与连杆衬套孔的结合，原用配合为 $\phi 70 \dfrac{E8}{h6}$，后来改为 $\phi 70 \dfrac{F7}{h6}$，由于间隙减小，虽然摩擦力矩增加了 4%，但由于增加了间隙量的磨损储备，使用寿命增加约一年。

对于间隙配合，可以适当减小间隙来提高使用寿命。对于过盈配合，可以适当调整极限过盈，以满足在超负荷时不致松动，在孔、轴拆卸重装后仍可使用，在存在歪斜等装配误差时不致使材料损坏等要求。

（3）公差等级的选择。公差等级的选用首先必须满足功能要求，其次要考虑经济性。考虑经济性不单纯从加工成本着眼，还要看到精度的降低会使机器的使用期缩短或性能降低，从而降低机器的生产效益，由此而产生的经济损失可能比节约加工成本大得多；因此，有时可适当地提高设计精度以保证产品的质量，并具有足够的精度储备。

从图 1 - 2 的几何误差与相对生产成本的关系曲线可以看出，在小公差的范围内，公差值的减小，会使成本迅速增高；在较大公差范围内，公差变化对成本的影响不大，所以在选公差等级时应注意，在高公差等级范围内，尽量选低的等级；在较低公差等级范围内，可适当提高一或两级，以便以较小的经济代价获得较高的产品质量。

公差等级的选用是一项十分重要但又比较困难的工作，对于实际工作经验较少的设计者尤其如此。因为公差等级的高低不仅直接影响产品的功能和技术指标，而且还直接影响生产和使用过程的经济性。公差等级过低，虽然可以降低生产成本，但是由于低公差等级的尺寸变动量大，难以保证较高和较稳定的产品质量，也会影响产品的无故障工作时间和使用寿命，反而会增加产品的使用成本。若公差等级过高，则生产成本成倍增加，从而降低产品的性价比，不利于产品的市场竞争，也不利于综合经济效益。

对于某些特殊的、重要的配合，可能根据工作条件和功能要求确定配合的间隙或过盈的允许界限，然后采用计算法确定相配孔、轴的公差等级。但是应该指出，这种情况在实际设计过程中是很少的，用计算法确定公差等级只能在个别情况下采用。

设计公差等级的过程就是正确处理功能要求和经济性这对矛盾的过程。由于经济效益受多种因素的综合影响，如技术水平、生产能力、供求关系等，而且在功能要求和公差等级之间也难以建立定量的关系，所以绝大多数尺寸的公差等级只能够采用类比的方法来确定其公差等级。也就是参考经过实践证明是合理的类似产品的设计经验，来选择尺寸的公差等级。

用类比法选择公差等级时，应考虑以下几个因素：

①孔、轴的工艺等价。在常用尺寸段内，配合精度要求较高时，即间隙配合和过渡配合的孔的公差等级≤IT8、过盈配合的孔的公差等级≤IT7 时，由于孔比轴难加工，为使相配的孔、轴工艺等价，应选定孔的公差等级比轴低一级。

对于大于 500 mm 的孔、轴，一般采用同级公差的配合。

对于小于 3 mm 的孔、轴，如钟表零件，由于其工艺多样性，孔、轴精度等级可能相差较多，甚至孔的公差等级可能高于轴的公差等级。

有时为了降低加工成本，在不影响产品使用功能的前提下，孔、轴公差等级可相差较多。

②相关要素的精度匹配。例如与齿轮孔相配合的轴的公差等级，受齿轮精度等级的制约；与滚动轴承相配合的外壳孔和轴的公差等级受滚动轴承精度的制约。

③结合性质与加工成本。对于过盈、过渡和较紧的间隙配合，公差等级不能太低，推荐采用孔的公差等级不低于 IT8、轴的公差等级不低于 IT7。这是因为公差等级过低，会使过盈配合在保证最小过盈的条件下最大过盈增大，当材料强度不够时零件会受到破坏；过渡配合的公差等级较低时，会导致最大过盈和最大间隙都增大，不能保证相配孔、轴既装拆方便又能实现定心的要求；低公差等级间隙配合会产生较大的平均间隙，满足不了较紧的间隙配合的要求，例如高公差等级的 $\dfrac{H6}{g5}$ 是较紧的间隙配合，低公差等级的 $\dfrac{H11}{h11}$ 是较松的间隙配合。

表 4 - 4 列出了 20 个公差等级的大致应用范围，可供用类比法选择公差等级时的参考。

表 4 – 4　公差等级的应用

用途		公差等级（IT）																			
		01	0	1	2	3	4	5	6	7	8	9	10	11	12	13	14	15	16	17	18
量块		← IT01 ~ IT1 →																			
量规	高精度				← IT1 ~ IT4 →																
	低精度							← IT5 ~ IT7 →													
配合尺寸	特别精密				← IT2 ~ IT4 →																
	精密							← IT5 ~ IT7 →													
	中等										← IT8 ~ IT10 →										
	低精度													← IT11 ~ IT13 →							
非配合尺寸															← IT12 ~ IT18 →						
原材料尺寸											← IT8 ~ IT14 →										

表 4 – 5 列出了各种加工方法可能达到的公差等级范围，可供考虑生产条件和制造成本时参考。应该注意，各种加工方法可能达到的公差等级不仅随设备、刀具、工艺条件和工人技术水平的不同而在一定的范围内变动，而且随着工艺水平的发展和提高，某种加工方法可以达到的公差等级范围也会有所变化。

表 4 – 5　各种加工方法可能达到的公差等级

加工方法	公差等级（IT）																			
	01	0	1	2	3	4	5	6	7	8	9	10	11	12	13	14	15	16	17	18
研磨	—	—	—	—	—	—	—													
珩						—	—	—	—											
圆磨							—	—	—	—										
平磨							—	—	—	—										
金刚石车							—	—	—											
金刚石镗							—	—	—											
拉削							—	—	—	—										
铰孔								—	—	—	—									
车								—	—	—	—	—								
镗								—	—	—	—	—								

续表

加工方法	公差等级（IT）																			
	01	0	1	2	3	4	5	6	7	8	9	10	11	12	13	14	15	16	17	18
铣										—	—	—	—							
刨、插												—	—							
钻												—	—	—	—					
滚压、挤压																				
冲压												—	—	—						
压铸													—	—	—	—				
粉末冶金成形								—	—	—										
粉末冶金烧结									—	—										
砂型铸造、气割																		—	—	—
锻造																	—	—		

2. 配制配合设计

配制配合是以一个结合面的实际尺寸为基数，来配制另一个相配结合面尺寸的一种工艺措施。一般用于公差等级较高、单件小批生产的光滑结合要素。是否采用配制配合应由设计人员根据零件的生产和使用情况决定。

（1）配制配合设计方法。对于采用配制配合的结合要素，一般的设计方法如下：

①先按功能要求确定标准配合，后续进行的配制配合设计的结果（实际间隙或实际过盈）应该满足所确定标准配合的极限间隙或极限过盈的要求。

②再选择"先加工件"，一般选择较难加工但能得到较高测量精度的结合面（在多数情况下是孔）作为先加工件，并给它一个比较容易达到的公差或按线性尺寸的未注公差要求加工。

③然后测量"先加工件"的实际尺寸，作为"配制件"的基本尺寸。

④继而设计"配制件"（在多数情况下是轴）的公差，可按由功能要求选取的标准配合公差（孔、轴公差之和）来选取。所以，配制件的公差可以接近于所形成配合的间隙公差或过盈公差，比按标准配合进行互换性生产的单个零件的公差大得多。以先加工件的实际尺寸作为基本尺寸确定配制件的极限偏差和极限尺寸，使它与"先加工件"形成的结合满足标准配合的要求。

配制配合是关于尺寸极限方面的技术规定，不涉及其他技术要求。因此，要素的形状和位置公差、表面粗糙度等要求，不应因采用配制配合而降低。

测量准确度对于保证配制配合的性质影响极大。要注意温度、形状和位置误差对测量结果的影响。配制配合应采用尺寸相互比较的测量方法，并在同样条件下、使用同一基准装置或校对量具、由同一组计量人员进行测量，以提高测量精度。

显然，采用配制配合的孔、轴不具有互换性。

（2）配制配合的表示和计算。在设计图样上，用代号 MF（Matched Fit）表示配制配合，并借用基准孔的代号 H 或基准轴的代号 h 分别表示先加工件为孔或轴；在装配图和零件图的相应部位均应予以标注。装配图上还要标明按功能要求选定的标准配合的代号。

[例4-3] 基本尺寸为 $\phi3000$ mm 的孔和轴，配合的允许最大间隙为 0.45 mm、允许最小间隙为 0.14 mm。试设计满足使用功能要求的孔、轴尺寸。

解：按此选用标准配合 $\phi3000\dfrac{H6}{f6}$ 或 $\phi3000\dfrac{F6}{h6}$，其最大间隙为 0.415 mm、最小间隙为 0.145 mm，可以满足功能要求。

若采用配制配合，且以孔为先加工件，则在装配图上标注为

$$\phi3000\frac{H6}{f6}\ MF \qquad （先加工件为孔）$$

若给先加工件（孔）一个较容易达到的公差，如 H8，则在孔的零件图上标注为

$$\phi3000\ H8\ MF$$

若按"线性尺寸的未注公差"加工孔，则其尺寸标注为

$$\phi3000\ MF$$

配制件轴的公差带按标准配合 $\phi3000\dfrac{H6}{f6}$ 的极限间隙（$S_{max}=415$ μm 和 $S_{min}=145$ μm）选取为 f7。其上偏差 es = -145 μm（相当于 $S_{min}=145$ μm），下偏差 ei = -355 μm（相当于 $S_{max}=355$ μm），可以满足要求，则轴的尺寸标注为

$$\phi3000\ f7\ MF$$

实际生产中，如以适当的测量方法测出先加工件（孔）的实际尺寸为 $\phi3000.195$ mm，则配制件（轴）的极限尺寸可计算为

$$d_{max}=3000.195+(-0.145)=3000.050（mm）$$

$$d_{min}=3000.195+(-0.355)=2999.840（mm）$$

标准配合 $\phi3000\dfrac{H6}{f6}$ 的公差带图、孔、轴零件图样标注的公差带以及配制件极限尺寸的计算图解分别如图 4-16（a）、（b）和（c）所示。

4.3 公差原则

由于加工误差的影响，制成的零件实际要素的各种几何特性与其理想几何特性一定存在偏差。实际要素各种几何特性的误差对零件使用功能存在影响，这些影响是各种误差单独或综合作用的结果。

在精度设计中，如果只考虑零部件各种几何特性误差对使用功能的单独影响，可以分别规定要素的几何精度要求，以限制相应的几何特性误差，保证满足使用功能的要求，即独立原则。

然而实际上，零部件各种几何特性误差的产生原因是相互关联的，对使用功能的影响也往往是综合的，这就导致各种几何精度要求之间客观上存在着相互制约、相互补偿的相关关系。如尺寸链关系的尺寸精度之间、同一要素的尺寸精度与形位精度之间、尺寸精度与表面精度之间、表面精度与形位精度之间等。因此，在规定各种几何精度要求时，往往需要根据产品的使用功能要求和制造工艺，充分考虑它们之间的相互作用关系，合理决定产品的各种

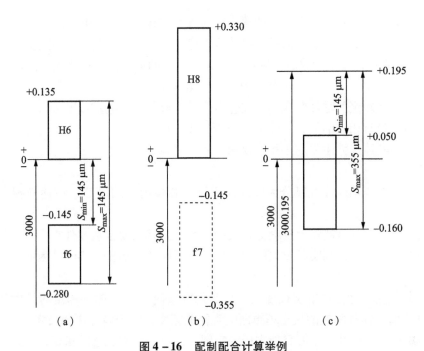

图 4 – 16　配制配合计算举例

（a）$\phi3000\dfrac{H6}{f6}MF$；（b）$\phi3000H8MF$，$\phi3000f7MF$；（c）配制件的极限尺寸

几何精度要求，控制它们的综合误差对使用功能的影响，即相关要求。

4.3.1　尺寸要素

由一定大小的线性尺寸或角度尺寸确定的几何形状称为尺寸要素，其区域被材料包围或充满材料，如由直径尺寸确定的圆柱面和球面、由距离尺寸确定的两反向平行平面、由直径尺寸和锥角尺寸确定的圆锥面等。尺寸要素都具有对称性，可以导出相应的中心要素。

孔和轴是最常见的尺寸要素。孔通常是指零件的圆柱形内表面或由两反向平行平面或切面形成的包容面，形成孔的包容面内没有材料，其表面是内轮廓面，为内尺寸要素，孔的代号用大写字母表示。轴通常是指零件的圆柱形外表面或由两反向平行平面或切面形成的被包容面，形成轴的被包容面内充满材料，其表面是外轮廓面，为外尺寸要素，轴的代号用小写字母表示。孔和轴的截面尺寸固定不变，为单尺寸要素。通常，孔的制造、检测相对于轴较难。

孔和轴具有大小、形状、方向、位置特征。

以下是一些基本术语及概念。

1. 实体状态和实体尺寸

孔、轴具有允许的材料量最多时的状态称为最大实体状态（MMC）。

孔、轴处于最大实体状态时的极限尺寸称为最大实体尺寸（MMS），也称最大实体极限，分别用 D_M、d_M 表示，它是孔的最小极限尺寸 D_{min} 或轴的最大极限尺寸 d_{max}，即

$$D_M = D_{min} \qquad d_M = d_{max}$$

孔、轴具有允许的材料量最少时的状态称为最小实体状态（LMC）。

孔、轴处于最小实体状态时的极限尺寸称为最小实体尺寸（LMS），也称最小实体极限，分别用 D_L、d_L 表示，它是孔的最大极限尺寸 D_{max} 或轴的最小极限尺寸 d_{min}，即

$$D_L = D_{max} \qquad d_L = d_{min}$$

非配合尺寸所确定的零件要素不形成包容或被包容状态，它们没有最大实体状态和最小实体状态，因而没有相应的最大实体尺寸和最小实体尺寸。

最大和最小实体尺寸主要用于相关要求。

2. 作用尺寸

孔、轴要素的作用尺寸可以分为体外作用尺寸和体内作用尺寸（或体外拟合尺寸和体内拟合尺寸）。

作用尺寸是在实际被测尺寸要素上定义的尺寸，是几何要素在零件工作状态的综合表征指标。在一般情况下，不同实际要素的作用尺寸是不同的，但任一实际要素的作用尺寸则是唯一确定的。

（1）体外作用尺寸。在给定长度上，与实际内表面（孔）体外相接的最大理想面或与实际外表面（轴）体外相接的最小理想面的直径或宽度，称为体外作用尺寸。

体外作用尺寸表征孔、轴要素所占用的空间，是表征装配状态的指标，是几何要素的尺寸特性和形位特性的综合结果。

对于单一要素，体外作用尺寸称为单一体外作用尺寸。孔的单一体外作用尺寸以 D_{fe} 表示，轴的单一体外作用尺寸以 d_{fe} 表示，如图 4 – 17（a）所示。

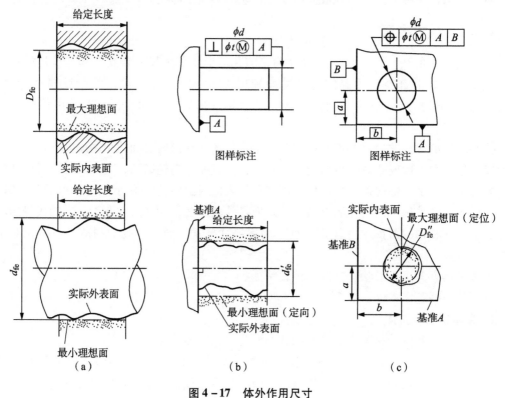

图 4 – 17　体外作用尺寸

（a）单一体外作用尺寸；（b）定向体外作用尺寸；（c）定位体外作用尺寸

对于给出定向公差或定位公差要求的关联要素，确定其体外作用尺寸的理想面的中心要素，必须与基准保持图样给定的方向或位置关系。其体外作用尺寸分别称为定向体外作用尺寸（D'_{fe}、d'_{fe}）和定位体外作用尺寸（D''_{fe}、d''_{fe}），如图 4 – 17（b）和图 4 – 17（c）所示。

由于确定单一体外作用尺寸的理想面没有方向和位置要求，而确定关联（定向或定位）体外作用尺寸的理想面具有确定的方向或位置要求，因此在同一基准体系条件下，任一实际要素的定位、定向、单一体外作用尺寸及任一局部实际尺寸一定存在以下关系：

$$对于孔 \qquad D''_{fe} \leqslant D'_{fe} \leqslant D_{fe} \leqslant D_a$$

$$对于轴 \qquad d''_{fe} \geqslant d'_{fe} \geqslant d_{fe} \geqslant d_a$$

（2）体内作用尺寸。在给定长度上，与实际内表面（孔）体内相接的最小理想面或与实际外表面（轴）体内相接的最大理想面的直径或宽度，称为体内作用尺寸。

体内作用尺寸表征孔、轴要素充满材料的理想形状，是表征摩擦磨损状态或强度特征的指标，也是几何要素的尺寸特性和形位特性的综合结果。

对于单一要素，孔的单一体内作用尺寸以 D_{fi} 表示，轴的单一体内作用尺寸以 d_{fi} 表示，如图 4 – 18（a）所示。

对于给出定向公差或定位公差的关联要素，确定其体内作用尺寸的理想面的中心要素必须与基准保持图样给定的方向或位置关系。其体内作用尺寸分别称为定向体内作用尺寸 $\left(\dfrac{D'_{fi}}{d'_{fi}}\right)$ 和定位体内作用尺寸 $\left(\dfrac{D''_{fi}}{d''_{fi}}\right)$，如图 4 – 18（b）和图 4 – 18（c）所示。

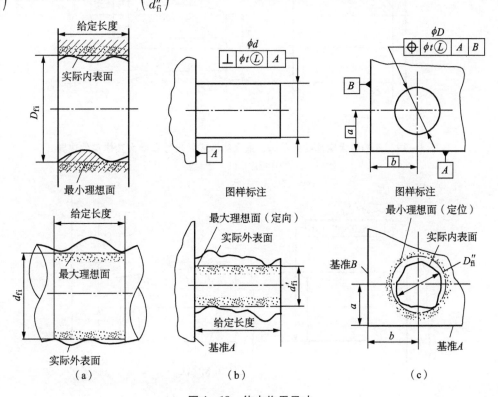

图 4 – 18 体内作用尺寸

（a）单一要素；（b）定向体内作用尺寸；（c）定位体内作用尺寸

在同一基准体系下，任一实际要素的定位、定向、单一体内作用尺寸及任一局部实际尺寸存在以下关系：

$$\text{对于孔} \qquad D''_{\text{fi}} \geqslant D'_{\text{fi}} \geqslant D_{\text{fi}} \geqslant D_{\text{a}}$$

$$\text{对于轴} \qquad d''_{\text{fi}} \leqslant d'_{\text{fi}} \leqslant d_{\text{fi}} \leqslant d_{\text{a}}$$

3. 实效状态和实效尺寸

实效状态是设计规定的孔、轴的综合极限状态，是孔、轴要素的极限作用状态。在实效状态下的作用尺寸称为实效尺寸。

实效状态分为最大实体实效状态和最小实体实效状态。实效尺寸分为最大实体实效尺寸和最小实体实效尺寸。

（1）最大实体实效状态和最大实体实效尺寸。在给定长度上，实际被测尺寸要素（孔、轴）处于最大实体状态（MMC），且其中心要素的形位误差等于给出的形位公差值时的综合极限状态，称为最大实体实效状态（MMVC）。

最大实体实效状态下的体外作用尺寸称为最大实体实效尺寸。

孔的最大实体实效尺寸用 D_{MV} 表示，轴的最大实体实效尺寸用 d_{MV} 表示，如图 4－19 和图 4－20 所示。

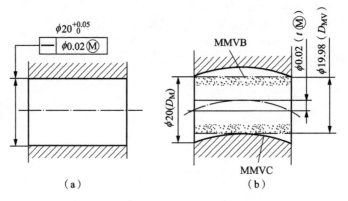

（a）　　　　　　　　　（b）

图 4－19　孔的最大实体实效状态、最大实体实效尺寸和最大实体实效边界

（a）图样标注；（b）示意图

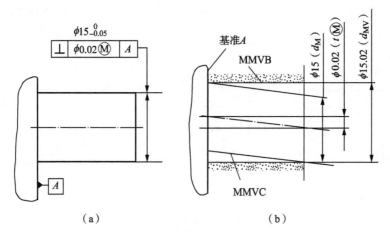

（a）　　　　　　　　　（b）

图 4－20　轴的最大实体实效状态、最大实体实效尺寸和最大实体实效边界

（a）图样标注；（b）示意图

孔、轴的最大实体实效尺寸为

$$\text{对于孔} \qquad D_{MV} = D_M - t = D_{min} - t$$

$$\text{对于轴} \qquad d_{MV} = d_M + t = d_{max} + t$$

式中，t 为被测孔、轴的中心要素采用最大实体要求的形位公差值；D_M，d_M 分别为被测孔、轴的最大实体尺寸。

（2）最小实体实效状态和最小实体实效尺寸。在给定长度上，实际被测尺寸要素（孔、轴）处于最小实体状态（LMC），且其中心要素的形位误差等于给出的形位公差值时的综合极限状态，称为最小实体实效状态（LMVC）。

最小实体实效状态下的体内作用尺寸称为最小实体实效尺寸。

孔的最小实体实效尺寸用 D_{LV} 表示，轴的最小实体实效尺寸用 d_{LV} 表示，如图 4 – 21 和图 4 – 22 所示。

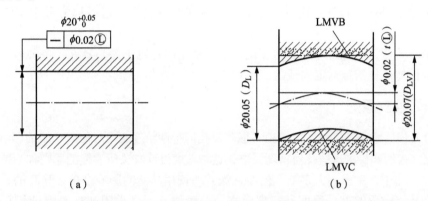

图 4 – 21 孔的最小实体实效状态、最小实体实效尺寸和最小实体实效边界

（a）图样标注；（b）示意图

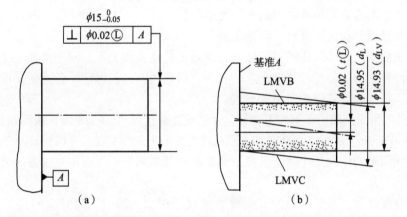

图 4 – 22 轴的最小实体实效状态、最小实体实效尺寸和最小实体实效边界

（a）图样标注；（b）示意图

孔、轴的最小实体实效尺寸为

$$\text{对于孔} \qquad D_{LV} = D_L + t = D_{max} + t$$

$$\text{对于轴} \qquad d_{LV} = d_L - t = d_{min} - t$$

式中，t 为被测孔、轴的中心要素采用最小实体要求的形位公差值；D_L，d_L 分别为被测孔、轴的最小实体尺寸。

4. 边界

由设计给定的具有理想形状的极限包容面称为边界。边界的尺寸是该极限包容面的直径或宽度。

边界的主要作用是在几何精度的合格验收条件中作为控制实际轮廓要素的界限。

边界有最大实体边界、最小实体边界、最大实体实效边界和最小实体实效边界等几种。

（1）最大实体边界。边界尺寸为最大实体尺寸的边界称为最大实体边界（MMB）。

（2）最小实体边界。边界尺寸为最小实体尺寸的边界称为最小实体边界（LMB）。

（3）最大实体实效边界。边界尺寸为最大实体实效尺寸的边界称为最大实体实效边界（MMVB）。

（4）最小实体实效边界。边界尺寸为最小实体实效尺寸的边界称为最小实体实效边界（LMVB）。

对于单一要素，各种边界的方向和位置是不确定的；对于关联要素，各种边界的中心要素应对基准保持图样给定的定向或定位关系。

4.3.2 独立原则

在设计几何要素的精度时，仅单独考虑若干几何特性精度要求对使用功能的影响，并分别独立地规定、控制和检测这些几何精度要求，这种精度设计方法所遵循的原则称为独立原则。

在实际工作中，考虑到大多数几何特性误差对使用功能的影响是单独显著的，并计及设计、加工和检测过程的难易程度和实现成本，一般情况下多采用独立原则进行几何精度设计。所以，独立原则是几何要素精度关系的基本原则。

采用独立原则的精度要求，不需要在图样上附加特别说明。

遵守独立原则的表面精度要求只控制要素的相应缺陷、表面粗糙度和波纹度等几何特性误差，而与其表面形状误差及尺寸误差无关。

但是，表面精度和其他几何精度之间存在着工艺性关联关系，同一个加工工艺过程决定了被制造几何要素的各种几何特性误差的大小，即当加工工艺保证一种几何精度要求时，必然也保证了工艺等价的其他几何精度要求。

例如轴类零件采用精密车削加工，其尺寸精度能够达到 IT6 ~ IT8 级，表面粗糙度 Ra 值能够达到 0.2 ~ 1.6 μm。这种尺寸精度和表面精度之间的工艺性关联，应在设计时予以考虑。

遵守独立原则的线性尺寸精度只控制要素的局部实际尺寸，而不直接控制要素的形状及位置误差。

但是，线性尺寸公差带在限制几何要素的尺寸误差的时候，同时也间接控制了形位误差。在规定形位精度要求时，应该避免标注无实际控制意义的精度要求。

例如图 4 - 23（a）所示圆柱面，当给定圆柱直径尺寸公差（极限尺寸）时，其圆度误差不可能大于其直径公差值 0.05 mm，相当于该圆柱要素标注了公差值为 0.05 mm 的圆度公差。只有当要求圆度公差值小于 0.05 mm 时，才需单独标注圆度公差且具有实际精度控制的意义。

例如图 4 - 23（b）所示零件的尺寸公差限制了两个平面的平行度误差不可能大于其尺寸公差值 0.5 mm，相当于标注了公差值为 0.05 mm 的上表面对下表面的平行度公差。只有当要求平行度公差值小于 0.5 mm 时，才需单独标注平行度公差且具有实际精度控制意义。

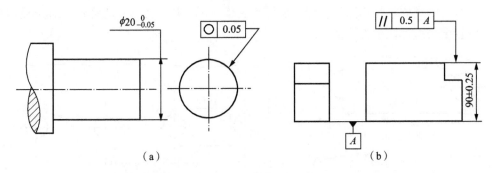

图 4 – 23　尺寸公差和形位公差的关系

（a）圆柱面的尺寸公差；（b）零件的尺寸公差

遵守独立原则的角度尺寸精度只控制要素之间的实际角度，而不控制要素的形状及位置误差。

图 4 – 24（a）所示的角度尺寸公差标注，要求所示零件的实际角度不超出 45°±1°，而不控制实际被测表面的平面度误差。在检测时应注意倾斜度和角度公差对实际被测要素的不同控制，并采用合适的检测方法。

遵守独立原则的形状与位置精度，只要求实际被测要素位于给定的形位公差带内，且允许其形位误差达到最大值，而与几何要素的实际尺寸无关。

但是，形位公差带对被测几何要素的限制，往往也限制了与被测要素、基准要素相关的尺寸误差。

如图 4 – 24（b）所示的倾斜度公差标注，要求实际被测表面对基准 A 的倾斜度误差值不超出其公差值 0.05 mm，即实际被测表面不超出倾斜度公差带。但是，用线性值表示的倾斜度公差带实际也控制了被测角度的角度误差，与角度尺寸公差的要求有相同之处。因此，在设计时应根据使用要求、检测条件、设计规范和习惯等因素，选用其中一种要求，避免出现重复冗余、无实际意义、相互矛盾的精度要求。

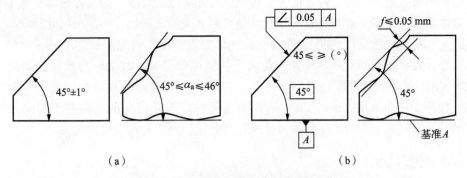

图 4 – 24　倾斜度公差和角度公差的比较

（a）角度尺寸公差标注；（b）倾斜度公差标准

对于几何要素的同一几何特性，可以采用多种精度项目规定其精度要求。在设计时，应该根据使用功能要求、制造与检测的可行性和成本等因素，选择一种合理的项目进行标注。

例如位置度公差与尺寸公差所代表的精度要求有很多相似之处，甚至比尺寸公差使用更为方便、要求更为明确。图 4 – 25（a）和图 4 – 25（b）所示的尺寸公差和位置度公差，对被测孔心距的精度要求是相同的。但是从图 4 – 25（b）中可以明显地看到，对于成组被测要素，位置度公差标注更为简洁。

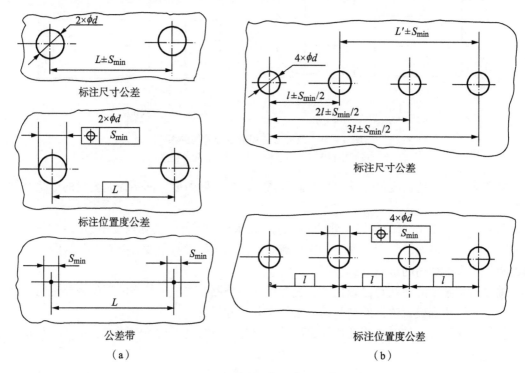

图 4 – 25 位置度公差和尺寸公差的比较
（a）不是成组要素；（b）成组要素

成组要素采用尺寸公差与位置度公差的复合标注时，成组要素内各要素间的关系标注位置度公差，而成组要素作为整体与其他要素间的关系则标注尺寸公差。此时，成组要素内的各个实际被测要素应分别满足位置度公差和相应尺寸极限的要求。即实际被测要素不超出位置度公差带，且某些实际被测要素与相应其他要素之间的实际尺寸不超出尺寸极限。

如图 4 – 26（a）所示，对孔组的轴线标注位置度公差，对左侧面的距离和对底面的距离标注尺寸公差。各孔的实际轴线首先要满足位置度公差 $\phi0.01$ mm 的要求，即应不超出图 4 – 26（b）所示的位置度公差带。此外，左侧两孔的实际轴线与左侧面间的距离应不超出尺寸极限 18 mm ± 0.1 mm；下方两孔的实际轴线与底面间的距离应不超出尺寸极限 20 mm ± 0.1 mm。右上孔的实际轴线只受位置度公差控制而与尺寸极限无关。

4.3.3 相关要求

在设计几何精度要求时，考虑到各种精度要求所控制的几何特性误差对使用性能的综合作用结果时，应综合设计、规定、检测多种精度要求。

考虑到被测中心要素形位公差与其对应的轮廓要素尺寸公差之间或者被测中心要素形位公差与基准轮廓要素尺寸公差之间的相互作用关系，从而规定形位公差与尺寸公差的综合作用结果的设计要求称为相关要求。

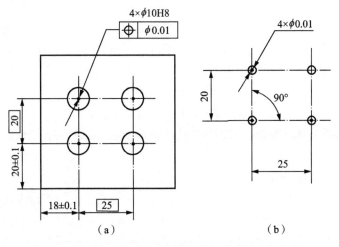

图 4 – 26 位置度公差和尺寸公差复合标注

（a）对孔组的标注；（b）位置度公差带

相关要求分为包容要求、最大实体要求、最小实体要求以及可逆最大实体要求和可逆最小实体要求。

一般情况下，最大实体要求和最小实体要求都是指被测要素的实际尺寸偏离其最大（最小）实体尺寸时，其形位公差可以得到补偿的设计要求。

可逆要求是当中心要素形位误差值小于给出的形位公差值时，还允许在满足零件功能要求的前提下补偿（扩大）其轮廓要素的尺寸公差。可逆要求不能单独采用，必须与最大实体要求或最小实体要求一同采用。

1. 包容要求

包容要求是孔、轴中心要素的形状公差与其相应的轮廓要素的尺寸公差之间相关的一种精度要求。

采用包容要求的尺寸要素，应在其尺寸极限偏差或公差带代号之后加注符号"Ⓔ"。

采用包容要求的尺寸要素对应的实际轮廓应遵守最大实体边界，即其体外作用尺寸不得超出最大实体尺寸，且其局部实际尺寸不得超出最小实体尺寸，即

$$对于孔 \qquad D_{fe} > D_M = D_{min} \quad 且 \quad D_a < D_L = D_{max}$$

$$对于轴 \qquad d_{fe} < d_M = d_{max} \quad 且 \quad d_a > d_L = d_{min}$$

［例 4 – 4］ 轴和孔尺寸公差采用包容要求。

图 4 – 27（a）所示轴的尺寸为 $\phi 30^{\ 0}_{-0.013}$Ⓔ，表示采用包容要求，其实际轴的尺寸应不超出其最大实体边界［见图 4 – 27（b）］，即满足下列要求：

$$d_{fe} < d_M = d_{max} = 30 \text{ mm}$$

$$d_a > d_L = d_{min} = 29.987 \text{ mm}$$

当该轴处于最大实体状态时，其轴线直线度公差为 $\phi 0$ mm。若轴的实际尺寸由最大实体尺寸向最小实体尺寸方向偏离，即小于最大实体尺寸 $\phi 30$ mm，则其轴线直线度误差可以大于 $\phi 0$ mm，但必须保证其体外作用尺寸不超出（不大于）轴的最大实体尺寸 $d_M = \phi 30$ mm。所以，当轴的实际尺寸处处相等时，它对最大实体尺寸的偏离量就等于轴线直线度公差值。

当轴的实际尺寸处处为最小实体尺寸 $\phi99.987$ mm，即处于最小实体状态时，其轴线直线度公差可达最大值，且等于其尺寸公差 $\phi0.013$ mm，如图 4 – 27（b）所示。

图 4 – 27（c）所示孔的尺寸为 $\phi30^{+0.02}_{0}$ Ⓔ，表示采用包容要求，其实际孔的尺寸应不超过其最大实体边界［见图 4 – 27（d）］，即满足下列要求：

$$D_{fe} > D_M = D_{min} = 30 \text{ mm}$$

$$D_a < D_L = D_{max} = 30.021 \text{ mm}$$

当该孔处于最大实体状态时，其轴线直线度公差为 $\phi0$ mm。若孔的实际尺寸由最大实体尺寸向最小实体尺寸方向偏离，即大于最大实体尺寸 $\phi30$ mm，则其轴线直线度误差可以大于 $\phi0$ mm，但必须保证其体外作用尺寸不超出（不小于）孔的最大实体尺寸 $d_M = \phi30$ mm。所以，当孔的实际尺寸处处相等时，它对最大实体尺寸的偏离量就等于轴线直线度公差值。

当孔的实际尺寸处处为最小实体尺寸 $\phi30.021$ mm，即处于最小实体状态时，其轴线直线度公差可达最大值，且等于其尺寸公差 $\phi0.021$ mm，如图 4 – 27（d）所示。

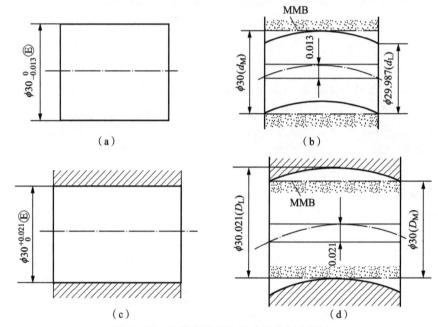

图 4 – 27 位置度公差和尺寸公差复合标注

（a）轴的尺寸为 $\phi30^{0}_{-0.013}$ Ⓔ；（b）轴的尺寸不超出其最大实体边界；

（c）孔的尺寸为 $\phi30^{+0.02}_{0}$ Ⓔ；（d）孔的尺寸应不超过最大实体边界

包容要求用于孔轴的尺寸和形状相互作用、相互影响的情况下，常用于保证孔、轴的配合性质和需要保证最小间隙时。例如在热力机械中的零件或在高速运转中的零件，遇热易膨胀，为了避免在工作中被卡死，需要保证最小间隙时；又如薄壁套筒零件，需采用过盈配合或过渡配合，又不允许过盈量太大，装配时容易开裂，需要保证最大过盈时，可以应用包容要求。

包容要求可以用光滑极限量规来检测，通规体现最大实体边界，止规控制最小实体尺寸。

2. 最大实体要求与可逆最大实体要求

（1）最大实体要求。最大实体要求既可以应用于被测要素，也可以应用于基准中心要素。

应用于被测要素时，应在被测中心要素形位公差框格中的公差值后标注符号"Ⓜ"；应用于基准中心要素时，应在被测中心要素形位公差框格内相应的基准字母代号后面标注符号"Ⓜ"。

最大实体要求应用于被测中心要素时，其相应尺寸要素的实际轮廓应遵守其最大实体实效边界，即在给定长度上处处不得超出最大实体实效边界，也就是其体外作用尺寸不得超出最大实体实效尺寸，且其局部实际尺寸不得超出最大和最小极限尺寸，即

$$对于孔\quad D_{fe}(D''_{fe}、D'_{fe}) > D_{MV}\quad 且\quad D_{max} > D_a > D_{min}$$

$$对于轴\quad d_{fe}(d''_{fe}、d'_{fe}) < d_{MV}\quad 且\quad d_{max} > d_a > d_{min}$$

最大实体要求应用于基准中心要素时，其轮廓要素应遵守相应的边界。若其实际轮廓偏离相应的边界，即其体外作用尺寸偏离相应的边界尺寸，则允许基准中心要素在一定的范围内浮动，其浮动范围等于基准轮廓要素体外作用尺寸与相应边界尺寸之差。实际基准中心要素相对于理想基准中心要素在一定范围内的允许浮动，将导致被测要素的边界相对于基准要素也允许在一定范围内浮动。图4-28（a）所示的标注表示基准要素遵守体外作用尺寸，图4-28（b）表示基准要素遵守最大实体实效边界，图4-28（c）、（d）表示基准要素遵

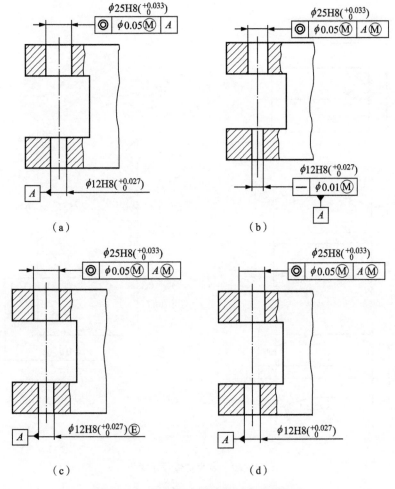

图4-28　最大实体要求应用与基准要素

（a）基准要素遵守体外作用尺寸；（b）基准要素遵守最大实体实效边界；

（c），（d）基准要素遵守最大实体边界

守最大实体边界，二者等效。

[**例 4 – 5**] 轴线直线度公差采用最大实体要求。

图 4 – 29（a）表示 $\phi20_{-0.3}^{0}$ 轴的轴线直线度公差 $\phi0.1$ Ⓜ 采用最大实体要求，其合格条件是

$$d_{L} = d_{\min} = 19.7 \text{ mm} < d_{a} < d_{M} = d_{\max} = 20 \text{ mm}$$

且

$$d_{fe} < d_{MV} = 20.1 \text{ mm}$$

当该轴处于最大实体状态时，其轴线直线度公差为 $\phi0.1$ mm，如图 4 – 29（b）所示。若轴的实际尺寸由最大实体尺寸向最小实体尺寸方向偏离，即小于最大实体尺寸 $\phi20$ mm，则其轴线直线度误差可以超出图样给出的公差值 $\phi0.1$ mm，但必须保证其体外作用尺寸不超出（不大于）轴的最大实体实效尺寸 $d_{MV} = d_{M} + t = 20 + 0.1 = \phi20.1$（mm）。所以，当轴的实际尺寸处处相等时，它对最大实体尺寸的偏离量就等于轴线直线度公差的增加值。

图 4 – 29（c）表示轴的实际尺寸处处为 $\phi19.9$ mm 时，允许轴线直线度误差 $f = 0.1 + 0.1 = \phi0.2$（mm）。

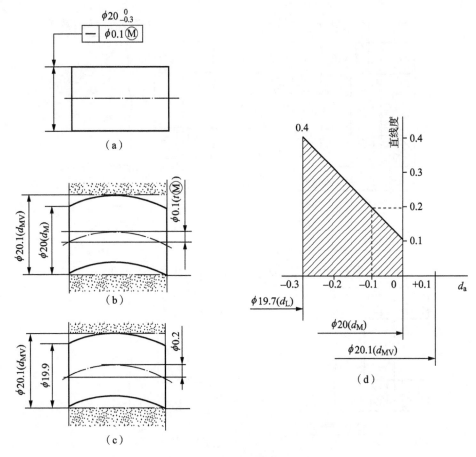

图 4 – 29　最大实体要求举例

当轴的实际尺寸处处为最小实体尺寸 $\phi19.7$ mm，即处于最小实体状态时，其轴线直线度公差可达最大值，且等于其尺寸公差与给出的直线度公差之和（0.3 mm + 0.1 mm = $\phi0.4$ mm）。

以轴的实际偏差为横坐标、轴线直线度为纵坐标，可以画出实际尺寸与轴线直线度公差

之间的关系，称为动态公差图，如图 4 - 29（d）所示。显然，轴的实际尺寸与轴线直线度公差的关系为与横坐标呈 45°角的斜直线。这条斜直线上各点的纵、横坐标值之和等于轴的最大实体实效尺寸 ϕ20.1 mm。因此，以横坐标为轴的实际尺寸、纵坐标为轴线直线度误差的点落在由两极限尺寸（ϕ19.7 mm 和 ϕ20 mm）及最大实体实效尺寸（ϕ20.1 mm）的斜直线所限定的阴影线区域之内时，该轴的尺寸与轴线直线度误差的综合结果是合格的。图 4 - 29（d）中的虚线代表图 4 - 29（c）所示的情况。

必须注意，动态公差图只能用来解释和理解概念，不能用于实际工作的合格性判断。

[**例 4 - 6**] 轴线垂直度公差采用最大实体要求的零形位公差。

图 4 - 30（a）表示 $\phi50^{+0.13}_{-0.08}$ 孔的轴线对基准平面 A 的任意方向垂直度公差采用最大实体要求的零形位公差，所示孔的尺寸与轴线对基准平面 A 的垂直度的合格条件是

$$D_L = D_{max} = 50.13 \text{ mm} > D_a$$

且

$$D'_{fe} > D_{MV} = D_M = D_{min} = 49.92 \text{ mm}$$

当该孔处于最大实体状态时，其轴线对基准平面 A 的垂直度公差为零，即不允许有垂直度误差，轴线必须具有理想形状且垂直于基准平面 A，如图 4 - 30（b）所示。

只有当孔的实际尺寸由最大实体尺寸向最小实体尺寸方向偏离，即大于最大实体尺寸 ϕ49.92 mm 时，才允许其轴线对基准平面 A 有垂直度误差，但必须保证其定向体外作用尺寸不超出（不小于）孔的最大实体实效尺寸 $D_{MV} = D_M - t = 49.92 - 0 = \phi49.92$（mm）。所以当孔的实际尺寸处处相等时，它对最大实体尺寸 ϕ49.92 mm 的偏离量就是轴线对基准平面

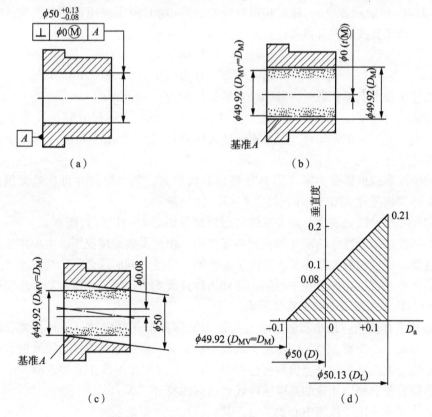

图 4 - 30 最大实体要求的零几何公差举例

的垂直度公差。

图 4 - 30（c）表示孔的实际尺寸处处为 $\phi 50$ mm 时，允许轴线对基准平面的垂直度误差 $f = 0 + 0.08 = \phi 0.08$（mm）。

当孔的实际尺寸处处为最小实体尺寸 $\phi 50.13$ mm，即处于最小实体状态时，其轴线对基准平面 A 的垂直度公差可达最大值，即孔的尺寸公差 $\phi 0.21$ mm。图 4 - 30（d）所示的是该孔的动态公差图。

（2）可逆最大实体要求。可逆要求用于最大实体要求时，被测要素的实际轮廓应遵守其最大实体实效边界，不仅实际尺寸偏离最大实体尺寸时，允许形位公差值得到补偿而大于图样给出的形位公差值，且当其形位误差值小于给出的形位公差时，也允许其实际尺寸超出最大实体尺寸，即尺寸公差值得到补偿而增大。

可逆要求用于最大实体要求时，称为可逆最大实体要求。在图样上应将可逆要求的符号 "Ⓡ" 置于最大实体要求的符号 "Ⓜ" 之后。

可逆最大实体要求应用于被测中心要素时，其相应尺寸要素的实际轮廓应遵守其最大实体实效边界，即在给定长度上处处不得超出最大实体实效边界，也就是其体外作用尺寸不得超出最大实体实效尺寸，且其局部实际尺寸不得超出最小实体尺寸，即

$$对于孔 \quad D_{fe}(D''_{fe}、D'_{fe}) > D_{MV} \quad 且 \quad D_L > D_a$$

$$对于轴 \quad d_{fe}(d''_{fe}、d'_{fe}) < d_{MV} \quad 且 \quad d_a > d_L$$

[例 4 - 7] 轴线直线度公差采用可逆最大实体要求。

图 4 - 31（a）表示 $\phi 20_{-0.3}^{0}$ 轴的轴线直线度公差 $\phi 0.1$ Ⓜ Ⓡ 采用可逆最大实体要求，所示轴的尺寸与轴线直线度的合格条件为

$$d_L = d_{min} = 19.7 \text{ mm} < d_a$$

且

$$d_{fe} < d_{MV} < d_M + t = 20 + 0.1 = 20.1 \text{（mm）}$$

当该轴处于最大实体状态时，其轴线直线公差为 $\phi 0.1$ mm。

若轴的轴线直线度误差小于给出的公差值，则允许轴的实际尺寸超出（大于）其最大实体尺寸（$d_M = d_{max} = \phi 20$ mm），但必须保证其体外作用尺寸 d_{fe} 不超出（不大于）其最大实体实效尺寸 $d_{MV} = D_M + t = 20 + 0.1 = \phi 20.1$（mm）。

当轴的轴线直线度误差为零（即具有理想形状）时，其实际尺寸可达最大值，即等于轴的最大实体实效尺寸 $\phi 20.1$ mm，如图 4 - 31（b）所示。

该轴的尺寸与轴线直线度公差关系的动态公差图如图 4 - 31（c）所示。

最大实体要求用于特征的尺寸和位置相互作用、相互影响的情况下，主要用于保证零件的可装配性要求。应用最大实体要求降低了零件加工难度，同时降低了检验成本。

最大实体要求可用功能量规来检测，通规体现最大实体边界，止规控制最小实体尺寸。

3. 最小实体要求与可逆最小实体要求

（1）最小实体要求。最小实体要求是与最大实体要求相对应的另一种相关要求。它既可以应用于被测中心要素，也可以应用于基准中心要素。应用于被测中心要素时，应在被测中心要素形位公差框格中的公差值后标注符号 "Ⓛ"；应用于基准中心要素时，应在被测中心要素的形位公差框格内相应的基准字母代号后标注符号 "Ⓛ"。

最小实体要求应用于被测中心要素时，其相应尺寸要素的实际轮廓应遵守其最小实体实效边界，即在给定长度上处处不得超出最小实体实效边界。也就是其体内作用尺寸不得超出

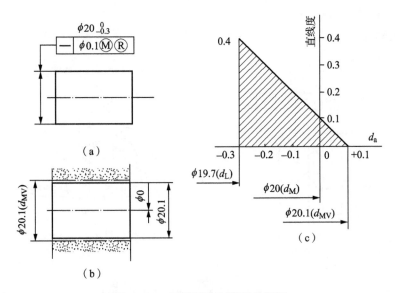

图 4 – 31 可逆最大实体要求举例

最小实体实效尺寸，而且其局部实际尺寸不得超出最大极限尺寸和最小极限尺寸，即

$$对于孔 \quad D_{fi}(D'_{fi}、D''_{fi}) < D_{LV} \quad 且 \quad D_{min} < D_a < D_{max}$$

$$对于轴 \quad d_{fi}(d'_{fi}、d''_{fi}) > d_{LV} \quad 且 \quad d_{min} < d_a < d_{max}$$

最小实体要求应用于基准中心要素时，其轮廓要素应遵守相应的边界。若其实际轮廓偏离其相应的边界，即其体内作用尺寸偏离相应的边界尺寸，则允许基准中心要素在一定的范围内浮动，其浮动范围等于基准要素体内作用尺寸与相应边界尺寸之差。实际基准中心要素相对于理想基准中心要素在一定范围内的允许浮动，将导致被测尺寸要素的边界相对于基准中心要素也允许在一定范围内浮动。最小实体要求应用于基准中心要素的示例此处从略。

[**例 4 – 8**] 轴线位置度公差采用最小实体要求。

图 4 – 32 （a）表示 $\phi 8^{+0.25}_{0}$ 孔的轴线对基准平面 A 的任意方向位置度公差 $\phi 0.1$ Ⓛ采用最小实体要求。所示孔的尺寸与轴线对基准平面 A 任意方向位置度的合格条件是

$$D_L = D_{max} = 8.25 > D_a > D_M = D_{min} = 8 \text{ mm}$$

且

$$D''_{fi} < D_{LV} = 8.65 \text{ mm}$$

当该孔处于最小实体状态时，其轴线对基准平面 A 的任意方向位置度公差为 $\phi 0.4$ mm，如图 4 – 32 （b）所示。

若孔的实际尺寸由最小实体尺寸向最大实体尺寸方向偏离，即小于最小实体尺寸 $\phi 8.25$ mm，则其轴线对基准平面 A 的位置度误差可以超出图样给出的公差值 $\phi 0.4$ mm，但必须保证其定位体内作用尺寸 D''_{fi} 不超出（不大于）孔的最小实体实效尺寸 $D_{LV} = D_L + t = 8.25 + 0.4 = \phi 8.65$ （mm）。所以，当孔的实际尺寸处处相等时，它对最小实体尺寸 $\phi 8.25$ mm 的偏离量就等于轴线对基准平面 A 的任意方向位置度公差的增加值。

图 4 – 32 （c）表示孔的实际尺寸处处为 $\phi 8.20$ mm 时，允许轴线对基准平面 A 的位置度误差 $f = 0.4 + 0.05 = \phi 0.45$ （mm）。

当孔的实际尺寸处处为最大实体尺寸 $\phi 8$ mm，即处于最大实体状态时，其轴线对基准平面 A 的任意方向位置度公差可达最大值，且等于其尺寸公差与给出的任意方向位置度公差

之和（0.25 mm + 0.4 mm = ϕ0.65 mm）。

该孔的实际尺寸（实际偏差）与其轴线对基准平面 A 的位置度公差关系的动态公差图如图 4 – 32（d）所示。

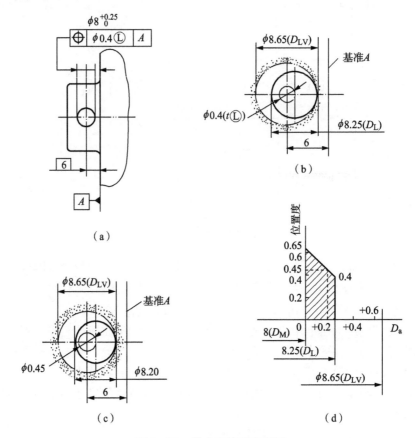

图 4 – 32　最小实体要求举例

（2）可逆最小实体要求。可逆要求用于最小实体要求时，被测要素的实际轮廓应遵守其最小实体实效边界。不仅当其实际尺寸偏离最小实体尺寸时，允许形位公差值得到补偿而大于图样给出的形位公差值，而且当其形位误差值小于给出的形位公差值时，也允许其实际尺寸超出最小实体尺寸，即尺寸公差值得到补偿而增大。

可逆要求用于最小实体要求时，称为可逆最小实体要求。在图样上应将可逆要求的符号"Ⓡ"置于最小实体要求符号"Ⓛ"之后。

可逆最小实体要求应用于被测中心要素时，其相应尺寸要素的实际轮廓应遵守最小实体实效边界，即在给定长度上处处不得超出最小实体实效边界。也就是其体内作用尺寸不得超出最小实体实效尺寸，而且其局部实际尺寸不得超出最大实体尺寸，即

$$\text{对于孔} \qquad D_{\mathrm{fi}}(D'_{\mathrm{fi}}、D''_{\mathrm{fi}}) < D_{\mathrm{LV}} \qquad \text{且} \qquad D_{\mathrm{M}} < D_{\mathrm{a}}$$

$$\text{对于轴} \qquad d_{\mathrm{fi}}(d'_{\mathrm{fi}}、d''_{\mathrm{fi}}) > d_{\mathrm{LV}} \qquad \text{且} \qquad d_{\mathrm{a}} < d_{\mathrm{M}}$$

［例 4 – 9］　轴线位置度公差采用可逆最小实体要求。

图 4 – 33（a）表示 $\phi 8^{+0.025}_{0}$ 孔的轴线对基准平面 A 的任意方向位置度公差采用可逆最小实体要求，所示孔的尺寸与轴线对基准平面 A 的任意方向位置度的合格条件是

$$D_M = D_{min} = 8 \text{ mm} < D_a$$

且

$$D''_{fi} < D_{LV} = 8.65 \text{ mm}$$

当该孔处于最小实体状态时，其轴线对基准平面 A 的任意方向位置度公差为 $\phi0.4$ mm。

若孔的轴线对基准平面 A 的位置度误差值小于给出的公差值，则允许孔的实际尺寸超出（大于）其最小实体尺寸（$D_L = D_{max} = \phi8.25$ mm），但必须保证其定位体内作用尺寸 D''_{fi} 不超出（不大于）其最小实体实效尺寸 $D_{LV} = D_L + t = 8.25 + 0.4 = \phi8.65$（mm）。

当孔的轴线对基准平面 A 的位置度误差为零（即具有理想形状和位置）时，其实际尺寸可达最大值，即等于最小实体实效尺寸 $\phi8.65$ mm，如图 4 – 33（b）所示。

该孔的尺寸与轴线基准平面 A 的位置度公差关系的动态公差图如图 4 – 33（c）所示。

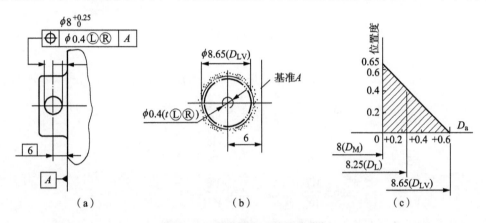

图 4 – 33　可逆最小实体要求举例

最小实体要求用于特征的尺寸和位置相互作用、相互影响的情况下，主要用于保证孔边厚度和轴的强度的场合。最小实体要求还可应用于需保证装配的零件，如配合孔对导向销起到定位作用、装配时需要导向的零件。

思 考 题

1. 极限制中孔、轴尺寸公差的标准公差等级的实际意义是什么？怎样选择？

2. 极限制中孔、轴尺寸公差的基本偏差的实际意义是什么？怎样选择？

3. 结合和配合的异同是什么？结合的合用条件是什么？

4. 配合分为哪三类？这三类配合各有何应用特点？

5. 试述配合公差的含义？由功能要求确定的配合公差的大小与孔、轴公差的大小有何关系？

6. 为什么要规定基准配合制？为什么孔与轴配合应优先采用基孔配合制？在什么情况下应采用基轴配合制？

7. 为什么要规定孔、轴常用优先公差带？为什么要规定优先、常用和一般配合？

8. 什么情况下应采用配制配合？如何设计配制配合？

9. 什么是体外作用尺寸和体内作用尺寸？各有什么实际意义？

10. 什么是最大实体状态、最大实体尺寸、最小实体状态、最小实体尺寸、最大实体实效状态、最大实体实效尺寸、最小实体实效状态、最小实体实效尺寸？

11. 什么是边界？有哪几种边界？

12. 试述包容要求的含义及其在图样上的表示方法和主要应用场合。

13. 试述最大实体要求应用于被测要素的含义及其在图样上的表示方法和主要应用场合。最大实体要求应用于基准要素时，如何确定基准要素应遵守的边界？可逆最大实体要求与最大实体要求有何异同？

14. 试述最小实体要求应用于被测要素的含义及其在图样上的表示方法和主要应用场合。最小实体要求应用于基准要素时，如何确定基准要素应遵守的边界？可逆最小实体要求与最小实体要求有何异同？

练 习 题

1. 画出下列各配合的孔、轴公差带图和配合公差带图，并说明其配合种类和配合制。

$$\phi20\frac{K8}{h7} \qquad \phi30\frac{F8}{h7} \qquad \phi50\frac{K7}{h6}$$

$$\phi45\frac{H6}{js5} \qquad \phi60\frac{H7}{p6} \qquad \phi90\frac{H8}{f7}$$

$$\phi18\frac{H11}{h11} \qquad \phi65\frac{M7}{f6} \qquad \phi90\frac{M8}{n7}$$

2. 试根据表中已有的数值，计算并填写该表空格中的数值（单位为 mm）。

基本尺寸	孔			轴			最大间隙	最小间隙	平均间隙	配合公差	配合种类
	上偏差	下偏差	公差	上偏差	下偏差	公差					
$\phi50$		0				0.039	+0.103			0.078	
$\phi25$		0.021		0				−0.048	−0.031		
$\phi65$	+0.030				+0.020			−0.039		0.049	

3. 有一基孔制的孔、轴配合，基本尺寸为 25 mm，最大间隙为 74 μm，平均间隙为 57 μm，轴公差为 13 μm。试设计孔、轴的尺寸公差，并画出尺寸公差带图和配合公差带图。

4. 按下列各组给定条件，设计孔、轴的尺寸公差，并画出尺寸公差带图和配合公差带图。

（1）基本尺寸为 40 mm，最大间隙为 70 μm，最小间隙为 20 μm；

（2）基本尺寸为 100 mm，最大过盈为 130 μm，最小过盈为 20 μm；

（3）基本尺寸为 10 mm，最大间隙为 10 μm，最大过盈为 20 μm。

5. 将配合 $\phi8\frac{H6}{f5}$ 从基孔制换算成基轴制，并画出公差带图。

6. 某与滚动轴承外圈配合的座孔尺寸为 φ25J7，今设计与该座孔相配合的端盖尺寸，使端盖与外壳孔的配合间隙在 15～125 μm 之间，试确定端盖的公差等级和公差带，说明它与座孔的配合属于何种配合制。

7. 如习题图 4 – 1 所示，根据功能要求，黄铜套与玻璃透镜之间在工作温度 $t = -50$ ℃时，应该有 0.010 ~ 0.074 mm 的间隙。它们在 20 ℃的条件下进行装配。试根据工作条件下的间隙要求，确定黄铜套与玻璃透镜的配合代号（注：线膨胀系数 $\alpha_{黄铜} = 19.5 \times 10^{-6}$/℃，$\alpha_{玻璃} = 8 \times 10^{-6}$/℃）。

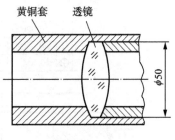

习题图 4 – 1

8. 某发动机工作时铝活塞与气缸孔之间的间隙应在 0.040 ~ 0.097 mm 范围内，活塞与气缸孔的基本尺寸为 95 mm，活塞的工作温度为 150 ℃，气缸的工作温度为 100 ℃，而它们装配时的温度为 20 ℃。气缸钢套的线膨胀系数为 12×10^{-6}/℃，活塞的线膨胀系数为 22×10^{-6}/℃。试计算活塞与气缸钢套孔间的装配间隙的允许变动范围？并根据该装配间隙的要求确定它们的配合代号和极限偏差。

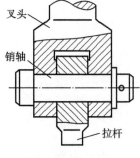

习题图 4 – 2

9. 如习题图 4 – 2 所示的是起重机吊钩的铰链。叉头上的左、右两孔与销轴的基本尺寸皆为 $\phi20$ mm，叉头上的两孔与销轴要求采用过渡配合，拉杆的 $\phi20$ mm 孔与销轴的配合采用间隙配合。试分析它们应该采用哪种配合制？为什么？

10. 如习题图 4 – 3 所示为钻模的一部分。在钻模板上镶有衬套，钻套磨损后应可以迅速取出更换，定位螺钉用于定位钻套。衬套与钻模板的配合要求装配方便。钻模的作用主要是保证钻孔的位置精度，使用时所受的冲击和负荷均很小。试根据上述条件，分析图中所标各尺寸的配合制、公差等级和配合种类的选择理由。

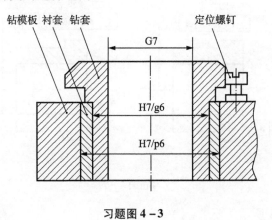

习题图 4 – 3

11. 试确定习题图 4 – 4 中所示孔的最大实体尺寸、单一最大实体实效尺寸、定向最大实体实效尺寸和定位最大实体实效尺寸。

12. 试确定习题图 4 – 5 中所示孔的最小实体尺寸、单一最小实体实效尺寸、定向最小实体实效尺寸和定位最小实体实效尺寸。

13. 试比较习题图 4 – 6 所示三种标注方法的异同，分别写出其验收合格条件。

14. 试比较习题图 4 – 7 所示的两种标注方法的精度设计要求是否相同。

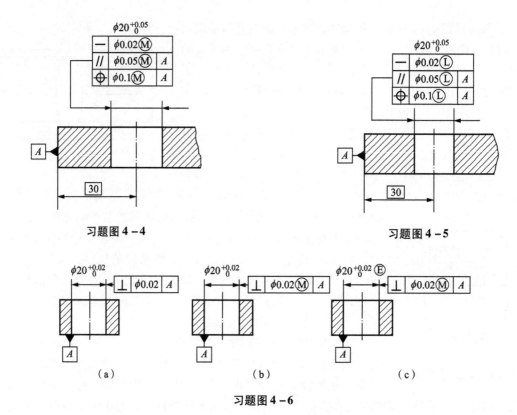

习题图 4 - 4

习题图 4 - 5

习题图 4 - 6

习题图 4 - 7

15. 如习题图 4-8 所示，要求：

（1）指出被测要素遵守的公差原则；

（2）求出单一要素的最大实体实效尺寸、关联要素的最大实体实效尺寸；

（3）指出被测要素的形状、位置公差的给出值和最大允许值；

（4）若被测要素实际尺寸处处为 $\phi 19.97$ mm，轴线对基准 A 的垂直度误差为 $\phi 0.09$ mm，判断其垂直度的合格性，并说明理由。

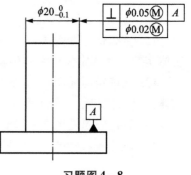

习题图 4 - 8

第五章 精度设计的典型应用

5.1 典型结合的精度设计

5.1.1 滚动轴承结合

1. 滚动轴承的特点

滚动轴承中最常用的向心球轴承的基本结构一般由外圈、内圈、滚动体（如钢球等）和保持器组成，如图 5-1 所示。滚动轴承摩擦系数小、容易启动、消耗功率低、更换方便，因此在机械行业中被广泛应用。它是由专业工厂大批量生产的通用的标准部件。

滚动轴承的精度由轴承的尺寸公差和旋转精度决定。前者是指轴承内径 d、外径 D 和宽度 B 尺寸等的公差。后者是指轴承的内、外圈做相对转动时，内圈（外圈）对外圈（内圈）轴线的径向跳动和轴向（端面）跳动。

滚动轴承结合是指轴承安装在机器上，其内径 d 与轴颈的结合和外径 D 与座孔的结合，如图 5-1 所示。滚动轴承结合精度就是指滚动轴承的外圈外径 D 与座孔、内圈内径 d 与轴颈的尺寸配合。这两对结合要素虽然都是圆柱面，但其配合规范有别于普通圆柱孔、轴配合规范。

2. 滚动轴承精度

（1）滚动轴承的精度。国家标准按照滚动轴承的尺寸公差和旋转精度把滚动轴承的精度分为五级，精度由高到低依次为 2、4、5、6、0 级。但仅向心轴承有 2 级精度，圆锥滚子轴承有 6x 级而无 6 级。6x 级在装配宽度上要求更为严格，其他参数要求均与 6 级相同。

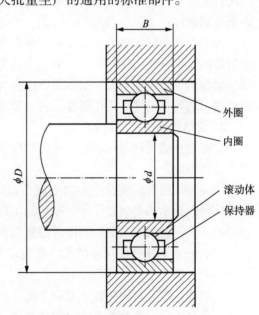

图 5-1 滚动轴承（向心球轴承）

向心滚动轴承内圈和外圈都是薄壁件，在制造过程中或在自由状态下都容易变形，而当轴承内圈与轴、外圈与座孔装配后，又容易使这种变形得到纠正。根据这种特点，标准规定了两种公差：内圈内径或外圈外径实际尺寸的公差；内圈内径或外圈外径的最大与最小实际尺寸算术平均值（称为平均尺寸 D_{mp}、d_{mp}）的公差。

在滚动轴承与轴颈、座孔的配合中，起作用的是平均尺寸。对于各级轴承，轴承内圈内径、外圈外径的平均尺寸公差带均为单向制，而且统一采用上偏差为零的布置方案，如图 5-2 所示。

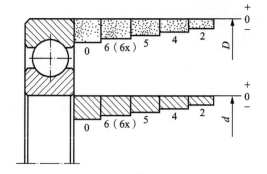

图 5-2　向心球轴承内、外径平均尺寸的公差带

通常，滚动轴承内圈与轴颈的配合要求有一定的过盈量，以保证内圈随轴颈一起旋转，防止结合面间相对滑动而产生磨损，但过盈量不宜过大，以防止薄壁内圈材料产生过大的应力而变形和破坏。为此，国家标准将内圈内径的公差带规定在零线的下方，使它与形成标准过渡配合的轴的公差带（j、js、k、m、n）相配时，得到较紧的配合。

轴承外围安装在座孔中，通常不旋转。考虑到工作时温度升高会使轴热膨胀伸长而产生轴向移动，因此两端轴承中有一端应是游动支承，配合应较松。不然，轴发生弯曲有可能使轴承内部卡死。为此，国家标准将外圈外径公差带规定在零线的下方，它与基本偏差 h 的轴公差带位置相同，但公差值是根据轴承特别需要，依其公差等级另行规定的。所以，与相应孔的公差带形成的配合基本上与标准配合的性质相同。

（2）滚动轴承与结合件的配合。由于滚动轴承是标准部件，滚动轴承外圈外径和座孔的配合采用基轴制，轴承外圈为基准件；滚动轴承内圈内径与轴颈的配合采用基孔制，轴承内圈是基准件。

为实现滚动轴承结合所需要的各种松紧程度的配合，与滚动轴承相配的轴颈和座孔的公差带如图 5-3 所示，轴颈有 17 种，座孔有 16 种。它们适用于一般工作条件下的 0 级和 6 级滚动轴承，轴为实心或厚壁钢制，座孔为铸钢或铸铁制件。所谓一般工作条件，是指对旋转精度、运转平稳性、工作温度无特殊要求的安装情况。

3. 滚动轴承的精度设计

正确选择滚动轴承与轴颈、座孔的配合，对保证机器运转的高质量和延长轴承使用寿命都有重要影响。

滚动轴承结合精度设计实质上就是确定轴颈和座孔的尺寸精度、形位精度和表面粗糙度。应根据轴承的类型和尺寸、轴承的工作条件、径向载荷的性质和大小、轴和外壳的材料与结构、装拆要求以及工作温度等因素综合确定。

（1）轴颈和座孔的尺寸精度。在确定与轴承结合的轴颈和座孔的尺寸精度时主要考虑以下因素。

①载荷类型。作用在轴承套圈上的径向载荷根据其对套圈相对旋转的情况，可将套圈承受的负荷分为定向载荷（如传动带的拉力、齿轮的作用力）、旋转载荷（如机件的惯性离心力）和摆动载荷（前两种载荷的合成）。

定向载荷相对于轴承套圈是静止的径向载荷。定向载荷始终作用在套圈的某一局部区域上，如图 5-4（a）中所示的外圈和图 5-4（b）中所示的内圈所受的载荷，也称为局部载荷。齿轮减速器转轴的滚动轴承的外圈、汽车前轮轮毂中滚动轴承的内圈和后轮轮毂中滚动轴承的外圈承受的载荷均为定向载荷。

旋转载荷是相对于轴承套圈是旋转的径向载荷。旋转载荷依次作用在套圈的整个圆周滚

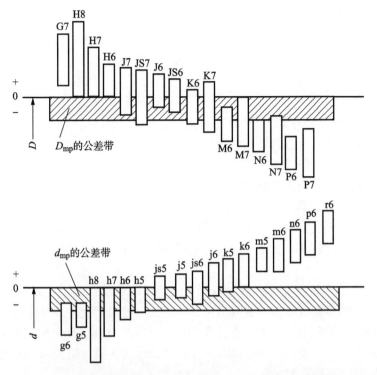

图 5 - 3　与滚动轴承结合的座孔、轴颈的常用公差带

道上，载荷的作用线相对于套圈是旋转的，如图 5 - 4（a）中所示的内圈和图 5 - 4（b）中所示的外圈所受的载荷，也称为循环载荷。减速器转轴两端的滚动轴承的内圈、汽车前轮轮毂中滚动轴承的外圈和后轮轮毂中滚动轴承的内圈承受的载荷均属旋转载荷。

摆动载荷是较大的定向载荷与较小的旋转载荷的合成载荷。承受摆动载荷的套圈，其合成的径向载荷相对于套圈在有限范围内摆动，因此，只有套圈的一部分受到载荷的作用。如图 5 - 4（c）中的外圈和图 5 - 4（d）中的内圈所受的载荷。当定向载荷 F_r 大于旋转载荷 F_c 时，二者的合成载荷 F 的大小将周期性的变化，只在一定区域内摆动，如图 5 - 4（e）所示。

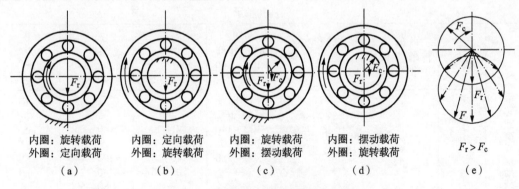

图 5 - 4　轴承套圈承受径向载荷的类型

轴承套圈承受的径向载荷类型不同，轴承结合的松紧程度也应不同。承受定向载荷的套圈应选较松的过渡配合或较紧的间隙配合，以便使套圈滚道间的摩擦力矩带动套圈做微量的转位，使套圈磨损均匀，延长轴承的使用寿命；承受旋转载荷的套圈应选过盈配合或较紧的

过渡配合，其过盈量的大小以不使套圈与轴颈或座孔配合表面之间产生爬行现象为原则；承受摆动载荷的套圈，其配合可与承受旋转载荷的套圈相同或稍松。

②载荷大小。向心球轴承载荷的大小用径向当量动载荷 P_r 与径向额定动载荷 C_r 的比值来区分。$\dfrac{P_r}{C_r} \leqslant 0.07$ 为轻载荷；$0.07 < \dfrac{P_r}{C_r} \leqslant 0.15$ 为正常载荷；$\dfrac{P_r}{C_r} > 0.15$ 为重载荷。承受重载荷或冲击载荷的套圈，容易产生变形，使结合面受力不均匀，引起配合松动，应选较紧的配合；承受轻载荷的套圈，可选较松的配合，以便于装配。

③其他因素。轴承工作时，由于摩擦发热和其他热源的影响，套圈的温度高于与其相配零件的温度。因此，轴承内圈与轴的配合可能变松；外圈与座孔的配合可能变紧，从而影响轴承的轴向游隙，所以轴承的工作温度较高时，应对选用的配合进行适当的修正。

重型机械用的大型或特大型轴承，宜采用较松的配合，以便于轴承的安装与拆卸。

当轴承的旋转速度较高，又在冲击振动载荷下工作时，轴承与轴颈及座孔的配合最好都选过盈配合。

轴颈和座孔的公差等级应随轴承的精度等级、旋转精度和运动平稳性要求的提高而提高。与 0 级和 0 级轴承配合的轴一般取 IT6 级，座孔一般取 IT7 级；对旋转精度和运转平稳有较高要求的场合，轴颈取 IT5 级，座孔取 IT6 级；与 5 级轴承配合的轴颈和座孔均取 IT6 级，要求高的场合取 IT5 级；与 4 级轴承配合的轴颈取 IT5 级，座孔取 IT6 级；要求更高的场合轴颈取 IT4 级，座孔取 IT5 级。

综上所述，影响滚动轴承配合选用的因素很多，通常难以用计算法确定，所以在实际设计时常采用类比法。表 5 - 1 和表 5 - 2 所列分别是安装向心轴承与角接触轴承的轴颈和座孔的公差带的应用，可供设计时参考。

表 5 - 1 轴颈公差带的应用

内圈工作条件		应用举例	向心球轴承和角接触球轴承	圆柱滚子轴承和圆锥滚子轴承	调心滚子轴承	轴颈公差带
载荷类型	载荷大小		轴承公称内径/mm			
圆柱孔轴承						
旋转载荷或摆动载荷	轻载荷	电器、仪表、机床主轴、精密机械、泵、通风机传送带	≤18 >18 ~ 100 >100 ~ 200 —	— ≤40 >40 ~ 140 >140 ~ 200	— ≤40 >40 ~ 140 >140 ~ 200	h5 j6① k6① m6①
	正常载荷	一般机械、电动机、涡轮机、泵、内燃机、变速箱、木工机械	≤18 >18 ~ 100 >100 ~ 140 >140 ~ 200 >200 ~ 280 — — — —	— ≤40 >40 ~ 100 >100 ~ 140 >140 ~ 200 >200 ~ 400 — — —	— ≤40 >40 ~ 65 >65 ~ 100 >100 ~ 140 >140 ~ 280 >280 ~ 500 >500	j5 k5② m5② m6 n6 p6 r6 r7
	重载荷	铁路车辆和电车的轴箱、牵引电动机、轧机、破碎机等重型机械	— — —	>50 ~ 140 >140 ~ 200 >200	>50 ~ 100 >100 ~ 140 >140 ~ 200 >200	n6 p6 r6 r7

续表

内圈工作条件		应用举例	向心球轴承和角接触球轴承	圆柱滚子轴承和圆锥滚子轴承	调心滚子轴承	轴颈公差带
载荷类型	载荷大小		轴承公称内径/mm			
定向载荷	各类载荷	内圈需要在轴向移动	所有尺寸			g6[1]
		内圈无需在轴向移动	所有尺寸			h6[1]
纯轴向载荷		所有应用场合	所有尺寸			j6、js6
圆锥孔轴承（带锥形套）						
所有载荷		火车和电车的轴箱	装在退卸套上的所有尺寸			h8[3]
		一般机械或传动轴	装在紧定套上的所有尺寸			h9

注：①对精度有较高要求的场合，应选用 j5、k5、…分别代替 j6、k6、…。
　　②对于单列圆锥滚子轴承和角接触球轴承可用 k6、m6 分别代替 k5、m5。
　　③有较高的精度或转速要求时，应选用 h7。

表 5 – 2　座孔公差带的应用

外圈工作条件				应用举例		座孔公差带[2]
旋转状态	载荷类型	轴向位移的限度	其他情况			
定向载荷	轻、正常和重载荷	轴向容易移动	轴处于高温场合	烘干筒、有调心滚子轴承的大电动机		G7
			剖分式外壳	一般机械、铁路车辆轴箱		H7[1]
	冲击载荷	轴向能移动	整体式或剖分式外壳	铁路车辆轴箱轴承		J7[1]
摆动载荷	轻和正常载荷			电动机、泵、曲轴主轴承		
	正常和重载荷	轴向不移动	整体式外壳	电动机、泵、曲轴主轴承		K7[1]
	重冲击载荷			牵引电动机		M7[1]
旋转载荷	轻载荷			张紧滑轮		M7[1]
	正常和重载荷			装有球轴承的轮		N7[1]
	重冲击载荷		薄壁、整体式外壳	装有滚子轴承的轮毂		P7[1]

注：①精度有较高要求时，应相应提高一个公差等级，并应同时选用整体式外壳。
　　②对于轻合金外壳，应选用比钢或铸铁外壳较紧的配合。

（2）轴颈和座孔的形位精度和表面粗糙度。轴颈和座孔若存在较大的形位误差，则会引起套圈变形。因此，对轴颈和座孔除应采用包容要求外，还必须规定更严格的圆柱度公差；轴肩和外壳肩端面是轴承的轴向定位面，若存在较大的位置误差，则会导致套圈产生倾斜，影响到轴承的旋转精度，所以也必须规定端面圆跳动公差。圆柱度和端面圆跳动的公差值的选取可参照附表16。

轴颈和座孔的表面粗糙度参数允许值的选取可参照附表 17。

（3）图样标注。在装配图上标注滚动轴承与轴颈和座孔的配合时，只需标注轴颈和座孔的公差带代号，标注示例如图 5 - 5 所示。

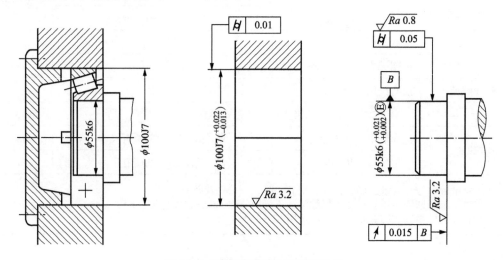

图 5 - 5 滚动轴承配合的标注示例

5.1.2 键结合

键和花键结合在机器中有着广泛的应用，主要用来联结轴和轴上的传动件（齿轮、带轮、联轴器等），以传递转矩。当轴与传动件之间有轴向相对运动时，键或花键还起着导向作用（如变速箱中变速齿轮花键孔和花键轴的联结）。

花键分为矩形花键和渐开线花键两种，以矩形花键应用最多。

1. 平键结合

（1）平键结合的特点。键分为平键、半圆键和楔键等，统称为单键。平键结合制造简单、拆装方便，因而应用最为广泛。

平键结合由平键、轴键槽和轮毂键槽（孔键槽）等三部分组成，如图 5 - 6 所示。平键结合通过键的侧面和轴键槽及轮毂键槽的侧面结合来传递转矩。因此在键结合中，键和轴键槽、轮毂键槽的宽度 b 是配合尺寸，精度要求较高；键高（h）、键长（L）、槽深（t_1、t_2）

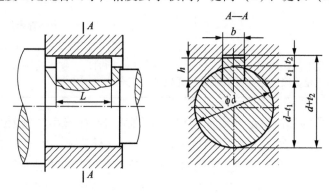

图 5 - 6 平键结合

为非配合尺寸，相应精度要求较低。

平键是标准件，因此键与轴键槽和轮毂键槽的配合应采用基轴制。

轴键槽和轮毂键槽的位置误差对配合影响较大，必须对其的对称度加以控制。

（2）平键结合精度。

①配合尺寸的公差带及结合种类。国家标准规定键宽公差带为 h9，轴键槽和轮毂键槽分别规定了三种公差带，如图 5－7 所示。

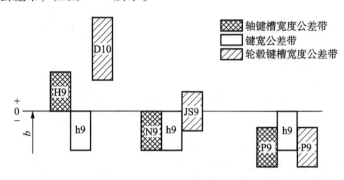

图 5－7 平键结合的公差带

键和键槽宽度公差带形成三类结合形式，即较松结合、正常结合和紧密结合，三类结合形式及应用见表 5－3。

表 5－3 平键结合的三种类型及应用

结合类型	宽度 b 的公差带			应 用
	键	轴键槽	轮毂键槽	
较松结合		H9	D10	用于导向平键，轮毂可在轴上移动
正常结合	h9	N9	JS9	键在轴键槽与轮毂键槽中均固定，用于载荷不大的场合
紧密结合		P9	P9	键在轴键槽与轮毂键槽中均牢固地固定，用于载荷较大、有冲击和双向转矩的场合

②非配合尺寸的公差。非配合尺寸（t_1、t_2、$d-t_1$、$d+t_2$）及其极限偏差见附表 18。键高 h 的公差带为 h11，键长 L 公差带为 h14，轴槽长度 L 的公差带为 H14。

③键槽的形位公差。键和键槽配合的松紧程度不仅取决于配合尺寸的公差带，还与结合面的形位误差有关，因此还需规定键槽两侧面的中心面对以轴线的对称度公差。对称度公差选取为 7～9 级，对称度公差与键槽宽度公差的关系以及与孔、轴尺寸公差的关系应该采用最大实体要求。

④表面粗糙度。键槽宽度两侧面的表面粗糙度参数 Ra 的上限值一般为 $1.6～3.2~\mu m$，键槽底部的 Ra 的上限值一般为 $6.3~\mu m$。

⑤图样标注。轴键槽和轮毂键槽的图样标注如图 5－8 所示。

2. 花键结合

（1）花键结合的特点。花键结合是由一对相互包容的内、外花键形成的结合，在机械中被广泛应用于实现联结、承载和传动等功能。

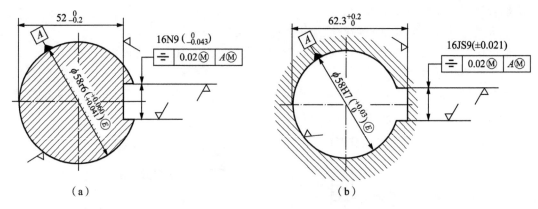

图 5 - 8 轴键槽、轮毂键槽图样标注
（a）轴键槽；（b）轮毂键槽

根据键齿和齿槽的形状，花键结合又分为矩形花键和渐开线花键两种。

矩形花键出现较早，且已形成一整套专用的刀具、机床和量规系列，以及完善的设计方法和标准尺寸系列，至今仍被广泛采用。

渐开线花键结合是一种更为先进的花键结合，其制造工艺和使用功能更优于矩形花键结合，所以在航空、汽车等行业得到应用后，已逐渐形成了替代矩形花键的趋势。

（2）矩形花键结合精度。矩形花键的尺寸有大径 D、小径 d 和键宽（槽宽）B 等，如图 5 - 9 所示。通常以小径 d 作为内、外花键配合的定心直径，并以键（槽）宽 B 的配合传递载荷或运动。大径配合具有较大的间隙，不影响结合的使用功能。

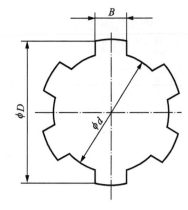

图 5 - 9 矩形花键的尺寸

①尺寸公差带及装配形式。矩形花键的装配形式分为滑动、紧滑动和固定三种。按照精度高低，这三种装配形式各分为一般用途和精密传动两种。内、外花键的小径、大径和键宽（槽宽）的尺寸公差带与装配形式见表 5 - 4。为减少花键加工刀具和检验量具的品种、规格，矩形花键的大径 D、小径 d 和键（槽）宽 B 均采用基孔制。为保证定心精度，定心直径（小径）采用包容要求。

表 5 - 4 内、外花键的尺寸公差带与装配形式

内 花 键				外 花 键			装配形式
d	D	B		d	D	B	
		拉削后不热处理	拉削后热处理				
一 般 用 途							
H7	H10	H9	H11	f7	a11	d10	滑　动
				g7		f9	紧滑动
				h7		h10	固　定

续表

内　花　键			外　花　键			装配形式
d	D	B	d	D	B	
		拉削后不热处理　　拉削后热处理				
精　密　传　动						
H5			f5	d8		滑　动
			g5	f7		紧滑动
	H10	H7、H9	h5	h8		固　定
			f6	d8		滑　动
H6			g6	f7		紧滑动
			h6	h8		固　定

注：①精密传动用的内花键，当需要控制键侧配合间隙时，槽宽可选用 H7，一般情况下选 H9；
　　②d 为 H6 和 H7 的内花键，允许与提高一级的外花键配合。

②形位公差。为控制键槽和键齿圆周分布的误差，应规定键槽和键齿中心平面对小径轴线的位置度公差。考虑到花键结合的配合功能需要、提高制造过程的经济性、便于使用功能量规进行综合检验，键槽和键齿中心平面对小径轴线的位置度公差均采用最大实体要求，且最大实体要求也应用于基准要素，如图 5-10 所示，位置度公差值如附表 19 所示。

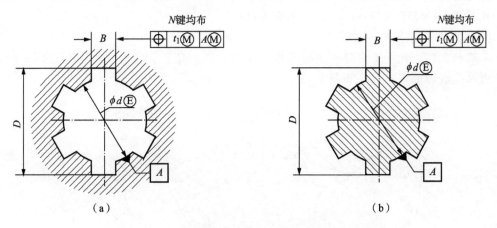

图 5-10　矩形花键的键槽和键齿的位置度公差标注

对于单件小批量生产，不采用功能量规检验时，键槽和键齿的圆周分布误差可以用对称度公差和等分度公差分别控制，并遵守独立原则。在图样上用框格标注对称度公差（如图 5-11 所示），用文字说明等分度公差要求。对称度公差值如附表 19 所示，等分度公差值等于对称度公差值。

③表面粗糙度。矩形花键的表面粗糙度参数 Ra 的上限值推荐如下。
内花键：小径表面不大于 0.8 μm，键槽侧面不大于 3.2 μm，大径表面不大于 6.3 μm。
外花键：小径表面不大于 0.8 μm，键槽侧面不大于 0.8 μm，大径表面不大于 3.2 μm。
④矩形花键的标记。矩形花键的标记代号应按顺序包含以下内容：键数 N、小径 d、大

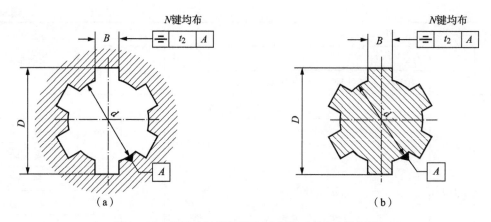

图 5-11 矩形花键的键槽和键齿的对称度公差标注

径 D、键宽 B 的基本尺寸及公差带代号和标准号。

例如，花键 $N=6$，$d=23\dfrac{\text{H7}}{\text{f7}}$，$D=26\dfrac{\text{H10}}{\text{a11}}$，$B=6\dfrac{\text{H11}}{\text{d10}}$ 的标记如下所述。

花键规格：$N \times d \times D \times B$

$$6 \times 23 \times 26 \times 6$$

花键副：$6 \times 23\dfrac{\text{H7}}{\text{f7}} \times 26\dfrac{\text{H10}}{\text{a11}} \times 6\dfrac{\text{H11}}{\text{d10}}$ GB/T 1144

内花键：$6 \times 23\text{H7} \times 23\text{H10} \times 6\text{H11}$ GB/T 1144

外花键：$6 \times 23\text{f7} \times 23\text{a11} \times 6\text{d10}$ GB/T 1144

（3）渐开线花键结合精度。

①基本参数。渐开线花键的主要参数有模数、压力角、大径、小径、分度圆直径、齿距、齿厚（或齿槽宽）等，如图 5-12 所示。

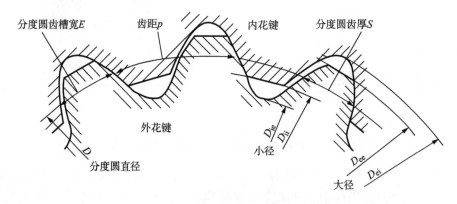

图 5-12 渐开线花键的主要几何参数

内花键的作用齿槽宽 E_v 是与实际内花键形成无间隙（也无过盈）配合（大径和小径处具有保证间隙）的理想外花键的齿槽宽。

外花键的作用齿厚 S_v 是与实际外花键形成无间隙（也无过盈）配合（大径和小径处具有保证间隙）的理想内花键的齿厚。

由于渐开线花键的齿形误差、齿距偏差和齿向误差都会使外花键的作用齿厚 S_v 大于其实际齿厚 S_a 或使内花键的作用齿槽宽 E_v 小于其实际齿槽宽 E_a。

作用侧隙 C_v 是内花键的作用齿槽宽减去与之相配合的外花键的作用齿厚，又称为全齿侧隙。

②齿槽宽和齿厚的合格条件。渐开线花键是由内、外花键的齿面（齿侧面）形成配合，实现其功能要求的。因此，内花键的齿槽宽和外花键的齿厚是影响渐开线花键使用功能的主要参数。

根据功能要求、工艺条件和检测规范，渐开线花键配合尺寸（齿厚 S 和齿槽宽 E）可以采用分别控制和综合控制两种检测方法。

a. 分别控制是控制实际齿厚或实际齿槽宽，同时通过作用齿厚或作用齿槽宽控制渐开线齿面的形状和位置误差（齿形误差、齿向误差、齿距累积误差），如图 5–13 所示。

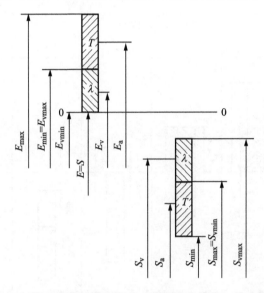

图 5–13　渐开线花键配合尺寸（齿厚和齿槽宽）的分别控制

对于内花键，作用齿槽宽和实际齿槽宽分别不超出各自的最大、最小极限尺寸，即

$$E_{vmax} > E_v > E_{vmin}$$

$$E_{max} > E_a > E_{min}$$

对于外花键，作用齿厚和实际齿厚分别不超出各自的最大、最小极限尺寸，即

$$S_{vmax} > S_v > S_{vmin}$$

$$S_{max} > S_a > S_{min}$$

b. 综合控制是控制作用齿厚或作用齿槽宽不超出其最大实体尺寸，且实际齿厚或实际齿槽宽不超出其最小实体尺寸，即

$$对于内花键 \quad E_{max} > E_a，且 E_v > E_{vmin}$$

$$对于外花键 \quad S_{vmax} > S_v，且 S_a > S_{min}$$

也就是说，花键齿面的尺寸和形位公差采用包容要求。

③齿槽宽和齿厚的公差。渐开线花键齿槽宽和齿厚的加工公差是内花键的实际齿槽宽 E_a 或外花键的实际齿厚 S_a 的允许变动范围。

　　加工公差（尺寸公差）T 由渐开线花键国家标准规定，公差等级由高到低分为四个等级：4、5、6 和 7 级。

　　内花键齿槽宽公差带的基本偏差选用极限与配合国家标准规定的 H，外花键齿厚基本偏差选用极限与配合国家标准规定的 k、js、h、f、e 和 d 等 6 种。

　　渐开线花键作用齿槽宽或作用齿厚的公差是总公差，是内花键的作用齿槽宽 E_v 或外花键的作用齿厚 S_v 的允许变动量。总公差等于加工公差（尺寸公差）T 和综合公差 λ 之和。综合公差 λ 是根据齿距累积误差、齿形（廓）误差和齿向（线）误差对花键配合的综合影响而规定的公差，由渐开线花键国家标准规定。

　　作用齿槽宽或作用齿厚公差带的基本偏差数值由渐开线花键国家标准规定。

　　齿槽宽和齿厚的公差带如图 5 - 14 所示。

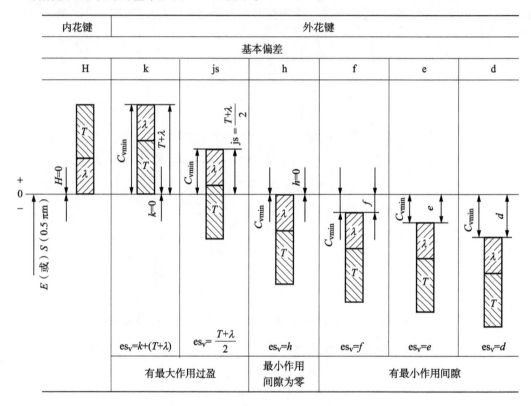

图 5 - 14　渐开线花键齿槽宽和齿厚的公差带

　　渐开线花键配合采用基孔配合制。

　　④其他尺寸的公差。渐开线花键的大径圆柱面和小径圆柱面形成具有较大最小间隙的间隙配合，它与功能要求无关。

　　外花键大径和小径的基本偏差为 d、f、h、js 和 k，公差等级为 10、11、12 级；内花键小径公差带为 H10、H11 和 H12 三种。

　　⑤图样标记。在有关图样和技术文件中需要标记时，应符合如下规定。

　　a. 内花键：INT；

　　b. 外花键：EXT；

c. 花键副：$\dfrac{INT}{EXT}$；

d. 齿数：Z（前面加齿数值）；

e. 模数：m（前面加模数值）；

f. 30°平齿根：30P；

g. 30°圆齿根：30R；

h. 37.5°圆齿根：37.5；

i. 45°圆齿根：45；

j. 45°直线齿形圆齿根：45ST；

k. 公差等级：4、5、6和7；

l. 配合类别：H（内花键），k、js、h、f、e和d（外花键）；

m. 标准号：GB/T 3478.1。

标记示例：花键副、齿数24、模数2.5、30°圆齿根、公差等级5级、配合类别$\dfrac{H}{h}$，则：

花键副：$\dfrac{INT}{EXT}24Z \times 2.5m \times 30R \times \dfrac{5H}{h}$　GB/T 3478.1；

内花键：$INT24Z \times 2.5m \times 30R \times 5H$　GB/T 3478.1；

外花键：$EXT24Z \times 2.5m \times 30R \times 5h$　GB/T 3478.1。

5.1.3　螺纹结合

1. 普通螺纹结合的特点

螺旋结合是由一对相互包容的内、外螺旋面形成的结合。螺旋面是由大径、小径、中径、螺距、牙形半角和旋合长度等多个几何特征构成的复杂要素。

螺旋结合在机械中的应用极为广泛，主要用于实现联结、承载、密封、传动等功能。在工程实践中通称为螺纹结合。

根据功能要求的不同，形成螺纹结合的螺旋面可以有三角形、梯形、矩形、锯齿形等不同的牙形。以下主要讨论用于联结和承载的具有三角形、牙形的圆柱螺纹（即普通螺纹）的配合规范。

（1）普通螺纹参数。螺纹牙形是指在通过螺纹轴线的剖面上的螺纹轮廓形状。普通螺纹的基本牙形如图 5 – 15（a）中粗实线所示，是在高为 H 的原始三角形上截去顶部和底部而形成的。

普通螺纹的设计牙形是设计给定的牙形 ［见图 5 – 15（b）］，在基本牙形的基础上规定出功能所需的各种间隙和圆弧半径，是内、外螺纹公差带基本偏差的起点。

普通螺纹的主要几何参数如下。

①大径 D 和 d。大径是与外螺纹牙顶或内螺纹牙底相重合的假想圆柱面的直径。对于外螺纹，大径 d 为其顶径；对于内螺纹，大径 D 为其底径，如图 5 – 15（c）所示。

大径是普通螺纹的公称直径。相互结合的内、外螺纹大径的基本尺寸是相等的，即 $D = d$。

实际螺纹实际牙形上的大径称为实际大径，内、外螺纹的实际大径分别用 D_a、d_a 表示。

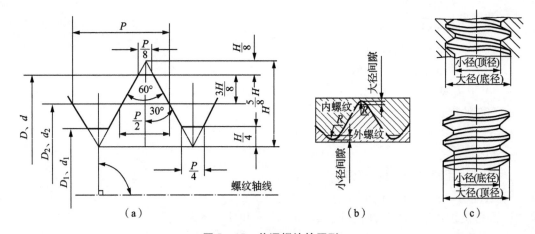

图 5 – 15 普通螺纹的牙形

(a) 基本牙形；(b) 设计牙形；(c) 轮廓直径

②小径 D_1 和 d_1。小径是与外螺纹牙底或内螺纹牙顶相重合的假想圆柱面的直径。对于外螺纹，小径 d_1 为其底径；对于内螺纹，小径 D_1 为其顶径，如图 5 – 15 (c) 所示。

相互结合的普通螺纹的内、外螺纹小径的基本尺寸也是相等的，即 $D_1 = d_1 = D - 2 \times \dfrac{5H}{8}$。

实际螺纹实际牙形上的小径称为实际小径。内、外螺纹的实际小径分别用 D_{1a}、d_{1a} 表示。

③中径 D_2 和 d_2。中径是一个假想圆柱的直径，该圆柱的母线通过螺纹牙形上沟槽宽度和凸起宽度相等的地方。此假想圆柱称为中径圆柱。中径圆柱的轴线即螺纹的轴线，中径圆柱的母线称为"中径线"。

中径的大小决定了螺纹牙侧的径向位置。

相互结合的普通螺纹内、外螺纹中径的基本尺寸也是相等的，即 $D_2 = d_2 = D - 2 \times \dfrac{3H}{8}$。

实际螺纹实际牙形上的中径称为实际中径。内、外螺纹的实际中径分别用 D_{2a}、d_{2a} 表示。

在螺纹结合中，中径是一个重要的特征参数。

④螺距 P 与导程。螺距是螺纹相邻两牙在中径线上对应两点间的轴向距离。

导程是同一螺旋线上的相邻两牙在中径线上对应两点间的轴向距离。对于单线螺纹，导程与螺距相同；对于多线螺纹，导程为螺距与螺纹线数的乘积。

螺距的大小决定了螺纹牙侧的轴向位置。相互结合的内、外螺纹的基本螺距是相等的。

螺距是螺纹结合的主要特征参数之一。

⑤牙形角 α 和牙形半角 $\dfrac{\alpha}{2}$。牙形角是螺纹牙形上相邻两牙侧间的夹角；牙形半角是对称螺纹牙形的牙侧与螺纹轴线的垂线间的夹角。

普通螺纹的牙形角 $\alpha = 60°$，牙形半角 $\dfrac{\alpha}{2} = 30°$。

牙形半角决定了螺纹牙侧对螺纹轴线的方向。

牙形半角也是螺纹结合的主要特征参数之一。

⑥螺纹的旋合长度。螺纹的旋合长度是两个相互结合的螺纹，沿螺纹轴线方向相互旋合部分的长度。

（2）影响螺纹结合的几何误差。中径偏差、螺距偏差和牙形半角偏差是影响螺纹结合功能要求的主要加工误差。

①中径偏差。中径偏差是螺纹实际中径（d_{2a}、D_{2a}）与公称中径之差。

实际中径的大小与加工螺纹时的进刀深度有关。进刀深，将使外螺纹的实际中径减小，或使内螺纹的实际中径增大；进刀浅，将使外螺纹的实际中径增大，或使内螺纹的实际中径减小。可见，实际中径的大小决定了螺纹牙侧的径向位置，直接影响螺纹配合的松紧程度。外螺纹的实际中径越大，内螺纹实际中径越小，则结合越紧，影响螺纹的旋合性，甚至不能旋合；外螺纹的实际中径越小，内螺纹实际中径越大，则结合越松，并使牙侧的接触面积减小，影响螺纹的连接强度和密封性。

②螺距偏差。螺距偏差分为单个螺距偏差和螺距累积偏差。单个螺距偏差是指在螺纹全长上，任意单个实际螺距对公称螺距之差，它与旋合长度无关；螺距累积偏差是指在规定长度（如旋合长度）内任意两同名牙侧在中径线上的实际距离对其公称距离之差。

螺距偏差主要由加工刀具（丝锥、板牙等）本身的螺距偏差或机床传动链的运动误差造成。

对于螺纹结合，螺距偏差将影响螺纹的旋合性。当相互结合的内、外螺纹的实际中径相等时，由于存在螺距偏差，内、外螺纹的牙形将发生干涉，并使载荷集中在少数牙侧上，影响螺纹结合的可靠性和承载能力。

③牙形半角偏差。螺纹的牙形半角偏差是指实际牙形半角对公称牙形半角之差。牙形半角偏差有两种情况：一是实际牙形角与其公称值不等，此时即使左右两个牙形半角值相等，仍存在着牙形半角偏差；另一是实际牙形角与公称牙形角相等，但牙形角的平分线与螺纹轴线不垂直，即牙形方向歪斜，使左、右牙形半角不相等且都不等于其公称值。

牙形半角偏差主要是由刀具的角度误差和安装误差造成的。

当相互结合的内、外螺纹的实际中径相等时，牙形半角偏差也会使内、外螺纹的牙形发生干涉。牙形半角偏差将影响螺纹的旋合性，也影响牙形间的接触面面积，因而降低螺纹的联结强度和承载能力。

综上所述，相互结合的内、外螺纹的中径偏差、螺距偏差和牙形半角偏差都会影响普通螺纹的功能要求。但是螺距偏差和牙形半角偏差对旋合性的影响可以通过增大内螺纹的实际中径或减小外螺纹的实际中径的方法予以补偿。

（3）作用中径。螺纹的体外作用中径（简称作用中径），对于外螺纹，是在规定的旋合长度内，与实际外螺纹外接的最小的理想螺纹的中径；对于内螺纹，是与实际内螺纹内接的最大的理想螺纹的中径。这个理想螺纹具有基本牙形的螺距、牙形半角及牙形高度，并与实际外（内）螺纹外（内）接时在牙顶和牙底处留有间隙，以保证与实际螺纹的大、小径不发生干涉。图 5-16 所示的是普通螺纹作用中径的示意图。

作用中径反映了实际螺纹的中径偏差、螺距偏差和牙形半角偏差的综合作用。无论螺距偏差和牙形半角偏差为正还是负，外螺纹的作用中径总是大于其实际中径，内螺纹的作用中

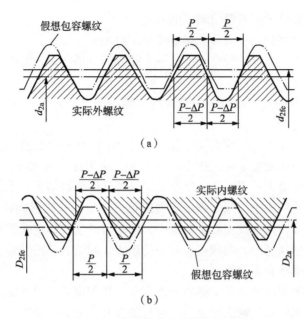

图 5 – 16 普通螺纹作用中径的示意

（a）外螺纹作用中径；（b）内螺纹作用中径

径总是小于其实际中径。

2. 普通螺纹的精度

普通螺纹的精度由普通螺纹公差确定，由普通螺纹公差确定的普通螺纹公差带是普通螺纹实际轮廓允许变动的范围。

（1）普通螺纹的公差带。普通螺纹精度标准仅对螺纹的直径规定了公差，而螺距偏差、半角偏差则由中径公差综合控制。为了保证其旋合性和联结可靠件，实际螺纹的牙侧和牙顶必须位于该牙形公差带内，牙底则由加工刀具保证。

普通螺纹的公差带是沿基本牙形的牙侧、牙顶和牙底分布的牙形公差带。它以基本牙形为零线，公差带宽度大小由中径公差值（T_{D_2}、T_{d_2}）和顶径公差值（T_{D_1}、T_{d_1}）决定，公差带的位置由基本偏差（EI、es）决定，如图 5 – 17 和图 5 – 18 所示。

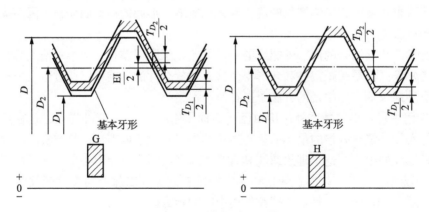

图 5 – 17 内螺纹公差带

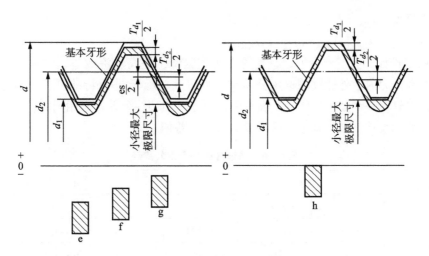

图 5 – 18　外螺纹公差带

内螺纹公差带的基本偏差为下偏差（EI），采用 H 和 G 的两种基本偏差，如图 5 – 17 所示。外螺纹公差带的基本偏差为上偏差（es），采用 h、g、f 和 e 的四种基本偏差，如图 5 – 18 所示。基本牙形为相应公差带的零线，并沿垂直于轴线方向计值。

内螺纹大径（D）只规定了下偏差而没有上偏差，外螺纹小径（d_1）只规定了上偏差而没有下偏差。这是因为内螺纹大径（D）的上偏差和外螺纹小径（d_1）的下偏差可以由相应的中径间接控制，不会超出牙形三角形的顶点。

国家标准规定的内、外螺纹的中径和顶径的公差等级见表 5 – 5。

表 5 – 5　普通螺纹公差等级

螺纹直径	公差等级	螺纹直径	公差等级
内螺纹中径 D_2	4、5、6、7、8	外螺纹中径 d_2	3、4、5、6、7、8、9
内螺纹小径（顶径）D_1	4、5、6、7、8	外螺纹大径（顶径）d	4、6、8

螺纹的旋合长度分为三组，分别称为短旋合长度（S）、中等旋合长度（N）和长旋合长度（L）。一般采用中等旋合长度。粗牙普通螺纹的中等旋合长度值为 $0.5d \sim 1.5d$，是最常用的旋合长度尺寸。

螺纹旋合长度与螺纹的精度密切相关。旋合长度增加，螺纹的螺距累积偏差可能增加，以同样的中径精度要求加工会更困难，反之则会易于加工。

部分普通螺纹的基本偏差、公差以及螺纹旋合长度如附表 20 和附表 21 所示。

（2）合格条件。普通螺纹的合格条件是实际牙形不超出规定的公差带。

普通螺纹的大径圆柱面和小径圆柱面的配合与功能要求无关，因此大径和小径的合格条件是其实际尺寸在公差带内，但一般不进行检验。

普通螺纹由内、外螺纹的牙侧螺旋面形成配合实现功能要求，通常用检验中径合格性保证其配合性能和连接强度。

普通螺纹中径按泰勒原则（包容要求）判断其合格性，即合格条件是实际螺纹的作用中径不超出最大实体中径，且实际螺纹上任何部位的实际中径不超出最小实体中径。

对于外螺纹　$d_{2fe} < d_{2max}$ 和 $d_{2a} > d_{2min}$

对于内螺纹　$D_{2fe} > D_{2min}$ 和 $D_{2a} < D_{2max}$

（3）精度设计。为了减少刀、量具的规格和数量，提高经济效益，国家标准规定了若干标准公差带作为内、外螺纹的选用公差带，见表 5 − 6。除非有特殊要求，不应选择其他公差带。表中只有一个公差带代号的表示中径公差带与顶径公差带是相同的；列出两个公差带代号的，前者表示中径公差带，后者表示顶径公差带。

表 5 − 6　普通螺纹的选用公差带

精　　　度	旋合长度 内　螺　纹			外　螺　纹		
	S	N	L	S	N	L
精　　密	4H	4H5H	5H6H	(3h4h)	4h *	(5h4h)
中　　等	5H (5G)	6H *** (6G)	7H * (7G)	(5h6h) (5g6g)	6h *, 6f * 6g ***, 6e *	(7g6g) (7h6h)
粗　　糙	—	7H (7G)	—	—	(8h) (8g)	—

普通螺纹精度分为精密、中等、粗糙三种。精密螺纹主要用于要求结合性质变动较小的场合；中等精度的螺纹主要用于一般的机械、仪器和构件；粗糙精度的螺纹主要用于要求不高的场合，如建筑工程、污浊有杂质的装配环境、不重要的连接。对于加工比较困难的螺纹，只要功能要求允许，也可采用粗糙精度。

内、外螺纹的选用公差带可以任意组合。在满足功能要求的前提下，应尽量选用带 * 号的公差带，尽量不用带括号的公差带。

为了保证相互结合的螺纹有足够的接触精度，完工后的螺纹结合最好组成 $\frac{H}{g}$、$\frac{H}{h}$ 或 $\frac{G}{h}$ 的配合。对于直径 ≤1.4 mm 的螺纹结合应采用 $\frac{5H}{6h}$ 或更精密的配合。一般情况下，通常采用最小间隙为零的 $\frac{H}{h}$ 的配合；$\frac{H}{g}$ 与 $\frac{G}{h}$ 配合具有保证间隙，通常用于经常拆卸、工作温度高或需涂镀的螺纹。

（4）普通螺纹标记。完整的螺纹标记由螺纹代号、螺纹公差带代号和旋合长度代号三部分组成，各代号间用"—"分开。公差带代号包括中径公差带代号和顶径公差带代号，且表示公差等级的数字在前，基本偏差的字母在后；中径公差带代号在前，顶径公差带代号在后，如图 5 − 19 所示。

当旋合长度代号为 N 时可以省略。

必要时，可以在螺纹公差带代号后直接标注旋合长度数值，例如 M20 × 1.5—5h6h—20，表示旋合长度为 20 mm。

内、外螺纹装配在一起时，其公差带代号用斜线分开，左边表示内螺纹公差带，右边表示外螺纹公差带，如图 5 − 20 所示。

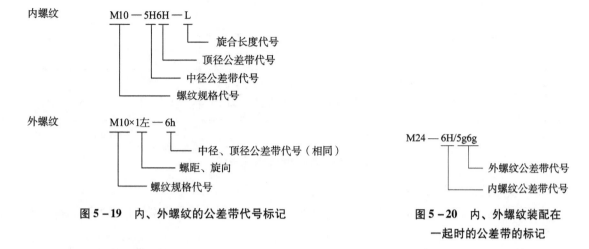

图 5 – 19　内、外螺纹的公差带代号标记　　　**图 5 – 20　内、外螺纹装配在一起时的公差带的标记**

5.1.4　圆锥结合

圆锥结合是由一对相互包容的内、外圆锥面形成的结合。圆锥面是由直径、长度和锥度（或锥角）等构成的多尺寸要素。

由于圆锥结合具有自动定心、自锁、密封、可调结合性质等优点，已成为各类机械中仅次于圆柱结合的常用典型结合。

圆锥结合主要用于实现支承、联结、定位和密封等功能。用于支承的圆锥滑动轴承可以在装配和使用过程中调整间隙；用于联结的工具圆锥可以在小过盈的条件下传递大转矩，且拆装方便；用于定位的圆锥可实现自动对中；用于密封的圆锥可以防止漏水或漏气。

1. 圆锥精度

1）基本圆锥

基本圆锥就是设计给定的圆锥。

圆锥的主要几何参数有大端圆锥直径 D、小端圆锥直径 d、给定截面圆锥直径 d_x 和位置 x、圆锥长度 L 和圆锥角 α（或锥度 C），如图 5 – 21 所示。

各参数间的关系为

$$C = \frac{D-d}{L} = 2\tan\frac{\alpha}{2}$$

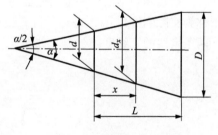

图 5 – 21　圆锥的几何参数

基本圆锥在零件图样上可以用以下两种形式的三个特征参数确定。

（1）一个基本圆锥直径（大端圆锥直径 D、小端圆锥直径 d 或给定截面圆锥直径 d_x）、基本圆锥长度 L、基本圆锥角 α 或基本锥度 C，如图 5 – 22（a）、（b）、（c）所示；

（2）两个基本圆锥直径（通常是大端圆锥直径 D、小端圆锥直径 d）和基本圆锥长度 L，如图 5 – 22（d）所示。

标注给定截面圆锥直径 d_x 时，必须同时标注给定截面的位置 x。当锥度是标准锥度系列时，可用标准系列号和相应的标记表示，例如 Morse No. 3。

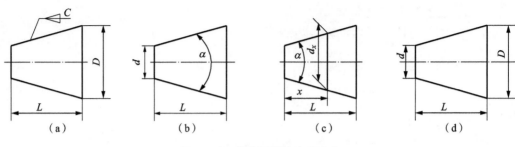

图 5-22　基本圆锥的确定形式

2）实际圆锥、实际圆锥直径和实际圆锥角

实际存在的圆锥叫实际圆锥。一般情况下用通过测量得到的测得圆锥代替实际圆锥，如图 5-23 所示。

在实际圆锥的任一垂直于轴线的截面上测得的直径称为测得圆锥直径，用于代替实际圆锥直径 d_a，如图 5-23 所示。

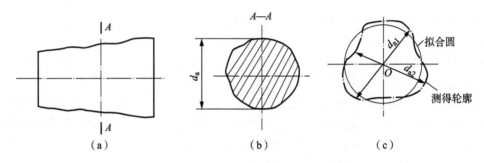

图 5-23　实际圆锥、实际圆锥直径、测得圆锥

（a）实际圆锥；（b）实际圆锥直径；（c）测得圆锥直径

在实际圆锥的任一轴向截面内，包容圆锥素线且距离为最小的两对平行直线之间的夹角称为实际圆锥角 α_a，每对平行直线形成所包容素线的直线度最小包容区域，其宽度分别为两条素线的直线度误差值，如图 5-24 所示。

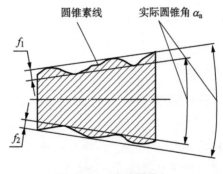

图 5-24　实际圆锥角

3）极限圆锥、极限圆锥直径和极限圆锥角

与基本圆锥同轴且圆锥角相等、直径分别为最大极限尺寸和最小极限尺寸的两个圆锥称为极限圆锥。在垂直圆锥轴线的任一截面上，这两个圆锥的直径差都相等，如图 5-24

所示。

垂直于极限圆锥轴线上的截面直径称为极限圆锥直径，如图 5 - 25 所示的 D_{max}，D_{min}，d_{max} 和 d_{min}。

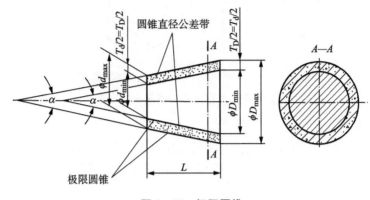

图 5 - 25　极限圆锥

极限圆锥角是允许的最大圆锥角 α_{max} 和最小圆锥角 α_{min}，如图 5 - 26 所示。

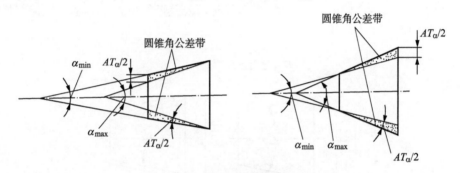

图 5 - 26　极限圆锥角

4）圆锥直径公差、圆锥角公差和给定截面圆锥直径公差

圆锥直径公差 T_D 是圆锥直径的允许变动量，适用于圆锥全长。圆锥直径公差带就是两个极限圆锥所限定的空间区域，如图 5 - 25 所示。

圆锥直径公差 T_D 以基本圆锥直径（一般取最大圆锥直径 D）为基本尺寸，可按《极限与配合》国家标准的标准公差选取。

圆锥角公差 AT 就是圆锥角的允许变动量，以角度值表示的圆锥角公差代号为 AT_α，以线值表示的圆锥角公差代号为 AT_D。圆锥角公差带就是两个极限圆锥角所限定的空间区域，如图 5 - 26 所示。

圆锥角公差 AT 共分为 12 个公差等级，分别用 AT1，AT2，…，AT12 表示。其中 AT1 精度最高，AT12 精度最低，精度依次降低。圆锥角公差数值可按《圆锥公差》国家标准规定的圆锥角公差选取。

给定截面圆锥直径公差 T_{DS} 是在垂直于圆锥轴线的给定截面内，圆锥直径的允许变动量。给定截面圆锥直径公差 T_{DS} 与圆锥直径公差 T_D 不同，它仅适用于给定截面。给定截面圆锥直径公差带就是给定的圆锥截面内，由两个同心圆所限定的平面区域，如图 5 - 27 所示。

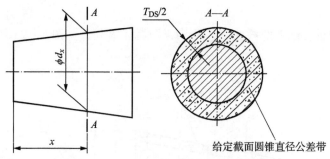

图 5-27 给定截面圆锥直径公差带

5）圆锥公差的表示

在零件图样上，国家标准规定圆锥公差可以用以下三种方法标注。

（1）面轮廓度法。面轮廓度公差具有综合控制的功能，能明确表达设计要求，因此，应该优先采用。

面轮廓度公差带是宽度等于面轮廓度公差值 t 的两同轴圆锥面之间的空间区域，实际圆锥面应不超出面轮廓度公差带。当面轮廓度公差不标注基准时，公差带的位置是浮动的，如图 5-28（a）所示；当面轮廓度公差标明基准时，公差带的位置应对基准保持图样规定的几何关系，如图 5-28（b）所示。

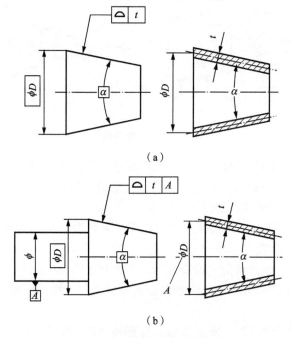

（a）

（b）

图 5-28 面轮廓度法标注圆锥公差

（a）不标注基准；（b）标注基准

（2）基本锥度法。基本锥度法标注圆锥公差是给出圆锥的理论正确圆锥角 α（或锥度 C）和圆锥直径公差 T_D（极限偏差）。由圆锥直径的最大和最小极限尺寸确定两个极限圆锥。此时，圆锥角误差和圆锥的形状误差均应在极限圆锥所限定的区域内，如图 5-29 所示。

（3）公差锥度法。公差锥度法标注圆锥公差是同时给出圆锥直径（最大圆锥直径、最

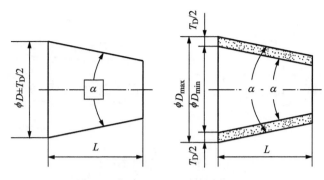

图 5 – 29　基本锥度法标注圆锥公差

小圆锥直径或给定截面圆锥直径）的极限偏差和圆锥角公差，并标注圆锥长度。它们遵守独立原则，应分别满足各自的要求，如图 5 – 30 所示。

公差锥度法不能够形成控制实际圆锥面的综合公差带区域，不能够综合控制实际圆锥面，所以不推荐采用。但是，标注公差锥度法的圆锥可以方便地使用普通计量器具进行测量以判定其合格性，故在一些精度要求不高的场合采用，适用于对某给定截面圆锥直径有较高要求的圆锥和密封及非配合圆锥。

在标注圆锥公差的同时，为了提高圆锥配合的接触精度，可以附加标注圆锥素线对轴线的倾斜度公差或素线直线度公差。在轮廓度法和基本锥度法中可以附加给出较小的圆锥角公差。

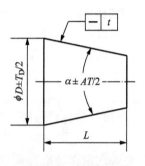

图 5 – 30　公差锥度法
标注圆锥公差

2. 圆锥配合

圆锥配合是通过相互结合的内、外圆锥在规定的轴向相对位置上获得要求的间隙或过盈而形成的。

圆锥配合的间隙或过盈是在垂直于圆锥表面方向起作用的，但通常按垂直于圆锥轴线方向给定并测量。对锥度小于或等于 1∶3 的圆锥，垂直于圆锥表面与垂直于圆锥轴线方向的间隙或过盈的数值之间的差异可以忽略不计。

按确定相互结合的内、外圆锥轴向相对位置的不同方法，圆锥配合可分为结构型圆锥配合和位移型圆锥配合两种形式。

1）结构型圆锥配合

结构型圆锥配合是指由内、外圆锥的结构或基准平面之间的尺寸确定装配的最终位置而获得的圆锥配合。前者如图 5 – 31（a）所示，它是由相互结合的内、外圆锥大端的基准平面相接触来确定它们的轴向相对位置的。后者如图 5 – 31（b）所示，它是由相互结合的内、外圆锥保证基准平面之间的距离 a 来确定它们的轴向相对位置的（保证距离 a 的结构在图中未示出）。

结构型圆锥配合的轴向相对固定，其配合性质取决于相互结合的内、外圆锥直径公差带之间的关系。内圆锥直径公差带在外圆锥直径公差带之上时为间隙配合；内圆锥直径公差带在外圆锥直径公差带之下时为过盈配合；内、外圆锥直径公差带交叠时为过渡配合。

结构型圆锥配合可以根据功能要求，由圆柱配合规范中按相同原则选用，即优先选用基

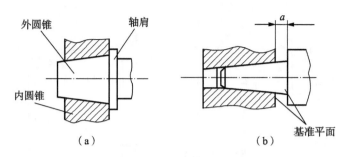

图 5 – 31　结构型圆锥配合

（a）由结构确定的；（b）由基准平面确定的

孔制和标准配合。标准配合不能满足需要时，也可选用标准公差带组成的配合。特殊需要时也可以自行确定内、外圆锥的直径公差带。

圆锥直径配合公差 T_{DP} 是圆锥配合在直径上允许的间隙或过盈的变动量。圆锥直径配合公差 T_{DP} 等于内圆锥直径公差（T_{Di}）与外圆锥直径公差（T_{De}）之和，即

$$T_{DP} = T_{Di} + T_{De}$$

2）位移型圆锥配合

位移型圆锥配合是指相互结合的内、外圆锥由实际初始位置（P_a）开始，做一定的相对轴向位移（E_a）而获得要求的间隙或过盈的圆锥配合。实际初始位置 P_a 是相互结合的内、外实际圆锥表面相接触时的位置。图 5 – 32（a）所示的是获得具有间隙的位移型圆锥结合；图 5 – 32（b）所示的是获得具有过盈的位移型圆锥结合。图中所示的终止位置 P_f 是相互结合的内、外圆锥为使其终止状态得到要求的间隙或过盈所规定的相对轴向位置。

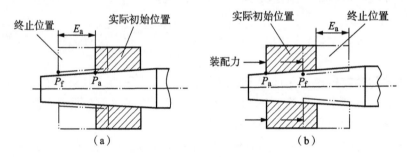

图 5 – 32　位移型圆锥配合

（a）间隙配合；（b）过盈配合

位移型圆锥配合的间隙或过盈的变动，取决于相对轴向位置的变动。间隙（S_a 或过盈 δ_a）与轴向位移 E_a 的关系为

$$E_a = \frac{S_a（或 \delta_a）}{C}$$

在位移型圆锥配合中，为了获得要求的间隙或过盈，必须规定轴向位移允许变动的界限，即最大极限位移 $E_{a\,max}$ 和最小极限位移 $E_{a\,min}$，如图 5 – 33 所示。

最大极限位移 $E_{a\,max}$ 是在相互结合的内、外圆锥的终止位置上，得到最大间隙或最大过盈的轴向位移。

最小极限位移 $E_{a\,min}$ 是在相互结合的内、外圆锥的终止位置上，得到最小间隙或最小过

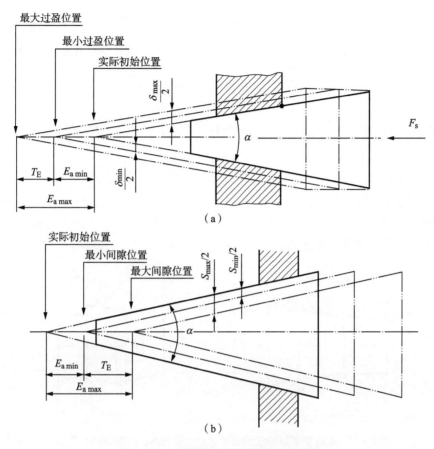

图 5 – 33 极限轴向位移和轴向位移公差

(a) 过盈配合; (b) 间隙配合

盈的轴向位移。

实际轴向位移 E_a 不能超出最大极限位移 $E_{a\,max}$ 和最小极限位移 $E_{a\,min}$，即

$$E_{a\,max} \geqslant E_a \geqslant E_{a\,min}$$

轴向位移公差 T_E 是轴向位移的允许变动量，即

$$T_E = E_{a\,max} - E_{a\,min}$$

位移型圆锥配合的配合性质是由内、外圆锥接触时的初始位置开始的轴向位移或在初始位置上施加的轴向装配力决定的，因而与圆锥直径公差带无关。直径公差带只影响内、外圆锥装配时的初始位置和位移公差。

位移型圆锥配合的内、外圆锥直径公差带的基本偏差推荐采用单向分布或双向对称分布，即内圆锥基本偏差采用 H 和 JS，外圆锥基本偏差采用 h 和 js。其轴向位移的极限值按极限间隙或极限过盈来计算。

圆锥直径配合公差 T_{DP} 是圆锥配合在配合的直径上允许的间隙或过盈的变动量。圆锥直径配合公差 T_{DP} 等于轴向位移公差（T_E）与锥度（C）之积，即

$$T_{DP} = T_E C$$

[**例 5 – 1**] 有一位移型圆锥配合，锥度 C 为 1:50，大端直径的基本尺寸为 $\phi 60$ mm，

要求配合后得到 $\dfrac{H7}{s6}$ 的配合，试计算轴向极限位移及轴向位移公差。

解：该配合的最大过盈为 $\delta_{\max} = 0.072$ mm，最小过盈为 $\delta_{\min} = 0.023$ mm，所以：

最大轴向位移　$E_{\max} = \dfrac{\delta_{\max}}{C} = 0.072 \times 50 = 3.6 (\text{mm})$

最小轴向位移　$E_{\min} = \dfrac{\delta_{\min}}{C} = 0.023 \times 50 = 1.15 (\text{mm})$

轴向位移公差　$T_E = E_{\max} - E_{\min} = 3.6 - 1.15 = 2.45 (\text{mm})$

3）结合圆锥公差注法

在标注相结合的内、外圆锥尺寸及公差时，应使内、外圆锥的锥度或圆锥角相同、标注尺寸公差的圆锥直径的基本尺寸相同，并标明与基准平面有关的圆锥直径及其位置。如图 5 – 34 所示的是用面轮廓度法标注圆锥公差时，相配内、外圆锥的公差标注。

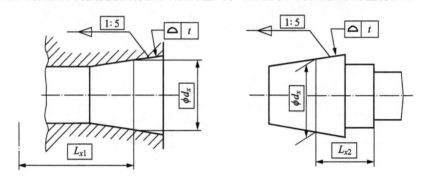

图 5 – 34　面轮廓度法标注圆锥公差时，相配内、外圆锥的公差标注

5.2　典型传动的精度设计

在机器和仪器中，广泛使用传动件传递运动和负荷。传动件的种类很多，如齿轮、皮带轮、凸轮和螺旋等。

为了保证运动传递和载荷传递功能，传动要素的精度要求主要是运动传递和承载能力的综合精度。但是为了工艺和检测的原因，也可以分别规定构成传动要素的各基本几何特征参数的尺寸、形状、方向和位置精度。因此，传动要素精度的构成与应用要比结合要素更为复杂。

5.2.1　圆柱齿轮传动

1. 概述

齿轮传动是机械中常用的传动形式之一。轴线平行的渐开线圆柱齿轮传动应用最为广泛。齿轮传动具有传动平稳、承载能力强、传动效率高、工作可靠等特点，所以在各种机器和仪器的传动装置中应用最为广泛。

渐开线圆柱齿轮的传动要素是一组在圆柱面上沿圆周均匀分布的渐开面（齿面）。根据齿面沿基准轴线的方向，可将其分为直齿圆柱齿轮和斜齿圆柱齿轮。齿轮结构及参数如图 5 – 35 所示。

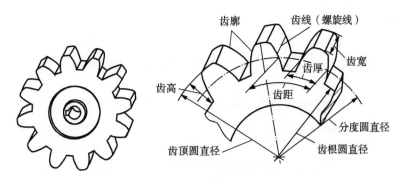

图 5 - 35 直齿圆柱齿轮

一对互啮齿轮 z_1、z_2 通过轴承、轴等零件支承于箱体（机座）上实现啮合传动，运动和载荷由主动轴 1 输入，经轮齿间啮合，逐齿传递到从动轴 2 输出，实现传动功能，如图 5 - 36 所示。因此，齿轮传动的精度不仅与齿轮的制造精度有关，还与轴、轴承、机座等有关零件的制造精度以及整个传动装置的安装精度有关。

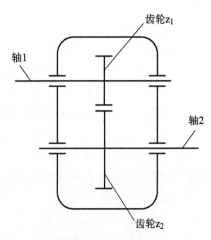

齿轮传动的传动要素是齿圈上的轮齿齿面。齿面的设计中心是齿轮轴线。齿轮传动的精度不仅与齿面的制造精度有关，还与轴、轴承、机座等有关零件的制造精度以及整个传动装置的安装精度有关。但齿面的几何精度是最基本的。所谓的齿面几何精度，就是指齿面对设计中心的尺寸、形状和位置精度。

图 5 - 36 齿轮传动

齿轮传动的一般功能要求如下。

（1）传动准确。其是对齿轮运动传动精度提出的要求。要求在从动齿轮一转范围内的最大转角误差不超出规定的数值，也就是控制齿轮副的实际速比的最大变动量，以保证传递运动的准确性。

当一对理想齿轮相互啮合传动时，从动齿轮的实际转角应该等于其理论转角。但是在加工齿轮轮齿时，由于齿坯在机床上的安装偏心和机床传动链的长周期误差等因素影响，造成实际齿廓偏离理论齿廓，在啮合传动的任一时刻，从动齿轮的实际转角和理论转角存在偏离，即转角误差，如图 5 - 37 所示为转角误差记录曲线。图中所示的低频变动幅值是从动齿

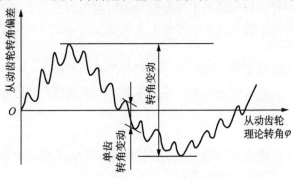

图 5 - 37 齿轮的转角误差曲线

轮在一转范围内的转角变动，表示齿轮传递运动的准确性。

（2）传动平稳。其是对齿轮工作平稳性提出的精度要求。要求齿轮传动过程中瞬时传动比变动，即从动齿轮短周期（转动一齿）的转角误差不超出规定的数值，以保证传递运动的平稳性。

图 5-37 所示的从动齿轮单齿转角变动是一种高频误差，主要是由于加工齿轮时刀具的齿廓误差、安装偏心及机床传动链误差等因素造成的。它影响齿轮传动的平稳性，导致传动过程中的振动和噪声。

（3）承载均匀。其是对齿轮齿面接触精度提出的要求。要求齿轮副在传动中齿面接触良好，避免载荷集中于齿面的局部区域而引起应力集中，造成局部磨损、点蚀而影响使用寿命。

在加工齿轮时，刀具进给方向与齿线的理论方向不一致、齿坯定位端面对基准轴线不垂直等因素均会导致实际线沿齿线方向的形状和位置，从而影响齿面的接触精度。

（4）合理侧隙。其是对齿轮副的齿侧间隙的要求。齿侧间隙（简称侧隙）是齿轮副的非工作齿面之间的间隙，如图 5-38 所示。侧隙用于储存润滑油、补偿齿轮副工作时因发热膨胀和受力而引起的变形，以免齿轮传动中发生卡死或齿面烧蚀。齿轮副的侧隙也是齿轮副产生回程误差和反转冲击的不利因素。

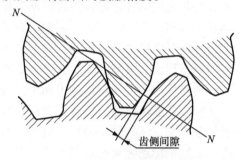

图 5-38　齿侧间隙

根据齿轮传动的用途和工作条件，对齿轮传动精度要求的侧重点也有所不同。例如，分度或读数机构的齿轮的特点是负荷小、转速低，其主要精度要求是传递运动准确性和一定的传动平稳性，但对齿面接触精度要求不高；机床和汽车变速箱中的齿轮，噪声应低，振动和冲击应小，主要要求传动平稳性；重型机械中的低速重载齿轮，主要要求是齿面接触精度；汽轮机减速器等类的高速重载齿轮，对传动准确、传动平稳和承载均匀的要求均较高。

侧隙的大小应根据齿轮的工作条件确定。高速重载齿轮由于受力受热变形大，应采用较大的侧隙；而仪器仪表中经常正反转的齿轮，应尽量减小侧隙以减小回程误差。

合理侧隙的要求与传动准确、传动平稳、承载均匀三项精度要求基本无关。

2. 齿轮精度

同其他所有零件一样，齿轮的加工误差也是不可避免的。为了保证齿轮的三项精度，国家标准根据齿轮传动要素的特点，规定了单个齿轮精度的评定项目、误差允许值和相应的检测规范。

在齿轮标准中，齿轮精度的评定项目分为同侧齿面和双侧齿面的精度评定参数。同侧齿面评定项目包括齿距、齿廓、齿向和切向综合参数；双侧齿面项目评定项目包括径向综合参数和径向跳动。

1）齿距精度评定项目

齿距精度是对齿轮齿距误差的限制，主要反映齿面沿齿轮圆周分布的位置精度。齿距精度评定项目包括单个齿距偏差、齿距累积偏差和齿距累积总偏差。

齿距精度评定项目在齿轮端平面（垂直于齿轮基准轴线的平面）上定义。

（1）单个齿距偏差 f_{pt}。单个齿距偏差 f_{pt} 是在齿轮的端平面上、接近齿高中部的一个与齿轮轴线同心的圆上，其是实际齿距与理论齿距的代数差，如图 5 - 39 所示，也称齿距偏差。当实际齿距大于理论齿距时，齿距偏差 f_{pt} 为正；当实际齿距小于理论齿距时，齿距偏差 f_{pt} 为负。

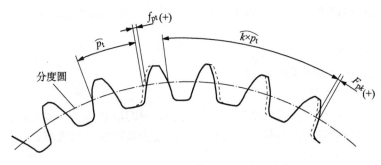

图 5 - 39　单个齿距偏差和 k 个齿距累积偏差

—实际齿廓位置；　—理论齿廓位置

单个齿距偏差 f_{pt} 允许变动的界限值用单个齿距极限偏差表示。

（2）齿距累积偏差 F_{pk}。齿距累积偏差 F_{pk} 是任意 k 个齿距的实际弧长与理论弧长的代数差，如图 5 - 39 所示。显然，k 个齿距累积偏差等于所含各单个齿距偏差的代数和。

齿距累积偏差 F_{pk} 的允许变动界限值用 k 个齿距累积极限偏差表示。

（3）齿距累积总偏差 F_p。齿距累积总偏差 F_p 是在齿轮的端平面上，在接近齿高中部的一个与齿轮轴线同心的圆上任意两个同侧齿面间的实际弧长与公称弧长之差的最大绝对值，也就是任意 k 个齿距累积偏差的最大绝对值。在齿距累积偏差图上，齿距累积总偏差是累积偏差曲线的最大幅度值。

在如图 5 - 40（a）所示中，取第 1 齿面作为计算齿距累积偏差的原点，即该齿面的位置偏差为零，则该齿轮的齿距累积总偏差发生在第 3 齿面至第 7 齿面之间。但是由于齿距偏差具有圆周闭合性，由齿面 3 ～ 齿面 7 顺时针方向累积为正偏差，逆时针方向累积为负偏差，所以齿距累积总偏差应取绝对值而不计正负号。因此齿距累积总偏差通称为齿距累积总误差。

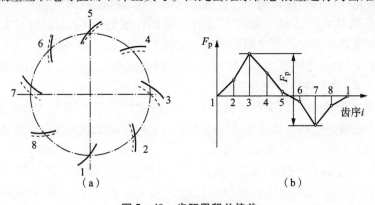

图 5 - 40　齿距累积总偏差

—实际齿廓位置；　—理论齿廓位置

齿距累积总偏差 F_p 的允许值用齿距累积总公差表示。

上述三项齿距偏差中，在一般情况下，只要求评定单个齿距偏差和齿距累积总偏差。单个齿距偏差为高频误差，主要影响齿轮工作的平稳性；齿距累积总偏差为低频误差，主要影响传递运动准确性。对于齿数较多的齿轮，也可以附加评定 k 个齿距累积偏差，它反映多齿数齿轮的齿距累积总偏差在整个齿圈上分布的均匀性，主要用于评价高速齿轮的传动平稳性，通常取 $k = \dfrac{z}{2} \sim \dfrac{z}{8}$。

各项齿距偏差的允许值见附表22。

2）齿廓精度评定项目

齿廓精度是对齿轮齿廓误差的限制，主要反映齿面的形状精度，即实际齿廓对设计齿廓的偏离量。设计齿廓通常为渐开线，也包括以渐开线为基础的修形齿廓，如凸齿廓、修缘齿廓等。

图5-41所示为测量齿廓时得到的记录曲线，称其为齿廓迹线。横坐标为实际齿廓上各点的展开角，纵坐标为实际齿廓对理想渐开线的变动。因此，当实际齿廓为理想渐开线时，齿廓迹线为一条平行于横坐标的直线，如图5-41（a）所示中的点画线。在评定齿廓精度时，应规定齿廓计值范围的长度 L_α，它是齿廓的可用长度 L_{AF} 扣除齿廓顶部倒棱（倒圆）部分和根部过渡圆弧部分后的展开长度，约占齿廓有效长度 L_{AE} 的92%。

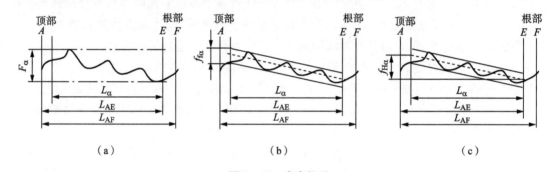

图5-41 齿廓偏差

（a）齿廓总偏差；（b）齿廓形状偏差；（c）齿廓倾斜偏差

齿廓精度评定项目有齿廓总偏差、齿廓形状偏差和齿廓倾斜偏差。

（1）齿廓总偏差 F_α。齿廓总偏差 F_α 是在齿廓的计值范围 L_α 内，包容实际齿廓迹线且距离为最小的两条设计齿廓迹线之间的距离，如图5-41（a）所示。

齿廓总偏差 F_α 是一个给定方向的最小包容区域的宽度，按理应称为齿廓总误差 F_α。

齿廓总偏差 F_α 的允许值为齿廓总公差。

（2）齿廓形状偏差 $f_{f\alpha}$。齿廓形状偏差 $f_{f\alpha}$ 是在齿廓的计值范围 L_α 内，包容实际齿廓迹线且距离为最小的两条平均齿廓迹线之间的距离。平均齿廓迹线是实际齿廓迹线的最小二乘中线，如图5-41（b）所示的虚线。

齿廓形状偏差 $f_{f\alpha}$ 是一个按最小二乘法评定的最小包容区域的宽度，按理应称为齿廓形状误差 $f_{f\alpha}$。

齿廓形状偏差 $f_{f\alpha}$ 的允许值为齿廓形状公差。

（3）齿廓倾斜偏差 $f_{H\alpha}$。齿廓倾斜偏差 $f_{H\alpha}$ 是在齿廓迹线的计值范围 L_α 两端与平均齿廓迹线两端相交的两条设计齿廓迹线之间的距离，如图 5 -41（c）所示。

当平均齿廓的齿顶高于齿根时，即实际压力角小于公称压力角时，定义齿廓倾斜偏差为正；反之，齿廓倾斜偏差为负。

齿廓倾斜偏差 $f_{H\alpha}$ 的允许值为齿廓倾斜极限偏差。

齿廓误差主要影响齿轮传动平稳性，在一般情况下采用 F_α 评定即可。如进行工艺和功能分析，也可以采用 $f_{f\alpha}$ 和 $f_{H\alpha}$，但它们不是必检项目。

各项齿廓偏差的允许值见附表 23。

3）齿向精度评定项目

齿向精度是对齿轮齿向误差的限制，主要反映齿线的形状精度，即实际齿线对设计齿线的偏离量。

齿线（齿向线）是齿面与分度圆柱面的交线。不修形的直齿轮的齿线为直线，不修形的斜齿轮的齿线为螺旋线。由于直齿轮的齿线是螺旋角为 0° 的螺旋线，所以国家标准不称齿线而称齿轮螺旋线，并按斜齿轮的螺旋线进行评定。

图 5 -42 所示为测量齿线时得到的记录曲线，称其为齿线迹线。横坐标为齿轮轴线方向，纵坐标为实际齿线对理想齿线的变动。因此，当实际齿线为理想螺旋线时，其齿线迹线为一条平行于横坐标的直线，如图 5 -42（a）所示的点画线。图中 L_β 为螺旋线的计值范围，它等于齿宽 b 的两端各减去齿宽的 5% 或一个模数的长度（取两者中的较小值）后的齿线长度。

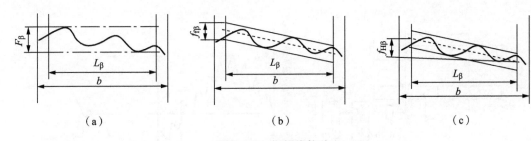

图 5 -42　螺旋线偏差

（a）螺旋线总偏差；（b）螺旋线形状偏差；（c）螺旋线倾斜偏差

齿向精度评定项目有螺旋线总偏差、螺旋线形状偏差和螺旋线倾斜偏差。

（1）螺旋线总偏差 F_β。螺旋线总偏差 F_β 是在螺旋线的计值范围 L_β 内，包容实际齿线迹线且距离为最小的两条设计齿线迹线之间的距离，如图 5 -42（a）所示。

螺旋线总偏差 F_β 是给定方向的最小包容区域的宽度，按理应称为螺旋线总误差 F_β。

螺旋线总偏差 F_β 的允许值为螺旋线总公差。

（2）螺旋线形状偏差 $f_{f\beta}$。螺旋线形状偏差 $f_{f\beta}$ 是在螺旋线的计值范围 L_β 内，包容实际齿线迹线且距离为最小的两条平均齿线迹线之间的距离，平均齿线迹线是实际齿线迹线的最小二乘中线，如图 5 -42（b）所示的虚线。

螺旋线形状偏差 $f_{f\beta}$ 是一个按最小二乘法评定的最小包容区域的宽度，按理应称为螺旋线形状误差 $f_{f\beta}$。

螺旋线形状偏差 $f_{f\beta}$ 的允许值为螺旋线形状公差。

（3）螺旋线倾斜偏差 $f_{H\beta}$。螺旋线倾斜偏差 $f_{H\beta}$ 在螺旋线的计值范围 L_β 两端，与平均齿线迹线相交的两条设计齿线迹线之间的距离，如图 5 – 42（c）所示。对于斜齿轮，当实际螺旋角大于公称螺旋角时，螺旋线倾斜偏差为正；反之螺旋线倾斜偏差为负。对于直齿轮，螺旋线倾斜偏差的正负可任意选定。

螺旋线倾斜偏差 $f_{H\beta}$ 的允许值为螺旋线倾斜极限偏差。

齿向误差主要影响齿轮齿面载荷分布的均匀性，在一般情况下采用 F_β 即可。也可以根据需要采用 $f_{f\beta}$ 和 $f_{H\beta}$，但它们不是必检项目。

各项齿向偏差的允许值列于附表 24。

4）切向综合精度评定项目

切向综合精度是对切向综合误差的限制。

切向综合误差是被测齿轮与理想精确的测量齿轮在公称中心距下实现单面啮合传动时，被测齿轮分度圆上的实际圆周位移与理论圆周位移的差值。

图 5 – 43（a）所示的是测量切向综合误差的齿轮单面啮合综合测量仪的原理图。1 为被测齿轮，2 为理想精确的测量齿轮（精度比被测齿轮高三级以上的工具齿轮），它们在公称中心距 a 下形成单面啮合，两轴上分别安装有直径等于各齿轮分度圆直径的精密圆盘 3 和 4。其中圆盘 4 与齿轮 1 可相对转动。当测量齿轮 2 和圆盘 3 分别带动被测齿轮 1 和圆盘 4 回转时，被测齿轮 1 带动的转轴 5 与圆盘 4 的相对角位移即为被测齿轮的实际转角与理论转角的偏差。以分度圆弧长计值的转角偏差即为切向综合误差。信号由传感器 6 经放大器 7 输出至记录器，切向综合误差的记录曲线如图 5 – 43（b）所示。

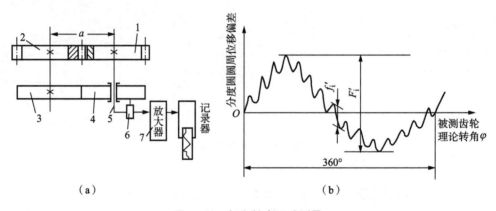

图 5 – 43　切向综合误差测量

（a）原理图；（b）切向综合误差的记录曲线

1—被测齿轮；2—测量齿轮；3，4—精密圆盘；5—转轴；6—传感器；7—放大器

切向综合精度的评定项目包括切向综合总偏差和一齿切向综合偏差。

（1）切向综合总偏差 F_i'。切向综合总偏差 F_i' 是被测齿轮与测量齿轮单面啮合时，被测齿轮在转动一周范围内，分度圆上实际圆周位移与理论圆周位移的最大差值，如图 5 – 43（b）所示。

切向综合总偏差 F_i' 是被测齿轮圆周转角的实际变动范围最大值，按理应称为切向综合总误差 F_i'。

切向综合总偏差 F_i' 的允许值为切向综合总公差。

（2）一齿切向综合偏差 f_i'。一齿切向综合偏差 f_i' 是测量切向综合偏差时，被测齿轮在转过一个齿距范围内，分度圆上的实际圆周位移与理论圆周位移的最大差值，如图 5 – 43（b）所示。

一齿切向综合偏差 f_i' 是被测齿轮圆周转角的实际变动范围值，按理应称为一齿切向综合误差 f_i'。

一齿切向综合偏差 f_i' 的允许值为一齿切向综合公差。

由于切向综合误差的测量与齿轮的工作状态一致，虽然测量费用较高，但却能较好地反映齿轮的实际传动情况，所以主要应用于较重要的齿轮。

切向综合总偏差 F_i' 是齿轮的长周期运动误差，主要影响齿轮的传动准确性；一齿切向综合偏差 f_i' 是齿轮的短周期运动误差，主要影响齿轮的传动平稳性。

各项切向综合偏差的允许值列于附表 25。

5）径向综合精度评定项目

径向综合精度是对径向综合误差的限制。

径向综合误差是被测齿轮与测量齿轮双面啮合（两齿轮左右齿面同时接触）传动时双啮中心距的变动量。

图 5 – 44（a）所示的是用双面啮合综合测量仪测量齿轮径向综合偏差的原理图。被测齿轮 1 安装在固定心轴 2 上，测量齿轮 3 安装在径向滑座 6 的心轴 4 上，并借助压簧 5 使两齿轮形成无侧隙的双面啮合。当被测齿轮转动时，由于其各种几何特征参数误差的影响，将使双啮中心距 a'' 发生相应的变化，并由指示表读出，也可记录成如图 5 – 44（b）所示的曲线。

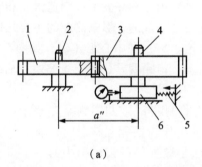
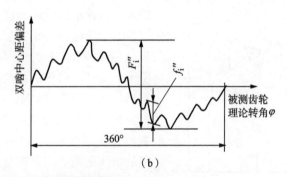

（a）　　　　　　　　　　　　　（b）

图 5 – 44　径向综合误差测量

（a）原理图；（b）记录曲线

1—被测齿轮；2—固定心轴；3—测量齿轮；4—心轴；5—压簧；6—径向滑座

径向综合精度的评定项目包括径向综合总偏差、一齿径向综合偏差和齿轮径向跳动。

（1）径向综合总偏差 F_i''。径向综合总偏差 F_i'' 是被测齿轮与测量齿轮双面啮合检验时，在被测齿轮一转范围内中心距的最大与最小值之差，如图 5 – 44（b）所示。

径向综合总偏差 F_i'' 是被测中心距的实际变动范围值，应该称为径向综合总误差 F_i''。

径向综合总偏差 F_i'' 的允许值为径向综合总公差。

（2）一齿径向综合偏差 f_i''。一齿径向综合偏差 f_i'' 是被测齿轮与测量齿轮双面啮合检验时，在一个齿距范围内中心距的最大与最小值之差，并取所有轮齿中的最大值，如图 5 – 44（b）所示。

一齿径向综合偏差 f_i'' 是被测中心距的变动范围，按理应称为一齿径向综合误差 f_i''。

一齿径向综合偏差 f_i'' 的允许值为一齿径向综合公差。

（3）齿轮径向跳动 F_r。齿轮径向跳动 F_r 是在齿轮一转范围内，测头依次放入齿槽内并在齿高中部附近与左右齿面接触，测头与齿轮轴线间距离的最大变动，如图 5 – 45 所示。

齿轮径向跳动 F_r 的允许值为齿轮径向跳动公差。

径向综合总偏差是齿面相对于齿轮基准轴线径向位置的最大变动，为长周期误差，主要影响齿轮的传动准确性；一齿径向综合偏差为短周期误差，主要影响齿轮的传动平稳性。齿轮径向跳动 F_r 与径向综合总偏差相似，反映齿面相对于齿轮基准轴线的径向位置误差，亦属长周期误差。

由测量方法可知，齿轮径向综合误差的测量结果受左右两齿廓的影响，与齿轮实际工作状态有较大的差异，因此只适用于一般和较低精度的齿轮。但是由于它的测量方法简单，测量效率高，故在大批量生产中应用较为普遍。

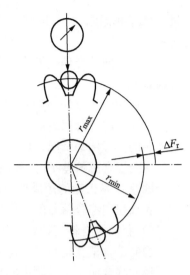

图 5 – 45　齿轮径向跳动

各项径向综合偏差的允许值列于附表 26，径向跳动的允许值列于附表 25。

3. 齿轮配合精度

1）侧隙。齿轮副啮合传动时，非工作面之间应留出必要的侧隙，以保证齿轮的润滑，补偿齿轮的热变形、制造误差和安装误差等。侧隙是齿轮安装后自然形成的，影响侧隙的主要几何参数是相互啮合齿轮的齿厚（S_1、S_2）和中心距（a），如图 5 – 46 所示。此外，齿轮的径向跳动、齿距偏差、螺旋线偏差和轴线平行度等，也会影响侧隙的均匀性。

齿轮副的侧隙通常用法向侧隙 j_{bn} 或圆周侧隙 j_{wt} 表示。法向侧隙 j_{bn} 是装配好的齿轮副的工作齿面相互接触时，非工作齿面间的最小距离。圆周侧隙 j_{wt} 是装配好的齿轮副中的一个齿轮固定时，另一齿轮所能转动的节圆弧长。它们之间的关系为

$$j_{bn} = j_{wt} \cos \alpha_t \cos \beta_b$$

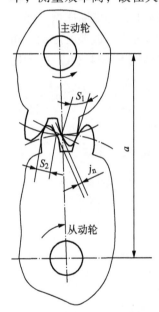

图 5 – 46　齿厚和中心距对侧隙的影响

若两齿轮具有公称齿厚，在公称中心距下安装后将是无侧隙啮合。为使齿轮安装后具有适当的侧隙，可减薄齿厚或加大箱体中心距。考虑到箱体加工和齿轮加工的特点，通常采用"基中心距制"，即在中心距一定的情况下，用改变（减薄）齿厚的方法获得不同的侧隙。因此，侧隙最直接的评定项目就是齿厚偏差。

（1）齿厚偏差 E_{sn}。齿厚偏差 E_{sn} 是在齿轮分度圆上，实际齿厚 S_{na} 与公称齿厚 S_n 之差。对于斜齿轮，是指法向齿厚，如图 5 – 47 所示。

公称齿厚是互啮齿轮在公称中心距下实现无侧隙啮合的齿厚：

对于外齿轮
$$S_n = m_n \left(\frac{\pi}{2} + 2 \tan \alpha_n x \right)$$

对于内齿轮　　$S_n = m_n\left(\dfrac{\pi}{2} - 2\tan\alpha_n x\right)$

式中，m_n 为法向模数；α_n 为分度圆法向压力角；x 为齿廓变位系数。

实际齿厚 S_{na} 是通过测量得到的齿厚。

齿厚偏差为　　$E_{sn} = S_{na} - S_n$

在设计时规定齿厚的极限偏差（上偏差 E_{sns}、下偏差 E_{sni}）作为齿厚偏差 E_{sn} 允许变化的界限值。由于齿轮传动必须保证有侧隙，因此实际齿厚必须小于公称齿厚，即齿厚上、下偏差均应为负值。

齿厚合格条件为

$$E_{sni} \le E_{sn} \le E_{sns}$$

齿厚公差 T_s 等于齿厚上、下偏差之差，它是实际齿厚的允许变动量。图 5-47 中阴影部分为齿厚公差带。

$$T_{sn} = E_{sns} - E_{sni}$$

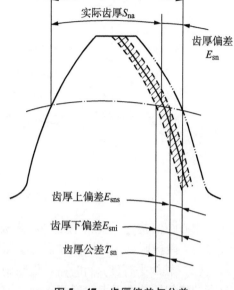

图 5-47　齿厚偏差与公差
（GB/Z 18620.2—2008 中齿厚为弦长）

（2）公法线长度偏差 E_{bn}。公法线是渐开线齿轮两异侧齿面的公共法线，也是基圆的切线。当齿厚减薄时，公法线长度也随之减小，因此也可以用公法线长度偏差代替齿厚偏差。

公法线长度偏差 E_{bn} 是 k 个轮齿公法线的实际长度 W_{ka} 与其公称长度 W_k 之差。

公法线公称长度 W_k 等于 $k-1$ 个基圆齿距与 1 个基圆齿厚之和，直齿圆柱齿轮 W_k 的计算公式为

$$W_k = m\cos\alpha\,(k - 0.5 + z\text{inv}\,\alpha + 2x\tan\alpha)$$

式中，inv α 为渐开线函数，inv$20° = 0.014904$；k 为测量时的跨齿数，跨齿数 k 的选择应使公法线与两侧齿面在分度圆附近相交。

公法线长度偏差 E_{bn} 为

$$E_{bn} = W_{ka} - W_k$$

在设计时规定公法线长度极限偏差（上偏差 E_{bns}、下偏差 E_{bni}）作为公法线长度偏差 E_{bn} 允许变化的界限值，实际公法线长度偏差 E_{bn} 必须位于公法线上、下偏差之间方为合格，即

$$E_{bni} \le E_{bn} \le E_{bns}$$

公法线长度公差 T_{bn} 等于公法线长度上、下偏差之差，它是实际公法线长度的允许变动量。图 5-48 中阴影部分为公法线长度公差带。

$$T_{bn} = E_{bns} - E_{bni}$$

2）齿轮安装精度

为保证齿轮副的精度和侧隙要求，还应该规定齿轮安装精度的要求。

齿轮安装精度项目包括中心距偏差和轴线平行度。

（1）中心距偏差 f_a。中心距偏差 f_a 是在齿轮副支承跨距 L 范围内，实际中心距与公称中心距之差。它不仅影响齿轮副的侧隙，也影响齿轮副啮合的重合度。

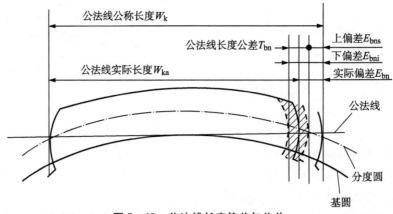

图 5-48　公法线长度偏差与公差

中心距偏差 f_a 的允许值是中心距极限偏差。

中心距极限偏差的推荐数值可参照附表 27 确定。

（2）轴线平行度 $f_{\Sigma\delta}$ 和 $f_{\Sigma\beta}$。齿轮副两轴线的平行度误差直接影响其接触精度和齿面载荷分布的均匀性。由于齿轮副两条轴线为空间直线，因此应规定在互相垂直的两个方向的平行度公差，以限制其平行度误差。

规定平行度公差时，以支承跨距 L 较长的轴线作为基准轴线，如图 5-49 所示。当两轴线的跨距相同时，应以小齿轮的轴线作为基准轴线。

$f_{\Sigma\delta}$ 为公共平面内的平行度误差，公共轴线平面是在包含基准轴线并通过另一轴线的一个支承点的平面；$f_{\Sigma\beta}$ 为垂直平面上的平行度误差，垂直平面是垂直于公共轴线平面且平行于基准轴线的平面，如图 5-50 所示。

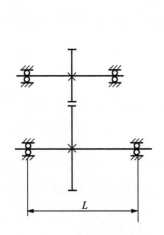

图 5-49　齿轮的支承跨距 L

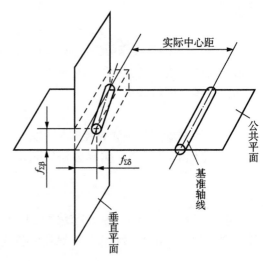

图 5-50　齿轮副轴线平行度

轴线平行度公差可参照附表 27 确定。

3）接触斑点

除了使用标准规定的评定项目控制齿轮精度外，实用上还可以用接触斑点控制轮齿在齿向上的精度，以保证满足承载能力的要求。

接触斑点是将安装好的齿轮副在轻载的作用下对滚，使一个齿轮轮齿上的印痕涂料转移到相配齿轮轮齿上的痕迹。可以直接检验产品齿轮副在箱体内产生的接触斑点，用以评估轮齿的载荷分布状况；也可以在具有给定中心距的机架上检验产品齿轮与测量齿轮的接触斑点，用以评估产品齿轮的螺旋线和齿廓精度。

通常采用装配用的蓝色印痕涂料，涂层厚度应为 $0.006 \sim 0.012$ mm。

接触斑点分布范围以实际接触长度 b_c 和与其相对应的实际接触高度 h_c 表示，如图 5 – 51 所示，并用它们的相对接触宽度 $\dfrac{b_c}{b}$ 和相对接触高度 $\dfrac{h_c}{h}$ 的百分数评定齿轮精度。由于实际接触斑点的形状常常与图 5 – 51 所示的不同，其评估结果更多地取决于经验。因此，接触斑点的评定不能替代标准规定的精度项目的评定。

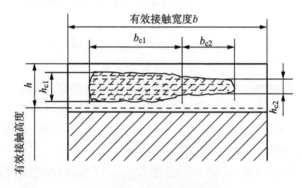

图 5 – 51　接触斑点的分布

由于接触斑点的检验具有简易、快捷、测试结果的可再现等特点，所以特别适用于大型齿轮、圆锥齿轮和航天齿轮的检验。

4. 齿轮精度设计

1）齿轮的精度等级及公差值

GB/T 10095.1—2008 标准将渐开线圆柱齿轮分为 13 个精度等级，精度从高到低依次为 0，1，2，…，12 级，各评定项目的精度等级和适用范围见表 5 – 7。

表 5 – 7　齿轮评定项目的精度等级及适用范围

精度评定项目		精度等级	适用范围/mm
同侧齿面偏差	齿距精度：f_{pt}、F_{pk}、F_p 齿廓精度：F_α、$f_{f\alpha}$、$f_{H\alpha}$ 齿向精度：F_β、$f_{f\beta}$、$f_{H\beta}$ 切向综合精度：F_i'、f_i'	$0 \sim 12$	法向模数 m_n：$0.5 \sim 70$ 分度圆直径 d：$5 \sim 10\ 000$ 齿宽 b：$4 \sim 1\ 000$
双侧齿面偏差	径向跳动：F_r		
	径向综合精度：F_i''、f_i''	$4 \sim 12$	法向模数 m_n：$0.2 \sim 10$ 分度圆直径 d：$5 \sim 1\ 000$

齿轮精度的 13 个等级中，0~2 级齿轮的精度要求非常高，目前我国只有极少数单位能够制造和测量 2 级精度齿轮，因此 0~2 级属于有待发展的精度等级，而 3~5 级为高精度等级，6~9 级为中等精度等级，10~12 级为低精度等级。

选用齿轮精度等级时，应仔细分析对齿轮传动提出的功能要求和工作条件，如传递运动准确性、圆周速度、噪声、传动功率、载荷、寿命、润滑条件和工作持续时间等。

通常用计算法或类比法来选用齿轮的精度等级。在实际工作中，主要采用类比法，极少数高精度的重要齿轮才采用计算法。

（1）计算法：可按整个传动链末端元件传动精度的要求，按偏差传递规律，分配各齿轮副传动精度的要求，计算出允许的转角误差并折合为分度圆弧长，然后对照齿距累积总公差确定齿轮传递运动的精度等级；或根据机械动力学和振动学计算并考虑振动、噪声以及圆周速度，确定传动平稳的精度等级；也可以在强度计算或寿命计算的基础上确定承载能力（接触精度）的精度等级。

（2）类比法：按现有已证实可靠的同类产品或机械的齿轮，按精度要求、工作条件、生产条件等加以必要的修正，选用相应的精度等级。

必须指出，在选择齿轮精度等级时，如果选择某级精度而无其他说明时，则该齿轮同侧齿面精度项目的允许值均按该精度等级确定。然而，根据协议，齿轮的工作齿面和非工作齿面可以给出不同的精度等级，或对于不同精度项目选用不同的精度等级；也可以只给出工作齿面的精度等级，而不对非工作齿面提出精度要求。

此外，径向综合误差和径向跳动不一定要选用与同侧齿面相同的精度等级。因此，在技术文件中说明齿轮精度等级时，应注明标准编号。

表 5-8 列出了各类机械中常用齿轮的精度等级范围。表 5-9 还列出了 4~9 级齿轮的切齿方法、应用范围及与传动平稳的精度等级相适应的齿轮圆周速度范围，可供设计时参考。

表 5-8　各类机械中的齿轮的精度等级

应用范围	精度等级	应用范围	精度等级
测量齿轮	2~5	载重汽车	6~9
透平齿轮	3~6	一般减速器	6~9
精密切削机床	3~7	拖拉机	6~10
航空发动机	4~8	起重机械	7~10
一般切削机床	5~8	轧钢机	6~10
内燃或电气机车	5~8	地质矿山绞车	7~10
轻型汽车	5~8	农业机械	8~11

表 5-9　4~9 级齿轮的切齿方法和应用范围

精度等级	加工方法	应用范围	圆周速度/($m \cdot s^{-1}$) 直齿	斜齿
4	精密滚齿机床滚切，精密磨齿，对大齿轮可滚齿后研齿或剃齿	极精密分度机械的齿轮，非常高速并要求平稳与无噪声的齿轮，高速涡轮机齿轮，检查 7 级齿轮的测量齿轮	<35	<70

精度等级	加工方法	应用范围	圆周速度/(m·s⁻¹)	
			直齿	斜齿
5	精密滚齿机床滚切，精密磨齿，对大齿轮可滚齿后研齿或剃齿	精密分度机构的齿轮，高速并要求平稳、无噪声齿轮，高速涡轮机齿轮，检查8、9级齿轮的测量齿轮	<20	<40
6	精密滚齿机床滚切，精密磨齿，对大齿轮可滚齿后研齿或剃齿，磨齿或精密剃齿	高速、平稳、无噪声高效率齿轮，航空、汽车、机床中的重要齿轮，分度机构齿轮，读数机构齿轮	<15	<30
7	在较精密机床上滚齿、插齿、剃齿、磨齿、珩齿或研齿	高速、小动力或反转的齿轮，金属切削机床中进给齿轮，航空齿轮，读数机构齿轮，具有一定速度的减速器齿轮	<10	<15
8	滚齿、插齿、铣齿，必要时剃齿、珩齿或研齿	一般机器中普通齿轮，汽车、拖拉机减速器中一般齿轮，航空中不重要的齿轮，农机中的重要齿轮	<6	<10
9	滚齿或成型刀具分度切齿，不要求精加工	无精度要求的比较粗糙的齿轮	<2	<4

2）齿轮精度项目的选用

齿轮精度标准中规定给出的众多评定项目，在齿轮精度设计时并不需要全部给出，而是应该以保证齿轮的各项功能要求为前提，考虑精度等级、项目间协调、生产批量和检测费用等因素，选择适当的评定项目。

齿轮精度项目与齿轮传动功能要求见表5-10。

表5-10　齿轮精度项目与齿轮传动功能要求

齿轮传动功能要求	精度项目	
	项目名称	项目代号
传动准确	齿距累积总偏差	F_p
	齿距累积偏差	F_{pk}
	切向综合总偏差	F_i'
	径向综合总偏差	F_i''
	径向跳动	F_r
传动平稳	齿廓总偏差	F_α
	齿廓形状偏差	$f_{f\alpha}$
	齿廓倾斜偏差	$f_{H\alpha}$
	单个齿距偏差	f_{pt}
	一齿切向综合偏差	f_i'
	一齿径向综合偏差	f_i''
承载均匀	螺旋线总偏差	F_β
	螺旋线形状偏差	$f_{f\beta}$
	螺旋线倾斜偏差	$f_{H\beta}$

选择精度项目时，应首先考虑采用同侧齿面的偏差项目，尤其对高精度的齿轮，因为同侧齿面的精度项目比较接近齿轮的实际工作状态。通常采用齿距累积总偏差 F_p、单个齿距偏差 f_{pt} 与齿廓总偏差 F_α、螺旋线总偏差 F_β 分别评价齿轮的传动准确性、传动平稳性和承载均匀性。齿距累积偏差 F_{pk} 主要用于评价大齿数高速齿轮的传动平稳精度，其他同侧齿面的偏差项目均不是判定齿轮精度的必检项目，可视具体情况由供需双方协商确定。

双侧齿面的偏差项目受非工作齿面精度的影响，反映齿轮实际工作状态的可靠性较差。但因测量方法简单迅速，主要适用于大批量生产和小模数齿轮，由供需双方协商确定。

当满足传动准确要求选用切向综合总偏差时，满足传动平稳要求的项目最好选用一齿切向综合偏差；当满足传动精度要求选用齿距累积总偏差时，满足传动平稳要求的项目最好选用单个齿距偏差。这样它们可以采用同一种测量方法。

生产批量较大时，宜采用综合性项目，如切向综合偏差和径向综合偏差，以提高检验效率，减少测量费用。精度项目的选定还应考虑测量设备等实际条件，在保证满足齿轮功能要求的前提下，充分计及测量检验过程的经济性。

表 5-11 列出了各类齿轮推荐选用的精度项目组合。

表 5-11 各类齿轮推荐选用的精度项目

用 途		仪器仪表精密齿轮	航空、汽车、机床等高精度齿轮		农用机械等低精度齿轮	重载齿轮	
精度等级		3~5	4~6	6~8	7~12	3~6	6~8
功能要求	传动准确	F_i' 或 F_p	F_i' 或 F_p	F_r 或 F_i''	F_r 或 F_i''	F_p	
	传动平稳	f_i' 或 F_α 与 f_{pt}	f_i' 或 F_α 与 f_{pt}	f_i''	f_{pt}	F_α 与 f_{pt}	f_{pt}
	承载均匀	F_β					

3）齿轮配合的确定

为了保证齿轮传动正常工作，装配完成的齿轮副必须形成间隙配合。所以齿轮配合的选用就是合理侧隙的选用。

（1）齿轮副的最小极限侧隙 $j_{bn\,min}$。如前所述，侧隙的作用主要是为了保证润滑和补偿变形，所以，虽然在理论上应该规定两个极限侧隙（最大极限侧隙和最小极限侧隙）来限制实际侧隙，但由于较大侧隙一般不影响齿轮传动的功能。因此，通常只需规定最小（极限）侧隙，且最小侧隙不能为零或负值。

最小极限侧隙 $j_{bn\,min}$ 是两个齿轮的轮齿均为最大允许作用齿厚（作用齿厚是测得的实际齿厚加上轮齿各要素偏差和安装误差对齿厚的综合影响量，相当于轴的体外作用尺寸）且中心距为允许的最紧值（对外啮合为最小值）的条件下相啮合时，在静态条件下存在的允许最小侧隙，用以补偿箱体、轴承和轴的制造与安装误差，补偿温度影响和旋转零件的离心胀大，保证齿轮的正常润滑等。

工业传动装置中用黑色金属材料制造的齿轮和箱体，齿轮节圆线速度不超过 15 m/s 时，$j_{bn\,min}$ 可按下式计算：

$$j_{\text{bn min}} = \frac{2}{3}(0.06 + 0.000\ 5a + 0.03m_n)$$

$j_{\text{bn min}}$ 的推荐数据列于附表 28 中，供设计时参考。

必要时，可以将法向侧隙折算成圆周侧隙。

（2）齿厚极限偏差的确定。由于生产中采用控制齿厚的方法间接保证侧隙，因此设计时还应规定齿厚极限偏差。

两齿轮的齿厚上偏差（E_{sns1}、E_{sns2}）不仅应保证齿轮副工作的最小极限侧隙，而且要考虑当中心距为负偏差时会导致侧隙减小 $2f_a\sin\alpha$。同时还应考虑单个齿距偏差、螺旋线偏差、轴线平行度等将引起作用齿厚的增大，从而导致侧隙的减小量 J_n，其计算式为

$$J_n = \sqrt{(f_{\text{pt1}}^2 + f_{\text{pt2}}^2)\cos^2\alpha + 2F_\beta^2}$$

式中，f_{pt1}，f_{pt2} 分别为两个相互啮合齿轮的单个齿距极限偏差。

将齿厚偏差折算到侧隙方向，则两齿轮的齿厚上偏差与 $j_{\text{bn min}}$，J_n 和 f_a 的关系为

$$|E_{\text{sns1}} + E_{\text{sns2}}|\cos\alpha = j_{\text{bn min}} + J_n + 2f_a\sin\alpha$$

通常取两齿轮的齿厚上偏差相等，即 $E_{\text{sns1}} = E_{\text{sns2}} = E_{\text{sns}}$，并考虑到它应为负值，于是得

$$E_{\text{sns}} = -\left(\frac{j_{\text{bn min}} + J_n}{2\cos\alpha} + f_a\tan\alpha\right)$$

齿厚下偏差可由齿厚上偏差 E_{sns} 和齿厚公差 T_{sn} 计算确定，即 $E_{\text{sni}} = E_{\text{sns}} - T_{\text{sn}}$。齿厚公差与切齿的工艺难度有关，且应考虑齿轮径向跳动的影响，可以按下式估算：

$$T_{\text{sn}} = \sqrt{F_r^2 + b_r^2}\ 2\tan\alpha$$

式中，b_r 为切齿径向进刀公差，可按表 5 – 12 选取。表中 IT 值可按分度圆直径查标准公差数值表确定。当齿轮精度项目的等级不同时，应按最高精度确定。

表 5 – 12　切齿径向进刀公差 b_r 值

精度等级	4	5	6	7	8	9
b_r 值	1.26IT7	IT8	1.26IT8	IT9	1.26IT9	IT10

（3）公法线长度极限偏差的确定。由于测量齿厚通常以齿顶圆作为测量基准，测量准确度不高，所以可用测量公法线长度代替测量齿厚。相应地，应规定公法线长度极限偏差。公法线长度极限偏差可由齿厚极限偏差换算得到：

$$E_{\text{bns}} = E_{\text{sns}}\cos\alpha$$

$$E_{\text{bni}} = E_{\text{sni}}\cos\alpha$$

4）齿坯精度设计

齿坯是指切齿工序前的工件。齿坯精度（包括尺寸精度、形位精度和表面粗糙度）直接影响着轮齿的加工精度和测量精度。适当提高齿坯精度，可以获得较高的齿轮精度，而且比提高切齿工序的精度更为经济。

由于齿轮的齿廓、齿距等要素的精度都是相对其基准轴线定义的，因此，规定齿坯精度时首先要指明齿轮的基准轴线。

基准轴线应根据齿轮的结构类型和它在机器上的安装形式而定，最满意的方法是基准轴线与齿轮安装后的工作轴线相重合。因此对一般盘形齿轮，应以其长圆柱（或圆锥）孔的

轴线作为基准轴线，该孔也称为基准孔，如图 5 – 52 所示；对于齿轮轴（齿轮与轴连在一起为一个零件），应以其安装轴承的两个短圆柱（或圆锥）面的公共轴线作为基准轴线，如图 5 – 53 所示。

齿坯的尺寸精度包括盘形齿轮基准孔 ϕD 和齿轮轴的基准轴颈 ϕd 的尺寸公差，以及齿轮顶圆 ϕd_a 的尺寸公差。齿坯的形位精度包括基准孔（轴）的圆柱度（圆度），齿轮制造和安装时的基准端面对基准轴线的端面圆跳动，齿轮顶圆对基准轴线的径向圆跳动。以上齿坯公差的数值均按附表 29 确定。齿坯基准面和齿面的粗糙度按附表 30 确定。

当齿轮轴以两个中心孔确定基准轴线时，则与工作基准轴线不统一，这时还需考虑基准转换引起的误差，应适当提高齿轮安装轴及定位端面的形位精度。对于高精度齿轮，还必须设置专门的基准面。

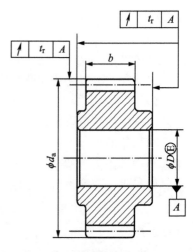

图 5 – 52　盘状齿轮以长圆柱孔轴线作基准

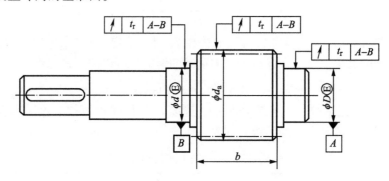

图 5 – 53　齿轮轴以短圆柱面公共轴线作基准

5）齿轮图样标注

齿轮的结构形式应根据设计需要并参考有关手册确定；齿轮公差直接标注在齿轮工作图上；主要参数（如模数 m_n、齿数 z、齿形角 α、螺旋角 β 及变位系数 x 等）、精度等级、所选择的公差或极限偏差均列表标注，如图 5 – 54 所示。

齿轮精度等级标注示例：

$$7 \ \text{GB/T} \ 10095.1$$

表示齿轮各项偏差均应符合 GB/T 10095.1 的要求，其精度均为 7 级。

$$8(F_p) \quad 7(F_{pt}、f_\alpha、F_\beta) \ \text{GB/T} \ 10095.1$$

表示齿轮各项偏差均应符合 GB/T 10095.1 的要求，F_P 为 8 级，f_{pt}、F_α 和 F_β 均为 7 级。

［例 5 – 2］　已知某渐开线直齿圆柱齿轮传动的模数 $m = 5$ mm，齿宽 $b = 50$ mm，小齿轮齿数 $z_1 = 20$，大齿轮齿数 $z_2 = 100$，中心距 $a = 300$ mm，精度等级为 7 级。试确定其主要精度评定项目的公差或极限偏差值。

解：经查表和计算，可确定其主要精度项目的公差或极限偏差值，见表 5 – 13。

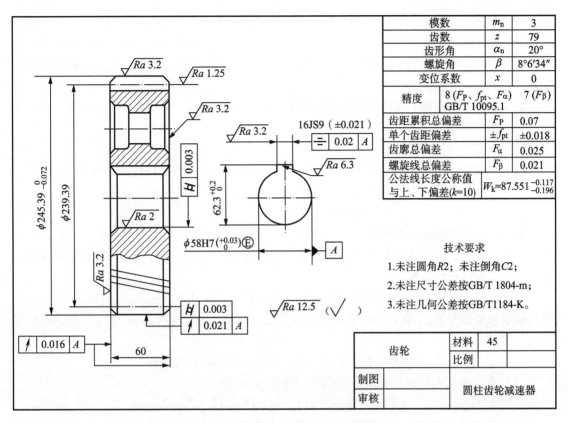

模数	m_n	3
齿数	z	79
齿形角	α_n	20°
螺旋角	β	8°6′34″
变位系数	x	0
精度	8 (F_P、f_{pt}、F_α)　　7 (F_β) GB/T 10095.1	
齿距累积总偏差	F_P	0.07
单个齿距偏差	$\pm f_{pt}$	±0.018
齿廓总偏差	F_α	0.025
螺旋线总偏差	F_β	0.021
公法线长度公称值 与上、下偏差($k=10$)	$W_k=87.551^{-0.117}_{-0.196}$	

技术要求

1. 未注圆角$R2$；未注倒角$C2$；
2. 未注尺寸公差按GB/T 1804-m；
3. 未注几何公差按GB/T1184-K。

齿轮	材料	45
	比例	
制图		
审核		圆柱齿轮减速器

图 5-54　齿轮工作图

表 5-13　齿轮公差或极限偏差　　　　　　　　　　　　　　　　　（mm）

项 目	项目代号	小齿轮1	大齿轮2	备注
齿数	z	20	100	已知
分度圆直径	d	100	500	$d=mz$
单个齿距极限偏差	f_{pt}	±0.013	±0.016	附表22
齿距累积总公差	F_p	0.039	0.066	附表22
齿廓总公差	F_α	0.019	0.024	附表23
螺旋线总公差	F_β	0.02	0.022	附表24
一齿切向综合公差	$f_i'^*$	0.04×0.67=0.027	0.048×0.67=0.031	附表25
切向综合总公差	F_i'	0.039+0.027=0.066	0.066+0.031=0.097	$F_i'=F_p+f_i'$
齿圈径向跳动公差	F_r	0.031	0.053	附表25
一齿径向综合公差	f_i''	0.031	0.031	附表26
径向综合总公差	F_i''	0.062	0.084	附表26

注：* 按已知条件可得 $\varepsilon_r \approx 1.7$，则 $K=\dfrac{0.2(\varepsilon_r+4)}{\varepsilon_r}=0.67$。

[**例 5-3**] 某单级圆柱齿轮减速器中的一对圆柱齿轮，模数 $m = 3$ mm，小齿轮齿数 $z_1 = 20$，大齿轮齿数 $z_2 = 79$，齿宽 $b = 60$ mm，大齿轮内孔直径为 $D = 58$ mm，两齿轮的支承跨距均为 100 mm，主动齿轮（小齿轮）的转速为 $n_1 = 750$ r/min。试对大齿轮进行精度设计，并画出齿轮工作图。

解： 根据已知参数，求得齿轮的分度圆直径：$d_1 = mz_1 = 60$ mm，$d_2 = mz_2 = 237$ mm，中心距 $a = \dfrac{(d_1 + d_2)}{2} = 148.5$ mm。

（1）确定精度等级及检验项目。按类比法确定齿轮精度等级，齿轮圆周速度为

$$v = \frac{\pi d_1 n_1}{60 \times 1\,000} = \frac{\pi \times 60 \times 750}{60 \times 1\,000} = 2.36 \quad (\text{m/s})$$

由表 5-10 和表 5-11 可知，该齿轮传动平稳性精度为 8 级。由于减速器对传递运动精度没有特殊要求，故传递运动精度也选 8 级；减速器主要用于传递载荷，因此齿面接触精度提高一级，即选择为 7 级。

在没有与产品用户协商的情况下，为保证产品质量，应选择同侧齿面的偏差项目，即选择齿距累积总偏差 F_p、单个齿距偏差 f_{pt}、齿廓总偏差 F_α 和螺旋线总偏差 F_β，则齿轮精度等级可表示为

$$8(F_P、f_{pt}、F_\alpha)7(F_\beta) \quad \text{GB/T 10095.1—2008}$$

（2）确定所选项目的公差或极限偏差。由附表查得：

$F_p = 70$ μm，$f_{pt} = \pm 18$ μm（小齿轮 $f_{pt1} = \pm 17$ μm），$F_\alpha = 25$ μm，$F_\beta = 21$ μm

（3）确定最小极限侧隙及齿厚、公法线极限偏差。用插入法查附表得

$$j_{bn\,min} = 0.15 \text{ mm} = 150 \text{ μm}$$

侧隙减小量 J_n 为

$$J_n = \sqrt{(f_{pt1}^2 + f_{pt2}^2)\cos^2\alpha + 2F_\beta^2}$$
$$= \sqrt{(17^2 + 18^2)\cos^2 20° + 2 \times 21^2} \approx 38 \quad (\text{μm})$$

由附表查得 $f_a = 31.5$ μm，则齿厚上偏差为

$$E_{sns} = -\left(\frac{j_{bn\,min} + J_n}{2\cos\alpha} + f_a \tan\alpha\right)$$
$$= \left(\frac{150 + 38}{2 \times \cos 20°} + 31.5 \times \tan 20°\right) \approx -111 \quad (\text{μm})$$

由附表查得：$F_r = 56$ μm；由表 5-6 得 $b_r = 1.26\text{IT}9 = 1.26 \times 115 = 145$ μm，则齿厚公差为

$$T_{sn} = \sqrt{F_r^2 + b_r^2}\,2\tan\alpha = \sqrt{56^2 + 145^2} \times 2\tan 20° \approx 113 \quad (\text{μm})$$

齿厚下偏差为

$$E_{sni} = E_{sns} - T_{sn} = -111 - 113 = -224 \quad (\text{μm})$$

如采用公法线长度偏差验收侧隙，则其上、下偏差分别为

$$E_{bns} = E_{sns}\cos\alpha = -111\cos 20° = -104 \quad (\text{μm})$$
$$E_{bni} = E_{sni}\cos\alpha = -224\cos 20° = -210 \quad (\text{μm})$$

跨齿数 $\quad k = \dfrac{z\alpha}{180°} + 0.5 = \dfrac{79 \times 20}{180} + 0.5 = 9.3 \qquad$ 取 $k = 9$

公法线长度公称值为

$$W_k = m\cos\alpha[\pi(k-0.5) + z\,\mathrm{inv}\,\alpha + 2x\tan\alpha]$$
$$= 3 \times \cos20°[\pi(9-0.5) + 79 \times 0.014904] = 78.598 \ (\text{mm})$$

（4）齿坯公差。尺寸公差按附表 29 所列方法确定，齿轮内孔公差带为 $\phi58\mathrm{H}7({}^{+0.03}_{0})$，齿顶圆作为加工的径向找正面，选取公差带为 $\phi245.39\mathrm{h}8({}^{0}_{-0.072})$。

形位公差数值按附表所列方法确定，内孔圆柱度公差为 3 μm，顶圆的径向圆跳动公差为 21 μm，基准端面圆跳动公差为 16 μm。

齿轮表面粗糙度按附表 30 确定。

齿轮工作图如图 5-54 所示。

5.2.2 螺纹传动

螺纹传动是一种将回转运动转换为直线运动的机械传动，主要用于传递载荷和位移。在千斤顶、螺旋压力机、轧钢机中，螺纹传动实现承载的功能，要求螺纹面接触良好，以保证具有足够的强度；在机床、测量仪器和机器中，螺纹传动实现传递精确位移的功能，要求传动比恒定和长期保持稳定的传动精度。螺纹传动具有传动比大、能自锁、传动精度高等优点。

螺纹传动以螺纹面作为传动要素。形成螺纹面的传动螺纹可以有各种牙形，如梯形、锯齿形、方形、圆形等。

本节主要介绍用于机床丝杠的梯形螺纹的螺纹传动的精度规范。

梯形螺纹的基本牙形是由顶角 $\alpha = 30°$ 的等腰三角形作为原始三角形，截去顶部和底部所形成的梯形，如图 5-55 所示。

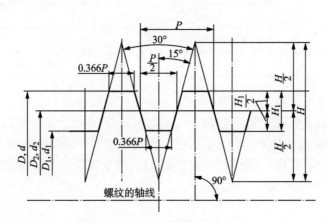

图 5-55 梯形螺纹的基本牙形

传动用的梯形螺纹的设计牙形不同于其基本牙形，它是相对于基本牙形规定出功能所需要的各种间隙和圆弧半径的牙形。设计牙形是内、外螺纹各直径的基本偏差的起始点。

梯形螺纹的设计牙形如图 5-56 所示。由图可见，内、外螺纹具有不同的设计牙形，在大径和小径处留有间隙，单向间隙为 a_c（即内、外螺纹的大、小径在直径上的间隙为 $2a_c$），保证内、外螺纹在大径圆柱面和小径圆柱面上相互不接触，以储存润滑油，从而使传动灵活。同时，内、外螺纹的牙底和外螺纹的牙顶部位都规定有半径分别为 R_2 和 R_1 的圆弧。

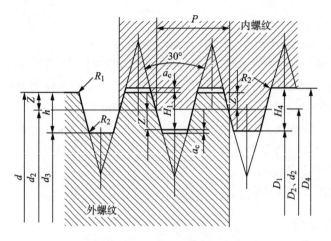

图 5 - 56 梯形螺纹的设计牙形

梯形螺纹的设计牙形上各参数的代号及其计算关系见表 5 - 14。

表 5 - 14 梯形螺纹的设计牙形的主要参数

参数	内 螺 纹	外 螺 纹
公称直径	d	
基本牙形高度	$H_1 = 0.5P$	
牙顶高	$Z = \dfrac{H_1}{2} = 0.25P$	
牙高	$H_4 = 0.5P + a_c$	$H_3 = 0.5P + a_c$
大径	$D_4 = d + 2a_c$	d
中径	$D_2 = d - 2Z = d - 0.5P$	$d_2 = d - 2Z = d - 0.5P$
小径	$D_1 = d - P$	$d_3 = d - 2h_3 = d - P - 2a_c$

传动螺纹的功能要求可以归结为从动件（螺母）的精确轴向位移和内、外螺纹互啮螺纹面的接触良好，前者保证传递运动准确，后者保证工作寿命和承载能力。

传动准确就是要求当控制主动件（丝杠）等速转动时，从动件（螺母）在全部轴向工作长度 L 内的实际位移对理论位移的最大变动 ΔL，以及在任意给定轴向长度 l 内的位移变动 Δl，如图 5 - 57 所示。

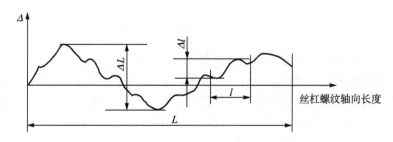

图 5 - 57 传动螺纹轴向位移变动曲线

内、外螺纹面的接触状况，取决于螺纹牙侧的形状、方向与位置误差。牙侧的方向误差可由牙形半角极限偏差控制，形状误差一般由切削刀具保证，轴向位置误差由螺距极限偏差控制，径向位置误差由中径极限偏差控制。牙顶与牙底因均有保证间隙，所以不参与传动。

2. 精度规范

机床丝杠和螺母的传动精度要求较高，机械工业行业标准规定了机床丝杠及螺母的精度等级、公差项目及相应的公差和极限偏差数值，适用于机床传动及定位用的牙形角为30°的单线梯形螺纹。

1）精度等级及其应用

根据功能要求不同，梯形螺纹丝杠和螺母分为7个精度等级，其精度由高到低依次为3、4、5、6、7、8和9级。

3级精度是目前的最高级，用于精度要求特别高的场合，如高精度坐标镗床和坐标磨床上传动及定位用的丝杠。

4、5、6级精度用于高精度的传动丝杠，如坐标镗床、螺纹磨床、齿轮磨床上的主传动丝杠以及不带校正机构的分度机械和计量仪器上的测微丝杠。

7级精度用于精确传动丝杠，如铲床、螺纹车床和精密齿轮机床等。

8级精度用于一般传动丝杠，如普通车床和普通铣床。

9级精度用于低精度传动丝杠，如没有分度盘的进给机构等。

2）丝杠精度

（1）螺旋线轴向公差。螺旋线轴向变动是在规定的丝杠轴向长度内，实际螺旋线相对于理论螺旋线在轴向偏离的变动，如图5-58所示。

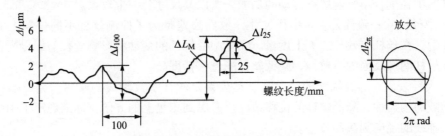

图5-58　螺旋线轴向变动曲线

根据规定长度的不同，螺旋线轴向变动又分为在丝杠任意一转内的螺旋线轴向变动 $\Delta l_{2\pi}$；在丝杠指定长度 l 内（25 mm、100 mm、300 mm）的螺旋线轴向变动（Δl_{25}、Δl_{100}、Δl_{300}）；在丝杠螺纹的有效长度 L 内的螺旋线轴向变动 ΔL_M。

为保证丝杠工作时能准确地传递运动，全面控制丝杠转角与轴向位移的精度，用螺旋线轴向公差限制丝杠螺旋线轴向变动。

螺旋线轴向变动在中径线上采用动态测量的方法（丝杠动态测量仪）进行检测。螺旋线轴向变动虽能较全面地反映丝杠精度，但检测费用较高，目前只对3、4、5、6级高精度丝杠规定了螺旋线轴向公差。

对7~9级丝杠采用测量螺距偏差的方法来反映丝杠的位移精度。螺距偏差虽不如螺旋线轴向变动全面，但测量较为方便。

丝杠的螺距偏差分为单个螺距偏差 ΔP 和螺距累积偏差两种。单个螺距偏差 ΔP 是在丝杠中径线上,单一螺距的实际值与基本值(公称值)之差。螺距累积偏差是在规定的螺纹长度内,任意两同侧螺旋面间轴向实际距离对公称距离之差。螺距累积偏差应在规定长度(60 mm 和 300 mm)和螺纹有效长度内考核,代号分别为 ΔP_l 和 ΔP_{LM},如图 5 - 59 所示。

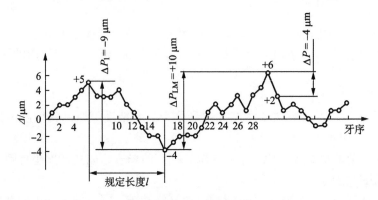

图 5 - 59 螺距偏差曲线

7 ~ 9 级丝杠的单个螺距偏差的允许值为单个螺距极限偏差,单个螺距偏差的允许变动量为单个螺距公差。

7 ~ 9 级丝杠的螺距累积偏差的允许值为螺距累积极限偏差,螺距累积偏差的允许变动量为螺距累积公差。

(2)大径、中径和小径的极限偏差。丝杠的大径和小径配合与其功能无关,所以分别只规定了一种上偏差为零、公差值较大的公差带。

丝杠的中径配合不影响螺纹传动的功能,所以其尺寸公差也较大。

(3)中径尺寸一致性公差。中径尺寸一致性公差是为了控制丝杠不同位置上实际中径尺寸的变动,在丝杠有效长度 L 上度量。实际中径尺寸的变动将影响丝杠与螺母配合间隙的均匀性和丝杠两螺纹面的一致性,降低丝杠的位移精度。

(4)大径表面对螺纹轴线的径向圆跳动公差。丝杠螺纹轴线的弯曲,会影响丝杠与螺母配合间隙的均匀性,降低丝杠的位移精度。考虑到测量上的方便,标准规定了螺纹大径表面对螺纹轴线的径向圆跳动公差。

(5)牙形半角极限偏差。丝杠螺纹牙形半角偏差就是牙侧的方向误差,它会使丝杠与螺母螺纹牙侧接触面减小,直接影响牙侧面的耐磨性和承载能力。标准对 3 ~ 8 级精度的丝杠规定了牙侧角极限偏差,以控制丝杠螺纹牙形半角偏差。

3)螺母精度

螺母螺纹几何参数的测量比较困难,因此标准对螺母螺纹仅规定了大径、中径和小径的极限偏差。螺母螺距偏差和牙形半角偏差由产品设计者决定采用何种检测手段加以控制。

螺母有配制螺母螺纹和非配制螺母之分。配制螺母螺纹中径的极限尺寸以丝杠螺纹中径的实际尺寸为基数,按标准所规定的螺母与丝杠配制的中径径向间隙来确定。

上述丝杠和螺母的公差和极限偏差的数值,可以从 JB/T 2886 查出。此外,该行业标准还对各级精度的丝杠和螺母螺纹的大径表面、牙形侧面和小径表面分别规定了表面粗糙度轮廓参数 Ra 的上限值。

3. 标记

机床丝杠和螺母的标记由产品代号(T)、尺寸规格(公称直径×螺距)、螺纹旋向代号

（左旋代号为 LH，右旋省略）和精度等级代号四部分组成，并依次书写。其中精度等级代号前加"-"。例如：

T40×7-6 表示公称直径为 40 mm、螺距为 7 mm、6 级精度的右旋丝杠螺纹。

T48×12LH-7 表示公称直径为 48 mm、螺距为 12 mm、7 级精度的左旋丝杠螺纹。

在丝杠的零件图中，应根据丝杠的精度等级标注出各项技术要求，并需画出局部工作图，图上标注大径、中径、小径、牙型半角、螺距等的极限偏差，如图 5-60 所示。

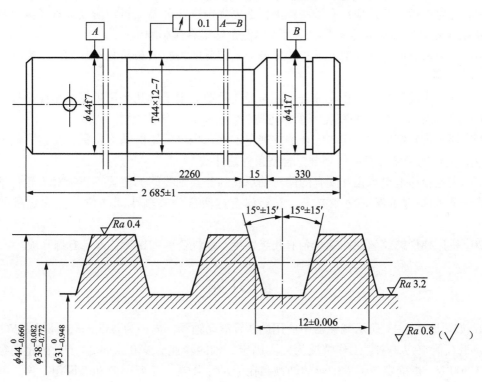

图 5-60 丝杠零件图

思 考 题

1. 滚动轴承与其他零件的配合有何特点？如何标注？

2. 圆锥精度的表示方式有哪些？如何标注？

3. 简述圆锥配合的特点。

4. 平键结合的几何参数有哪些？采用何种配合制？

5. 渐开线花键结合具有哪些特点？其精度如何规定？

6. 试述普通螺纹主要参数的误差对使用功能的影响。

7. 何谓螺纹的作用中径？普通螺纹的旋合条件是什么？

8. 试比较螺纹作用中径与孔、轴体外作用尺寸的异同。

9. 普通内、外螺纹各有几级精度？精度等级的划分与哪些因素有关？

10. 为什么普通螺纹精度与旋合长度有关？

11. 齿轮传动的四项使用功能要求是什么？不同用途和不同工作条件的齿轮的使用要求的侧重点是否有所不同？试举例说明。

12. 影响齿轮精度的主要误差来源是什么？

13. 齿轮副所需的最小侧隙如何确定？该最小侧隙的大小与齿轮的精度等级是否有关？

14. 齿厚上、下偏差如何确定？公法线长度上、下偏差如何确定？选择齿轮的侧隙指标时，公法线长度偏差比齿厚偏差优越之处何在？

15. 齿轮的齿坯公差项目有哪些？为什么要规定这些公差项目？齿顶圆直径偏差和齿顶圆柱面对齿轮基准轴线的径向圆跳动对齿厚测量结果有何影响？

16. 接触斑点应在什么情况下检验才最能确切反映齿轮的载荷分布均匀性，影响接触斑点的因素有哪些？

17. 评定齿轮精度时，径向综合偏差与径向跳动规定了哪几个可采用的精度指标，试述它们的名称和定义，它们的精度等级如何划分？合格条件是什么？

18. 评定齿轮精度时，切向综合偏差规定了哪几个可采用的精度指标，试述它们的名称和定义，它们的精度等级如何划分？合格条件是什么？

19. 齿轮箱体上支承相互啮合的两对轴承孔的公共轴线间的位置不正确对齿轮传动的功能有什么影响？为了保证功能要求，对箱体上这两条公共轴线间的位置应规定哪些公差项目？

20. 机床梯形螺纹丝杠和螺母各有几级精度？丝杠公差和螺母公差各有哪几项？

练 习 题

1. 如习题图 5-1 所示减速器中使用的 0 级滚动轴承，内径为 ϕ35 mm，外径为 ϕ72 mm，额定动载荷为 19 700 N，工作情况为外圈固定，轴的转速为 980 r/min，承受的定向径向载荷为 1 300 N，试确定与轴承配合的轴颈和孔的尺寸公差、几何公差和表面粗糙度，并分别标注在它们的零件图上。

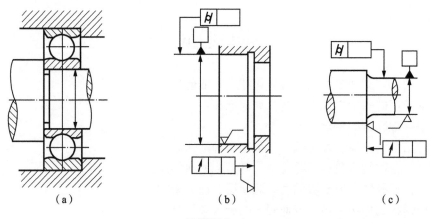

（a）　　　　　　　　　（b）　　　　　　　　　（c）

习题图 5-1

2. 如习题图 5-2 所示圆锥结合的锥度为 1:5，内圆锥的直径公差带为 ϕ40H8，外圆锥的直径公差带为 ϕ40h8，试确定内、外圆锥的轴向极限偏差。

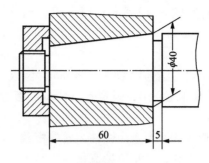

习题图 5 – 2

3. 二级齿轮减速器的中间轴与齿轮孔一般采用平键连接。齿轮孔径为 $\phi40$ mm，试确定槽宽和槽深的公称尺寸及其上、下偏差，并确定相应的几何公差值和表面粗糙度参数允许值，把它们标注在习题图 5 – 3 所示的图样上。

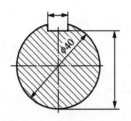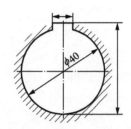

习题图 5 – 3

4. 查表确定 M40 $\dfrac{6H}{6h}$ 内、外螺纹的中径、小径和大径的基本偏差，计算内、外螺纹的中径、小径和大径的极限尺寸，绘出内、外螺纹的公差带图。

5. 某大批量生产的螺纹连接件，其公称直径为 20 mm，螺距为 2 mm，旋合长度为 20 mm。要求旋合性好，具有一定的连接强度。试确定螺纹的公差带代号。

6. 已知一对相互啮合的渐开线直齿圆柱齿轮，$m = 3$ mm，$z_1 = 30$，$z_2 = 90$，$b = 30$ mm，6 级精度。试查表确定其主要精度评定项目的公差或极限偏差值（见习题表 5 – 1）。

习题表 5 – 1

项　　目	代号	z_1	z_2
齿距累积总公差	F_p		
单个齿距极限偏差	f_{pt}		
4 个齿距累积极限偏差	F_{pk}		
齿廓总公差	F_α		
螺旋线总公差	F_β		
径向综合总公差	F_i''		
一齿径向综合公差	f_i''		
径向跳动公差	F_r		

7. 已知某渐开线直齿圆柱轮的 $m = 2.5$ mm，$b = 25$ mm，$z = 90$，若实测其 F_α 为 12 μm，f_{Pt} 为 -10 μm，F_P 为 35 μm，F_β 为 20 μm，问该齿轮可达几级精度？若要提高一级精度，应主要采取什么措施？

8. 某减速器的斜齿圆柱齿轮的法向模数 $m_n = 3$ mm，齿数 $z = 20$，法向压力角 $\alpha_n = 20°$，分度圆螺旋角 $\beta = 8°6'34''$，变位系数为 0，齿宽 $b = 65$ mm，精度等级为 8 级。试确定齿轮精度各评定项目的公差或极限偏差。

9. 某通用减速器中相互啮合的两个直齿圆柱齿轮的模数 $m = 4$ mm，压力角 $\alpha = 20°$，变位系数为零，齿数分别为 $z_1 = 30$ 和 $z_2 = 96$，齿宽分别为 $b_1 = 75$ mm 和 $b_2 = 70$ mm，传递功率为 7 kW，基准孔直径分别为 $d_1 = \phi40$ mm 和 $d_2 = \phi55$ mm。主动齿轮的转速 $n_1 = 1280$ r/min。采用油池润滑。工作时发热引起温度升高，要求最小侧隙 $j_{bn\,min} = 0.21$ mm。试确定：

（1）大、小齿轮的精度等级；

（2）大、小齿轮的精度评定指标的公差或极限偏差；

（3）大、小齿轮齿厚的极限偏差；

（4）大、小齿轮的公称公法线长度及相应的跨齿数、极限偏差；

（5）大、小齿轮的齿坯公差；

（6）大、小齿轮各个表面的表面粗糙度轮廓幅度参数及其允许值；

（7）画出小齿轮的零件图，并将上述技术要求标注在齿轮图上。齿轮的结构参看有关图册或手册进行设计。

（8）齿轮轮毂采用光滑孔和普通平键键槽，需要确定光滑孔直径的公差带代号、键槽宽度和深度的基本尺寸和极限偏差以及键槽中心平面对光滑基准孔轴线的对称度公差。

10. 某普通车床主轴箱中相互啮合的两上直齿圆柱齿轮的模数 $m = 2.75$ mm，压力角 $\alpha = 20°$，变位系数为 0，齿数分别为 $z_1 = 26$ 和 $z_2 = 56$，齿宽分别为 $b_1 = 28$ mm 和 $b_2 = 24$ mm，传递功率为 5 kW，齿轮基准孔直径分别为 $d_1 = \phi30$ mm 和 $d_2 = \phi45$ mm。主动齿轮的转速 $n_1 = 1\,650$ r/min。齿轮材料为 45 钢，线膨胀系数 $\alpha_1 = 11.5 \times 10^{-6}/℃$；箱体材料为铸铁，线膨胀系数 $\alpha_2 = 10.5 \times 10^{-6}/℃$。齿轮的工作温度 $t_1 = 60$ ℃，箱体的工作温度 $t_2 = 40$ ℃。采用喷油润滑。试确定：

（1）大、小齿轮的精度等级；

（2）大、小齿轮的精度评定指标的公差或极限偏差；

（3）大、小齿轮齿厚的极限偏差；

（4）大、小齿轮的公称公法线长度及相应的跨齿数、极限偏差；

（5）大、小齿轮的齿坯公差；

（6）大、小齿轮各个表面的表面粗糙度轮廓幅度参数及其允许值；

（7）画出小齿轮的零件图，并将上述技术要求标注在齿轮图上。齿轮的结构参看有关图册或手册进行设计。

（8）齿轮轮毂采用光滑孔和普通平键键槽，需要确定光滑孔直径的公差带代号、键槽宽度和深度的基本尺寸和极限偏差以及键槽中心平面对光滑基准孔轴线的对称度公差。

第六章　尺　寸　链

机械零、部件各要素之间，都存在一定的尺寸关系。尺寸决定了零件的大小、形状和位置。许多尺寸彼此连接，形成封闭的环路状态，这些尺寸的变动相互影响。通过对这些尺寸的关联关系进行综合分析计算，以协调和保证零、部件和整个产品的精度要求，这就是基于尺寸链原理的精度分析计算方法。

6.1　尺寸链模型

6.1.1　基本概念

1. 尺寸链

在机器装配件或零件几何形体中，由相互关联且顺序连接的尺寸形成的封闭尺寸组称为尺寸链。组成尺寸链的这组尺寸相互之间存在内在的关联关系。图 6-1 所示的圆柱配合中，间隙尺寸 S 的大小由孔、轴的直径 D 和 d 决定。这三个尺寸构成一个尺寸链。

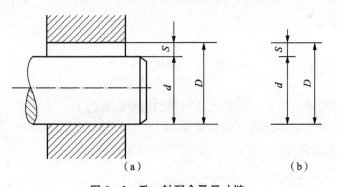

图 6-1　孔、轴配合及尺寸链

(a) 孔、轴配合；(b) 尺寸链

1）零件尺寸链、装配尺寸链、工艺尺寸链和测量尺寸链

依据尺寸链在生产实际中的应用情况，可以将尺寸链分为零件尺寸链、装配尺寸链、工艺尺寸链和测量尺寸链。

在进行零件结构设计时，由零件上的结构尺寸组成的尺寸链称为零件尺寸链，也称设计尺寸链或结构尺寸链。零件尺寸链主要用于在设计时分析保证结构精度的问题。例如图 6-2 所示零件上，A_1、A_2、A_3 和 A_0 四个尺寸组成零件尺寸链。

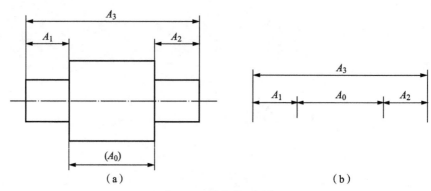

图 6 - 2　零件及尺寸链

(a) 零件；(b) 尺寸链

在产品或部件的装配过程中，由装配尺寸形成的尺寸链称为装配尺寸链。装配尺寸链主要用于分析保证装配精度的问题。装配尺寸链不仅与组成产品或部件的各个零件尺寸有关，还与装配方法相关，例如图 6 - 1 和图 6 - 3 所示均为装配尺寸链。

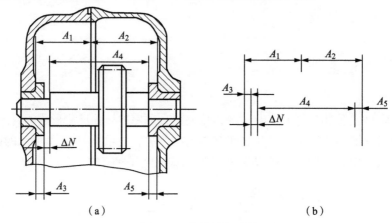

图 6 - 3　装配及尺寸链

(a) 装配；(b) 尺寸链

在零件加工过程中，由各个工艺尺寸形成的尺寸链称为工艺尺寸链。工艺尺寸链主要用于分析保证加工工艺精度的问题。例如图 6 - 4 所示为内孔镀铬工艺尺寸链。其中，C_1 为镀铬前的尺寸；C_0 为镀铬后的尺寸；C_2 和 C_3 为镀层厚度。

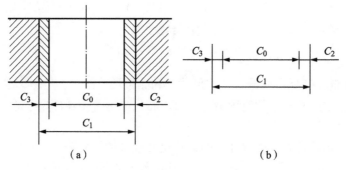

图 6 - 4　内孔镀铬工艺及尺寸链

(a) 内孔镀铬工艺；(b) 尺寸链

在采用间接测量方法的测量过程中，由被测尺寸和各个测得尺寸形成的尺寸链称为测量尺寸链。测量尺寸链主要用于计算最终测量结果、分析测量精度。例如图 6 – 5 所示的正弦规测量尺寸链，α 为被测角度，H 为量块高度，L 为正弦规中心距。

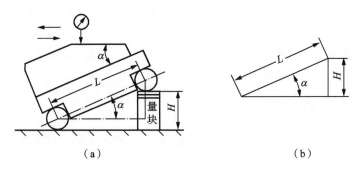

图 6 – 5　正弦规测量及尺寸链
(a) 正弦规测量；(b) 尺寸链

2）线性尺寸链和角度尺寸链

依据尺寸链组成尺寸的性质，可以将尺寸链分为线性尺寸链和角度尺寸链。

(1) 线性尺寸链是全部由线性尺寸所形成的尺寸链，如图 6 – 1 ~ 图 6 – 4 所示。

(2) 角度尺寸链是含有角度尺寸的尺寸链，如图 6 – 5 所示。

3）平面尺寸链和空间尺寸链

依据尺寸链尺寸分布的状况，可以将尺寸链分为平面尺寸链和空间尺寸链。

平面尺寸链是所有尺寸均处于同一平面或一组平行平面上的尺寸链。直线尺寸链是平面尺寸链的特例，由全部相互平行的尺寸组成。

空间尺寸链是指形成尺寸链的尺寸不处于同一平面或相互平行平面内的尺寸链。

2. 环

组成尺寸链的每一个尺寸都称为环。

环可以是线性尺寸、角度尺寸，也可以是转化为尺寸精度表达的形位公差。

组成尺寸链的环可分为两类：一类称为封闭环；另一类称为组成环。

1）封闭环

在尺寸链中，由其他尺寸形成的最终尺寸称为封闭环。封闭环的精度取决于其他各环的精度，即封闭环的精度是其他各环精度的综合作用结果。

在设计尺寸链中，封闭环往往是由设计者确定的。它可能是体现零件性能要求的关键尺寸，其尺寸精度决定其他尺寸的精度要求，也可能是由其他尺寸精度综合决定其精度的尺寸。

在装配尺寸链中，封闭环代表装配的技术要求，其精度是体现装配精度的指标，一般是装配过程完成后最后形成的尺寸，如图 6 – 1 和图 6 – 3 中的装配间隙尺寸。

在工艺尺寸链中，封闭环代表设计要求的尺寸或加工工序间接获得的尺寸。它体现加工过程应保证的精度要求，一般是加工过程完成后最后形成的尺寸，如图 6 – 4 中所示的镀铬后尺寸 C_0。

在测量尺寸链中，封闭环是测量过程最终需要得到测量结果的被测尺寸。该尺寸的测量结果由其他测得尺寸经过计算得到，如图 6 – 5 中所示的被测角度 α。

由此可见，在尺寸链中，应该只有一个封闭环。

2）组成环

在尺寸链中除封闭环外的其他各环均称为组成环。

根据组成环的变动对封闭环影响的不同，可将组成环分为增环和减环。

（1）增环是该环的变动将引起封闭环同向变动的组成环。同向变动是指该环增大时封闭环也增大，该环减小时封闭环也减小。

（2）减环是该环的变动将引起封闭环反向变动的组成环。反向变动是指该环增大时封闭环减小，该环减小时封闭环增大。

6.1.2 尺寸链模型的建立

正确建立和描述尺寸链是进行尺寸综合精度分析计算的基础，应根据实际应用情况查明和建立尺寸链关系。

建立结构尺寸链时，应依据零件的结构设计要求。

建立装配尺寸链时，应了解产品的装配关系、装配方法及性能要求。

建立工艺尺寸链时，应了解零件或部件的设计要求及其制造工艺过程，同一零件的不同工艺过程所形成的尺寸链是不同的。

建立测量尺寸链时，应了解测量方法及其测量过程，不同的测量方法所形成的尺寸链是不同的。

建立尺寸链，首先要确定封闭环，然后根据封闭环确定各组成环，并依此对尺寸链关系进行分析。

1. 确定封闭环

正确建立和分析尺寸链的首要条件是要正确地确定封闭环。

在设计尺寸链中，必须根据零件的功能要求、设计要求和工艺过程来确定封闭环。

例如图 6-6 所示的零件，若加工时先铣底面，再分别按尺寸 A_1 和尺寸 A_2 铣另两个平面，则尺寸 A_3 为封闭环。A_3 的精度由 A_1 和 A_2 两尺寸的精度所决定，如图 6-6（a）所示。

若加工时先铣底面，再按尺寸 A_1 铣顶面，最后按尺寸 A_3 铣中间平面，则尺寸 A_2 为封闭环。A_2 的精度由 A_1 和 A_3 两尺寸的精度所决定，如图 6-6（b）所示。

若加工时先铣底面，再按尺寸 A_2 铣中间平面，最后按尺寸 A_3 铣顶面，则尺寸 A_1 为封闭环。A_1 的精度由 A_2 和 A_3 两尺寸的精度所决定，如图 6-6（c）所示。

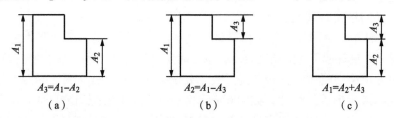

$$A_3=A_1-A_2 \qquad A_2=A_1-A_3 \qquad A_1=A_2+A_3$$

（a）　　　　　　　　（b）　　　　　　　　（c）

图 6-6　不同尺寸标注的设计尺寸链

（a）A_3 的精度由 A_1 和 A_2 的精度决定；（b）A_2 的精度由 A_1 和 A_3 的精度决定；（c）A_1 的精度由 A_2 和 A_3 的精度决定

在装配尺寸链中，封闭环就是产品或部件上有装配精度要求的尺寸，例如同一部件中各零件之间相互位置要求的尺寸，或保证配合性能要求的间隙或过盈量等。在图 6-3 中，间隙尺寸 ΔN 显然是封闭环，因为它是产品装配过程中最后形成的尺寸，ΔN 的精度是由尺寸

A_1、A_2、A_3、A_4 和 A_5 等的精度所决定的。

在工艺尺寸链中，封闭环比较容易确定，它一般是加工过程间接获得的尺寸或者是代表设计要求的加工结果尺寸，它体现了加工过程保证精度的目标。例如图 6-4 中所示的镀铬后尺寸 C_0 即是封闭环，它是涂镀工艺过程的结果尺寸，其精度是加工过程保证精度的目标，是由镀铬前尺寸 C_1 及两个镀层厚度 C_2、C_3 的精度间接确定的。

在测量尺寸链中，封闭环比较容易确定，它一般是测量过程间接获得的尺寸，其测量精度（测量不确定度）是由其他尺寸的测量精度（测量不确定度）决定的。

2. 确定组成环

在确定封闭环之后，应确定对封闭环有影响的各个组成环，使之与封闭环形成一个封闭的尺寸回路。

根据尺寸链各环的相互关系可以画出尺寸链图，在尺寸链图中，可以用带箭头的尺寸线段表示组成环。

简单的尺寸链不需单独画出尺寸链图。较为复杂的尺寸链，单独画出其尺寸链图可以直观地表示各组成环和封闭环之间的关系。

在建立尺寸链时，形位公差也可以成为尺寸链的组成环。在一般情况下，形位公差可以理解为基本尺寸为零、公差对称分布的线性尺寸，或将形位公差的线性值近似折算为角度尺寸。形位公差参与尺寸链分析计算的情况较为复杂，应根据形位公差项目及应用情况分析确定。

在建立尺寸链时应遵守"最短尺寸链原则"，即对于某一封闭环，若存在多个尺寸链时，应选择组成环数最少的尺寸链进行分析计算，以尽可能减少影响封闭环精度的因素。

6.1.3 尺寸链关系

尺寸链关系是指组成尺寸链的各环的基本尺寸、偏差、公差、极限值之间的关系。

1. 基本关系

1）尺寸关系

组成尺寸链的各环的尺寸函数关系为

$$L_0 = f(L_i)$$

式中，L_0 为封闭环的尺寸；L_i（$i = 1, 2, \cdots, n$）为各组成环的尺寸。

这个函数关系也是组成尺寸链各环的基本尺寸关系。

例如图 6-1 所示尺寸链的基本尺寸关系为

$$S = D - d$$

图 6-2 所示尺寸链的基本尺寸关系为

$$A_0 = A_3 - A_1 - A_2$$

图 6-3 所示尺寸链的基本尺寸关系为

$$\Delta N = A_1 + A_2 - A_3 - A_4 - A_5$$

图 6-4 所示尺寸链的基本尺寸关系为

$$C_0 = C_1 - C_2 - C_3$$

或

$$C_0 = C_1 - 2C_2 \quad (C_2 = C_3)$$

图 6-5 所示尺寸链的基本尺寸关系为

$$\alpha = \arcsin\left(\frac{H}{L}\right)$$

2）尺寸链传递系数

根据尺寸链的尺寸关系，可以确定各组成环对封闭环的影响，即尺寸传递系数为

$$C_i = \frac{\partial f}{\partial L_i}$$

式中，C_i（$i = 1, 2, \cdots, n$）为各组成环的尺寸传递系数。

由尺寸链的定义可知，$C_i > 0$ 时该环为增环；$C_i < 0$ 时该环为减环。

对于平面直线尺寸链，通常 $C_i = \pm 1$。当 $C_i = +1$ 时表示该环为增环，当 $C_i = -1$ 时表示该环为减环。

$|C_i|$ 的数值越大，表明该环对封闭环的影响越大；$|C_i|$ 的数值越小，表明该环对封闭环的影响越小。因此，要提高封闭环的精度，应重点改善那些尺寸传递系数绝对值较大的组成环的精度。

C_i 有时也称为精度传递系数或敏感因子。

2. 精度关系

如前所述，封闭环的精度是由各组成环的精度决定的。依据不同的实际情况，可以采用两种方法确定封闭环精度与各组成环精度之间的数值关系：一种是完全互换法，又称极限法；另一种是大数互换法，又称为概率法。

测量尺寸链各环之间的精度关系是指其测量精度关系，是各环的测量误差（测量不确定度）之间的关系，只可以使用概率法进行计算。在使用尺寸链概率法计算时，可以将各环测量误差（测量不确定度）的极限值类似于尺寸精度的上、下偏差进行处理。

1）完全互换法（极限法）

完全互换法求解尺寸链的基本出发点是只要所有组成环的实际尺寸满足各自精度的要求，则封闭环的实际尺寸一定满足其精度要求。

当所有增环均为最大极限尺寸，且所有减环均为最小极限尺寸时，获得封闭环的最大极限尺寸；当所有增环均为最小极限尺寸，且所有减环均为最大极限尺寸时，获得封闭环的最小极限尺寸。

极限尺寸关系为

$$L_{0\max} = \sum_{i=增环} C_i L_{i\max} + \sum_{i=减环} C_i L_{i\min}$$

$$L_{0\min} = \sum_{i=增环} C_i L_{i\min} + \sum_{i=减环} C_i L_{i\max}$$

极限偏差关系为

$$ES_0 = \sum_{i=增环} C_i ES_i + \sum_{i=减环} C_i EI_i$$

$$EI_0 = \sum_{i=增环} C_i EI_i + \sum_{i=减环} C_i ES_i$$

公差关系为

$$T_0 = L_{0\max} - L_{0\min} = ES_0 - EI_0$$

$$= \sum_{i=增环} C_i (ES_i - EI_i) - \sum_{i=减环} C_i (ES_i - EI_i)$$

$$= \sum |C_i| T_i$$

在以上关系式中，T_0、ES_0、EI_0、$L_{0\max}$、$L_{0\min}$ 分别为封闭环的公差、上偏差、下偏差、最大极限尺寸和最小极限尺寸；T_i、ES_i、EI_i、$L_{i\max}$、$L_{i\min}$ 分别为第 i 个组成环的公差、上偏差、下偏差、最大极限尺寸和最小极限尺寸。

对于平面线性尺寸链，$C_i = \pm 1$，因此 $T_0 = \sum T_i$，即封闭环的公差 T_0 等于各组成环公差之和。由此可见，在尺寸链各环中，封闭环的公差最大。

2）大数互换法（概率法）

完全互换法求解尺寸链是按各环的极限尺寸进行计算的。当封闭环公差比较宽松时，容易保证产品的功能要求。当封闭环精度较高，且组成环数较多时，用完全互换法求解尺寸链，将增加组成环的加工难度。实际上，零件在批量生产过程中，其尺寸出现极值的情况非常少。一般情况下，零件的实际尺寸大部分出现在尺寸公差带中心附近，且服从某种统计分布规律。大数互换法就是基于这种尺寸统计规律进行尺寸链计算的。

大数互换法求解尺寸链是把各个组成环看作相互无关的独立随机变量，因此由它们形成的封闭环也是随机变量。通常以相似生产条件得到的统计资料确定实际尺寸在其公差带内分布的信息（即分布规律）。在不改变规定的技术要求的条件下，可以放宽组成环的公差，从而获得更佳的技术经济效益，保证绝大多数封闭环满足设计要求。

组成环常见的几种分布规律见表 6-1，表中列出了不同分布规律的相对不对称系数 e 和相对分布系数 k。

表 6-1　常见分布曲线及其 e 和 k 的数值测量尺寸链

分布特征	正态分布	三角分布	均匀分布	瑞利分布	偏态分布	
					外尺寸	内尺寸
分布曲线						
e	0	0	0	-0.28	0.26	-0.26
k	1	1.22	1.73	1.14	1.17	1.17

设各组成环符合的某种分布规律，其相对分布系数和相对不对称系数分别为 k_i 和 e_i，公差值为 T_i，则尺寸链中各环的公差关系为

$$T_0 = \frac{1}{k_0} \sqrt{\sum_{i=1}^{n} C_i^2 k_i^2 T_i^2}$$

各组成环公差带中心和封闭环公差带中心为

$$\mu_i = \frac{\text{ES}_i + \text{EI}_i}{2}$$

$$\mu_0 = \sum_{i=1}^{n} C_i \left(\mu_i + e_i \cdot \frac{T_i}{2} \right)$$

则封闭环的上、下偏差为

$$ES_0 = \frac{\mu_0 + T_0}{2}$$

$$EI_0 = \frac{\mu_0 - T_0}{2}$$

大批量生产时，可以认为各组成环的实际尺寸均服从正态分布，其 $e = 0$，$k = 1$，并以 99.73% 的置信水平确定其分布范围。封闭环的实际尺寸按随机变量合成，也符合正态分布规律。此时上述计算方法可以简化为以下常用方法。

封闭环的标准差 σ_0 与各组成环标准差 σ_i 的关系为

$$\sigma_0^2 = \sum_{i=1}^{n} C_i^2 \sigma_i^2$$

尺寸链中各环的公差关系为

$$T_i = 6\sigma_i$$

$$T_0 = 6\sigma_0 = \sqrt{\sum_{i=1}^{n} C_i^2 T_i^2}$$

尺寸链各环公差带中心为

$$\mu_i = \frac{ES_i + EI_i}{2}$$

$$\mu_0 = \sum_{i=1}^{n} C_i \mu_i$$

则封闭环的上、下偏差为

$$ES_0 = \frac{\mu_0 + T_0}{2}$$

$$EI_0 = \frac{\mu_0 - T_0}{2}$$

按大数互换法确定的公差称为统计公差。由上述尺寸链的两种计算方法中的公差关系式可见，在尺寸链的所有环中，封闭环的公差 T_0 最大。因此，在零件结构尺寸链中，应选择最不重要的尺寸作为封闭环。在装配尺寸链中，封闭环的公差往往体现产品的精度，因此，在设计时应使形成此封闭环尺寸链的环数越少越好。

为保证经济地满足功能要求，应尽可能使设计基准与工艺基准相统一，以免因基准变换而提高对组成环加工精度的要求。

比较完全互换法和大数互换法可见，前者计算简单、方便，能保证完全互换；后者的计算方法比较符合大批量生产的实际情况，而且在设计计算中可以得到较大的组成环公差，有利于加工经济性，但在尺寸链环数较少或工艺不稳定时，不能保证完全互换。因此在实际工作中要根据具体情况选用相应的方法。

在产品设计中，还可以根据其设计要求、结构特征、精度高低和生产条件，采用其他方法满足对封闭环公差的要求，如分组法、修配法、调整法等。

3）蒙特卡洛法

蒙特卡洛方法也称统计模拟方法，是一种以概率统计理论为指导、使用随机数（或更常见的伪随机数）来解决问题的数值计算方法。当所求解问题是某种随机事件出现的概率，或者是某个随机变量的期望值时，通过某种"实验"的方法，以该事件出现的频率估计其随机事件概率，或者得到这个随机变量的某些数字特征，并将其作为问题的解。蒙特卡洛法的解题过程主要为三个步骤：构造或描述概率过程、实现从已知概率分布抽样、建立各种估计量，对模拟结果考察和登记从而得到问题的解。随着计算机硬件计算能力的提高和软件算法水平的发展，该方法已在产品的尺寸链设计中得到广泛应用。

6.2　尺寸链的计算

根据已知若干环的基本尺寸、极限偏差和公差，计算确定其他各环的基本尺寸、极限偏差和公差，称为求解尺寸链，也称为尺寸链计算。

若已知所有组成环的基本尺寸、极限偏差和公差，求解封闭环的基本尺寸、极限偏差和公差，称为尺寸链的校核计算。它主要用于验算设计的正确性。

若已知封闭环的基本尺寸、极限偏差和公差，求解各组成环的极限偏差和公差，称为尺寸链的设计计算。它主要用于在设计中确定零件各有关尺寸的极限偏差和公差。

若已知封闭环和若干组成环的基本尺寸、极限偏差和公差，求解其余各组成环的极限偏差和公差，称为尺寸链的中间计算。中间计算多用于基准换算、工序尺寸计算等。

6.2.1　校核计算

[例 6 – 1]　如图 6 – 7 所示零件，图样标注尺寸为 $A_1 = 50_{-0.24}^{0}$ mm，$A_2 = 10_{-0.15}^{0}$ mm，$A_3 = 15$ mm ± 0.12 mm，试求解尺寸 A_0。

解： 本例中的设计图样上只标注尺寸 A_1、A_2 和 A_3，没有直接标注尺寸 A_0，但 A_0 是需要保证的间接尺寸，应根据 A_1、A_2、A_3 来校核 A_0 的精度，故 A_0 为封闭环。

该零件的尺寸链由 A_0、A_1、A_2、A_3 四个尺寸组成，是平面线性尺寸链，比较简单，无须单独画出尺寸链图。其基本尺寸关系表达式为

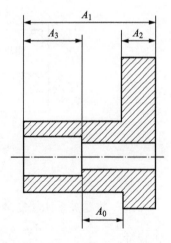

图 6 – 7　例 6 – 1 示例图

$$A_0 = A_1 - A_2 - A_3$$

很明显，$C_1 = 1$，$C_2 = -1$，$C_3 = -1$，A_1 为增环，A_2、A_3 为减环。封闭环基本尺寸为

$$A_0 = A_1 - A_2 - A_3 = 50 - 10 - 15 = 25 \ (\text{mm})$$

用完全互换法计算时，封闭环上、下偏差为

$$\text{ES}_0 = \text{ES}_1 - \text{EI}_2 - \text{EI}_3 = 0 - (-0.15) - (-0.12) = +0.27 \ (\text{mm})$$

$$\text{EI}_0 = \text{EI}_1 - \text{ES}_2 - \text{ES}_3 = 0 - (-0.24) - 0 - (+0.12) = -0.36 \ (\text{mm})$$

封闭环公差为

$$T_0 = \text{ES}_0 - \text{EI}_0 = (+0.27) - (-0.36) = 0.63 \ (\text{mm})$$

或
$$T_0 = T_1 + T_2 + T_3 = 0.24 + 0.15 + 0.24 = 0.63 \text{（mm）}$$

所以按完全互换法解得 $A_0 = 25^{+0.27}_{-0.36}$。

用大数互换法计算时，封闭环公差带中心为

$$\mu_1 = -0.12 \text{ mm}, \quad \mu_2 = -0.075 \text{ mm}, \quad \mu_3 = 0 \text{ mm}$$

$$\mu_0 = \mu_1 - \mu_2 - \mu_3 = (-0.012) - (-0.075) - 0 = -0.045 \text{（mm）}$$

封闭环公差为

$$T_0 = \sqrt{\sum_{i=1}^{3} C_i^2 T_i^2} = \sqrt{0.24^2 + 0.15^2 + 0.24^2} = 0.442 \text{（mm）}$$

封闭环的上、下偏差为

$$\text{ES}_0 = \frac{\mu_0 + T_0}{2} = -0.045 + 0.221 = +0.176 \text{（mm）}$$

$$\text{EI}_0 = \frac{\mu_0 - T_0}{2} = -0.045 - 0.221 = -0.266 \text{（mm）}$$

所以按大数互换法算得 $A_0 = 25^{+0.176}_{-0.266}$。

［例 6 - 2］ 图 6 - 8（a）所示为 T 形滑块与导槽的配合。若已知 $A_1 = 24^{+0.28}_{0}$ mm，$A_2 = 30^{+0.14}_{0}$ mm，$A_3 = 23^{0}_{-0.28}$ mm，$A_4 = 30^{-0.04}_{-0.08}$ mm，$t_1 = 0.14$ mm，$t_2 = 0.10$ mm，试计算当滑块与导槽大端在一侧接触时，同侧小端滑块与导槽间的间隙 X。

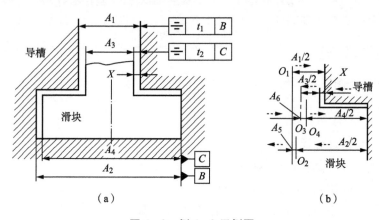

图 6 - 8 例 6 - 2 示例图

（a）T 形滑块与导槽的配合；（b）尺寸链图

解： 此题关系比较复杂，应首先作尺寸链图。设由间隙 X 的右端开始，依次画出相接的尺寸 $\dfrac{A_1}{2}$、A_5、$\dfrac{A_2}{2}$、$\dfrac{A_4}{2}$、A_6 和 $\dfrac{A_3}{2}$，返回至 X 的左端，形成封闭图形。图中 O_1、O_2、O_3、和 O_4 分别表示 A_1、A_2、A_3 和 A_4 各尺寸的中心平面。尺寸链图如图 6 - 8（b）所示。

在做此类尺寸链图时有以下两个问题需要注意。

当中心要素进入尺寸链时，可取其相应轮廓要素尺寸的一半来体现，如本例中的 O_1、O_2 等，相应取 $\dfrac{A_1}{2}$ 和 $\dfrac{A_2}{2}$ 来体现。

形位公差可以按任意方向进入尺寸链。如本例中的对称度公差 A_5 和 A_6。

此例为装配尺寸链，显然装配间隙 X 是封闭环。尺寸链的基本关系为

$$X = \frac{A_1}{2} + \frac{A_4}{2} + A_6 - \frac{A_2}{2} - \frac{A_3}{2} - A_5$$

且　　　　　　　　$C_1 = +0.5, \ C_2 = -0.5, \ C_3 = -0.5$

　　　　　　　　　$C_4 = +0.5, \ C_5 = -1, \ C_6 = +1$

对称度公差 A_5 和 A_6 的公差带分别是对称于基准中心平面 O_2 和 O_4、宽度等于公差值 $t_1 = 0.14$ mm 和 $t_2 = 0.10$ mm 的两平行平面之间的区域，因此可以用尺寸公差的形式表示为

$$A_5 = 0 \pm 0.07 \text{ mm}, \ A_6 = 0 \pm 0.05 \text{ mm}$$

对于这种基本尺寸为零，且上、下偏差对称的尺寸，无论在尺寸链中作为增环还是减环，尺寸链的计算结果都是一样的。

封闭环的基本尺寸为

$$X = 0.5 \times 24 + 0.5 \times 30 + 0 - 0.5 \times 30 - 0.5 \times 23 - 0 = 0.5 \text{ (mm)}$$

用完全互换法计算时，封闭环的上、下偏差为

$$\begin{aligned}
\text{ES}_X &= C_1 \text{ES}_1 + C_4 \text{ES}_4 + C_6 \text{ES}_6 + C_2 \text{EI}_2 + C_3 \text{EI}_3 + C_5 \text{EI}_5 \\
&= (+0.5) \times (+0.28) + (+0.5) \times (-0.04) + (+1) \times (+0.05) + \\
&\quad 0 + (-0.5) \times (-0.28) + (-1) \times (-0.07) \\
&= +0.38 \text{ (mm)}
\end{aligned}$$

$$\begin{aligned}
\text{EI}_X &= C_1 \text{EI}_1 + C_4 \text{EI}_4 + C_6 \text{EI}_6 + C_2 \text{ES}_2 + C_3 \text{ES}_3 + C_5 \text{ES}_5 \\
&= 0 + (+0.5) \times (-0.08) + (+1) \times (-0.05) + (-0.5) \times (+0.14) - \\
&\quad 0 + (-1) \times (+0.07) \\
&= -0.23 \text{ (mm)}
\end{aligned}$$

封闭环的公差为

$$T_X = \text{ES}_X - \text{EI}_X = (+0.38) - (-0.23) = 0.61 \text{ (mm)}$$

$$= \sum_{i=1}^{6} |C_i| \ T_i = 0.61 \text{ (mm)}$$

所以按完全互换法计算得：$X = 0.5^{+0.38}_{-0.23}$。

用大数互换法计算时，封闭环的尺寸分布中心为

$$\mu_1 = +0.14 \text{ mm}, \ \mu_2 = +0.07 \text{ mm}, \ \mu_3 = -0.14 \text{ mm}$$

$$\mu_3 = -0.06 \text{ mm}, \ \mu_5 = 0, \ \mu_6 = 0$$

$$\begin{aligned}
\mu_X &= \sum_{i=1}^{6} C_i \mu_i \\
&= (+0.5) \times (+0.14) + (-0.5) \times (+0.07) + (-0.5) \times (-0.14) + \\
&\quad (+0.5) \times (-0.06) - 0 + 0 \\
&= +0.075 \text{ (mm)}
\end{aligned}$$

封闭环公差为

$$\begin{aligned}
T_X &= \sqrt{\sum_{i=1}^{6} C_i^2 T_i^2} \\
&= \sqrt{0.5^2 \times 0.28^2 + 0.5^2 \times 0.14^2 + 0.5^2 \times 0.28^2 + 0.5^2 \times 0.04^2 + 0.14^2 + 0.10^2}
\end{aligned}$$

$$= 0.27 \text{（mm）}$$

封闭环上、下偏差为

$$\mathrm{ES}_X = \frac{\mu_X + T_X}{2} = \frac{(+0.075) + 0.27}{2} = +0.21 \text{（mm）}$$

$$\mathrm{EI}_X = \frac{\mu_X - T_X}{2} = \frac{(+0.075) - 0.27}{2} = -0.06 \text{（mm）}$$

所以按大数互换法计算得：$X = 0.5^{+0.21}_{-0.06}$。

6.2.2 中间计算

[**例 6 – 3**] 设如图 6 – 9（a）所示的轴先车削至尺寸 ϕA_1，再铣平面至尺寸 A_2，最后磨削至尺寸 ϕA_3，得尺寸 A_4。若已知 $\phi A_1 = \phi 70.5^{\ 0}_{-0.1}$ mm，$\phi A_3 = \phi 70^{\ 0}_{-0.06}$ mm，问 A_2 应为何值时能保证 $A_4 = 62^{\ 0}_{-0.3}$ mm？

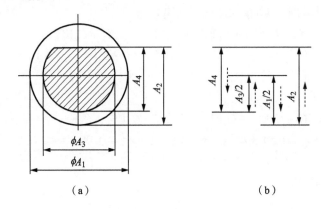

图 6 – 9 例 6 – 3 示例图

（a）轴示例；（b）尺寸链

解：首先建立尺寸链。在本例中除 A_2 和 A_4 以外，ϕA_1 和 ϕA_3 是同轴圆柱面的直径尺寸，所以应以其半径进入尺寸链，以反映同轴关系。尺寸链图如图 6 – 9（b）所示。

根据加工顺序可见，A_4 是加工过程中最后形成的尺寸，是尺寸链封闭环。尺寸链的基本尺寸关系式为

$$A_4 = A_2 + \frac{1}{2}A_3 - \frac{1}{2}A_1$$

即 $C_2 = +1$，A_2 为增环；$C_3 = +0.5$，A_3 为增环；$C_1 = -0.5$，A_1 为减环。

A_2 的基本尺寸为

$$A_2 = A_4 - 0.5 \times A_3 + 0.5 \times A_1 = 62.25 \text{（mm）}$$

用完全互换法计算时，A_2 的上、下偏差为

$$\mathrm{ES}_4 = C_2 \mathrm{ES}_2 + C_3 \mathrm{ES}_3 + C_1 \mathrm{EI}_1$$

$$\mathrm{ES}_2 = \frac{1}{C_2}(\mathrm{ES}_4 - C_3 \mathrm{ES}_3 - C_1 \mathrm{EI}_1)$$

$$= 0 - 0.5 \times 0 + 0.5 \times (-0.1)$$

$$= -0.05 \text{（mm）}$$

$$EI_4 = C_2 EI_2 + C_3 EI_3 + C_1 ES_1$$

$$EI_2 = \frac{1}{C_2}(EI_4 - C_3 EI_3 - C_1 ES_1)$$

$$= -0.3 - 0.5 \times (-0.06) + 0.05 \times 0$$

$$= -0.27 \text{（mm）}$$

A_2 的公差为

$$T_2 = ES_2 - EI_2 = (-0.05) - (-0.27) = 0.22 \text{（mm）}$$

$$= \frac{1}{|C_2|}(T_4 - |C_1| T_1 - |C_3| T_3)$$

$$= 0.3 - 0.5 \times 0.1 - 0.5 \times 0.06 = 0.22 \text{（mm）}$$

所以按完全互换法计算得：$A_2 = 62.25 _{-0.27}^{-0.05}$。

用大数互换法计算时，A_2 尺寸的公差为

$$T_2 = \frac{1}{C_2} \sqrt{T_4^2 - C_3^2 T_3^2 - C_1^2 T_1^2}$$

$$= \sqrt{0.3^2 - 0.05^2 - 0.03^2} = 0.29 \text{（mm）}$$

A_2 尺寸的公差带中心为

$$\mu_2 = \frac{1}{C_2}(\mu_4 - C_1 \mu_1 - C_3 \mu_3)$$

$$= (-0.15) + (+0.5) \times (-0.05) + (-0.5) \times (-0.03)$$

$$= -0.16 \text{（mm）}$$

A_2 尺寸的上、下偏差为

$$ES_2 = \frac{\mu_2 + T_2}{2} = \frac{(-0.16) + 0.29}{2} = -0.015 \text{（mm）}$$

$$EI_2 = \frac{\mu_2 - T_2}{2} = \frac{(-0.16) - 0.29}{2} = -0.305 \text{（mm）}$$

所以按大数互换法计算得：$A_2 = 62.25 _{-0.305}^{-0.015}$。

6.2.3 设计计算

设计计算是根据封闭环的精度来决定各组成环的精度的，即根据封闭环的公差和极限偏差来确定各组成环的公差和极限偏差。

显然，仅仅根据尺寸链的精度关系公式，还不能完全确定各组成环的精度。要将封闭环的精度分配到各组成环上，需要确定一些约束条件，即精度分配的方法。

1. 组成环公差的确定

根据封闭环公差确定各组成环公差的方法很多，常见的有平均公差法、等公差等级法、最低成本法、最短制造时间法等。目前实用的方法为先计算出各组成环的平均公差 T_{av}，即

$$T_{av} = \frac{T_0}{C_{av} n}$$

完全互换法计算。

大数互换法计算：

$$T_{av} = \frac{T_0}{C_{av}\sqrt{n}}$$

式中，n 表示尺寸链中组成环的数量；$C_{av} = \dfrac{\sum |C_i|}{n}$，表示平均尺寸传递系数，对于平面线性尺寸链，$C_{av} = 1$。

确定每个组成环的平均公差后，再根据各组成环的尺寸大小、使用功能要求、加工难易程度或成本高低等因素，调整各组成环的公差，并应尽可能根据相应标准进行圆整。各组成环最终确定的公差数值和封闭环的公差数值应满足尺寸链精度关系式的要求。

2. 组成环极限偏差的确定

通常首先按单向、体内的原则取定 $n-1$ 个组成环的极限偏差，即对于外尺寸按基本偏差代号 h、对内尺寸按基本偏差代号 H 决定其极限偏差。再按中间计算的方法，计算确定剩余的一个组成环的极限偏差。也可以对取定的极限偏差根据组成环尺寸的实际情况进行调整，但最终决定的各组成环的极限偏差与封闭环的极限偏差应满足尺寸链的精度关系式的要求。

[例 6-4]　在图 6-10 所示的齿轮传动箱中，为了保证轴的顺利转动，要求装配以后的轴向间隙 X 为 1~1.75 mm。若已知 $A_1 = 101$ mm、$A_2 = 50$ mm、$A_3 = A_5 = 5$ mm、$A_4 = 140$ mm。试设计 A_1、A_2、A_3、A_4 和 A_5 各尺寸的公差和极限偏差。

解：首先建立尺寸链中各环基本尺寸的关系，显然，轴向间隙 X 为封闭环，该尺寸链为平面线性尺寸链，则封闭环与各组成环的关系为

$$X = A_1 + A_2 - A_3 - A_4 - A_5$$

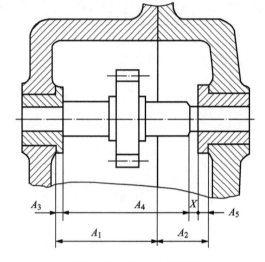

图 6-10　例 6-4 示例图

且 $C_1 = C_2 = +1$，A_1 和 A_2 为增环，$C_3 = C_4 = C_5 = -1$，A_3、A_4 和 A_5 为减环。

封闭环的基本尺寸为

$$X = 101 + 50 - 5 - 140 - 5 = 1(mm)$$

封闭环的尺寸公差为

$$T_X = 1.75 - 1 = 0.75(mm)$$

封闭环的尺寸为

$$X = 1^{+0.75}_{0}(mm)$$

按完全互换法计算，各组成环平均公差 T_{av} 为

$$T_{av} = \frac{T_X}{n} = \frac{0.75}{5} = 0.15(mm)$$

考虑到各组成环的大小和加工难易程度，调整各组成环的公差，取

$$T_1 = 0.3 \ mm, \ T_2 = 0.25 \ mm, \ T_3 = T_5 = 0.05 \ mm$$

$$T_4 = T_X - T_1 - T_2 - T_3 - T_5 = 0.75 - 0.3 - 0.25 - 0.05 - 0.05 = 0.1(mm)$$

根据各组成环的实际情况，决定各组成环的极限偏差为

$$EI_1 = EI_2 = ES_3 = ES_5 = 0$$

$$ES_1 = T_1 + EI_1 = +0.3 \text{ mm}$$

$$ES_2 = T_2 + EI_2 = +0.25 \text{ mm}$$

$$EI_3 = ES_3 - T_3 = -0.05 \text{ mm}$$

$$EI_5 = ES_5 - T_5 = -0.05 \text{ mm}$$

并计算得到 A_4 的极限偏差为

$$EI_X = EI_1 + EI_2 - ES_3 - ES_4 - ES_5$$

$$ES_4 = EI_1 + EI_2 - ES_3 - ES_5 - EI_X = 0$$

$$EI_4 = ES_4 - T_4 = 0 - 0.1 = -0.1 \text{ mm}$$

根据完全互换法设计的各组成环的尺寸为

$$A_1 = 101^{+0.3}_{0}$$

$$A_2 = 50^{+0.25}_{0}$$

$$A_3 = A_5 = 5^{0}_{-0.05}$$

$$A_4 = 140^{0}_{-0.1}$$

按大数互换法计算，各组成环平均公差 T_{av} 为

$$T_{av} = \frac{T_X}{\sqrt{n}} = \frac{0.75}{\sqrt{5}} = 0.335 \text{（mm）}$$

考虑到各组成环的大小和加工难易程度，取 A_1 和 A_2 的公差等级为 IT13，取 A_3 和 A_5 的公差等级为 IT12，即

$$T_1 = 0.54 \text{ mm}, \quad T_2 = 0.39 \text{ mm}, \quad T_3 = T_5 = 0.12 \text{ mm}$$

$$T_4 = \sqrt{T_X^2 - T_1^2 - T_2^2 - T_3^2 - T_5^2} = 0.3 \text{ mm}$$

根据各组成环的实际情况，按单向、体内决定各组成环的极限偏差和尺寸为

$$EI_1 = EI_2 = ES_3 = ES_5 = 0$$

$$A_1 = 101^{+0.54}_{0} \text{ mm} \qquad \mu_1 = +0.27 \text{ mm}$$

$$A_2 = 50^{+0.39}_{0} \text{ mm} \qquad \mu_2 = +0.195 \text{ mm}$$

$$A_3 = A_5 = 5^{0}_{-0.12} \text{ mm} \qquad \mu_3 = \mu_5 = -0.06 \text{ mm}$$

并计算得到 A_4 的极限偏差和尺寸为

$$A_X = 1^{+0.75}_{0} \text{ mm} \qquad \mu_X = +0.375 \text{ mm}$$

$$\mu_X = \mu_1 + \mu_2 - \mu_3 - \mu_4 - \mu_5$$

$$\mu_4 = \mu_1 + \mu_2 - \mu_3 - \mu_5 - \mu_X = +0.21 \text{ mm}$$

$$ES_4 = \frac{\mu_4 + T_4}{2} = \frac{+0.21 + 0.3}{2} = +0.36 \text{（mm）}$$

$$EI_4 = \frac{\mu_4 - T_4}{2} = \frac{+0.21 - 0.3}{2} = +0.06 \text{（mm）}$$

根据大数互换法设计的各组成环的尺寸为

$$A_1 = 101\,^{+0.54}_{0}$$

$$A_2 = 50\,^{+0.39}_{0}$$

$$A_3 = A_5 = 5\,^{0}_{-0.12}$$

$$A_4 = 140\,^{+0.36}_{+0.06}$$

以上的计算结果仅仅是众多各组成环精度设计方案中的一组方案。只要所规定的各组成环的精度与封闭环的精度之间的关系满足尺寸链精度关系式的要求，各组成环的精度要求又符合生产实际需要和相应标准规范的规定，则设计计算结果就是合适的。

6.3 尺寸工程简介

尺寸工程或称尺寸管理工程，是以既定或预期的制造能力为出发点，开发合理的定位、合理地分配和制定公差及设计恰当的加工、装配工艺以使产品达到既定的匹配和功能要求，并且通过应用尺寸链分析或公差虚拟仿真技术对上述尺寸设计和尺寸要求进行风险评估和预防的一系列活动。尺寸工程是完善设计和装配制造阶段的工程化过程，通过执行一套完整、系统、严禁、科学、操作性强的工作流程，优化设计和控制制造误差来提高产品尺寸质量、有效降低成本。尺寸工程贯穿产品设计、工装设计、零部件制造以及装配的全过程。

汽车制造是一个系统集成工程，要将接近上万个零件组成一个市场竞争力强、客户满意的产品，就需要做好在零部件设计、制造、装配各个环节的质量控制，尤其是通过产品设计前期的尺寸工作介入，来解决、规避或最大程度减少产品功能、装配、外观的问题，并通过尺寸与几何公差设计、虚拟制造、测量设计过程中的计算分析、总结来修正前期分析、建立数据库，供正式生产制造使用。通过尺寸工程管理，可将各环节的设计、制造误差降到最低，因此汽车制造产业较为适合采用尺寸工程管理。图 6-11 所示的是汽车尺寸工程的主要流程及内容。

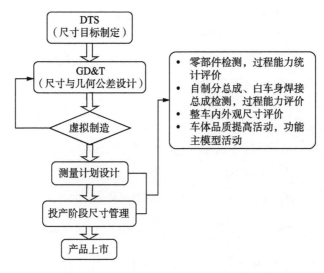

图 6-11 汽车尺寸工程的主要流程和内容

几何尺寸与公差（GD & T）与汽车车身装配和制造过程是密切相关的，不仅影响到制造和装配过程，还影响到产品的功能。因此，确定产品的公差成为产品设计阶段的重要内容。在设计阶段，根据整车尺寸目标 DTS（Design Tolerance Specification），按照预计装配顺序和供应商的生产水平将零件虚拟装配在一起并给定初始公差，设定公差分布方式（一般零件的公差都为正态分布），创建测量点，依据蒙特卡罗仿真技术来预估所关注部分的间隙面差分布状况，根据分析结果得到对所关注的间隙面差影响较大的零部件公差的影响因子，通过调整这些因子的公差要求来提高产品质量，同时减小对结果影响不敏感的因子，放宽对其要求，借以降低制造成本，最后将优化结果提交作为生产依据。尺寸工程将零部件的设计、制造误差降到最低，并为后期模具和工装夹具的设计和制造提供了统一的标准，通过尺寸工程的实施，可将生产成本降到最低，同时避免了由于设计不合理造成的后期大成本整改投入和设计反复带来的项目延期，降低了企业开发风险。

思 考 题

1. 为什么封闭环公差比任何一个组成环公差都大？
2. 建立尺寸链时，怎样确定封闭环，怎样查明组成环？
3. 建立尺寸链时，如何考虑几何误差对封闭环的影响？并举例说明。
4. 用完全互换法和用大数互换法计算尺寸链有何特点？它们适用于什么条件？

练 习 题

1. 如习题图 6 - 1 所示零件，$A_1 = 30_{-0.052}^{0}$ mm，$A_2 = 16_{-0.043}^{0}$ mm，$A_3 = （14 \pm 0.021）$ mm，$A_4 = 6_{0}^{+0.048}$ mm，$A_5 = 24_{-0.084}^{0}$ mm，试分析图（a）、图（b）、图（c）三种尺寸标注中，哪种尺寸标注法可使 N 变动范围最小。

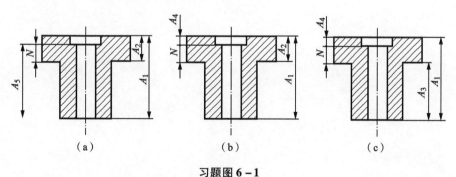

习题图 6 - 1

2. 如习题图 6 - 2 所示曲轴、连杆和衬套等零件装配图，装配的后要求间隙为 $N = 0.1 \sim 0.2$ mm，而图样设计时 $A_1 = 150_{0}^{+0.016}$ mm，$A_2 = A_3 = 75_{-0.06}^{-0.02}$ mm，试验算设计图样给定零件的极限尺寸是否合理。

3. 加工如习题图 6 - 3 所示钻套，先按尺寸 $\phi 30_{+0.020}^{+0.041}$ mm 磨内孔，再按 $\phi 42_{+0.026}^{+0.042}$ mm 磨外圆，外圆对内孔的同轴度公差为 $\phi 0.012$ mm。试计算钻套壁厚尺寸的变化范围。

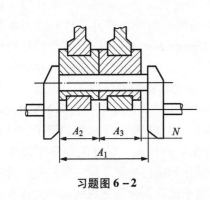

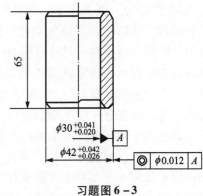

习题图 6 – 2

习题图 6 – 3

4. 有一孔、轴配合，装配前需镀铬、镀铬层厚度为（10 ± 2）μm，镀铬后应满足 $\phi30\,\dfrac{H7}{f7}$ 的配合，问该轴镀铬前的尺寸应是多少？

5. 习题图 6 – 4 为滑槽机构的局部视图，试用完全互换法计算螺钉左端与滑槽底部之间的间隙。

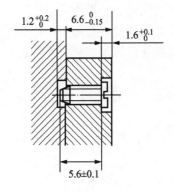

习题图 6 – 4

第七章　几何检测概论

测量是人类认识自然的主要途径。测量过程是以认识被测对象为目的的过程。如果没有测量，人类将无法认知自然，更谈不上改造自然。

在机械与仪器的制造过程中，无论是零件的加工，还是部件的装配，或者整机调试都离不开测量。测量是保证零、部件精度，提高产品加工质量的重要手段。从生产发展的历史看，产品加工精度的提高与测量技术水平的提高紧密相关。此外，在其他领域，如生物医学中的细胞大小、电子科学中的掩膜技术、材料科学中的晶格分析，以及环境保护中空气和水中的有害微粒检测都离不开精密测量。

7.1　测量过程

7.1.1　测量过程概述

1. 测量与检验

1）测量

测量（Measurement）就是以确定被测对象的量值为目的的过程。在这一过程中，需要将被测对象与复现测量单位的标准量进行比较，并以被测量与单位量的比值及其准确度表达测量结果。

例如轴径的测量，就是将被测轴的直径与特定的长度单位（如 mm）相比较。若其比值为 30，不确定度为 ±0.05 mm，则测量结果可表达为（30 ±0.05）mm。

任何测量过程都包含测量对象、计量单位、测量方法和测量结果等四个要素。

在我国，习惯上将以实现测量单位统一和量值准确可靠的测量称为计量；将研究测量、保证量值统一和准确的科学称为计量学（Metrology）。

在科学研究和生产实践中，某些具有试验性质的测量又称为测试（Test），所以测试也可以理解为测量和试验的综合。通过观察和判断，必要时结合测量、试验所进行的符合性评价过程称为检验（Inspection）；认定规定要求已得到满足的客观证据的过程称为认证（Verification）。

国际上并不严格区别测量和计量，而应用同一个术语"Measurement"。因此，把测量、计量、测试作为基本含义相同的通用术语使用。在不同场合采用不同术语，主要根据习惯用法。

由于测量过程诸要素的缺陷及不稳定性，测得的量值与被测的量的真值总有差别，这就是测量误差。

2）检验

一般来说，检验就是确定产品是否满足设计要求的过程，即判断产品合格性的过程。

检验的方法可以分为两类：定性检验和定量检验。

（1）定性检验的方法只能得到被检验对象合格与否的结论，而不能得到其具体的量值。例如，用极限量规检验零件的尺寸，用目测法检验零件的表面粗糙度，用功能量规检验零件的位置误差等，都是定性检验的方法。

（2）定量检验又称为测量检验。它是将被检验对象与单位量（或标准量）相比较并确定其量值，再与设计规定的要求相比较，从而判定其合格性的方法，简称为检测。

2. 几何量检测技术的发展

现代科学技术的发展和生产水平的提高，使几何量测量技术也得到了不断的发展。由于采用新的物理原理及新的技术成就，传统的基于机械和几何光学原理的测量技术已经发展成融机械、光学、电子学等为一体的全新的测量技术，测量的自动化程度和测量效率大为提高。数字显示式量仪的普及，极大地减轻了测量的劳动强度。坐标测量技术的发展和计算机技术的应用，产生了现代三坐标测量机，使测量内容不断丰富、测量功能不断完善。新技术的应用也使得几何量测量的精度不断提高。广泛用于长度测量的微差比较仪，其精度已经稳定地达到 1 μm；而电感、电容式等测微仪的精度已能稳定地达到 0.1 μm；激光干涉仪的问世，已使长度测量的精度达到了 0.01 μm；隧道电子显微镜和最新光外差方法的应用，均使其测量精度达到了 0.001 μm，即 1 nm 的水平。在线测量技术的发展，实现了在加工过程中对零件的测量，减小了报废率，提高了生产效率，降低了生产成本。

我国在统一度量衡及"铜壶滴漏"的古代文明的基础上，随着科学技术的进步和社会的发展，在计量学科的理论与应用研究方面已经达到了较高的水平。特别是 20 世纪 70 年代以来，在几何量计量方面，研制、生产了多种先进的测量仪器，如丝杠动态检查仪、激光光波比长仪、全自动齿轮检查仪、圆度仪、三坐标测量机等。不仅采用了多种先进的传感技术，而且广泛应用计算机技术，极大地提高了数据采集和处理速度的准确度，能够有效地实现误差补偿，使测量效率和测量精度达到了更高的水平，为企业产品质量保障工作提供了有效的技术手段。

3. 质量认证

在质量认证工作中，检测技术方面主要有检测条件与环境的设计与建立，测量器具的配备、维护、保养与检定，检测方案的设计，检测工作程序的制订以及检测人员的配备等工作。

《中华人民共和国计量法》的正式公布，标志着我国的计量工作纳入了法制建设的轨道。为了增加国际市场的竞争能力，按等同采用 ISO 的基本原则，国家颁布了质量管理、质量保证、检验测量方面的系列标准，包括质量术语、质量管理、质量保证和质量技术等四个方面的系列标准，并在各类企业中广泛开展贯彻 GB/T 19000 的质量认证工作。

我国的质量体系认证工作于 1992 年正式起步。1994 年 4 月成立了中国质量体系认证机构国家认可委员会（CNACR），负责质量体系认证工作和颁发带有国家认可标志的质量体系认证证书。

我国质量体系加入国际互认制度，将对我国提高产品质量、发展国际贸易和经济合作、参与国际竞争产生积极的影响。

7.1.2 被测量

被测量就是受到测量的量,即测量对象。

按照被测量的不同,计量学可以分为几何量计量、光学计量、电离辐射计量、力学计量、声学计量、热工计量、化学计量、电磁计量、无线电计量和时间频率计量等十大领域,以及具有综合性质的物理常数测定。

对于绝大多数机械零件,除了其力学性能和化学性能以外,主要是几何量的测量。几何量测量的基本对象是长度和角度。但是,长度量和角度量在各种机械零件上的表现形式多种多样,表达被测对象的特征参数也相当复杂。因此,在几何量测量中,分析被测对象的特性、研究被测对象的含义是十分重要的。例如,表面粗糙度的各种评定参数、齿轮的各种误差项目、尺寸公差与形位公差之间的独立与相关关系等。

7.1.3 计量基准

1. 计量单位

计量单位(测量单位,或简称单位)是定量表示同种量的量值而约定采用的特定量。计量单位是有明确定义和名称且其数值为 1 的一个固定物理量。对计量单位的要求是:统一稳定,能够复现,便于应用。

我国保证量值统一的法律依据是《中华人民共和国计量法》。

我国法律规定采用以国际单位制(SI)为基础的"法定计量单位制"。它是由一组选定的基本单位和由定义公式与比例因数确定的导出单位所组成的。例如,基本单位有"米"(m)、"千克"(kg)、"秒"(s)、"安"(A)等,导出单位有"赫"(Hz)、"牛"(N)、"帕"(Pa)、"焦"(J)、"瓦"(W)等。

机械工程中常用的长度单位是"毫米"(mm),测量中常用的长度单位是"微米"(μm)和纳米(nm),$1\text{ mm} = 10^{-3}\text{ m}$,$1\text{ }\mu\text{m} = 10^{-3}\text{ mm}$,$1\text{ nm} = 10^{-3}\text{ }\mu\text{m}$。

常用的角度单位是我国选定的非国际单位制单位"度"(°)、"角分"(′)、"角秒"(″)以及国际单位制的辅助单位"弧度"(rad)和"球面度"(sr)。

长度基准的建立和变革的过程,是与人类对自然界认识的深化和科学技术发展的历史密切相关的。在古代,各国多以人体的一部分作为长度基准,如我国的"布手为尺"(我国两柞为 1 尺)、英国的"码"和"英尺"(英女皇足长为 1 英尺)等。1875 年国际"米制公约"的签订,开始了以科学为基础的经典阶段。1889 年第一次国际计量大会决定,以地球子午线长度的四千万分之一定义为 1 m,并用铂铱合金制成基准米尺——国际米原器,其复现不确定度为 1.1×10^{-7}。由于金属内部的不稳定性,以及受环境的影响,国际米原器的可靠性并不理想。此外,各国要定期将国家基准米尺送往巴黎与国际米原器校对,很不方便。因此,1960 年第十一届国际计量大会决定,将米定义更改为"1 米的长度等于 Kr^{86} 在 2_{p10} 和 5_{d5} 能级之间跃迁时所产生的辐射在真空中的波长的 1 650 763.73 倍"。从此,长度基准的建立进入了现代阶段。随着激光技术的发展,1983 年第十七届国际计量大会根据国际计量委员会的报告,批准了米的新定义,即"1 米是光在真空中在 $\dfrac{1}{299\ 792\ 458}$ s 时间间隔内的行程长度"。这实际上已将长度单位转化为时间单位和光速值的导出值。它是一个开放性的定义。

只要能获得高频率稳定度的辐射，并能对其频率进行精确的测定，就能够建立精确的长度基准。我国自 1985 年 3 月起正式使用碘分子饱和吸收稳频的 0.612 μm 氦氖激光辐射作为国家长度基准，其频率稳定度可达 10^{-9}。国际上少数国家已将频率稳定度提高到 10^{-14}。我国于 20 世纪 90 年代初采用单粒子存储技术，已将辐射频率稳定度提高到 10^{-17} 的水平。

由此可见，长度基准的建立经历了一个由自然基准、实物基准到物理常数的发展阶段。长度溯源的测量精度，从米原器时代的 10^{-7}（即 1 m 的测量精度为 0.1 μm 左右）发展到激光波长时代，测量的不确定度为 $\pm 2.5 \times 10^{-11}$ 左右，提高了几个数量级。

角度量与长度量不同。由于常用角度单位（度）是由圆周角定义的，即圆周角等于 360°，而弧度与度、分、秒又有确定的换算关系，因此无须建立角度的自然基准。

2. 计量基准

计量基准（测量基准）是复现和保存计量单位并具有规定计量特性的计量器具。对于测量基准的要求是稳定不变、便于保存和易于复现。

在几何量计量领域内，测量基准（计量基准）可分为长度基准和角度基准两类。

测量基准分为国家基准、副基准和工作基准。

（1）国家基准是根据定义复现和保存计量单位、具有最高计量特性、经国家检定、批准作为统一全国量值最高依据的计量器具。它在全国范围内是量值传递的起点，也是量值溯源的终点。

（2）副基准是通过与国家基准比对或校准来确定其量值、经国家鉴定、批准的计量器具。它用以代替国家基准的日常使用及验证。一旦国家基准损坏，副基准可用来代替国家基准。

（3）工作基准是通过与国家基准或副基准比对或校准、用以检定计量标准器的计量器具。设立工作基准主要是为了避免国家基准和副基准因频繁使用而丧失精度或受到损坏。

我国的国家计量基准、副计量基准、工作计量基准保存在中国计量科学研究院、中国测试技术研究院、国家标准物质研究中心等技术机构。

根据定义建立的国家基准、副基准和工作基准，一般都不能直接用于生产中对零件进行测量。为了确保量值的合理和统一，必须按国家计量检定系统的规定，将具有最高计量特性的国家基准逐级进行传递，直至对零件进行测量的各种测量器具。

3. 量值传递与溯源性

为了保证测量的准确、可靠和统一，必须建立科学的计量单位制以及从计量单位到测量实践的量值传递系统。"量值传递"及其逆过程"量值溯源"是实现量值统一的主要途径与手段，为工农业生产、国防建设、科学实验、国内外贸易、环境保护以及人民生活、健康、安全等方面提供计量保证。量值传递系统是指通过对计量器具的检定或校准，将国际、国家基准所复现的计量单位的量值通过各级计量标准器逐级传递到工作计量器具，以保证被测对象所测得的量值准确一致的工作系统。

量值传递系统的建立和执行，基于国家计量行政机关对量值的合理的、统一的、自上而下的强制控制。随着市场经济的发展，企业为了增强市场竞争能力，确保产品质量，应主动采取措施，保证量值的可靠。因此，在质量管理和质量保证系列标准中，对企业的测量设备

（器具）提出了"溯源性"要求。溯源性就是要求企业对产品的测量结果应与相应的国家基准或国际基准相联系。为此，企业必须将所有测量设备（器具）用适当的标准（基准）进行校准（检定）。依此，即可一直上溯到国家基准和国际基准，从而实现了企业的量值在国际范围内的合理统一。随着质量管理和质量保证系列标准在全国范围内的贯彻实施，溯源性将代替传统的量值传递，使我国的量值统一工作全面与国际接轨。

量值传递的主要方式，是用实物计量标准器逐级传递，在传递中的主要环节是"计量基准和标准器"。长度量值就是采用这种方式进行逐级传递的。

计量检定系统表、规程、规范等技术文件为量值传递工作提供法制保证和依据。计量检定系统表是国家对计量基准到各等级计量标准器直至工作计量器具的主从检定关系所作的技术规定。就长度量值而言，从光波长度自然基准到测量实践之间的量值传递媒介、有线纹尺与量块，它们是机械制造中的实用长度基准。图 7 - 1 所示为端度计量检定系统和线纹尺计量检定系统。角度计量检定系统由基准棱体起逐级传递，如图 7 - 2 所示。

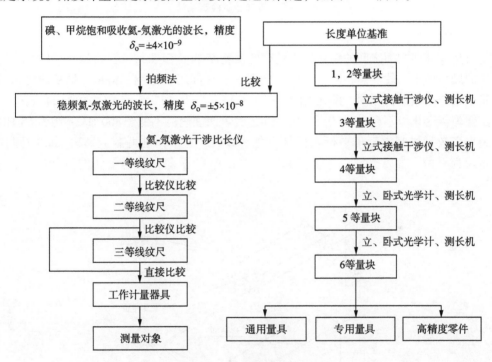

图 7 - 1 长度量值传递系统

虽然角度量值的单位无须像长度量值那样用一定的物理现象建立自然基准，但是，为了实际工作的需要仍应建立实物基准。角度的实物基准是多面棱体，主要用于检定各种测角仪器，也可以用于测量精密蜗轮、齿轮和精密圆周度盘等的分度误差。与长度基准中的量块相似，在实际工作中也常采用角度块（角度量块）检定一般角度测量器具或直接测量零件。利用适当的夹具，可以将若干角度块的工作角累加，以获得要求的角度。角度量块多用于检定角度样板和其他测量仪器，以及在机械加工中调整机床和夹具。

4. 量块

量块是一种平行平面端度量具，又称块规。它是保证长度量值统一的重要常用实物量具。除了作为工作基准之外，量块还可以用来调整仪器、机床或直接测量零件。

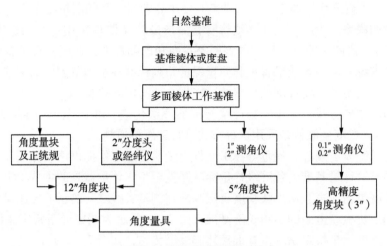

图7-2 角度计量检定系统

1）一般特性

量块是以其两端面之间的距离作为长度的实物基准（标准），其材料与热处理工艺应满足量块的尺寸稳定、硬度高、耐磨性好的要求。通常都用铬锰钢、铬钢、轴承或密玉制成。其线胀系数与普通钢材相同，即在 10 ℃~30 ℃范围内为 $(11.5 \pm 1) \times 10^{-6}$ mm/m·℃，尺寸稳定性为年变化量不超出 $\pm(0.5 \sim 1)$ μm，测量面硬度应不低于 800 HV（约为 63 HRC）。

绝大多数量块制成直角平行六面体，如图 7-3 所示，也可制成 φ20 mm 的圆柱体。每块量块都有两个非常光洁、平面度精度很高的平行平面，称为量块的测量面（或称工作面）。

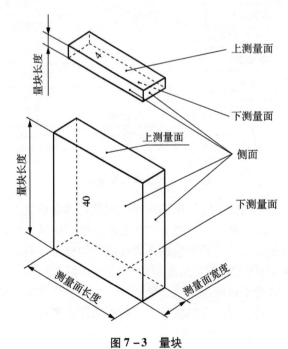

图7-3 量块

量块长度（尺寸）是指量块的一个测量面上的一点至与此量块另一个测量面相研合的辅助体表面（亦称辅助表面）之间的距离。

为了消除量块测量面的平面度误差和两测量面间的平行度误差对量块长度的影响，量块的工作尺寸定义是量块的中心长度，即一个测量面的中心点的量块长度，如图7-4所示。

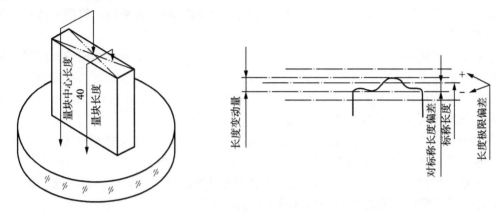

图7-4　量块长度

量块的研合性是指其工作面因具有极高的表面质量，而使一个量块的工作面与另一量块的工作面或与另一精密平面，通过分子吸附力的作用相互黏合成为一体的性能。研合性使量块的尺寸和砝码的质量一样具有可加性，从而为成套量块的专业化商品生产提供了可能性。附表31列出了常用成套量块的尺寸系列。

实际应用时，应该从成套量块中选取最少数量的量块组成所需的尺寸。为此，要由所需尺寸的最后一位数开始选择适当尺寸的量块，每选一块量块至少减去所需尺寸的一位小数。通常，组成所需尺寸的量块总数不应超过4块（87块为一套）或不应超过5块（42块为一套）。例如，为组成89.764 mm，可由附表31所列的第1和第3两套量块中选用1.004 mm、1.26 mm、7.5 mm和80 mm四块组成，即

$$
\begin{array}{rl}
89.764 & \cdots\cdots\cdots 所需尺寸 \\
-)\quad 1.004 & \cdots\cdots\cdots 第一块 \\
\hline
88.76 & \\
-)\quad 1.26 & \cdots\cdots\cdots 第二块 \\
\hline
87.5 & \\
-)\quad 7.5 & \cdots\cdots\cdots 第三块 \\
\hline
80 & \cdots\cdots\cdots 第四块
\end{array}
$$

2）精度特性

量块按其制造精度分为五"级"：00、0、1、2、3级和校准级K级。00级精度最高，3级精度最低。

分级的依据是量块长度的极限偏差和长度变动量允许值。

量块长度的极限偏差的含义与一般零件尺寸的极限偏差相同，它是制造时量块长度实际偏差允许变动的界限值。量块长度的上、下极限偏差大小相等、符号相反，即对量块长度的

标称尺寸（基本尺寸）对称分布，如图 7-4 所示。

量块长度变动量允许值的概念与形位公差中规定的面对面的平行度公差的概念相似。量块长度变动量定义为量块测量面上最大量块长度与最小量块长度之差。

各级量块的长度极限偏差和长度变动允许量列于附表 32，其中第 3 级量块较少采用。

K 级的长度极限偏差与 1 级相同、长度变动量允许值与 00 级相同，仅用于经光波干涉法测定其实际中心长度后作为检定 0、1、2 级量块的基准。

量块生产和使用企业大都按级生产、销售和使用量块。用量块长度极限偏差控制一批相同规格量块的长度变动；同时，用量块长度变动量允许值控制每一量块的长度变动量。用户则按量块的标称尺寸使用量块。因此，按"级"使用量块必然受到量块中心长度实际偏差的影响，将把量块的制造误差带入测量结果。

例如标称尺寸为 30 mm 的 2 级量块，由附表 32 可知其中心长度极限偏差为 ±0.8 μm。也就是说，任何一块 30 mm 的 2 级量块的中心长度实际偏差都允许在 ±0.8 μm 内变动。因此，由于按标称尺寸 30 mm 使用该量块而导致的极限测量误差（扩展测量不确定度）就等于其中心长度的极限偏差的数值 ±0.8 μm。

在量值传递工作中，为了消除量块制造误差的影响，常常按量块检定得到的实际尺寸使用量块。各种不同精度的检定方法可以得到具有不同测量不确定度的量块，并依此划分量块的等别。

显然，按"等"使用比按"级"使用可以得到较高的测量精度（较小的测量不确定度）。但是，量块必须经过检定，并给出每块量块的中心长度实际偏差，其不仅会增加费用，亦给实际使用带来了不便。因此只在量值传递工作中才按"等"使用量块，生产实际工作中均按"级"使用量块。

7.1.4　测量方法

测量方法是根据一定的测量原理，在实施测量过程中的实际操作。广义地说，测量方法可以理解为测量原理、测量器具（计量器具）、测量条件（环境和人员）和操作过程的总和。

在实施测量的过程中，应该根据被测对象的特点（如材料硬度、外形尺寸、生产批量、制造精度、测量目的等）和被测参数的定义来拟定测量方案、选择测量器具、规定测量条件和进行测量操作，从而合理地获得可靠的测量结果。

1. 测量方法分类

1）直接比较测量法与微差测量法

（1）直接比较测量法（也叫绝对测量法）是将被测量直接与已知其量值的同种量相比较的测量方法。这种方法可以直接得到被测量的量值。例如用线纹尺测量长度、用游标卡尺测量轴直径等。

（2）微差测量法（也叫相对测量法）是将被测量与同它只有微小差别的已知其量值的同种量相比较，通过测量这两个量值之间的差值以确定被测量量值的测量方法。例如用比较仪测量轴的直径，如图 7-5 所示，先用适当尺寸的量块将比较仪调零，然后换上被测轴进行测量。比较仪的示值就是被测轴的直径与调零量块尺寸之差。将比较仪的示值加上已知的调零量块尺寸，就得到被测轴的直径。

微差测量法虽然不如直接比较测量法方便，但可以获得较高的测量精度，所以在几何量的精密测量中得到了广泛的应用。

2）直接测量法与间接测量法

（1）直接测量法是不必测量与被测量有函数关系的其他量，而能直接得到被测量量值的测量方法。例如用百分尺测量轴的直径。

（2）间接测量法是通过测量与被测量有函数关系的其他量，才能得到被测量量值的测量方法。例如，图7-6所示的是通过测量两孔之间的尺寸 A 和 B，再按函数关系 $L = \dfrac{A + B}{2}$ 算得两孔的中心距 L。

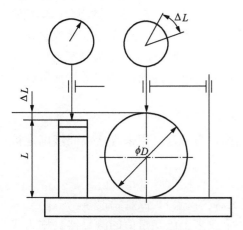

图7-5 比较仪测量轴的直径

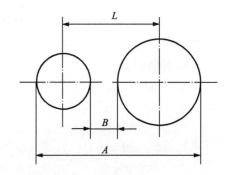

图7-6 孔中心距的间接测量

直接测量法比较简便，不需进行烦琐的计算。但某些被测量（如孔心距、局部圆弧半径等）不易采用直接测量法，或直接测量法达不到要求的精度（如某些小角度的测量），则应采用间接测量法。

3）接触测量法与非接触测量法

（1）接触测量法是测量器具的传感器与被测零件的表面直接接触的测量方法。例如用游标卡尺、百分尺、比较仪等测量零件尺寸都是接触测量法。接触测量法在生产现场得到了广泛的应用。因为它可以保证测量器具与被测零件间具有一定的测量力，具有较高的测量可靠性，对零件表面油污、切削液及微小振动等不甚敏感。但由于有测量力，故会引起零件表面、测量头和量仪传动系统的弹性变形，量头的磨损以及划伤零件表面等问题，增大测量不确定度。

（2）非接触测量法是测量器具的传感器与被测零件的表面不直接接触的测量方法。例如用投影仪、工具显微镜、气动量仪、各种光学量仪等都是非接触测量法。非接触测量法可以避免测量力对被测零件表面的损坏，消除测量器具和被测零件的受力变形，但对被测零件的表面状态有较高的要求，且不能附有油污和切削液，所以在生产现场应用较少，常在测量小尺寸的零件或测量较软材料制成的零件时采用。

4）被动测量法与主动测量法

（1）被动测量法是以完工零件作为被测对象的测量方法。可以认为，被动测量法的作用仅在于发现和剔除废品。

（2）主动测量法是以加工过程中的零件作为被测对象，并根据测得值反馈控制加工过程，以决定是否需要继续加工或调整机床的测量方法。主动测量法可以防止废品的发生，并缩短生产周期，提高生产率。主动测量的推行，使技术测量与加工工艺以最密切的形式结合起来。因此，有利于充分发挥技术测量的积极作用。

5）综合测量法和单项测量法

（1）综合测量同时测量零件几个相关参数的综合效应或综合参数。例如，齿轮的综合测量、螺纹的综合测量等。

（2）单项测量分别测量零件的单一参数。例如，分别测量齿轮的齿厚、齿廓、齿距；分别测量螺纹的中径、螺距、牙形半角等。

综合测量一般效率较高，对保证零件的互换性更为可靠，常用于完工零件的检验。单项测量能分别确定每一被测参数的误差，一般用于刀具与量具的测量、废品分析以及工序检验等。

此外，按照被测的量或零件在测量过程中所处的状态，测量方法又可分为静态测量与动态测量；按照在测量过程中，决定测量精度的因素或条件是否相对稳定，测量方法还可分为等精度测量与不等精度测量，等等。

2. 测量器具

测量器具（也称计量器具）是可以单独地或与辅助设备一起，用来直接或间接确定被测对象量值的器具或装置。

1）测量器具的分类

几何量的测量器具一般可以分为实物量具、测量仪器（仪表）、测量装置等。

（1）具有固定形态，用来复现或提供给定量的一个或多个已知量值的测量器具称为实物量具，如量块、角尺、线纹尺等。有些量具是可以组合使用的。量具一般不带有可动的结构。但我国习惯上将百分尺、游标卡尺和百分表等简单的测量仪器也称为"通用量具"。

（2）将被测量值转换成可直接观察的示值或等效信息的测量器具，称为测量仪器（也叫计量仪器），如圆度仪、轮廓度仪、光学分度仪等。某些由独立且完备的器件构成的传感器也属于测量仪器。测量仪器种类繁多，按传感信号转换原理，长度测量仪器可分为机械量仪、电动量仪、光学量仪和气动量仪等。

（3）为确定被测量值所需的测量仪器（或量具）和辅助设备的总体，称为测量装置，如渐开线样板检定装置等。

2）测量器具的构成

测量器具一般由三部分构成：输入部分、中间变换部分和输出部分，如图7-7所示。

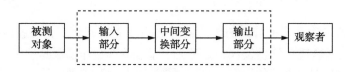

图 7-7　测量器具总体构成方框图

（1）输入部分主要包括传感器、敏感元件等，其主要作用是将被测量的信息转换成便于处理的信号。在几何量测量中，作用于传感器上的主要信息是位移，传感器的主要作用是将位移传递和（或）转换成其他便于处理的物理量。例如，电感传感器可将位移转换成电感量的变化、机械比较仪将位移信号传递而不需转换成别的物理量。

（2）变换部分的主要作用是将输入信号放大、滤波、调制解调、转换、运算或分析，使之适合输出的需要。例如电感测微仪的变换部分将电感量进行处理得到与测杆位移成正比的电压信号、三坐标测量机的数据采集装置和数据处理计算机将测头的坐标信号进行采集处理，得到被测点的坐标值并经过运算得到其他参数值等。

（3）输出部分包括指示装置和记录装置，主要作用是将被测量的等效信息提供给观察者或计算机并记录测量数据。如机械式量仪的表盘指针、数显装置的数值显示或计算机测量软件的输出功能等。

3）测量器具的主要技术指标

测量器具的技术指标是选择和使用测量器具、研究和判断测量方法正确性的依据。测量器具与测量方法的基本技术指标如下（见图7-8）所述。

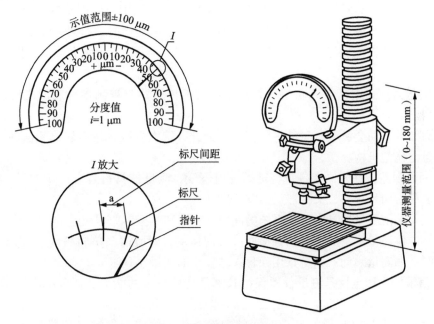

图7-8 测量器具的技术指标

（1）量具的标称值和测量器具的示值。标注在量具上用以标明其特性或指导其使用的量值，称为量具的标称值。如标在量块上的尺寸、标在刻线尺上的尺寸、标在角度量块上的角度等。

由测量器具所指示的被测量值，称为测量器具的示值或简称为示值。

（2）标尺的分度值和标尺间距。两个相邻标尺标记所对应的被测值之差，称为标尺的分度值或简称分度值。分度值表示测量器具所能准确读出的被测量值的最小单位。例如，百分尺的微分套筒上两相邻刻线所对应的量值之差为 0.01 mm，故其分度值为 0.01 mm。通常，测量器具的分度值均以不同的形式标明在标尺上。一般地，分度值越小，测量器具的精度越高。分度值的一半称为分辨力。

沿标尺长度的方向测得的任意两相邻标尺标记中心之间的距离称为标尺间距或称分度间距。为了便于目力估读 1/10 分度值，一般测量器具的标尺间距为 1~2.5 mm。

（3）示值范围和测量范围。测量器具的标尺所能显示的被测量数值的范围称为示值范围。一般用被测量数值的最低值（起始值）和最高值（终止值）表示。

测量范围是在允许不确定度内，测量器具所能测量的被测量值的下限值至上限值的范围。例如，外径百分尺的测量范围有 0 ~ 25 mm、25 ~ 50 mm、50 ~ 70 mm、75 ~ 100 mm 等，立式光学计的测量范围为 0 ~ 180 mm。用微差测量法的测量器具，其示值范围与标尺有关，而测量范围则取决于其结构。图 7 - 8 所示机械比较仪的示值范围为 ± 100 μm，而测量范围为 0 ~ 180 mm。

（4）灵敏度与鉴别力阈。测量器具对被测量值变化的反应能力称为灵敏度。

对于一般长度测量器具，灵敏度等于标尺间距 a 与分度值 i 之比，又称放大比或放大倍数 K，即 $K = \dfrac{a}{i}$。

鉴别力是测量器具对被测量值微小变化的反应能力。鉴别力阈则是鉴别力的定量表示，它是使测量器具的示值产生可察觉变化的被测量值的最小变化值，即测量仪器对被测量微小变化的不敏感程度，一般与内外部的噪声、摩擦、阻尼、惯性等因素有关，又称灵敏阈或灵敏限。

（5）测量力。采用接触测量法时，测量器具的传感器与被测零件表面之间的接触力，称为测量力。

测量力及其变动会影响测量结果的精度，因此，绝大多数采用接触测量法的测量器具，都具有测量力稳定机构。

（6）回程误差。在相同条件下，被测量值不变，测量器具行程方向不同时，两示值之差的绝对值称为回程误差，又称滞后误差或空回。

回程误差是由测量器具中测量系统的间隙、变形和摩擦等原因引起的。为了减少回程误差的影响，应使测量器具的运动部件沿同一方向运动，即所谓"单向测量"。当要求往返或连续测量时，如测量跳动，则应选用回程误差较小的测量器具。

（7）稳定性。稳定性是测量仪器保持其测量特性恒定的能力，通常稳定性是相对于时间而言的。

漂移是测量仪器的测量特性随时间的缓慢变化，例如线性测量仪器静态响应特性的漂移。

（8）不确定度。测量器具不确定度是在测量结果中表达示值分散性的参数。以前也用极限测量误差表示。

由于测量过程的不完善，测得值对真值总是有所偏离，这种偏离又是不确定的。表达这种不确定程度的量化参数，就称为不确定度。换句话说，不确定度是表达被测量真值所处范围的定量估计。

7.2 合格性判断

7.2.1 测量误差

测量误差是被测量的测得值与其真值之差。测量过程中，由于测量器具本身的误差以及测量方法、环境条件等因素的制约，导致测量过程的不完善，使测得值与被测量真值之间存在一定的差异，这种差异称为测量误差。

真值定义为被测量客观真实的量值，是当被测量能被完善地确定并能排除所有测量缺陷时，通过测量所得到的量值。所以，真值是没有误差的测量所得到的测得值。但是，测量过程总是不完善的，任何测量过程都不可能不存在测量误差。因此，真值是一个理想的概念，从测量的角度来讲，真值是不可能确切获知的。

测量误差的存在将导致测得值具有不确定性。因此，测量结果应该用被测量与单位量的比值 y（测得值）和表达该测得值准确度的测量不确定度 U 来表达，为

$$y \pm U$$

被测量的测量不确定度应与其设计要求的精度相适应。过大的测量不确定度会增加误收和误废的概率，从而影响产品功能要求的满足和制造过程的经济性；过小的测量不确定度会增大测量费用，使产品成本提高。未给出测量不确定度的测量结果是没有意义的。

由此可见，分析产生测量误差的原因，采取相应的减少测量误差的措施，正确估算测量不确定度的大小是十分重要的。

1. 测量误差的来源

测量误差的来源主要有测量器具、测量方法、测量环境和测量人员等。

1）测量器具误差

测量器具的误差是指测量器具本身的内在误差。

（1）标准器具误差。线纹尺、量块等代表标准量的标准器具本身制造和使用时存在误差，将会直接导致测量结果产生误差。标准器具的误差是测量误差的主要来源之一。

例如，测长仪在 $0 \sim 100$ mm 范围内的测量不确定度为 2 μm，其中刻线尺的不确定度为 1.5 μm。又如分度值为 0.001 mm 的比较仪，在尺寸为 $25 \sim 40$ mm 范围内的测量不确定度为 1 μm，其中调零量块（4 块 1 级量块）的不确定度为 0.6 μm。

（2）原理误差。测量器具的原理误差是指测量器具在设计时，使用近似的实际工作原理代替理论工作原理所造成的测量结果误差。例如以线性标尺代替非线性标尺造成的误差。原理误差一般在仪器设计时进行了修正，在测量结果中可以忽略不计。

（3）制造误差。测量器具的各个零件在制造和装配调整时的误差所引起的测量误差。例如，表盘的制造误差、装配偏心、光学系统的放大倍数误差、杠杆臂长误差、电子元器件参数误差等。

（4）阿贝误差。阿贝误差是在测量过程中由于量仪的结构或零件的安置违反阿贝（Abbe）原则所引起的测量误差。

所谓阿贝原则，就是要求被测长度与基准长度安置在同一直线上的原则。

图 7-9（a）所示的阿贝比长仪符合阿贝原则，而图 7-9（b）所示的纵向比长仪则违背了阿贝原则，而造成的阿贝误差（$\Delta = S\varphi$）。

用游标卡尺测量轴的直径时（如图 7-10 所示），作为基准件的刻线尺与被测直径不在同一直线上，即不符合阿贝原则。当带有活动量爪的框架因主尺导引面的直线度误差或框架与主尺间的间隙而发生倾斜时，就会产生测量误差 $\Delta = L' - L = S \tan \varphi = S\varphi$。

若 $S = 30$ mm，$\varphi = 0.0003$ rad，则 $\Delta = 30 \times 0.0003 = 0.009$（mm）$= 9$ μm。

2）测量方法误差

因测量方法而产生的测量误差，除了某些间接测量法中的原理误差以外，主要有对准误

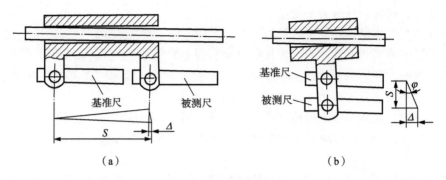

图 7 - 9　两种比长仪

(a) 阿贝比长仪；(b) 纵向比长仪

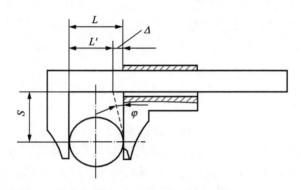

图 7 - 10　游标卡尺的阿贝误差

差等。

(1) 对准误差。对准有尺寸对准误差和读数对准误差两种。

尺寸对准误差主要是因定位不正确，使测量方向偏离被测尺寸所造成的误差。如测头偏移 [见图 7 - 11 (a)] 或测量方向倾斜 [见图 7 - 11 (b)]。

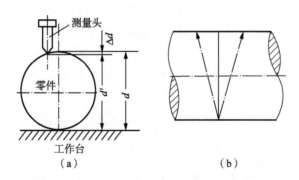

图 7 - 11　测量方向偏离引起的尺寸对准误差

(a) 测头偏移；(b) 测量方向倾斜

用影像法进行无接触测量时，刻线与被测零件影像相对位置不正确，也是对准误差。图 7 - 12 (a) 所示为长度测量时的正确压线；图 7 - 12 (b) 所示为角度测量时的正确对线。

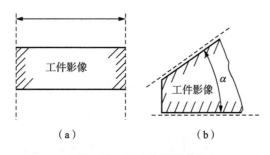

图 7 – 12　正确的压线方法
（a）正确压线；（b）正确对线

对于采用指针或指标线对准刻线进行读数的装置，对准误差主要是读数前将指标线与刻度线进行对准产生的误差，各种读数的对准方式与对准误差见表 7 – 1。

表 7 – 1　对准方式与对准误差

对准方式	简图	在明视距离处的对准误差		对准方式	简图	在明视距离处的对准误差	
		角度值/(″)	线值/μm			角度值/(″)	线值/μm
单实线重合		±60	75	双线线端对准		±5～10	7～12
单线线端对准		±10～20	12～25	双线对称跨单线		±5	7

对准误差的大小主要取决于测量人员的技术水平。

（2）力变形误差。采用接触测量时，为了保证可靠的接触，必须给测头施加一定的测量力。测量力将使被测零件和测量器具的零部件产生弹性变形或其他状态的变化（如间隙、摩擦等），从而引起测量误差。在一般测量中该因素引起的误差可以忽略，但是在精密测量、小尺寸测量、软材料测量时应予以分析、估算和修正。

在测量过程中，由于测量力、重力等的作用，将使测量器具或被测零件产生弹性变形，造成测量误差。弹性变形有仪器支架变形，工作台、量块或线纹尺的支承变形，测头、工作台与被测零件或量块的接触变形（压缩效应）等。

图 7 – 13（a）所示为在比较仪上进行测量力作用的实测试验。由于测量力的作用，会引起量仪结构变形，主要有测头支持部分（立柱、支臂）的变形。用 10 N 的力向上推支架，观察仪器读数变化。光学计读数变化约 0.2 μm，机械比较仪读数变化约 0.5 μm。对用比较测量法的仪器，当测量力一定时，支架变形并不会造成测量误差，当测量力变动，会引起测量误差。因此，除提高仪器测头、支架的刚性外，主要应保持测量力恒定。

对于细长零件和大尺寸的笨重零件，由于自重容易发生弯曲变形，其变形量大小因支撑点位置不同而异。图 7 – 13（b）表示当 $a = \dfrac{2L}{9}$ 时（贝塞尔点），零件长度的变化量最小，检

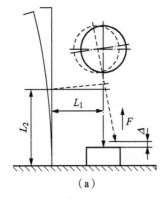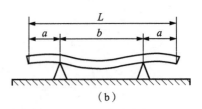

图 7 – 13　变形误差

（a）实测实验；（b）当 $a = \dfrac{2L}{9}$ 时的变化量

定量块长度（或测较长零件长度）时应采用这种支承。必要时还可以增加可调节的支承，以减少因为重力而引起的变形。

　　3）测量环境误差

　　测量环境主要包括温度、气压、湿度、振动、噪声以及空气洁净程度等因素。在一般几何量测量过程中，温度是最重要的因素，其他因素只在精密测量中才予以考虑。

　　因为测量环境的偏离和变化，将给测量结果带来误差。

　　在几何量测量中，基准温度是 + 20 ℃。当测量温度偏离基准温度或变动时，或测量器具与被测零件存在温差时，都将产生测量误差。

　　测量温度对基准温度的偏离和测量器具与被测零件的固定温差主要造成定值系统误差，可按被测尺寸及测量器具与被测零件的线膨胀系数算得：

$$\Delta L = L\big[\,\alpha_2(t_2 - 20) - \alpha_1(t_1 - 20)\,\big]$$

式中，L 为被测长度；α_1 和 α_2 为标准件和被测零件的线膨胀系数；t_1 和 t_2 为标准件和被测零件的实际温度。

　　测量温度的变动将导致测得值的变动，应用测量不确定度予以估算，即

$$\Delta L = L\,\sqrt{(\alpha_2 - \alpha_1)^2\,\Delta t^2 + \alpha_1^2\,(t_2 - t_1)^2}$$

式中，Δt 为测量温度变动范围；$(t_2 - t_1)$ 为标准件和被测零件的实际温差变动范围。

　　被测零件与测量器具等温后，可减小热变形引起的测量误差，但不能完全消除。大型零件的内部温度与表面温度不一定相同，温度分布的梯度会影响对测量结果的修正。即使在恒温室，温度场的分布也不一定均匀；对室温的控制和测量也有一定的误差。在测量过程中，由于照明热源、人员流动、人体辐射等的影响，测量环境的温度也会有波动。因此，高精度测量仪器，如绝对光波干涉仪、超级光学计等，都有防止和减少热辐射影响的隔离装置。

　　在测量操作过程中，当测量者用手拿零件和量具时，由于人体体温的传导，会引起热变形。例如人体温度传导对量块尺寸的影响，用食指与拇指直接握拿 20 mm 的量块 30 s，量块尺寸增大 0.5 μm 左右；当戴上橡皮手套握拿时，量块尺寸约增大 0.2 μm。因此，在测定或使用高精度量块时，量块的移动、调节都是通过隔热手柄进行操作的。

　　高精度长度测量的精确程度，在很大程度上取决于温度的测量与控制。对温度条件的要

求，依被测尺寸的大小与精度要求而定。对高精度长度的测量，要求温度的测量准确到 $0.1\ ℃ \sim 0.5\ ℃$。在长度基准的测量中，甚至要求温度测量准确到 $0.001\ ℃ \sim 0.005\ ℃$。

在测量过程中，控制测量温度及其变动、保证测量器具与被测零件有足够的等温时间、选用与被测零件线膨胀系数相近的测量器具，是减少因为温度引起的测量误差，实现最小变形原则的有效措施。

4）测量人员引起的误差

除了完全自动测量以外，测量总是离不开人的操作，因此，测量人员的工作责任心、技术熟练程度、生理原因及测量习惯等因素都可能造成测量误差。测量人员引起的误差主要有视差、估读误差、观测误差、调整误差以及前述的对准误差等。

2. 测量误差的性质

如前所述，测量误差 Δ 是被测量的测得值 y 与其真值 y_0 之差，即

$$\Delta = y - y_0$$

虽然，由于真值是不可能确切获得的，因而上述关于测量误差的定义也是理想的概念，但是并不因此而影响对测量误差的性质和种类的分析和处理。

测量误差按其产生原因、出现规律及其对测量结果的影响，可以分为系统误差、偶然误差和随机误差。

1）系统误差

在规定条件下，绝对值和符号保持不变或按某一确定规律变化的误差，称为系统误差。

绝对值和符号不变的系统误差，称为定值系统误差。定值系统误差对每次测得值的影响都是相同的。例如，在微差测量中，调零量块的示值误差所引起的测量误差。

绝对值和符号按某一确定规律变化的系统误差称为变值系统误差。变值系统误差在测量时，对每次测得值的影响是按一定规律变化的。例如，在测量过程中，温度均匀变化引起的测量误差，指示表的指针与度盘的偏心所引起的测量误差等，均为变值系统误差。

从理论上讲，系统误差是可以修正的。对于已知的系统误差，可以从测得值中予以消除或修正，即由测得值中减去已知系统误差。对于未知的系统误差，由于不易从测得值中消除，因而造成测得值的分散，所以要用不确定度给出估计。发现系统误差的主要方法是分析系统误差产生的原因，找出系统误差的数值或规律。

由于系统误差的绝对值往往较大，故其影响也往往比随机误差的影响大，因此，系统误差常是影响测量结果可靠性的主要因素。

2）偶然误差

明显超出规定条件下预期的误差称为偶然误差，也称粗大误差。

偶然误差是由某种非正常的原因造成的，如读数错误、温度的突然变动、记录错误等。

含有偶然误差的测得值会显著偏离其他正常的测得值，在正常的测量过程中，应该而且能够发现偶然误差，并将含有偶然误差的测量结果予以剔除。

判断是否存在偶然误差的最直接方法就是观察测量过程和测量结果，对怀疑含有偶然误差的测量结果予以剔除。

从数学理论的角度判别偶然误差的简便方法是 3σ 准则，而比较可靠并且简化的方法则是狄克逊（W. J. Dixon）准则。

3σ 准则是当系列测得值按正态分布时，由于超出 $[-3\sigma,\ +3\sigma]$ 范围的误差出现的概

率只有 0.27%，可以认为实际上不会发生，故将超出 ±3σ 范围的测量结果作为含有偶然误差的测量结果而予以剔除。但此时所用标准偏差 σ 应是理论值，或大量重复测量的统计值，故此准则仅适用于大量重复测量的实验统计。若重复测量次数 n 不大（n < 50），又未经大量重复测量统计确定其 σ 值时，按此准则剔除偶然误差未必可靠。

3）随机误差

在一定条件下，以不可预知的方式变化的误差称为随机误差。所谓不可预知，是指对于某一次测量，误差的出现无规律可循。但对于多次重复测量，随机误差与其他随机事件一样具有统计规律。

随机误差不可能完全消除。可在测量结果中用测量不确定度表示其在一定置信水平下的分布范围。

随机误差是由测量过程中未加控制又不起显著作用的多种随机因素造成的。温度波动、测量力不稳定、测量器具传动机械中的油膜引起的停滞、视差等，都是产生随机误差的因素。

应该注意，同一误差因素对测得值可能产生随机误差，也可能产生系统误差。例如在微差测量中调零量块的尺寸。当按"级"使用时，量块的实际尺寸是未知的，在相同规格的量块中任选一块对仪器调零，则其误差具有随机性。如果对已选定的量块进行检定并获知其实际尺寸，则可对测得值进行修正，就属于定值系统误差。

因此，应该认真分析误差来源和测量过程，才能正确判断误差性质，从而采取相应的处理方法。

7.2.2 测量的基本原则

1. 阿贝原则

在测量过程中，尽量将被测件布置在基准元件沿运动方向的延长线上，即量具或仪器的标准量系统和被测尺寸应成串联形式。按此原则设计的测量工具，由导轨直线度误差引起的测量误差是二阶误差，一般可以忽略不计，可以获得较精确的测量结果。

螺旋千分尺、内径千分尺、图 7-9（a）中的阿贝比长仪等符合阿贝原则，游标卡尺、图 7-9（b）中的纵向比长仪不符合阿贝原则。

2. 基准统一原则

测量过程中，尽量使用同一个点、线、面作为测量基准，这样可以避免基准转换所引起的误差。

图 7-14（a）所示中，对 B、C 面的测量统一采用平面 A 作为基准，其由基准带来的误差为基准 A 的位置误差。图 7-14（b）所示中，B 面的测量采用 A 面作为基准，而 C 面测量采用 B 面作为基准，B 面测量结果由基准带来的误差为基准 A 的位置误差，而 C 面测量结果由基准带来的误差为基准 A 与基准 B 的累积位置误差。C 面的测量结果由于基准转换，所以其误差增大了。

一般采用面积较大、精度较高的平面，主要工作孔的轴线或距离较远的几个面的组合作为统一基准。采用统一基准还可以简化工艺过程的制定及统一夹具设计。

3. 最小变形原则

由于热变形和弹性变形（接触变形和自重引起的变形）的存在。使被测件、测量器具

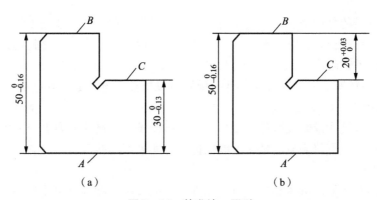

图 7 – 14　基准统一原则

（a）对 B、C 面的测量统一采用平面 A 作为基准；（b）分别对 B、C 面进行测量

尺寸发生变化，从而影响测量结果的准确可靠性。为使测量结果准确可靠，测量过程中尽量使测量链中各个环节所引起的变形最小。例如图 7 – 15 所示中对杆长度 L 的测量，将其用支点支承起时应选择合适的支承位置，以使得杆的变形最小。

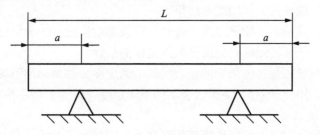

图 7 – 15　最小变形原则

4. 最短链原则

精密测量中，被测量的微小变化通常通过放大机构实现。例如百分表测量时［图 7 – 16（a）］，被测量的变化首先由测杆测得并通过齿条传导到轴齿轮，再通过一对齿轮放大传导到表针上，最后通过表针与表盘刻度的角位移来指示被测量。从测杆接触工件到表盘读数就

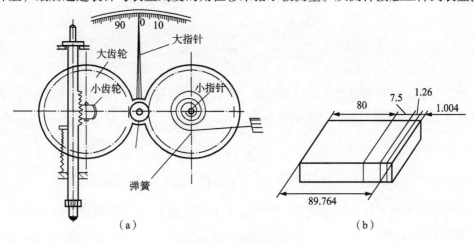

图 7 – 16　最短链原则

（a）最短链原则；（b）量块组

组成了百分表测量的测量链。测量链中的每个构成元件，在制造和装配中都存在误差，构成元件越多、测量链越长，影响误差的因素也越多，测量结果的合成误差就越大。反之，测量链越短，结果误差就越小。

图 7 – 16（b）所示的是以最少数目的量块组成所需尺寸的量块组，也是最短测量链原则的一种实际应用。

间接测量比直接测量组成的环节要多、测量链要长、测量误差要大。因此，只有在不可能采用直接测量，或直接测量的精度不能保证时，才采用间接测量。

5. 封闭原则

由圆分度的封闭特性可得测量的封闭原则：在测量中如能满足封闭条件，则其间隔误差的总和为零。例如图 5 – 38 中的齿距测量，最后一齿的齿距误差累积值为零。

7.2.3　测量不确定度

在修正了已定系统误差和剔除了偶然误差以后，测得值中仍含有随机误差和未定系统误差，从而使多次测量的测得值具有分散性，且偏离被测量的真值。因此，需要估算和评定测得值的不确定度，才能获得完整的测量结果。

所谓不确定度，就是表示测量结果中合理赋予被测量值的一个分散性参数，也就是在一定概率置信水平下表征被测量的真值所处量值范围的估计。

以一系列重复测量的测得值的标准差表示的不确定度，称为标准不确定度。为了提高测量结果的置信水平，用标准差的 2 ~ 3 倍表示的不确定度，称为扩展不确定度。

1. 标准不确定度的评定

标准不确定度的评定可以采用统计分析系列重复测量数据的方法，也可以采用不同于统计分析的其他方法。前者称为 A 类评定，后者称为 B 类评定。

1）A 类评定

不确定度的 A 类评定采用统计学的方法。

由概率和统计理论可知，随机变量期望值的最佳估计是 n 次测得值 y_i 的算术平均值 $\bar{y}$，即

$$\bar{y} = \frac{\sum\limits_{i=1}^{n} y_i}{n}$$

所以，在多次重复测量得到系列测得值，并以任一测得值 y_i 表达测量结果时，其标准不确定度 U 是该系列测得值的标准差 S 的估算值，即

$$S = \sqrt{\frac{\sum\limits_{i=1}^{n}(y_i - \bar{y})^2}{n-1}}$$

若以算术平均值 $\bar{y}$ 作为测量结果，则其标准不确定度 U 为该系列测得值平均值 $\bar{y}$ 的标准差的估算值 $S_{\bar{y}}$，即

$$S_{\bar{y}} = \frac{S}{\sqrt{n}}$$

[例 7 – 1]　对某尺寸的 9 次重复测量测得 y_i 依次为 13.8 mm，14.4 mm，13.3 mm，14.1 mm，14.3 mm，13.9 mm，13.6 mm，13.7 mm，14.0 mm。试评定其测量不确定度。

解： 其算术平均值 $\bar{y}$ 为

$$\bar{y} = \frac{13.8 + 14.4 + \cdots + 14.0}{9} = 13.9 \ (\text{mm})$$

标准差的估算值为

$$S = \sqrt{\frac{\sum_{i=1}^{n}(y_i - \bar{y})^2}{n-1}}$$

$$= \frac{(13.8 - 13.9)^2 + (14.4 - 13.9)^2 + \cdots + (14.0 - 13.9)^2}{9-1}$$

$$= 0.3(\text{mm})$$

9 个测得值中任一测得值的标准测量不确定度 U 为 0.3 mm。

算术平均值 $\bar{y}$ 的标准差的估算值为

$$S_{\bar{y}} = \frac{S}{\sqrt{n}} = \frac{0.3}{\sqrt{9}} = 0.1 \ (\text{mm})$$

则平均值 $\bar{y}$ 的标准测量不确定度 U 为 0.1 mm。

2）B 类评定

在多数实际测量工作中，不能或无须进行多次重复测量，则其不确定度只能用非统计分析的方法进行评定，称为 B 类评定。

B 类评定需要依据有关的资料做出科学的判断。这些资料的来源有以前的测量数据、测量器具的产品说明书、检定证书、技术手册等。

从现有资料对不确定度进行 B 类评定时，最重要的是所用数据的置信水平。不同的置信水平表示不确定度数值为标准差的不同倍数。

如由产品说明书查得某测量器具的不确定度为 6.1 μm，置信水准为 99.73%。按正态分布规律，3 倍标准差的置信水准为 99.73%，因此，据此该测量器具的标准不确定度应为 $\frac{6}{3} = 2 \ (\mu\text{m})$。

2. 直接测量的合成标准不确定度

合成标准不确定度就是对影响测量过程的误差源所产生的各个不确定度分量进行合成的结果。

通常，合成标准不确定度与各类独立误差源的标准不确定度的关系为

$$U_c = \sqrt{\sum U_i^2}$$

式中，U_i 为合成标准不确定度 U_c 的不确定度分量。

[例 7 – 2]　用立式光学计测量基本尺寸 45 mm 的铝合金零件，调零用 40 mm 和 5 mm 两块 2 级量块组成的量块组。若光学计的示值为 +15 μm，其标准不确定度为 0.1 μm，测量温度为（25±3）℃。经等温后，零件与调零量块的温差为 ±0.5 ℃。零件和调零量块的线膨

胀系数分别为 $\alpha_2 = 23 \times 10^{-6}$ mm/℃ 和 $\alpha_1 = 11.5 \times 10^{-6}$ mm/℃。试评定其测量不确定度。

解： 测得值为

$$40 + 5 + 0.015 = 45.015 \text{（mm）}$$

（1）定值系统误差。由平均测量温度（25 ℃）对标准温度（20 ℃）的偏差产生的定值系统误差为

$$
\begin{aligned}
\Delta_{\text{系}} &= L[\alpha_2(t_2 - 20) - \alpha_1(t_1 - 20)] \\
&= 45 \times [23 \times (25 - 20) - 11.5 \times (25 - 20)] \times 10^{-6} \\
&= +0.0026 \text{（mm）} = +2.6 \text{ μm}
\end{aligned}
$$

（2）标准不确定度。已知光学计的标准不确定度 $U_1 = 0.1$ μm，量块尺寸的极限偏差可由附表查得分别为 ± 0.8 μm 和 ± 0.45 μm。由于量块尺寸通常服从正态分布，故其标准差（标准不确定度）为极限偏差数值的 $\dfrac{1}{3}$，即 $U_2 = \dfrac{0.8}{3} = 0.27$ μm 和 $U_3 = \dfrac{0.45}{3} = 0.15$ μm。

测量温度的变动和温差引起的随机误差的计算公式为

$$
\begin{aligned}
\Delta_{\text{温}} &= L\sqrt{(\alpha_2 - \alpha_1)^2 \Delta t^2 + \alpha_1^2(t_2 - t_1)^2} \\
&= 45 \times \sqrt{(23 - 11.5)^2 \times 3^2 + 11.5^2 \times 0.5^2} \times 10^{-6} \\
&= 0.00156 \text{（mm）} = 1.56 \text{（μm）}
\end{aligned}
$$

由于温度变动服从均匀分布，因此标准差为误差极限的 $\dfrac{1}{\sqrt{3}}$，故其标准不确定度 $U_4 = \dfrac{1.56}{\sqrt{3}} = 0.9$ （μm）。

（3）合成标准不确定度为

$$U_c = \sqrt{(U_1^2 + U_2^2 + U_3^2 + U_4^2)} = \sqrt{0.1^2 + 0.27^2 + 0.15^2 + 0.9^2} = 0.96 \text{（μm）} \approx 1 \text{ μm}$$

3. 间接测量的合成标准不确定度

间接测量时，被测量（尺寸）y（相当于封闭环）和各测得量（尺寸）x_i（相当于组成环）构成了测量尺寸链，可以参照尺寸链的概率计算方法进行计算。

被测量 y 与各测得量 x_i 构成的函数关系为

$$y = f(x_i)$$

在上述函数关系中，不同的测得量 x_i 对被测量 y 的影响程度是不同的，这种影响程度可以用该函数对某测得量 x_i 的偏导数 C_i 表示（C_i 称为不确定度传播系数），即

$$C_i = f'(x_i) = \frac{\partial f}{\partial x_i}$$

当各测得量相互独立时，被测量 y 的合成标准不确定度 $U_c(y)$ 的计算公式为

$$U_c(y) = \sqrt{\sum C_i^2 U(x_i)^2}$$

式中，$U(x_i)$ 为测得量 x_i 的标准不确定度；C_i 为测得量 x_i 的不确定度传播系数。

由此可知，在间接测量中，形成测量尺寸链的环节越多，被测量的不确定度越大。因此，应尽可能减少测量链的环节数，以保证测量精度，即最短测量链原则。

[**例 7-3**] 按图 7-6 所示，分别测量两孔的外侧尺寸 A 和内侧尺寸 B，以获得孔心距

L。若尺寸 A、B 的测量标准不确定度分别为 $U(A) = 10 \ \mu m$，$U(B) = 8 \ \mu m$，试计算尺寸 L 的标准不确定度。

解： 由图 7-6 所示可知，$L = \dfrac{A+B}{2}$

则

$$C_A = C_B = \frac{1}{2} = 0.5$$

$$\begin{aligned} U_c(L) &= \sqrt{C_A^2 U(A)^2 + C_B^2 U(B)^2} \\ &= \sqrt{0.5^2 \times 10^2 + 0.5^2 \times 8^2} = 6.4 \ (\mu m) \end{aligned}$$

7.2.4　合格性判断

1. 测量结果

在一定的测量条件下，按规定的方法剔除含有偶然误差的测得值、修正系统误差、确定了测量不确定度以后，就可以对测量过程的测量结果做出完整的表述。

通常，测量结果的完整表述为

$$y \pm U \text{（置信水平）}$$

式中，y 为消除系统误差以后的测得值；U 为测量不确定度。测量不确定度 U 可以是标准不确定度，也可以是扩展不确定度。

如 [例 7-1] 中以第 4 次测得值作为测得结果时，表示为

$$(14.1 \pm 0.3) \text{ mm （68%）} \quad \text{或} \quad (14.1 \pm 0.9) \text{ mm （99.73%）}$$

以平均值作为测量结果时，表示为

$$(13.9 \pm 0.1) \text{ mm （68%）} \quad \text{或} \quad (13.9 \pm 0.3) \text{ mm （99.73%）}$$

2. 合格性判断

根据测量不确定度的含义可知，测量结果的完整表述展示了被测量的真值在一定置信水平下可能出现的区间。由于测量结果存在着不可避免的不确定性，当进行测量结果的合格性判断时，也相应具有不确定性。

被测量合格性判断的上规范限（USL）和下规范限（LSL）相当于设计要求对被测量规定的两个界限值（例如尺寸公差的最大、最小极限尺寸，上、下极限偏差等）。由 USL 和 LSL 限定的规范区相当于尺寸公差带。理论上要求被测量的真值 y_0 处于规范区内方为合格，即

$$LSL < y_0 < USL$$

但是，真值只能用测量结果 y 和扩展不确定度 U 表达为一定的区间（$y \pm U$），所以，应该将规范区从上、下规范限分别内缩 U 值，作为测量结果的合格区，从上、下规范限分别外延 U 值，作为不合格区，从而确保合格性判断的可靠性。上、下规范限两侧 $\pm U$ 的范围，则为不确定区。

合格区为 $\qquad\qquad LSL + U < y < USL - U$

或 $\qquad\qquad LSL < y - U \quad$ 且 $\quad y + U < USL$

不合格区为 $\qquad\qquad y < LSL - U \quad$ 或 $\quad USL + U < y$

或 $\qquad\qquad y + U < LSL \quad$ 或 $\quad USL < y - U$

不确定区为 $\qquad LSL - U < y < LSL + U \quad$ 或 $\quad USL - U < y < USL + U$

或 $\qquad\qquad\qquad y - U < LSL < y + U \quad$ 或 $\quad y - U < USL < y + U$

合格区、不合格区及不确定区与上、下规范限和扩展不确定度的上述关系，如图 7 – 17 所示。

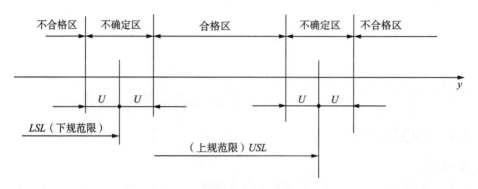

图 7 – 17 合格性判断

做出合格性判断时，扩展测量不确定度的大小需要根据测量方法和置信水平商定。

测量结果合格性判断不仅适用于对零件的测量检验，也适用于对测量设备的测量检定。而且，它既适用于给出最大、最小极限值的双极限合格性判断，也适用于只给出最大极限值或最小极限值的单极限合格性判断。显然，给定双极限的合格性判定规则同样也适用于给定单极限的合格性判定。

在实际应用中，当供需双方没有特别协议时，应按上述条件做出合格性判断，供方应只交付处于合格区内的零件，需方只能拒收处于不合格区内的零件。

如果将不确定区内的被测量判断为合格，就有可能将不合格品判定为合格品，即产生误收；如果将不确定区内的被测量判断为不合格，就有可能将合格品判定为不合格品，即产生误废。

测量精度越高，测量结果中的不确定度越小，测量成本就越高，而误收或误废的可能性就越小；测量精度越低，测量结果中的不确定度越大，测量成本就越低，而误收或误废的可能性就越大。因此，应根据被测量的精度高低、误收或误废成本、测量成本选择适当的测量精度。一般情况下，测量不确定度占被测量精度（公差）的 $\frac{1}{10} \sim \frac{1}{3}$。

7.2.5 车间检验的合格性判断

在车间条件下检验时，由于温度、湿度、气压等参数为非标准测量环境，而且环境条件较为恶劣，例如震动、油污等，不利于测量和测量计量器具保养。因此在车间条件下进行检验的合格性判断略有不同。车间检验时，通常工件的形状误差取决于加工设备及工艺装备的精度，故一般不进行检验；工件合格与否只按一次测量来判断；对于温度、压陷效应等误差以及计量器具和标准器的系统误差均不进行修正，这有可能造成误收。

车间验收用普通计量器具（如游标卡尺、百分尺及车间使用的比较仪等）检验光滑工件的尺寸时必然存在测量误差，一般不应以极限尺寸作为验收极限。验收极限应从被检验零件的极限尺寸向公差带内移动一个安全裕度 A：

$$上验收极限 = 最大极限尺寸 - 安全裕度（A）$$
$$下验收极限 = 最小极限尺寸 + 安全裕度（A）$$

安全裕度 A 一般与测量不确定度相当，约为被测量精度（公差）的 $\frac{1}{10} \sim \frac{1}{3}\left(\frac{1}{10} \sim \frac{1}{3}\right.$ 准则 $)$。

思 考 题

1. 我国法定计量单位中长度的基本单位是什么？长度基本单位的定义是什么？长度基准如何传递？

2. 测量的实质是什么？一个完整的测量过程应包括哪四个要素？

3. 量块的制造精度分哪几级？量块的应用有哪些？

4. 计量器具的基本技术性能指标中，标尺示值范围与计量器具测量范围有何区别？标尺刻度间距、标尺分度值和灵敏度三者有何区别？

5. 几何量的测量方法中，绝对测量与相对测量有何区别？直接测量与间接测量有何区别？试举例说明。

6. 测量误差按特点和性质可分为哪三类？试说明三类测量误差各自的特性、产生的主要原因及可用什么方法发现、消除或减小这三类测量误差？

7. 测量不确定度的实际意义是什么？如何确定测量不确定度？

8. 进行等精度测量时，怎样表示单次测量和多次重复测量的测量结果？

9. 如何确定间接测量的测量误差？

10. 如何进行合格性判断？

练 习 题

1. 试从 83 块一套的 1 级量块中选择合适的量块（不超过 4 块）组成尺寸 70.834 mm，并计算量块组的尺寸极限偏差。

2. 用测量范围是 0 ~ 25 mm 的外径千分尺测量轴径，当活动测杆与测砧可靠接触时，其读数为 +0.02 mm，测量工件轴径时读数为 19.95 mm，试确定其系统误差值和经修正后的测得值。

3. 在某仪器上对轴尺寸进行 10 次等精度测量，得到数据为 20.008 mm、20.004 mm、20.008 mm、20.010 mm、20.007 mm、20.008 mm、20.007 mm、20.006 mm、20.008 mm、20.005 mm。若已知在测量过程中不存在系统误差和偶然误差，试用单次测得值及 10 次测得值的算术平均值表示测量结果。

4. 用立式光学比较仪测量外圆，先用标称尺寸为 30 mm 的 0 级量块对仪器调零，然后对外圆同一部位进行 10 次重复测量，测得值为 24.999 mm、24.994 mm、24.998 mm、24.999 mm、24.996 mm、24.998 mm、24.998 mm、24.995 mm、24.999 mm、24.994 mm。试用单次测得值及 10 次测得值的算术平均值表示测量结果。

5. 在相同条件下，对某轴同一部位的直径重复测量 15 次，各次测得值分别为

10. 429 mm、10. 435 mm、10. 432 mm、10. 427 mm、10. 428 mm、10. 430 mm、10. 434 mm、10. 428 mm、10. 431 mm、10. 430 mm、10. 429 mm、10. 432 mm、10. 429 mm、10. 429 mm，判断有无系统误差、偶然误差，并以算术平均值给出测量结果。

6. 在立式光学比较仪上用 50 mm 的 1 级量块对公称值为 50 mm 的一段长度进行测量。仪器的标准测量不确定度为 $\pm 0.5\ \mu m$，测量时从仪器标尺读得示值为 $-1.5\ \mu m$，试给出测量结果。

7. 在室温为 15 ℃ 的条件下测量基本尺寸为 $\phi 100$ mm、温度为 35 ℃ 的轴的直径。若测量器具和被测轴的线膨胀系数均为 11.5×10^{-6} mm/℃，试求由于温度因素引起的测量误差，并对测量结果进行修正。

8. 若测量尺寸 x_1 和 x_2 的标准测量不确定度分别为 ± 0.03 mm 和 ± 0.02 mm，试计算尺寸 $y = x_1 - 2x_2$ 的合成标准不确定度。

9. 习题图 7-1 所示中孔心距 L 有如下三种测量方案：

（1）测量孔径 d_1、d_2 和两孔内侧间的距离尺寸 L_1；

（2）测量孔径 d_1、d_2 和两孔外侧间的距离尺寸 L_2；

（3）测量 L_1 和 L_2。

若 d_1、d_2、L_1、L_2 的标准测量不确定度分别为 $\pm 40\ \mu m$，$\pm 40\ \mu m$，$\pm 60\ \mu m$，$\pm 70\ \mu m$，问哪种测量方案的测量准确度最高？

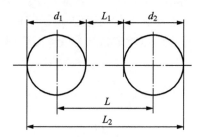

习题图 7-1

10. 在小型工具显微镜上用双像目镜测得如习题图 7-2 所示两孔中心的坐标值分别为

$x_1 = 8.320 \pm 0.005$ mm（68%） $y_1 = 8.050 \pm 0.003$ mm（68%）

$x_2 = 40.340 \pm 0.005$ mm（68%） $y_2 = 23.020 \pm 0.003$ mm（68%）

试计算此两孔的中心距。

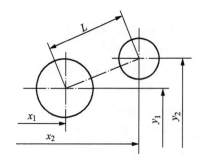

习题图 7-2

第八章 量规检验

8.1 概述

量规检验就是使用量规定性检验几何要素精度合格性的方法。量规是一种专用量具，在大批量生产中使用量规检验，能够提高检验效率、保证产品质量。用量规检验工件时，只能判断工件合格与否，而不能获得工件实际尺寸的具体数值。

量规检验和测量检验有许多共同之处，可以相互借鉴参考。使用量规检验时，可以（有时是必须）与其他测量检验方法同时使用，共同检验被测工件的合格性。

量规设计在满足被测工件检验要求的条件下，即在满足被测工件合格条件的前提下，可以选用标准量规或自行设计非标准量规。在量规设计时，需要根据被测工件的验收合格条件、标准规范、实际经验、检验工况等要求，对量规检验方案、结构、材料、工艺、制造精度、使用精度、维修维护、标记等作出详细规定。

已有相关标准规范的量规，可以根据标准规定，按照标准结构和参数进行设计，也可以根据使用的具体条件和要求，参照相关标准进行变通设计。

没有相关标准规范的量规，如特殊的非标准量规，可以参照测量检验的基本原理、规范以及近似的量规进行设计。

8.1.1 量规分类

量规检验技术在生产实际中得到了广泛的应用，如检验高度、深度等长度尺寸的高度深度量规，检验角度的角度量规，检验锥度的锥度量规，检验孔、轴尺寸的光滑极限量规，检验形位误差的功能量规，检验螺纹的螺纹量规，此外还有花键量规、弹簧量规、齿轮量规，等等。

1. 工作量规、验收量规和校对量规

根据量规的使用功能可以分为：

（1）工作量规。其是指操作者在制造工件过程中使用的量规。

（2）验收量规。其是指检验部门或用户代表在验收工件时使用的量规。

（3）校对量规。其是指在制造量规时或在检验使用中的量规是否已经超过磨损极限时所用的量规。

验收量规一般不单独制造，多用磨损较多的工作量规作为验收量规。考虑到工厂的生产条件不同，量规的使用情况也不尽相同，因此，量规标准通常没有具体规定划分工作量规与验收量规的界限，可由企业根据具体情况自行确定。

2. 边界量规和刻线量规

使用量规的实体边界（如表面、表面上的线或点）作为检验的合格性判断依据的量规，称为边界量规。

使用量规上的刻线标记作为检验的合格性判断依据的量规，称为刻线量规。

3. 通规和止规

在检验时，以量规边界是否能够通过被检验几何要素来判断合格与否的量规，称为通规。当通规能够通过被检验几何要素时，判定被检验几何要素合格。检验时，通规因经常通过被检验工件而与工件发生摩擦，导致在使用中产生磨损。一般通规使用标志"T"表示。

在检验时，以量规边界是否能够通过被检验几何要素来判断合格与否的量规，称为止规。当止规不能够通过被检验几何要素时，判定被检验几何要素合格。一般止规使用标志"Z"表示。

4. 实体量规和数字量规

使用实物材料制成的量规，称为实体量规，也称为硬量规，简称为量规。

在采用三坐标测量机等仪器时，按照量规检验的原理，使用数字处理方法形成的量规称为数字量规，也称为虚拟量规或软量规。

8.1.2 量规检验的一般准则

量规设计、制造和使用的基本目标就是经济地满足检验要求。所谓检验要求就是根据工件的合格条件，不把不合格的工件判定为合格工件（也称误收），也不把大量合格的工件判定为不合格件（也称误废）。所谓经济性，包括两个方面：一方面是指量规设计、制造、维护、维修、检验和使用的成本；另一方面是指因为量规检验造成误废而增大制造成本。

在设计量规时，应遵守以下原则：

（1）保证被判定为合格的被测几何要素的误差在图样规定的允许范围内，防止误收，同时也不造成不合理的误废；

（2）使用方便，提高检验效率；

（3）保证量规制造和使用的经济性，在保证检验精度和使用方便的条件下，具有良好的制造工艺性和磨损后的可修复性；

（4）具有足够的刚性，防止使用和存放过程中产生变形，在保证刚度的条件下，尽量减轻质量；

（5）量规工作表面应该具有较高的耐磨性和抗腐蚀性；

（6）有时可以不按标准规定，而根据生产实际需要设计量规。

8.1.3 量规的技术要求

量规可用合金工具钢、碳素工具钢、渗碳钢及硬质合金等尺寸稳定性好且具有高耐磨性的材料制造，也可用普通碳素钢制造，但其工作表面应进行镀铬或氮化处理，以提高量规工作表面的硬度，其厚度应大于允许磨损量。量规工作表面的硬度应为 HRC 58～HRC 65，并经过稳定性处理。

量规的工作表面不应有锈迹、毛刺、黑斑、划痕等明显影响外观和使用质量的表面缺陷，其他表面也不应有锈蚀和裂纹。量规工作表面的表面粗糙度 Ra 应在 $0.025～0.8~\mu m$ 范围内。量规非工作表面应该进行氧化或其他化学处理。

量规工作部位的形位公差，除有特别规定的以外，应不大于相应尺寸公差的50%，但也不应小于0.002 mm。

刻线量规的刻线部位应磨光，刻线宽度为0.1～0.2 mm，刻线深度为0.03～0.1 mm，直线刻线长度为6～10 mm，刻线应清晰醒目。刻线位置的尺寸公差为刻线间距离的10%，一般以刻线中心表示刻线位置。

量规的各个零件之间的连接应该牢固可靠，不允许存在松动或脱落现象。

量规在交付使用前要经过退磁和稳定性处理。

量规标记应在量规印记面或其他非工作表面上。

8.1.4　量规精度

量规精度设计的基本原则是在不发生误收的前提下，尽量减少误废。

量规在不同阶段有不同的精度要求。量规在制造时（投入使用前）的精度称为量规制造精度；在使用过程中（报废前）的精度称为量规使用精度。量规制造精度是为了限制其制造时的误差；量规使用精度是限制在使用过程中因为摩擦磨损造成的误差。

1. 量规制造精度

量规制造精度是量规在投入使用前的精度要求，主要目的是限制量规的制造误差。量规制造精度要求体现为量规工作部位几何要素的公差带，新制造量规工作部位的实际几何要素必须位于其制造公差带内。

量规几何要素的公差带一般取在被检验要素的相应公差带之内，通常称为公差带内缩原则。

量规公差带的大小，即量规公差的大小，表示量规制造精度要求的高低，影响量规的制造成本，也与发生误废的概率有关。量规公差大，发生误废的概率大；量规公差小，发生误废的概率小。在没有标准规范规定的时候，一般可取相应被检验要素公差的$\frac{1}{10}$～$\frac{1}{3}$。

2. 量规使用精度

量规使用精度是量规在使用过程中的精度要求，主要是限制量规在使用过程中的磨损。量规使用精度体现为规定的量规磨损极限或允许磨损量。

对于在使用时经常通过被检验工件的量规（如通规），磨损较大，应规定其磨损极限，以限制其使用过程中的磨损。一般情况下，量规磨损极限就是量规公差带内缩位置的起点。

量规制造公差带的位置，即量规制造公差带内缩在被测要素相应公差带的位置，代表量规在制造时为使用过程预留的磨损余量的大小。内缩的大小，与量规使用寿命和发生验收误废的概率相关。内缩位置大，预留磨损量大，量规使用寿命长，发生误废的概率大；内缩位置小，预留磨损量小，量规使用寿命短，发生误废的概率小。

量规公差带的大小和位置，直接影响被检验工件的合格性判断（误收和误废）和制造经济性，必须在保证不产生误收的情况下，尽量减少制造成本。

以轴用尺寸量规为例，若通规和止规的尺寸位于被检验工件尺寸公差带之外，则有一部分尺寸超出公差带的工件将被误认为是合格的，造成误收，相当于扩大了被检验工件的尺寸公差，影响工件的使用要求；若通规和止规的尺寸位于被检验工件尺寸公差带之内，则有一部分尺寸位于公差带以内的工件将被误认为是不合格的，造成误废，相当于缩小了被检验工件的尺寸公差，影响加工的经济性，如图 8-1 所示。

8.1.5 量规使用

一般情况下，车间加工人员应该使用较新的、磨损较少的量规，检验人员应该使用磨损较大的、较旧的量规，用户代表应该使用接近磨损极限的量规。这样由生产人员自检合格的工件，检验人员验收时也一定合格。

应该在接近基准测量温度 20 ℃、量规与工件基本等温的情况下使用量规。

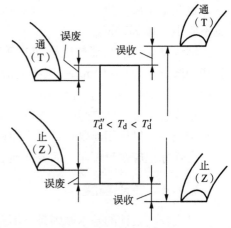

图 8-1 量规尺寸的影响

检验应该在量规自重的作用下进行，只有在量规自重较轻或沿水平方向检验时，才允许对量规稍微施加微小的测量力。测量力不能过大，也不允许边推进边旋转。

当使用多个合格量规检验得到不同的结果时，只要其中有一个量规检验结果合格，就应该认为被检验工件是合格的。

8.2 典型量规

8.2.1 极限尺寸量规

极限尺寸是实际尺寸变动的允许界限。合格条件是工件的实际尺寸不超过最大和（或）最小极限尺寸。

非配合尺寸（非孔、非轴尺寸），如高度、深度等尺寸，在检验时使用高度、深度量规检验其实际尺寸是否在最大、最小极限尺寸的范围内。

配合尺寸（孔、轴尺寸），如光滑孔、轴直径，在检验时使用光滑极限量规检验其实际尺寸是否在最大、最小实体尺寸的范围内。

检验角度尺寸的量规称为角度量规，又称角度极限样板，检验工件的实际角度是否在最大和（或）最小极限角度范围内。

1. 角度量规

角度量规用于检验普通角度尺寸，常用于检验成型刀具、螺纹车刀及工件上的斜面或倒角。

角度量规是极限量规，分为工作量规和校对量规。工作量规用于直接检验被测工件的角度，校对量规用于校验工作量规的角度。

角度工作量规分为最大极限角度量规和最小极限角度量规。最大极限角度量规的公称角度 β_M 是被测角度的最大极限角度 α_{max}；最小极限角度量规的公称角度 β_L 是被测角度的最小极限角度 α_{min}。

角度校对量规的公称角度（β_{XM} 和 β_{XL}）与被校验工作量规相同，即

$$\beta_M = \beta_{XM} = \alpha_{max}$$

$$\beta_L = \beta_{XL} = \alpha_{min}$$

用角度量规检验工件，通常采用光隙法。若用最大极限角度量规检验，光隙在使工件

角度变小的部位,且用最小极限角度量规检验时,光隙在使工件角度变大的部位,则被测角度的实际值在两个极限角度之内,工件合格。图8-2是检验内、外棱角的示意图。

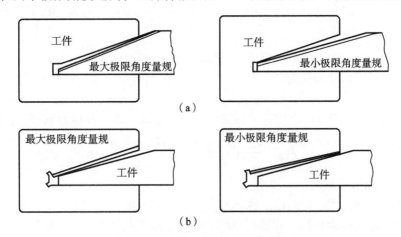

图8-2 极限角度量规检验示意图

(a) 检验内棱角;(b) 检验外棱角

用校对量规检验工作量规时亦采用光隙法。若光隙均匀,则工作量规合格。

(1) 量规结构。角度量规的基本结构形式见表8-1。

表8-1 角度量规的基本结构形式

量规种类		工 作 量 规	校 对 量 规
内棱角量规	对称式	β_M、β_L	β_{XM}、β_{XL}
	垂直式	β_M、β_L	β_{XM}、β_{XL}
外棱角量	对称式	β_M、β_L	β_{XM}、β_{XL}
	垂直式	β_M、β_L	β_{XM}、β_{XL}

（2）量规公差。工作量规的角度公差 T_β 根据被检验角度的角度公差 T_α 和短边长度 l 由附表 33 确定。

角度公差带按照量规精度设计原则，为了防止误收，取单向分布。最大极限角度量规的尺寸公差为

$$\beta_{\mathrm{M}}{}_{-T_\beta}^{\ \ 0}$$

最小极限角度量规的尺寸公差为

$$\beta_{\mathrm{L}}{}_{\ 0}^{+T_\beta}$$

校对量规的角度公差 $T_{\mathrm{X}\beta}$ 取相应工作量规角度公差的一半，并按对称分布，即

$$T_{\mathrm{X}\beta} = \frac{T_\beta}{2} 且 \frac{\beta_{\mathrm{XM}} \pm T_{\mathrm{X}\beta}}{2}, \ \frac{\beta_{\mathrm{XL}} \pm T_{\mathrm{X}\beta}}{2}$$

2. 非孔、非轴尺寸量规

检验非孔、非轴尺寸，如高度、深度和台阶高度等一般长度尺寸时，使用高度、深度量规。高度、深度量规检验非孔、非轴尺寸的实际尺寸是否在最大、最小极限尺寸的范围内。

高度、深度量规的种类、名称、代号及用途见表 8-2。

表 8-2　高度、深度量规的种类、名称、代号及用途

种类	名称	代号	用　　途
工作量规	大端	D	检验工件的实际尺寸是否超出其最大极限尺寸
	小端	X	检验工件的实际尺寸是否超出其最小极限尺寸
校对量规	校-大	JD	量规制造时，检验大端实际尺寸
	校-小	JX	量规制造时，检验小端实际尺寸
	校大-损	DS	量规使用时，检验大端实际尺寸是否超出其磨损极限尺寸
	校小-损	XS	量规使用时，检验小端实际尺寸是否超出其磨损极限尺寸

1）量规结构

根据量规检验时磨损方向的不同，高度、深度量规的结构分为 Ⅰ、Ⅱ、Ⅲ 型。

（1）Ⅰ 型：大端（D）尺寸越磨损越小，小端（X）尺寸越磨损越大，如图 8-3（a）、（b）所示；

（2）Ⅱ 型：大端（D）尺寸和小端（X）尺寸都是越磨损越大，如图 8-3（c）~（e）所示；

（3）Ⅲ 型：大端（D）尺寸和小端（X）尺寸都是越磨损越小，如图 8-3（f）~（h）所示。

2）量规公差

按照量规精度设计准则，高度、深度量规的尺寸公差带如图 8-4 所示，工作量规尺寸公差 T、允许最小磨损量 S 和校对量规的尺寸公差 T_p 参见附表 34。

[**例 8-1**]　设计检验图 8-5（a）所示工件高度尺寸（20±0.26）mm 的量规。

解：根据被检验工件的结构形式，确定高度量规的结构如图 8-5（b）所示，即Ⅲ型高度量规。

工件高度尺寸公差为 ±0.26 mm，由附表可以查出其公差等级相当于 IT14 级。由此可以

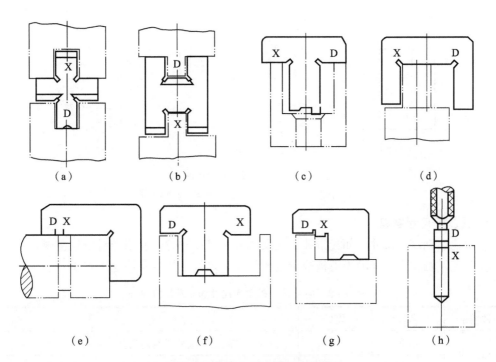

图 8-3　高度、深度量规的结构

(a), (b) Ⅰ型；(c)~(e) Ⅱ型；(f)~(h) Ⅲ型

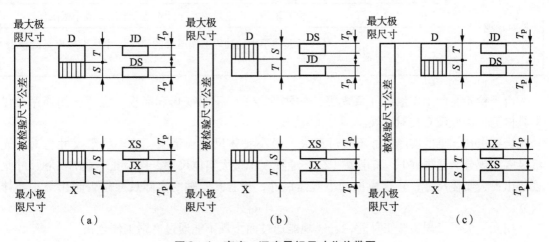

图 8-4　高度、深度量规尺寸公差带图

(a) Ⅰ型；(b) Ⅱ型；(c) Ⅲ型

根据附表确定工作量规的尺寸公差为 $T = 18$ μm，允许最小磨损量为 $S = 19$ μm，则

大端（D）的基本尺寸为 $20 + 0.26 = 20.26$（mm），工作尺寸为 $20.26_{-0.018}^{0}$ mm。

大端（D）的磨损极限为 $20.26 - 0.018 - 0.019 = 20.223$（mm）。

小端（X）的基本尺寸为 $20 - 0.26 + 0.019 + 0.018 = 19.777$（mm），工作尺寸公差为 $19.777_{-0.018}^{0}$ mm。

小端（X）的磨损极限为 $20 - 0.26 = 19.74$（mm）。

量规的公差带如图 8-5（c）所示。

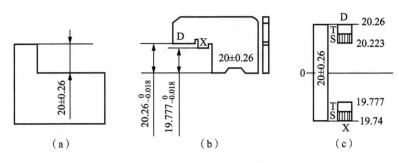

图 8 – 5　例 8 – 1 示例图

(a) 被测工件；(b) 高度量规；(c) 量规公差带

3. 孔、轴尺寸量规

检验孔、轴实际尺寸，如光滑孔、光滑轴等直径尺寸时，使用光滑极限量规。

检验孔、轴实际尺寸的光滑极限量规的种类、名称、代号及用途见表 8 – 3。

表 8 – 3　检验孔、轴实际尺寸的光滑极限量规

种类	名称	代号	用　　途
工作量规	通规	T	检验工件的实际尺寸是否超出其最大实体尺寸
	止规	Z	检验工件的实际尺寸是否超出其最小实体尺寸
校对量规	校 – 通	TT	检验轴用工作通规的实际尺寸是否超出其最小极限尺寸
	校 – 止	ZT	检验轴用工作止规的实际尺寸是否超出其最小极限尺寸
	校 – 损	TS	检验使用中的轴用工作通规的实际尺寸是否超出其磨损极限尺寸

由于检验孔的工作量规（塞规等）的刚性较好，不易变形和磨损，也便于用通用计量器具检测，因此没有校对量规。

当要求孔、轴的实际尺寸不超过最大、最小实体尺寸（最大、最小极限尺寸）时，光滑极限量规分为通规（T）和止规（Z），通规模拟最大实体尺寸，检验孔、轴的实际尺寸是否超出最大实体尺寸；止规模拟最小实体尺寸，检验孔、轴的实际尺寸是否超出最小实体尺寸。

用光滑极限量规检验工件时，若通规能通过而止规不能通过，则工件合格。

1）量规结构

体现极限尺寸的量规（通规或止规）应是两点状的，以控制工件的局部实际尺寸，其尺寸应等于工件的最大或最小实体尺寸，称为非全形量规。

检验轴的非全形量规称为卡规，与被检验轴呈点接触，如图 8 – 6（a）所示。

检验孔的非全形量规理论上应是杆状，与被检验孔呈点接触，如图 8 – 6（b）所示。

2）量规公差

根据量规精度设计原则，光滑极限量规的工作量规与校对量规的公差带布置如图 8 – 7所示。

由图 8 – 7 可见，为了不发生误收，量规公差带全部安置在被检验工件的尺寸公差带内。

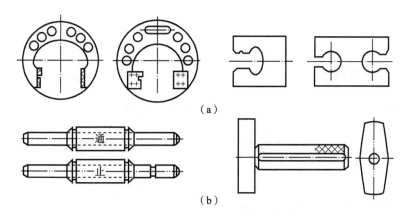

图8-6 检验孔、轴尺寸的光滑极限量规结构

(a) 轴用量规；(b) 孔用量规

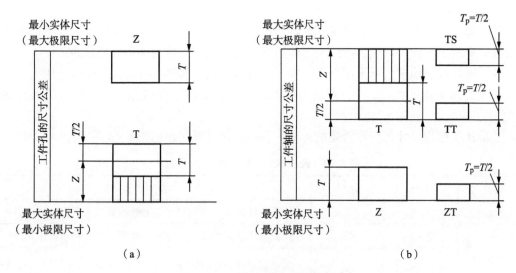

图8-7 光滑极限量规公差带图

(a) 孔用量规；(b) 轴用量规

工作止规的最大实体尺寸等于被检验工件的最小实体尺寸，工作通规的磨损极限尺寸等于被检验工件的最大实体尺寸。

轴用工作量规的三种校对量规中，TT 和 ZT 分别模拟通规和止规的最大实体尺寸，防止工作量规使用时因变形而使尺寸过小。工作通规和止规应该分别被 TT 和 ZT 所通过，所以，TT 称为工作通规的校对通规，ZT 称为工作止规的校对通规。TS 控制工作通规的磨损，防止工作通规使用时因磨损而使尺寸过大，不能被 TS 所通过的工作通规可以继续使用。

与工作量规公差带安置的原则相同，校对量规公差带也全部安置在被检验的工作量规的公差带内，以保证不会把尺寸超出制造公差带或磨损极限的工作量规检验成可以继续使用的量规。而且，由图8-7可见，TT 和 ZT 两校对量规的最小实体尺寸分别等于工作通规和工作止规的最大实体尺寸，TS 的最大实体尺寸等于工作通规的磨损极限尺寸。

孔和轴的工作量规的制造公差 T 和制造公差带中心到被检验工件最大实体尺寸之间的距离 Z（称为位置参数）如附表35所示。各种校对量规的制造公差 T_p 等于被检验的轴用工作量规制造公差的一半 $\left(T_{\mathrm{p}}=\dfrac{T}{2}\right)$。

8.2.2 边界量规

边界是控制实际被测要素的理想几何要素，如最大实体边界、最大实体实效边界等。当实际被测要素不超出其控制边界，也就是实际被测要素的体外作用尺寸不超出边界尺寸时，工件是合格的。边界量规模拟体现检验用的边界，能够通过边界量规的工件是合格的。

边界量规一般为通规。

全形通规是具有完整形状的光滑极限量规通规，可以检验孔、轴的实际表面是否超出其最大实体边界或最大实体实效边界，即检验孔、轴的体外作用尺寸是否超过其最大实体尺寸或最大实体实效尺寸。

功能量规可以检验实际被测要素是否超过其最大实体实效边界。

1. 全形通规

孔、轴尺寸公差采用包容要求（注出符号"Ⓔ"）时，其体外作用尺寸不得超过最大实体尺寸。此时，工件可以用模拟最大实体边界的光滑极限量规的全形通规检验。

孔、轴轴线直线度公差采用最大实体要求或可逆最大实体要求时，其体外作用尺寸不得超过最大实体实效尺寸。此时，可以用模拟最大实体实效边界的光滑极限量规的全形通规检验。

检验体外作用尺寸的全形通规的种类、名称、代号及用途如表 8-4 所示。

表 8-4　检验体外作用尺寸的全形通规

种类	名称	代号	用　途
工作量规	通规	T	检验工件的体外作用尺寸是否超出其最大实体尺寸
校对量规	校-通	TT	检验轴用量规的通规实际尺寸是否超出其最小极限尺寸
	校-损	TS	量规使用时，检验轴用量规的通规实际尺寸是否超出其磨损极限尺寸

由于孔用工作量规（塞规等）刚性较好，不易变形和磨损，便于用通用计量器具检测，因而没有校对量规。

1）量规结构

体现边界的量规（通规），应有完整的表面及结合长度，尺寸应等于被检工件的边界尺寸，以控制工件的作用尺寸，称为全形量规。

检验孔的全形量规称为塞规，其形状应与被检验孔的边界相同，如图 8-8（a）所示。

检验轴的全形量规称为环规，其形状应与被检验轴的边界相同，如图 8-8（b）所示。

在实际应用中，当量规的制造和使用不

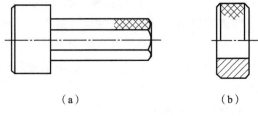

（a）　　　　　　　　　（b）

图 8-8　全形通规结构

（a）孔用量规；（b）轴用量规

方便时，允许使用非全形量规代替全形量规。例如，检验大尺寸孔和轴常用杆规或卡规，检验曲轴轴颈只能用非全形的卡规。实践证明，用非全形量规检验时一般不会发生大量误收的现象。为减少使用非全形量规代替全形量规时可能发生的误收，必要时应在工件的多方位上进行检验。

2）量规公差

根据量规精度设计原则，全形通规与校对量规的公差带布置如图 8-9 所示。

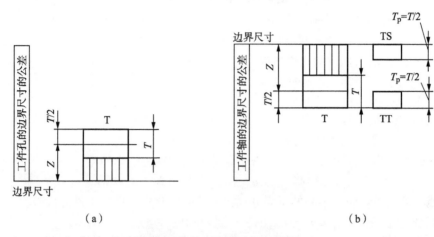

（a）　　　　　　　　　　　　　　（b）

图 8-9　全形通规尺寸公差带图

（a）孔用量规；（b）轴用量规

由图 8-9 可见，为了不发生误收，全形通规公差带全部安置在被检验工件的边界尺寸的公差带内。全形通规的磨损极限尺寸等于边界尺寸。

被检验工件的边界尺寸的公差是形成该边界的尺寸公差和形位公差之和（综合公差），最大实体边界的边界尺寸的公差是其尺寸公差，最大实体实效边界的边界尺寸的公差是其尺寸公差和中心要素的形状公差之和。

轴用全形通规的校对量规中，TT 模拟通规的最大实体尺寸，防止使用中的全形通规因变形而使尺寸过小。全形通规应该被 TT 所通过，所以，TT 称为全形通规的校对通规。TS 控制全形通规的磨损，防止使用中的全形通规因磨损而使尺寸过大，不能被 TS 所通过的全形通规可以继续使用。

与全形通规公差带安置的原则相同，校对量规公差带也全部安置在被检验的全形通规的公差带内，以保证不把尺寸超出制造公差带或磨损极限的全形通规检验成可以继续使用的量规。而且，由图 8-9 可见，校对量规 TT 的最小实体尺寸等于全形通规的最大实体尺寸，TS 的最大实体尺寸等于全形通规的磨损极限尺寸。

孔和轴的全形通规的制造公差 T 和制造公差带中心到被检验工件边界尺寸之间的距离 Z（称为位置参数）如附表 35 所示。各种校对量规的制造公差 T_p 等于被检验的轴用工作量规制造公差的一半 $\left(T_p = \dfrac{T}{2} \right)$。

[**例 8-2**] $\phi25m8$ 轴的尺寸和形状公差的五种不同标注如图 8-10 所示，试分别设计各种精度要求下的轴用工作量规和校对量规。

解： 如图 8-10 所示五种精度标注的轴，其合格条件分别如下所述。

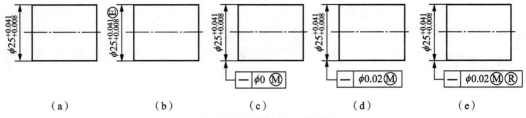

图 8-10　例 8-2 示例图

(a) $d_{\min} < d_a < d_{\max}$；(b) $d_{\min} < d_a$ 且 $d_{fe} < d_M = d_{\max}$；(c) $d_{\min} < d_a$ 且 $d_{fe} < d_M$；

(d) $d_{\min} < d_a < d_{\max}$ 且 $d_{fe} < d_{MV}$；(e) $d_{\min} < d_a$ 且 $d_{fe} < d_{MV}$

图 8-10（a）所示标注的合格条件　$d_{\min} < d_a < d_{\max}$（未注形位公差无须检验）

图 8-10（b）所示标注的合格条件　$d_{\min} < d_a$　且　$d_{fe} < d_M = d_{\max}$

图 8-10（c）所示标注的合格条件　$d_{\min} < d_a$　且　$d_{fe} < d_M$

图 8-10（d）所示标注的合格条件　$d_{\min} < d_a < d_{\max}$　且　$d_{fe} < d_{MV}$

图 8-10（e）所示标注的合格条件　$d_{\min} < d_a$　且　$d_{fe} < d_{MV}$

从上述验收合格条件中可以发现，合格条件可以归纳为下列四项：

$$d_{\min} < d_a < d_{\max}；\quad d_{\min} < d_a；\quad d_{fe} < d_M；\quad d_{fe} < d_{MV}$$

相应地，可以设计四种不同的量规分别按上述四项合格条件对工件进行检验。

（1）检验合格条件 $d_{\min} < d_a < d_{\max}$ 的工作量规和校对量规。

检验合格条件 $d_{\min} < d_a < d_{\max}$ 的工作量规结构选用单头双极限卡规（通规和止规）。

根据被检验轴的尺寸公差 IT 为 0.033 mm，由附表可以查得量规的公差参数为 $T = 3.4 \ \mu m$，$Z = 5 \ \mu m$。

单头双极限卡规的通规部分（T），以被检验轴的最大实体尺寸 25.041 mm 作为基本尺寸时：

$$上偏差 = -\left(Z - \frac{T}{2}\right) = -\left(5 - \frac{3.4}{2}\right) = -3.3 \ (\mu m)$$

$$下偏差 = -\left(Z + \frac{T}{2}\right) = -\left(5 + \frac{3.4}{2}\right) = -6.7 \ (\mu m)$$

$$磨损极限偏差 = 0 \ \mu m$$

则工作尺寸为

$$25.041 \, ^{-0.003\,3}_{-0.006\,7} \ mm = 25.034\,3 \, ^{+0.003\,4}_{0} \ mm$$

磨损极限尺寸为 25.041 mm。

单头双极限卡规的止规部分（Z），以被检验轴的最小实体尺寸 25.008 mm 作为基本尺寸时：

$$上偏差 = +T = +3.4 \ \mu m$$

$$下偏差 = 0 \ \mu m$$

则工作尺寸为 $25.008 \, ^{+0.003\,4}_{0} \ mm$。

校对工作通规的校对量规通规（TT），以工作通规的最大实体尺寸 25.034 3 mm 作为基本尺寸时：

$$上偏差 = T_p = \frac{T}{2} = +1.7 \ (\mu m)$$

$$下偏差 = 0 \ \mu m$$

则工作尺寸为 $25.034\ 3^{+0.001\ 7}_{0}$ mm $= 25.036\ 0^{0}_{-0.001\ 7}$ mm

校对工作通规磨损极限的校对止规（TS），以工作通规的磨损极限尺寸 25.041 mm 作为基本尺寸时：

$$上偏差 = 0 \ \mu m$$

$$下偏差 = -T_p = -\frac{T}{2} = -1.7 \ \mu m$$

则工作尺寸为 $25.041^{0}_{-0.001\ 7}$ mm。

校对工作止规的校验通规（ZT），以工作止规的最大实体尺寸 25.000 8 mm 作为基本尺寸时：

$$上偏差 = T_p = \frac{T}{2} = +1.7 \ \mu m$$

$$下偏差 = 0 \ \mu m$$

则工作尺寸为 $25.008^{+0.001\ 7}_{0}$ mm $= 25.009\ 7^{0}_{-0.001\ 7}$ mm。

设计得到检验合格条件 $d_{min} < d_a < d_{max}$ 的单头双极限卡规的结构如图 8 – 11（a）所示，公差带如图 8 – 11（e）所示。

（2）检验合格条件 $d_{min} < d_a$ 的工作量规和校对量规。

检验合格条件 $d_{min} < d_a$ 的工作量规结构选用单头单极限卡规（止规）。

检验合格条件 $d_{min} < d_a$ 的单头单极限卡规止规（Z）和校对量规（ZT）的尺寸与第一

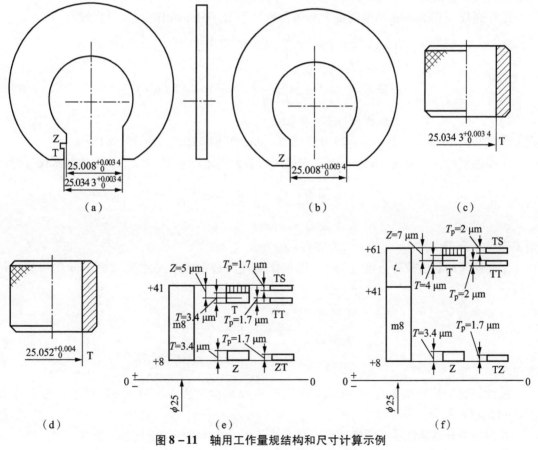

图 8 – 11　轴用工作量规结构和尺寸计算示例

（a）$d_{min} < d_a < d_{max}$；（b）$d_{min} < d_a$；（c）$d_{fe} < d_M$；（d）$d_{fe} < d_{MV}$；（e），（f）公差带

步计算的单头双极限卡规的止规部分（Z）和校对量规（ZT）尺寸相同。

设计得到检验合格条件 $d_{\min} < d_a$ 的单头单极限卡规止规结构如图 8 – 11（b）所示，公差带如图 8 – 11（e）和图 8 – 11（f）所示。

（3）检验合格条件 $d_{fe} < d_M$ 的工作量规和校对量规。

检验合格条件 $d_{fe} < d_M$ 的工作量规结构选用环规（通规），环规的内圆柱表面体现被检验轴的最大实体边界，环规的工作长度稍大于被检验轴的被测长度。

检验合格条件 $d_{fe} < d_M$ 的环规（通规 T）和校对量规（TT、TS）的尺寸与第一步计算的单头双极限卡规通规部分（T）和校对量规（TT、TS）的尺寸相同。

设计得到检验合格条件 $d_{fe} < d_M$ 的环规通规结构如图 8 – 11（c）所示，公差带如图 8 – 11（e）所示。

（4）检验合格条件 $d_{fe} < d_{MV}$ 的工作量规和校对量规。

检验合格条件 $d_{fe} < d_{MV}$ 的工作量规结构选用环规（通规 T），环规的内圆柱表面体现被检验轴的最大实体实效边界，环规的工作长度稍大于被检验轴的被测长度。

工作通规（T）及其校对量规（TT、TS）的尺寸计算时应依据被检验轴的最大实体实效边界的尺寸公差，即其尺寸公差和形状公差的综合公差（0.033 mm + 0.02 mm = 0.053 mm）。

根据被检验轴的边界尺寸公差（综合公差）为 0.053 mm，近似 IT9 级，由附表可以查得量规的公差参数为 $T = 4$ μm，$Z = 7$ μm。

工作通规（T），以被测轴的最大实体实效尺寸 25.061 mm 作为基本尺寸时：

$$上偏差 = -\left(Z - \frac{T}{2}\right) = -\left(7 - \frac{4}{2}\right) = -5 \ (\mu m)$$

$$下偏差 = -\left(Z + \frac{T}{2}\right) = -\left(7 + \frac{4}{2}\right) = -9 \ (\mu m)$$

$$磨损极限偏差 = 0 \ \mu m$$

则工作尺寸为 $25.061 \, ^{-0.005}_{-0.009}$ mm $= 25.052 \, ^{+0.004}_{0}$ mm，磨损极限尺寸为 25.061 mm。

工作通规的校对通规（TT），以工作通规的最大实体尺寸 25.052 mm 作为基本尺寸时：

$$上偏差 = T_p = \frac{T}{2} = +2 \ \mu m$$

$$下偏差 = 0 \ \mu m$$

则工作尺寸为 $25.052 \, ^{+0.002}_{0}$ mm $= 25.054 \, ^{0}_{-0.002}$ mm。

工作通规的磨损校对止规（TS），以工作通规的磨损极限尺寸 25.061 mm 作为基本尺寸时：

$$上偏差 = 0 \ \mu m$$

$$下偏差 = -T_p = \frac{-T}{2} = -2 \ \mu m$$

则工作尺寸为 $25.061 \, ^{0}_{-0.002}$ mm。

设计得到检验合格条件 $d_{fe} < d_{MV}$ 的工作通规结构如图 8 – 11（d）所示，公差带如图 8 – 11（f）所示。

根据被检验轴标注的不同精度要求和合格条件，选择相应的量规如下所述。

图 8 – 10（a）所示工件，选用图 8 – 11（a）所示量规检验；

图 8 - 10 (b) 所示工件，选用图 8 - 11 (b) 和图 8 - 11 (c) 所示量规同时检验；

图 8 - 10 (c) 所示工件，选用图 8 - 11 (b) 和图 8 - 11 (c) 所示量规同时检验；

图 8 - 10 (d) 所示工件，选用图 8 - 11 (a) 和图 8 - 11 (d) 所示量规同时检验；

图 8 - 10 (e) 所示工件，选用图 8 - 11 (b) 和图 8 - 11 (d) 所示量规同时检验。

[例 8 - 3] 设计检验孔的直径尺寸为 $\phi60H9(^{+0.074}_{0})$Ⓔ的量规。

解： 由孔的直径尺寸 $\phi60H9$ Ⓔ，得知该孔的合格条件是其体外作用尺寸必须不超出最大实体尺寸，且实际尺寸必须不大于最小实体尺寸。

工作通规结构选用双头塞规。通规是全形量规，其外圆柱表面模拟孔的最大实体边界，工作长度稍大于被检验孔的被测长度；理论上，止规结构应选用非全形塞规（非全形圆柱），体现最小实体尺寸。孔用工作量规无校对量规。

根据被检验孔的尺寸公差 IT 为 0.074 mm，由附表可以查得量规公差参数为 $T = 6$ μm，$Z = 9$ μm。

通规（T）以被检验孔的最大实体尺寸 60 mm 作为基本尺寸时：

$$上偏差 = Z + \frac{T}{2} = 9 + \frac{6}{2} = +12 （\mu m）$$

$$下偏差 = Z - \frac{T}{2} = 9 - \frac{6}{2} = +6 （\mu m）$$

$$磨损极限偏差 = 0 \ \mu m$$

则工作尺寸为 $60^{+0.012}_{+0.006}$ mm $= 60.012^{0}_{-0.006}$ mm，磨损极限尺寸为 60 mm。

止规（Z）以被检验孔的最小实体尺寸 60.074 mm 作为基本尺寸时：

$$上偏差 = 0 \ \mu m$$

$$下偏差 = -T = -6 \ \mu m$$

则工作尺寸为 $60.074^{0}_{-0.006}$ mm。

检验 $\phi60H9$ Ⓔ孔的量规公差带和结构如图 8 - 12 (a) 和图 8 - 12 (b) 所示。

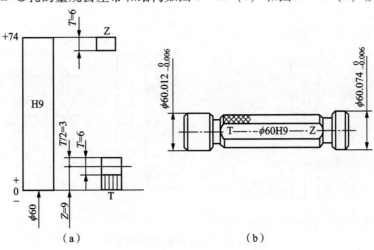

图 8 - 12 ϕ60H9 Ⓔ工作量规

(a) 公差带；(b) 量规的结构形式

2. 功能量规

当被测中心要素的形位公差采用最大实体要求（注出符号Ⓜ），或可逆最大实体要求（注出符号ⓂⓇ）时，表示其相应的实际轮廓应遵守最大实体实效边界，即在给定长度内其体外作用尺寸不得超出最大实体实效尺寸。

当基准要素代号后注有符号Ⓜ时，表示最大实体要求应用于基准中心要素，基准的实际轮廓应遵守相应的边界（最大实体实效边界或最大实体边界）。

功能量规是根据被测要素和基准要素应遵守的边界设计的、模拟装配的通过性量规。能被量规通过的要素，其实际轮廓一定不超出相应的边界。

用不同的功能量规先后检验基准要素的形位误差和（或）尺寸误差及被测要素的定向或定位位置误差的检验方式，称为依次检验。

用同一功能量规同时检验被测要素的定向或定位位置误差及其基准要素的形位误差和（或）尺寸误差的检验方式，称为共同检验。

1）量规结构

功能量规的结构有四种形式：整体式、组合式、插入式和活动式，如图8-13所示。

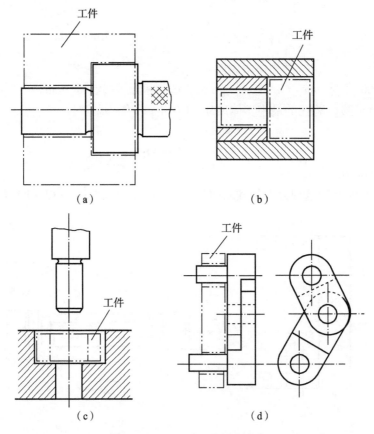

图 8 – 13　功能量规的结构型式

（a）整体型（同轴度量规）；（b）组合型（同轴度量规）；

（c）插入型（同轴度量规）；（d）活动型（平行度量规）

功能量规的工作部位包括：检验部位、定位部位和导向部位，如图8-14所示。

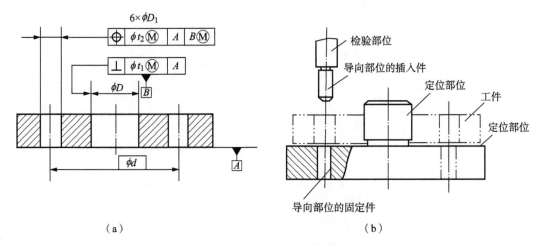

图 8 – 14　功能量规的工作部位示例

（a）被检工件；（b）功能量规

（1）检验部位。检验部位是功能量规上用于模拟被测要素边界的部位。检验部位的尺寸、形状、方向和位置应与被测要素的边界（最大实体实效边界）的尺寸、形状、方向和位置相同。

（2）定位部位。定位部位是功能量规上用于模拟基准或其边界的部位。

若基准要素为中心要素，且最大实体要求未应用于基准要素，则定位部位的尺寸、形状、方向和位置应由其相应的实际轮廓确定，并保证定位部位相对于其实际轮廓不能浮动。

若基准要素为中心要素，且最大实体要求应用于基准要素时，定位部位的尺寸、形状、方向和位置应与其边界的尺寸、形状、方向和位置相同。

若基准要素为轮廓要素，则定位部位的尺寸、形状、方向和位置应与体现实际基准要素的理想要素的尺寸、形状、方向和位置相同。

（3）导向部位。导向部位是功能量规上便于检验部位和（或）定位部位进入被测要素和（或）基准要素的部位。

导向部位的尺寸、形状、方向和位置应与检验部位或定位部位的尺寸、形状、方向和位置相同。

由检验部位或定位部位兼做导向部位时（无台阶式插入型功能量规的插入件），导向部位的尺寸由检验部位或定位部位确定。

台阶式插入型功能量规插入件的导向部位的尺寸由设计者自行确定，但应标准化。

2）量规尺寸与公差

功能量规尺寸与公差的代号见表 8 – 5。

功能量规各工作部位的工作尺寸计算公式见表 8 – 6。

按照量规精度设计准则，为了防止误收，功能量规检验部位的公差带也应与光滑极限量规一样，安置在被测要素的公差带以内。

检验部位的尺寸公差带位置如图 8 – 15（a）所示。

表 8-5　功能量规的尺寸与公差代号

序号	代号	含　义
1	T_D, T_d	被测或基准内、外要素的尺寸公差
2	t	被测要素或基准要素的形位公差
3	T_t	被测要素或基准要素的边界综合公差（$T_t = T_D + t$ Ⓜ 或 $T_t = T_d + t$ Ⓜ）
4	T_I, T_L, T_G	功能量规检验部位、定位部位、导向部位的尺寸公差
5	W_I, W_L, W_G	功能量规检验部位、定位部位、导向部位的允许磨损量
6	S_{min}	插入型功能量规导向部位的最小间隙
7	t_I, t_L	功能量规检验部位、定位部位的定向或定位公差
8	t_G	插入型或活动型功能量规导向部位固定件的定向或定位公差
9	t_G'	插入型或活动型功能量规导向部位的台阶形插入件的同轴度或对称度公差
10	F_I	功能量规检验部位的基本偏差
11	D_I, D_L, D_G d_I, d_L, d_G	功能量规检验部位、定位部位、导向部位内、外要素的尺寸
12	D_{IB}, D_{LB}, D_{GB} d_{IB}, d_{LB}, d_{GB}	功能量规检验部位、定位部位、导向部位内、外要素的基本尺寸
13	D_{IW}, D_{LW}, D_{GW} d_{IW}, d_{LW}, d_{GW}	功能量规检验部位、定位部位、导向部位内、外要素的磨损极限尺寸

表 8-6　功能量规各工作部位的工作尺寸计算公式

工作部位		工作部位为外要素	工作部位为内要素
检验部位（或共同检验时的定位部位）		$d_{IB} = D_{MV}$（或 D_M） $d_I = (d_{IB} + F_I)_{-T_I}^{0}$ $d_{IW} = (d_{IB} + F_I) - (T_I + W_I)$	$D_{IB} = d_{MV}$（或 d_M） $D_I = (D_{IB} - F_I)_{0}^{+T_I}$ $D_{IW} = (D_{IB} - F_I) + (T_I + W_I)$
定位部位（依次检验）		$d_{LB} = D_M$（或 D_{MV}） $d_L = d_{LB\,-T_L}^{\quad 0}$ $d_{LW} = d_{LB} - (T_L + W_L)$	$D_{LB} = d_M$（或 d_{MV}） $D_L = D_{LB\,0}^{\ +T_L}$ $D_{LW} = D_{LB} + (T_L + W_L)$
导向部位	台阶式	$d_{GB} = D_{GB}$ $d_G = (d_{GB} - S_{min})_{-T_G}^{\quad 0}$ $d_{GW} = (d_{GB} - S_{min}) - (T_G + W_G)$	D_{GB} 由设计者确定 $D_G = D_{GB\,0}^{\ +T_G}$ $D_{GW} = D_{GB} + (T_G + W_G)$
	无台阶式	$d_{GB} = D_{LM}$（或 D_{IM}） $d_G = (d_{GB} - S_{min})_{-T_G}^{\quad 0}$ $d_{GW} = (d_{GB} - S_{min}) - (T_G + W_G)$	$D_{GB} = d_{LM}$（或 d_{IM}） $D_G = (D_{GB} + S_{min})_{0}^{+T_G}$ $D_{GW} = (D_{GB} + S_{min}) + (T_G + W_G)$

　　依次检验时，定位部位的尺寸公差带位置如图 8-15（b）所示。共同检验时，定位部位的公差带与检验部位的尺寸公差带相同，如图 8-15（a）所示。

插入型功能量规台阶式导向部位的尺寸公差带位置如图 8 – 15（c）所示。

插入型功能量规无台阶式导向部位的尺寸公差带位置如图 8 – 15（d）所示。

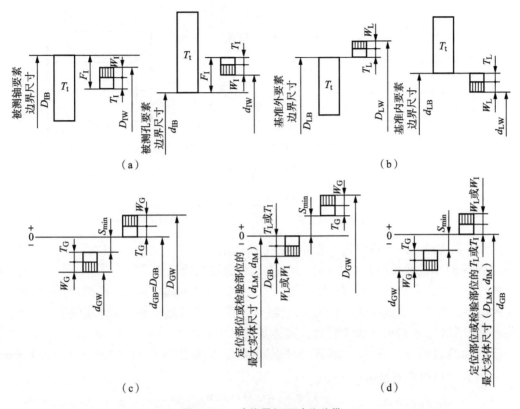

图 8 – 15　功能量规尺寸公差带

（a）检验部位的尺寸公差带位置；（b）定位部位的尺寸公差带位置；（c）插入型功能量规的台阶式导向部位的尺寸公差带位置；（d）插入型功能量规的无台阶式导向部位的尺寸公差带位置

功能量规各部位的公差值见附表 36；检验部位的基本偏差数值见附表 37。

[**例 8 – 4**]　设计图 8 – 16（a）所示轴的直线度功能量规。

解： 设计采用整体型结构，量规的圆柱内表面模拟被测轴的最大实体实效边界。当工件轴能够通过量规时，表示其实际轮廓未超出最大实体实效边界，即轴的单一体外作用尺寸不超出（小于）最大实体实效尺寸。

根据轴的边界综合公差，即其尺寸公差和形状公差之和（0.033 mm + 0.02 mm = 0.053 mm），可以由附表查得 $T_I = W_I = 0.003$ mm，$F_I = 0.006$ mm，则检验部位工作尺寸为

$$D_I = (D_{IB} - F_I)^{+T_I}_{0} = (25.061 - 0.006)^{+0.003}_{0} = 25.055^{+0.003}_{0}　（mm）$$

检验部位磨损极限尺寸为

$$D_{IW} = (D_{IB} - F_I) + (T_I + W_I) = (25.061 - 0.006) + (0.003 + 0.003) = 25.061　（mm）$$

量规公差带见图 8 – 16（b），量规结构简图见图 8 – 16（c）。

例 8 – 2 中按照光滑极限量规设计方法设计该轴通规的工作尺寸为 $25.052^{+0.004}_{0}$ mm，而本例中按照功能量规设计该轴通规的工作尺寸为 $25.055^{+0.003}_{0}$ mm。从中不难发现两种设计方法的区别在于公差带宽度和位置有所区别，但是其检验原理和量规设计原理并无本质区

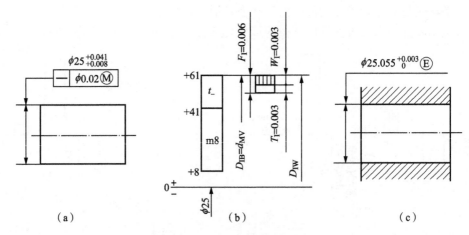

图 8 – 16 直线度量规示例

（a）被测轴的公差要求；（b）量规公差带；（c）量规结构简图

别。因此，在生产实际中可以按企业常用的方法选用。

[**例 8 – 5**]　设计如图 8 – 17（a）所示孔的位置度功能量规。

解：设计采用台阶式插入型功能量规，量规检验部位的圆柱外表面模拟被测孔的最大实体实效边界。当工件孔能够通过量规时，表示其实际轮廓未超出最大实体实效边界，即孔的定位体外作用尺寸不超出（大于）最大实体实效尺寸。

根据轴的边界综合公差，即其尺寸公差和位置度公差之和（0.1 mm + 0.1 mm = 0.15 mm），可以由附表查得：

$$T_{\mathrm{I}} = W_{\mathrm{I}} = 0.006 \ \text{mm}$$

$$T_{\mathrm{G}} = W_{\mathrm{G}} = 0.004 \ \text{mm}$$

$$S_{\min} = 0.004 \ \text{mm}$$

$$t_{\mathrm{I}} = 0.010 \ \text{mm}$$

$$t_{\mathrm{G}}' = 0.003 \ \text{mm}$$

$$F_{\mathrm{I}} = 0.028 \ \text{mm}$$

检验部位：

$$d_{\mathrm{IB}} = D_{\mathrm{MV}} = 19.9 \ \text{mm}$$

$$d_{\mathrm{I}} = (d_{\mathrm{IB}} + F_{\mathrm{I}})_{-T_{\mathrm{I}}}^{\ 0} = (19.9 + 0.028)_{-0.006}^{\ 0} = 19.928_{-0.006}^{\ 0} \ (\text{mm})$$

$$d_{\mathrm{IW}} = (d_{\mathrm{IB}} + F_{\mathrm{I}}) - (T_{\mathrm{I}} + W_{\mathrm{I}}) = (19.9 + 0.028) - (0.006 + 0.006) = 19.916 \ (\text{mm})$$

导向部位：

$$d_{\mathrm{GB}} = D_{\mathrm{GB}} = 18 \ \text{mm}$$

$$D_{\mathrm{G}} = D_{\mathrm{GB}}{}_{0}^{+T_{\mathrm{G}}} = 18{}_{0}^{+0.004} \ \text{mm}$$

$$D_{\mathrm{GW}} = D_{\mathrm{GB}} + (T_{\mathrm{G}} + W_{\mathrm{G}}) = 18 + (0.004 + 0.004) = 18.008 \ (\text{mm})$$

$$d_{\mathrm{G}} = (d_{\mathrm{GB}} - S_{\min})_{-T_{\mathrm{G}}}^{\ 0} = (18 - 0.004)_{-0.004}^{\ 0} = 17.996_{-0.004}^{\ 0} \ (\text{mm})$$

$$d_{\mathrm{GW}} = (d_{\mathrm{GB}} - S_{\min}) - (T_{\mathrm{G}} + W_{\mathrm{G}}) = (18 - 0.004) - (0.004 + 0.004) = 17.988 \ (\text{mm})$$

量规检验部位公差带如图 8 – 17（b）所示；量规导向部位公差带如图 8 – 17（c）所

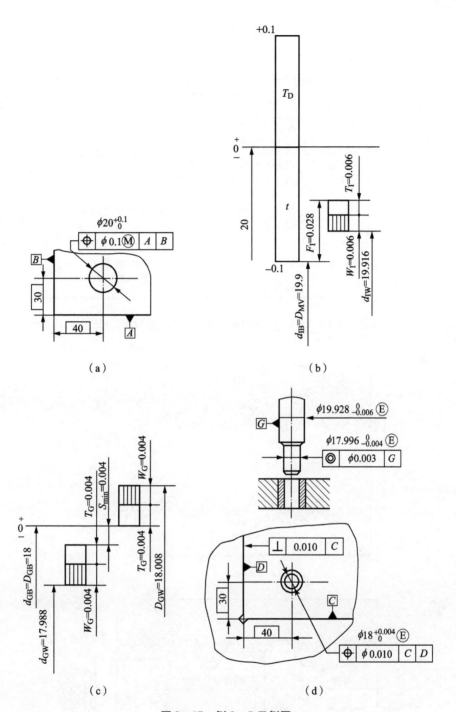

图 8 - 17　例 8 - 5 示例图

（a）位置度功能量规；（b）检验部位公差带；（c）导向部位公差带；（d）量规结构简图

示；量规结构简图如图 8 - 17（d）所示。

3. 螺纹量规

螺纹综合检验常用的量规是螺纹量规和光滑极限量规。用它们检验螺纹时，用于控制螺纹的极限轮廓，只能判断被检螺纹是否合格，而不能测出螺纹参数的具体数值。

使用量规对螺纹进行综合检验，优点是效率高，适用于大批量生产。

普通螺纹的工作量规的名称、代号、功能、特征和使用规则见表 8 – 7。

表 8 – 7　普通螺纹的工作量规的名称、代号、功能、特征和使用规则

量规	检验尺寸	代号	功　　能	特　　征	使用规则
光滑极限量规	实际顶径	通规 T	检验实际顶径是否超出最大实体顶径	光滑卡规或塞规	通过
		止规 Z	检验实际顶径是否超出最小实体顶径		不通过
螺纹量规	实际中径	止规 Z	检验实际中径是否超出最小实体牙形中径	截短的螺纹牙形的环规或塞规	允许与工件螺纹两端的螺纹部分旋合，但不能够超过两个螺距
	作用中径和底径	通规 T	检验作用中径和底径是否超出最大实体牙形中径和底径	完整的螺纹牙形的环规或塞规	旋合通过

图 8 – 18（a）和图 8 – 18（b）分别为用量规检验外螺纹和内螺纹的示意图。

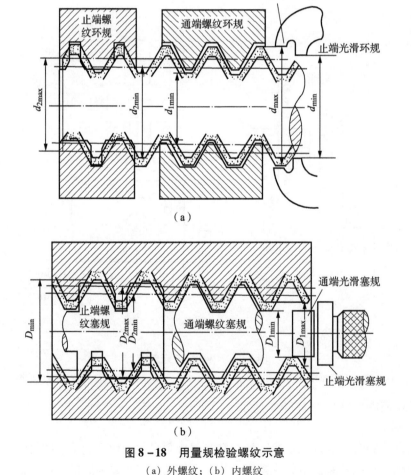

图 8 – 18　用量规检验螺纹示意

（a）外螺纹；（b）内螺纹

4. 一般锥度量规

一般锥度量规是综合检验一般锥度工件的锥角误差、直径偏差和形位误差的量规。

检验内锥面用圆锥塞规，检验外锥面用圆锥环规。常用圆锥量规的种类和结构形式见表 8－8。

表 8－8　常用圆锥量规的种类和结构形式

种　　类		结　构　简　图
锥度环规	刻线式	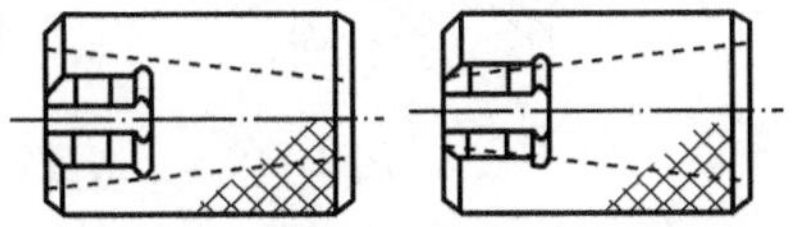
	台阶式	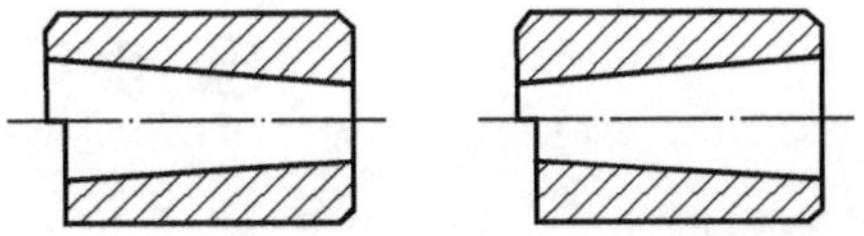
锥度塞规	刻线式	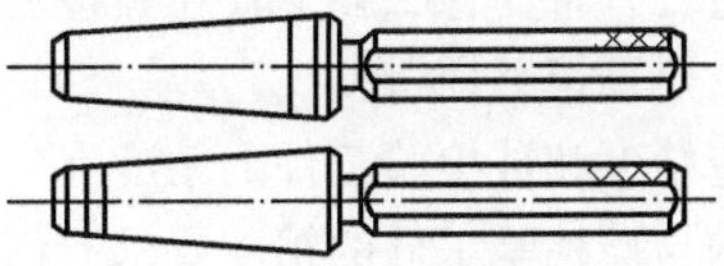
	台阶式	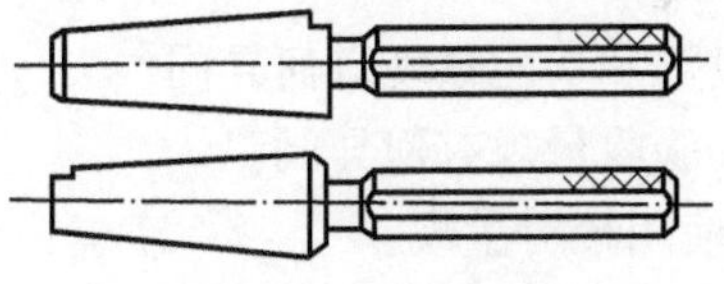

刻线式量规多用于检验锥度较小、直径公差较大，即圆锥直径公差的轴向换算量（m 值）不小于 0.3 mm 的工件。

台阶式量规多用于检验锥度较大、直径公差较小，即圆锥直径公差的轴向换算量（m 值）小于 0.3 mm 的工件。被检验圆锥的基面处在量规台阶（或刻线）区域内（包括在边界上）时，工件合格，否则为不合格，如图 8－19 所示。

锥度量规检验工件的锥度（形状）时多用涂色法。涂色层厚度应不大于 2 μm，量规与工件的接触面面积应不小于 90%。生产中常用涂色法检验锥角误差，如普通车床主轴锥孔的接触斑点，应不少于工作长度的 60%。

只用于检验工件锥度的量规，可以省略其台阶或刻线结构。

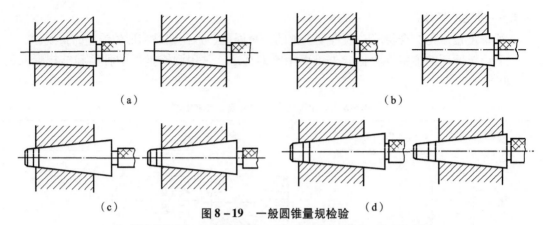

（a）

（b）

（c）　　　**图 8-19　一般圆锥量规检验**　　　（d）

（a）锥孔检验合格（基面在大端）；（b）锥孔检验不合格（基面在大端）；

（c）锥孔检验合格（基面在小端）；（d）锥孔检验不合格（基面在小端）

思 考 题

1. 量规检验有何特点？一般应用于什么情况？

2. 量规制造和使用精度设计的基本原则是什么？

3. 量规的制造公差带为什么要安置在被检验工件的公差带之内？

4. 量规为什么要预留磨损量？

5. 量规的制造精度和被检验工件的精度有何关系？

6. 量规的结构与被检验工件的精度要求有何关系？

7. 螺纹量规的通端和止端各检验螺纹的什么尺寸？光滑极限量规用来检验螺纹的什么尺寸？

8. 光滑极限量规和功能量规有何异同？

9. 工作量规和验收量规有何异同？

10. 为什么要使用校对量规？

练 习 题

1. 设计检验如习题图 8-1 所示工件高度尺寸的量规。

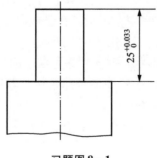

$25^{+0.033}_{0}$

习题图 8-1

2. 计算检验 $\phi30m8$ 轴用工作量规的工作尺寸，并画出量规的公差带图。

3. 用立式光学比较仪测得检验 $\phi32d11$ 的工作卡规的尺寸为通规 $\phi31.890$ mm、止规 $\phi31.755$ mm，试判断该两卡规是否合格？用该两卡规检验工件会产生什么结果？

4. 试设计检验如习题图 8 – 2 所示零件的功能量规（垂直度量规）。

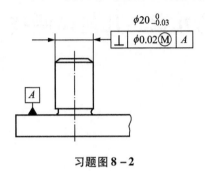

习题图 8 – 2

5. $\phi25H8$ 孔的尺寸和形状公差的五种不同标注如习题图 8 – 3 所示，试分别设计相应的量规。

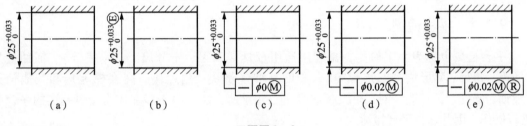

习题图 8 – 3

第九章 几何检测技术

9.1 检测技术

为了判定被测工件的几何精度是否满足设计要求，在多数情况下，需使用计量器具对被测量进行定量检测。

根据所用测量器具的不同，几何量检测可分为平台检测和仪器检测。

9.1.1 平台检测

平台检测也称为手工检测，是利用通用量具（卡尺、千分尺、指示表等）、辅助量具（平板、角尺、V形块、正弦规等）、长度基准（量块、角度块、高度规等）和其他辅具（心轴、圆柱、圆球等）对工件几何参数进行测量的方法。由于多在作为测量基准的平台上进行操作，因此通称平台检测。

平台检测所用工具和量具容易制造，成本低，对环境条件要求不高，适合车间条件下使用。如果测量方案合理、量具具有足够的精度、操作规范，平台检测可以达到相当高的测量准确度。但由于平台检测时间较长，数据处理比较烦琐，有时需要增加若干辅助测量基准，如果处理失当，会引起较大的测量误差。

1. 检测方法

平台检测多应用于间接测量，即测量与被测量有关的其他几何量，通过函数关系计算得到被测量的量值。图 9-1 所示为在平台上测量样板角度 α。将被测角度样板放在平板上，使两个直径相同的圆柱以及尺寸为 a 的量块与样板接触，测出尺寸 M_1 和 M_2，则角度样板的角度 α 为

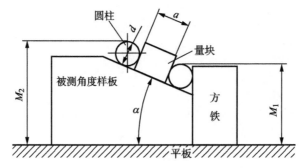

图 9-1 在平台上间接测量样板角度

$$\alpha = \arcsin\left(\frac{M_2 - M_1}{a + d}\right)$$

平台测量一般为微差测量法，即把被测尺寸与标准尺寸相比较，测得被测尺寸与标准尺寸的差值，从而算得被测尺寸。

微差测量有指示表法和光隙法两种，如图9-2所示。指示表法是使用百分表、千分表和电感测微仪等指示式量具测量被测尺寸和基准尺寸的差值。光隙法是在标准件和被测工件之间放一检验平尺（或刀口尺），根据检验平尺与被测工件之间透光缝隙的大小，确定被测尺寸和标准尺寸之间的差值，再算得被测尺寸。

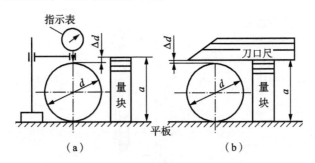

图9-2　平台比较法测量

（a）指示表法；（b）光隙法

用光隙法时，若光隙较大，可以直接用塞尺确定其大小；当光隙较小时，可以与图9-3所示方法获得的标准光隙相比较。对极小的光隙可根据其颜色估计其大小：光隙为0.5 μm 时即可透光；光隙为0.8 μm 左右时呈蓝色；光隙为1.25～1.75 μm 时呈红色；光隙超过2～2.5 μm 时呈白色。

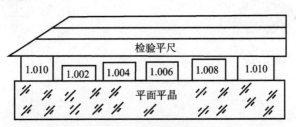

图9-3　标准光隙

标准光隙是在一定条件下形成的，测量时的实际光隙只有与同样条件下形成的标准光隙相比较，才能够保证足够的测量准确度。

2. 常用工具

平台检测中主要使用指示表、塞尺、高度规等测量工具和平板、检验平尺、角尺、方箱、弯板、V形块、圆柱、圆球、正弦规、心轴等辅助工具。

1）平板

在测量时作为基座使用的平板（平台）的工作表面为测量基准平面。平板应具有足够的刚度和精度稳定性。常用的有铸铁平板和岩石平板。铸铁平板由灰口铁或合金铸铁制成，其精度由高到低分为000、00、0、1、2和3级；岩石平板用花岗岩、辉绿岩等制成，其精度由高到低分为000、00、0和1级。

铸铁平板的规格及其精度见附表38。

2）指示表

指示表是车间常用的测量仪器，在平台测量中用于测量和显示被测尺寸和标准尺寸的差值。指示表按其分度值分为百分表（分度值为 0.01 mm）和千分表（分度值为 0.001 mm、0.002 mm 或 0.005 mm）。常用的机械式指示表有钟表式指示表和杠杆式指示表两种，它们是利用齿轮或杠杆机构把测杆的微量直线位移放大并转换为指针的角位移。图 9 − 4 所示为各种指示表的外形图。除了机械式的指示表以外，还有电感测微仪、数显指示表等。

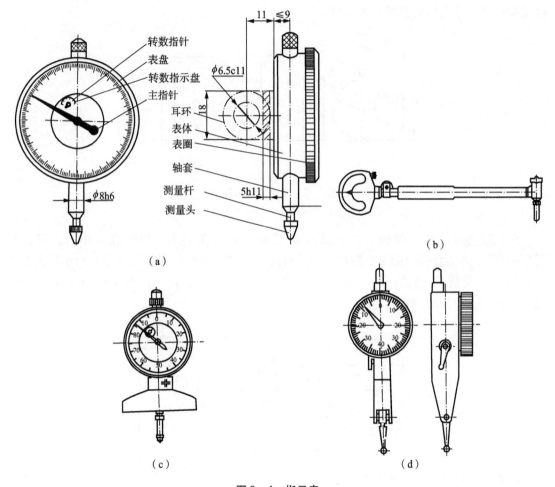

图 9 − 4　指示表

（a）千分表；（b）内径百分表；（c）深度百分表；（d）杠杆千分表

指示表的主要精度参数见附表39。

9.1.2　量仪检测

量仪检测是使用测量仪器对被测量进行测量。被测量可以是单一特征参数，也可以是综合特征参数。例如用表面粗糙度检查仪测量表面粗糙度参数、圆度测量仪测量圆度误差、齿轮单啮检查仪测量切向综合误差等。

测量仪器通常分为通用量仪和专用量仪。通用量仪应用范围广，如工具显微镜可在其测量范围内测量工件的长度和角度等；专用量仪则是专门测量某类工件或某些参数测量仪器，如测量齿轮的双面啮合综合测量仪，测量轴承径向游隙的游隙测量仪等。

下面简要介绍几种常用的通用量仪。

1. 卡尺和千分尺

卡尺和千分尺是车间常用的测量仪器，如图 9 – 5 所示。

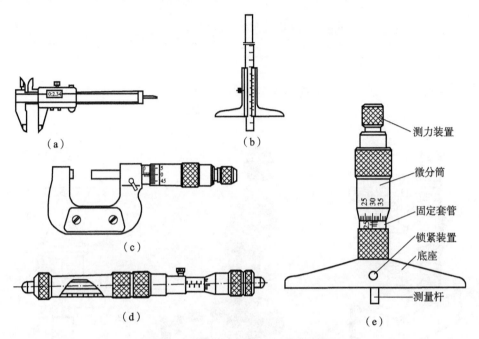

图 9 – 5 卡尺和千分尺的主要精度参数
（a）数显卡尺；（b）深度游标尺；（c）外径千分尺；（d）内径千分尺；（e）深度千分尺

卡尺的主要作用是测量长度、厚度、深度、高度、直径等尺寸。常用的卡尺有游标卡尺、高度游标尺、深度游标尺、带表卡尺、数显卡尺等。

千分尺按其主要用途分为测量外尺寸的外径千分尺、测量内尺寸的内径千分尺和测量深度的深度千分尺。

卡尺和千分尺的主要精度参数见附表 40。

2. 投影仪

投影仪是通过光学系统，将被测工件轮廓或表面形状以精确的放大率投影于仪器投影屏上，然后对轮廓影像进行测量的仪器。投影方式可以是透射式或者是反射式。投影仪的工作原理如图 9 – 6 所示。

投影仪适合各种中小型工件的轮廓或表面测量，如曲线、仪器仪表工件测量等。

3. 光学比较仪

光学比较仪是计量室常用的微差测量仪器，也称为光学计。测量前先用标准件将仪器调零，然后测得被测尺寸与标准件的差尺寸值。如图 9 – 7 所示的是立式光学比较仪的外形和测量原理。

光学比较仪分为立式光学比较仪和卧式光学比较仪。立式光学比较仪用于测量外尺寸，卧式光学比较仪可以测量外尺寸和内尺寸。分度值为 0.001 mm 的立式光学比较仪可以检定

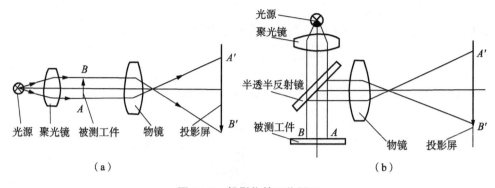

图 9 – 6 投影仪的工作原理

（a）透射式；（b）反射式

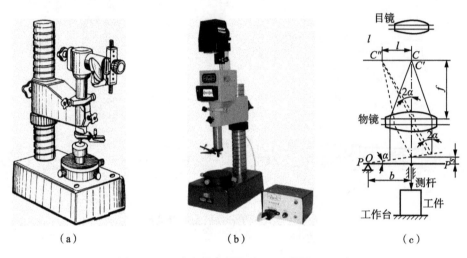

（a）　　　　　　　　　　　（b）　　　　　　　　　　　（c）

图 9 – 7 立式光学比较仪外形和测量原理示意

（a），（b）立式光学比较仪外形；（c）测量原理

5 等量块，分度值为 0.000 2 mm 的超级光学比较仪可以检定 3 等量块。

比较仪的主要精度参数见附表 39。

4. 工具显微镜

工具显微镜是一种多用途的光学机械式的两坐标测量仪器，主要用于测量中小型工件的长度、角度、形状和坐标尺寸。由于工具显微镜操作方便、附件多、用途广、精度高，故在生产实际中得到广泛使用。

工具显微镜分为小型、大型、万能和重型四类。万能工具显微镜的分度值为 0.001 mm，坐标定位精度高，配备附件多。其可以与分度台或分度头结合按极坐标系及圆柱坐标系测量，可以测量渐开线、螺旋线等特殊曲线。它是企业必备的基本测量仪器之一。图 9 – 8 所示为大型和万能工具显微镜的外形图。

5. 三坐标测量机

三坐标测量机（简称 CMM）是 20 世纪 60 年代发展起来的一种以精密机械为基础，综合运用电子、计算机、光栅或激光等先进技术的高效、综合测量仪器。其原理是通过测得被测要素的 X、Y、Z 三维坐标值，再进行相应的数据处理，得到其要求的特征值。由于使用

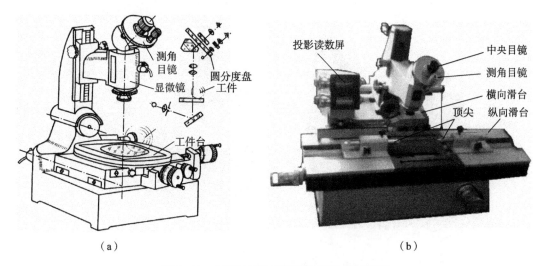

图9-8　大型工具显微镜和万能工具显微镜

(a) 大型工具显微镜；(b) 万能工具显微镜

计算机进行控制、采样和数据处理，并运用误差补偿技术，因此可以达到很高的测量准确度。

三坐标测量机具有较大的万能性。各种复杂形状的几何表面，只要测头能够采样，就可得到各点的坐标值，并由计算机完成数据处理。测量时，不要求被测工件的基准严格与测量机坐标方向一致。它可以通过测量实际基准的若干点后建立新的坐标系，从而节省工件找正的时间，提高检测效率。

目前，三坐标测量机已被广泛应用于机械、电子、汽车、国防、航空等行业之中，被誉为综合测量中心。在现代自动化生产中，三坐标测量机直接进入生产线进行在线检测，并采取相应工艺对策，及时防止废品的发生。

1）三坐标测量机的结构

三坐标测量机分为大、中、小、便携式四种类型。大型三坐标测量机主要用于检测大型零部件，如飞机机身、汽车车体、航天器等；中型三坐标测量机在机械制业中应用最为广泛，适合一般机械零部件的检测；小型三坐标测量机一般用于电子工业和小型机械工件的检测。便携式测量机轻便、易携带，适合于检测无法搬动的大型工件，如图9-9 (a) 所示。

三坐标测量机由本体、测量头、标准器、测量控制系统及数据处理系统组成，如图9-9 (b) 所示。

三坐标测量机的本体主要包含底座、测量工作台、立柱、导轨及支承等，其结构形式有悬臂式、龙门式、桥式和镗式，如图9-9 (c) 所示。

悬臂式测量机小巧、紧凑，工作面开阔，装卸工件方便，但悬臂结构容易变形；龙门式测量机的特点是当龙门移动或工作台移动时，装卸工件方便，操作性能好，适用于小型测量机；桥式测量机的刚性强，变形小，X、Y、Z 的行程都可增大，适用于大型测量机；坐标镗式或卧式镗式是在坐标镗床或卧式镗床的基础上发展起来的，测量准确度高，但结构复杂。

2）测量头

三坐标测量机测量系统的主要部件是测量头和标准器。测量头种类很多，大致可归纳为

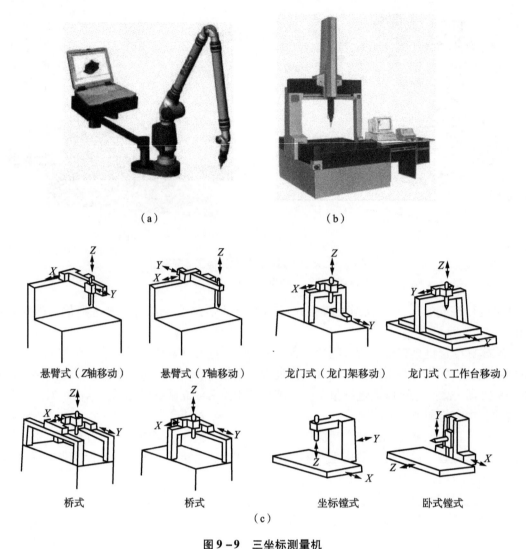

（a）　　　　　　　　　　　　　　（b）

悬臂式（Z轴移动）　　悬臂式（Y轴移动）　　龙门式（龙门架移动）　　龙门式（工作台移动）

桥式　　　　　　　桥式　　　　　　坐标镗式　　　　　卧式镗式

（c）

图 9 - 9　三坐标测量机

（a）便携式测量机；（b）三坐标测量机；（c）三坐标测量机结构类型

以下几种类型。

（1）机械接触式测量头，又称硬测头。它没有传感系统，只是一个纯机械式接触头，典型的有圆锥测头、圆柱测头、球形测头等。

（2）光学非接触测头。其是采用激光器和新型光电器件（如光电位置敏感器件 PSD 等）按激光三角法测距原理设计的非接触测量头，特别适用于测量软、薄、脆的工件以及在航空、航天、汽车，模具等行业中对自由曲面的高速测量。

（3）电气式测量头。其是现代三坐标测量机主要采用的测量头，包括电气接触式测头和电气式动态测头。前者又称软测头（静态测头），测头的测端与被测件接触后可做偏移，由传感器输出位移量信号。这种测头不但用于瞄准，还可用于测微；后者在向工件表面触碰的运动过程中，在与工件接触的瞬间进行测量采样，故称为动态测头，也称触发式测头。它不能以接触状态停留在工件旁，因而只能对工件表面做离散的逐点测量，而不能做连续的扫描测量。在测量曲线、曲面时，应使用静态测头做扫描测量。

3）标准器

三坐标测量机标准器的种类较多。机械类有刻线标尺、精密丝杠、精密齿条等；光学类有光栅等；电类有感应同步器、磁栅、编码器等。

4）测量与控制系统

三坐标测量机的测量控制系统是通过计算机实现的数字控制，实现对位置、方向、速度、加速度的测量和控制。

三坐标测量机一般有手动和自动两种工作方式，还具有手动示教学习功能。

自动测量适用于成批工件的重复测量。测量时先对每一个工件测量一次，计算机将测量过程（如测头的移动轨迹、测量点坐标、程序调用等）存储到计算机中，然后通过数控伺服机构控制测量机，按程序自动对其余同样的工件进行测量，由计算机算得测量结果，即所谓的自学习功能。

5）数据处理系统

目前，三坐标测量机一般配备专用计算机或通用计算机，由计算机采集数据，对测得数据进行计算处理，并与预先存储的理论数据相比较，然后输出测量结果。

根据工件表面各测点的坐标值，用解析几何的方法计算各种几何参数值，如两点间距离、直径、位置坐标、几何误差的最小包容区域、体外作用尺寸或体内作用尺寸等。

测量机生产厂家一般提供若干测量应用软件，如测头校验程序、坐标转换程序、普通测量程序、齿轮测量程序、几何误差测量程序、凸轮测量程序、螺纹测量程序、叶片测量程序、虚拟量规检测程序等。使用者可以使用随机提供的程序，也可使用提供的语言自编程序进行数据处理，或者将测量数据输出到其他设备进行计算处理。

9.2　表面结构检测

表面粗糙度可以采用目测检验、比较检验和专用量仪进行检测。对于精度很低、不需要精确检查的表面，可以用目测法检验；用目测不能够做出判断时，可采用表面粗糙度标准样块通过视觉法或触觉法进行比较检验；对于精度较高的重要表面，则应采用仪器进行测量。

9.2.1　一般规则

用仪器进行测量时，要选定正确的测量方向，当没有特别注明方向时，应在横向轮廓上进行测量，即垂直于加工纹理方向。若加工纹理方向难以确定，则应在多个方向上测量，并以较大测得值的方向作为测量方向。

测量表面粗糙度时，为了排除表面波纹度对测量结果的影响，应根据表面粗糙程度选择适当的取样长度 l_r 和评定长度 l_n，并根据参数的定义在各个取样长度上计算测量结果。取样长度和评定长度的选用见附表41。

当设计给定的表面粗糙度高度参数是上限值时，如果所有实测值中超过设计给定限值的个数少于总数的16%，则该表面合格。当设计给定的表面粗糙度高度参数是最大值时，则所有实测值均不能够超过设计给定值，否则该表面不合格。

9.2.2 检测方法

常用的表面粗糙度的检测方法有比较法、光切法、干涉法、针描法和印模法等。

1. 比较法

比较法是凭视觉或触觉将被测表面与已知其评定参数值的表面粗糙度样块进行比较，来判断被测表面粗糙度的方法。当被测表面较粗糙时，用目测比较；当被测表面较光滑时，可借助于放大镜比较；当被测表面非常光滑时，可借助于比较显微镜或立体显微镜进行比较，以提高检测准确度。

用比较法检验时，粗糙度样块应具有和被测表面相同的加工方法、几何形状、色泽和材料，这样才能保证评定结果的可靠。进行批量加工时，可以先加工出一个合格工件，并精确测出其表面粗糙度参数值，以它作为比较样块检验其他工件。

用比较法检验简便易行，常在生产实践中使用，适合在车间条件下评定较粗糙的表面。此方法的判断准确程度在很大程度上与检验人员的技术熟练程度有关。

用比较法检验结果有争议时，需用仪器测量作为仲裁。

2. 光切法

光切法是利用"光切原理"测量表面粗糙度的方法，所用测量仪器称为光切显微镜。图 9 – 10 （a）所示为光切显微镜的外形图。

光切原理如图 9 – 10 （b）所示。由光源发出的光线经狭缝和物镜后形成一平行光束，此光束以与被测表面成 45° 夹角的方向射向被测表面，形成一窄长光带。光带边缘的形状，即光束与工件表面的交线，也就是工件在 45° 截面上的轮廓形状，此轮廓曲线的廓曲线在波峰 S 点反射，在波谷 S′ 点反射，通过物镜成像在分划板上的 a 和 a' 点，其峰、谷影像高度差为 N，由仪器的测微装置中的十字线分别瞄准峰、谷点，即可读出此值，如图 9 – 10 （c）所示。再经计算可得到评定参数 Rz 的数值。

光切显微镜适用于测量表面粗糙度 $Rz = 0.8 \sim 80$ μm 的表面，也可用于测量表面粗糙度的间距参数。

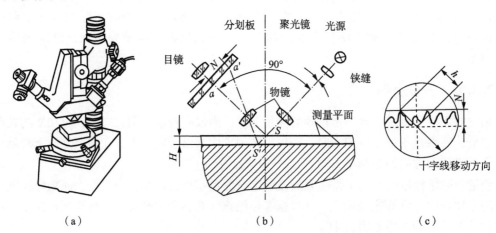

图 9 – 10　光切显微镜及其测量原理

（a）光切显微镜的外形图；（b）光切原理；（c）峰、谷影像

3. 干涉法

干涉法是利用光波干涉原理测量表面粗糙度的方法。根据干涉法设计制造的仪器称为干涉显微镜，如图 9 – 11（a）所示。

图 9 – 11（b）为干涉显微镜的基本光路系统。由光源发出的光线经平面镜反射向上，至半透半反分光镜后分成两束。一束向上射至被测表面 P 返回，另一束向左射至参考镜 R 返回。此两束光线会合后形成一组干涉条纹，如图 9 – 11（c）所示。干涉条纹的弯曲程度反映了被测表面的状况，由仪器的测微装置对干涉条纹进行测量，再经计算得到参数评定参数 Rz 值，其测量范围为 0.03～1 μm。

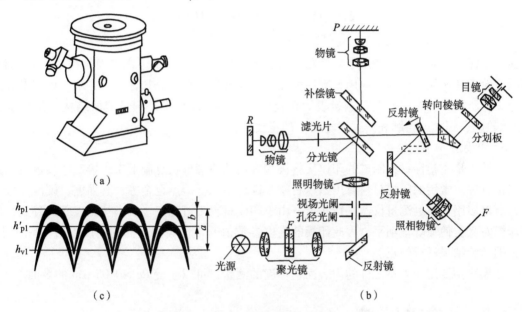

图 9 – 11 干涉显微镜及其测量原理

（a）外形示意；（b）干涉显微镜的基本光路系统；（c）两束光线会合后形成一组干涉条纹

4. 针描法

针描法是利用仪器的触针在被测表面上轻轻划过，被测表面的微观不平轮廓将使触针做垂直方向的位移，再通过传感器将位移量变化转换成电量的变化，经信号放大后送入计算机，处理计算后显示出被测表面粗糙度的评定参数值，也可绘制出被测表面轮廓的误差图形。图 9 – 12（a）所示为针描法测量表面粗糙度的轮廓仪外形图，图 9 – 12（b）所示为其原理图。

按针描法原理设计制造的表面粗糙度测量仪器通常有一个曲率半径很小（通常为 2 μm、5 μm、10 μm）的金刚石触针与被测表面接触，静态测量力的标称值为 0.000 75N。根据转换原理的不同，轮廓仪有电感式、电容式、压电式等几种。轮廓仪可测量轮廓的幅度参数、间距参数和混合参数。测量 Ra 值的范围为 0.025～6.3 μm。

此外，还有光学触针轮廓仪，它采用透镜聚焦的微小光点代替金刚石针尖，表面轮廓的高度变化通过检测焦点误差来实现。该方法也称为光学探针法，属于非接触测量，用于测量如光盘、半导体基片、化学样品等易被划伤的表面。

轮廓仪测量速度快、操作方便、显示直观，还可测量多种形状的工件表面，如轴、孔、

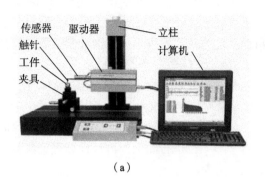
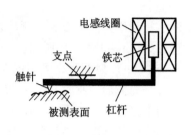

（a） （b）

图 9 - 12 电感式轮廓仪及测量原理

（a）外形示意；（b）原理示意

球面、沟槽等。它被广泛应用于生产和科研领域。国家标准已将组成表面结构的原始轮廓、粗糙度轮廓和波纹度轮廓统一用轮廓法由相应的滤波器进行区分和评定，并统一评定参数及其定义，所以，轮廓仪不仅是测量表面粗糙度的仪器，而且将是测量表面结构各组成成分（原始轮廓、粗糙度轮廓和波纹度轮廓）的主要仪器。

5. 印模法

印模法是用塑性材料制成的印模块将被测表面的轮廓形状复制下来，再对印模进行测量的间接方法。常用的印模材料有川蜡、石蜡、赛璐珞、低熔点合金等，其强度、硬度一般不高，所以多用非接触测量仪器进行测量。由于印模材料不可能完全填满被测表面的谷底，取下印模时又会使波峰被削平，因此印模的高度参数值通常比被测表面的高度参数实际值小，应根据实验结果进行修正。

印模法主要用于大型工件的内表面粗糙度的测量，可以测量 $Ra > 0.05~\mu m$ 的表面。

9.3 长度尺寸检测

在几何量检测中，长度尺寸是最基本、最重要的检测参数，其中最多的是轴和孔直径的测量。

9.3.1 验收极限的确定

1. 误收和误废

当采用普通计量器具测量工件尺寸时，由于存在测量误差，测得尺寸可能大于也可能小于被测尺寸的真值。如果以最大和最小极限尺寸作为验收极限，则位于极限尺寸附近的测得值将会产生误判，即把位于公差带以外的废品判为合格品，或把位于公差带内的合格品判为废品，前者称为误收，后者称为误废。

如图 9 - 13 所示轴的公差带，测得尺寸 d_{a1} 位于公差带之外，应判为废品，但由于存在测量误差，该尺寸的真值可能位于轴的尺寸公差带之内，阴影部分

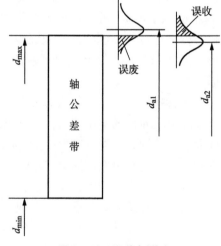

图 9 - 13 误收与误废

即为误废的概率。同样，判为合格尺寸的 d_{a2} 的真值可能位于轴的尺寸公差带之外，阴影部分即为该尺寸误收的概率。

2. 验收原则及验收极限的确定

国家标准规定的验收原则是：所用验收方法只接收位于规定的尺寸极限内的工件。

由于计量器具和测量系统都存在内在误差，任何测量都不能测得真值。此外，普通计量器具只能用于测量局部尺寸，不能测量要素的形状误差。同时，考虑到在车间实际情况下的验收条件及环境。因此，国家标准对验收极限的确定规定了以下两种方式。

（1）内缩方式。其是指验收极限从被测工件的极限尺寸向公差带内移动一个安全裕度 A，如图 9 – 14（a）所示。

$$上验收极限 = 最大极限尺寸 - 安全裕度（A）$$
$$下验收极限 = 最小极限尺寸 + 安全裕度（A）$$

（2）不内缩方式。其是指验收极限等于被测工件的极限尺寸，即 $A=0$，如图 9 – 14（b）所示。

选择验收极限方式时，应综合考虑被测工件的精度要求、尺寸的分布特性和工艺能力等因素。对于采用包容要求的尺寸、公差等级较高的尺寸，其验收极限应采用双边内缩的方式；当工艺能力指数 $C_p \geq 1$ 时，其验收极限可以采用不内缩的方式，但对于采用包容要求的尺寸，应采用单边内缩的方式，即在其最大实体尺寸一边内缩；对于偏态分布的尺寸，其验收极限采用单边内缩的方式，即仅在尺寸偏向的一边内缩，如图 9 – 14（c）所示；对于非配合尺寸和一般公差要求的尺寸，其验收极限采用不内缩的方式。

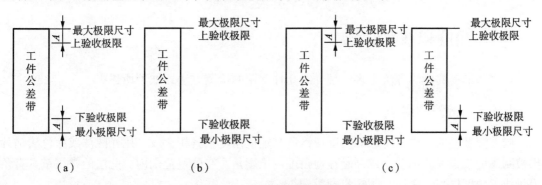

图 9 – 14　验收极限的确定方式
（a）双测内缩；（b）双测不内缩；（c）单测内缩

安全裕度 A 的大小应从加工和检测两个方面综合考虑决定。A 值大时，可选用精度低的测量器具，但减少了生产公差，因而加工经济性差；A 值小时，需要使用精度高的测量器具，测量费用高，但加工经济性好。标准规定 A 值取被测尺寸公差 T 的 $\frac{1}{10} \sim \frac{1}{3}$。

9.3.2　计量器具的选择

对于精度要求不高的尺寸，通常采用卡尺、千分尺测量；当工件的尺寸精度要求较高时，可选用测长仪、测长机、万能工具显微镜等进行测量，还可用三坐标测量机测量。相同精度的孔比轴测量困难，特别是小孔、深孔和盲孔，需采用专用仪器或特殊的测量方法。

选用计量器具的首要因素是保证所需的测量度，因此标准规定按计量器具所引起的测量不确定度允许值 u_1 选择计量器具。选择时，应使所选用的计量器具的测量不确定度 u_1' 小于或等于其选定的允许值 u_1。

计量器具的测量不确定度允许值 u_1 按测量不确定度 u 与工件公差的比值分挡，IT6 ~ IT11 分为 Ⅰ、Ⅱ、Ⅲ 挡，IT12 ~ IT18 分为 Ⅰ、Ⅱ 挡。Ⅰ、Ⅱ、Ⅲ 挡的测量不确定度 u 分别为工件公差的 $\dfrac{1}{10}$、$\dfrac{1}{6}$ 和 $\dfrac{1}{4}$，计量器具的测量不确定度 u_1 约为 u 的 0.9 倍。

计量器具测量不确定度的允许值的数值 u_1 列于附表 42。

[例 9 – 1] 试确定 $\phi140H10$ 的验收极限，并选择相应的计量器具。

解：根据 $T_D = 0.16$ mm 可知 $A = 0.016$ mm，按 Ⅰ 挡查附表确定计量器具不确定度允许值为 $u_1 = 0.015$ mm，则

上验收极限 = $D_{max} - A = 140 + 0.16 - 0.016$

$\qquad\qquad\quad = 140.144$（mm）

下验收极限 = $D_{min} + A = 140 + 0.016 = 140.016$（mm）

验收极限如图 9 – 15 所示。查附表选择不确定度 $u_1' = 0.013$ mm 的内径千分尺可满足测量要求（$u' < u_1$）。

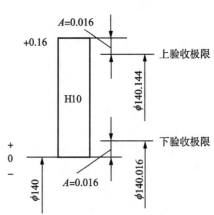

图 9 – 15　$\phi140H10$ 的验收极限

9.4　角度和锥度检测

角度和锥度的检测方法很多，现介绍几种常用的检测方法，如下所述。

9.4.1　微差测量法

微差测量法的实质是将被测角度或锥度与定值角度量具相比较，用光隙法或涂色法估计出被测角度或锥度的偏差，或判断被检角度或锥度是否在公差范围内。此法的常用量具有角度量块、角度样板、角尺、圆锥量规等。

角度量块是角度检测中的标准量具，其精度分 1 级和 2 级两种，1 级角度量块工作角的偏差不超过 $\pm10''$，2 级不超过 $\pm30''$，测量面的平面度误差不应超过 0.3 μm。角度量块主要用于检定和调整测角仪器和量具、校对角度样板，也可以直接用于检验高精度工件的角度。角度量块可以单独使用，也可利用附件组合使用，测量范围为 10° ~ 350°。

角度样板是根据被测角度的理论值设计的标准样板，通常也用光隙法检查被测角度的合格性。它主要用于检查倒棱、斜面及刀具的几何角度，也可根据需要设计角度极限样板，即用通端样板和止端样板控制实际角度。

角尺的公称角度为 90°，故常称直角尺，通常借目测光隙或用塞尺来确定工件的实际角度对直角的偏差。根据直角尺工作角的极限偏差，角尺分为 0、1、2、3 四个精度等级。0 级角尺的精度最高，用于检定精密量具；1 级用于精密工具制造；2 级和 3 级用于一般机械制造。

9.4.2　直接测量法

直接测量法就是使用通用测角仪器直接测出被测角度。对精度不高的工件角度，常用万能角度尺测量，对于高精度的工件角度，则需用光学分度头或测角仪测量，也可用万能工具显微镜和光学经纬仪测量，更高精度的角度基准，如多面棱体的工作角，则需用多齿分度盘进行检定。

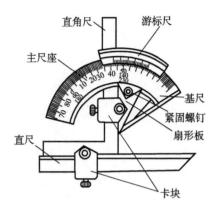

图 9-16　万能角度尺

1. 万能角度尺测量

万能角度尺（见图 9-16）结构简单、使用方便，广泛用于测量精度不高的工件的内、外角度。万能角度尺采用游标原理读数，分度值为 5′ 和 2′，测量不确定度不超过 2′。通过直角尺、直尺和游标主尺的不同组合，能够测量 0°~320° 范围内的任意角度。

2. 光学分度头测量

光学分度头是一种通用的高精度角度量仪，按读数方式可以分为目镜式、投影式和数字式三种，其结构基本相同。图 9-17（a）所示的是光学分度头的外观；图 9-17（b）所示的是光学分度头的传动系统和工作原理。

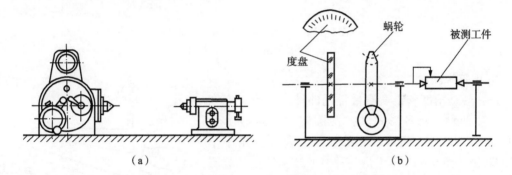

（a）　　　　　　　　　　　　　　　　　　（b）

图 9-17　光学分度头

（a）光学分度头的外观；（b）光学分度头的传动系统和工作原理

光学分度头主要用于测量工件的中心角及其分度误差，如分度盘、花键、齿轮及在圆周上分布的孔或槽的中心角等。

常用的附件有凸轮测量装置（阿贝头）、螺纹导程测量装置、杠杆式测微表和接触式光学瞄准器等，利用附件可以扩展光学分度头的使用范围。

9.4.3　间接测量法

间接测量法是指测量与被测角度有函数关系的线性尺寸，然后计算出被测角度或锥度的实际值。通常使用指示表、正弦规、圆柱或圆球等在平台上进行测量或用通用仪器测量。

1. 圆柱或圆球测量

利用圆柱或圆球，采用间接测量方法可以对角度样板角、燕尾角、V 形槽夹角及内外圆锥角进行测量。

用如图 9 – 18（a）所示方法测量外锥角时，先使用直径相同两个圆柱与锥体小端接触，测出尺寸 M_1；然后用尺寸为 a 的量块将两圆柱垫高，测出尺寸 M_2，则被测锥体锥角 α 为

$$\alpha = 2\arctan\frac{M_2 - M_1}{a}$$

用如图 9 – 18（b）所示方法测量内锥角时，将两个直径分别 $S\phi d$ 和 $S\phi D$ 的圆球先后放入锥孔内，测出尺寸 M_1 和 M_2，则被测锥体的锥角 α 为

$$\alpha = 2\arcsin\left(\frac{D - d}{2M_1 + 2M_2 + d - D}\right)$$

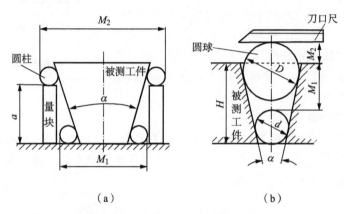

图 9 – 18　用圆柱和圆球测量圆锥角

（a）测外锥角；（b）测内锥角

2. 正弦规测量

正弦规是角度和锥度测量常用的计量器具，有宽型和窄型两种。每种形式又按两圆柱中心距 L 分为 100 mm 和 200 mm 两种。常用于测量公称锥角小于 30°的圆锥。图 9 – 19 所示是一种典型结构的正弦规测量外锥体的方法。

测量前，首先按下式计算量块组的高度：

$$h = L\sin\alpha$$

式中，α 为圆锥角；L 为正弦规两圆柱中心距。

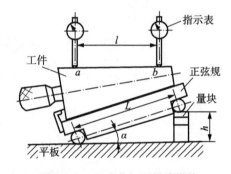

图 9 – 19　用正弦规测量外锥体

将被测圆锥安装在正弦规上，并将量块组垫在圆柱下面，然后用指示表测量圆锥上 a、b 点的示值。如果被测圆锥角 α 恰好等于公称值，则指示表在 a、b 两点的示值相同，即锥体上素线平行于平板的工作面；如被测角 α 有偏差，则 a，b 两点示值不相同，设两点的示值之差为 $n = n_a - n_b$，n 对测量长度 l 之比即为锥度偏差 ΔC，即

$$\Delta C = \frac{n}{l}\ (\text{rad})$$

如换算成锥角偏差时，可按下式近似计算：

$$\Delta\alpha = \Delta C \times 2 \times 10^5 = 2 \times 10^5\frac{n}{l}$$

3. 坐标法测量

凡有坐标测量装置的仪器，均可用坐标法测量工件的角度。

图 9－20（a）所示的是在工具显微镜上借助量刀对工件进行外锥体锥角测量。将被测工件安装在仪器顶尖上，由工具显微镜的横向读数装置分别测出直径 D 和 d，由纵向读数装置确定尺寸 L。图 9－20（b）所示的是在工具显微镜上用光学灵敏杠杆来测量内锥体锥角。将被测工件安置在工作台上，先用灵敏杠杆测得直径 d，再将测头用量块沿垂直方向向上调整距离 L，再测得直径 D。两种方法测得的锥角 α 均按下式计算：

$$\alpha = 2\arctan\left(\frac{D-d}{2L}\right)$$

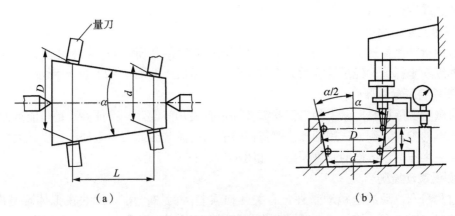

图 9－20　工具显微镜测量圆锥角

（a）用量刀测外锥体锥角；（b）用灵敏杠杆测内锥体锥角

在三坐标测量机上测量角度则更为方便。如图 9－21 所示的是以 x—y 平面为基准，在通过锥孔轴线的 x—z 平面内测出 x_1，x_2 和 z_1，z_2，则：

$$\alpha = 2\arctan\left[\frac{x_2 - x_1}{2(z_2 - z_1)}\right]$$

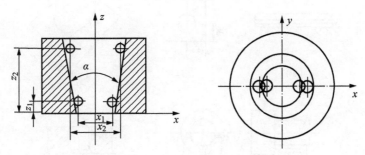

图 9－21　在三坐标测量机上测量圆锥角

9.5　几何误差检测

几何误差的项目较多，同一项目又可用不同的检测原理和检测方法进行测量。为了统一概念，取得准确性和经济性相统一的效果，国家标准对几何误差的检测原则、检测仪器及检测方法、数据处理与误差评定等都作了原则性规定。

9.5.1 检测原则

虽然几何误差的检测方法很多，但从检测原理上可以将常用的几何误差检测方法概括为以下五种检测原则。

1. 与理想要素比较原则

将实际被测要素与相应的理想要素作比较，在比较过程中获得数据，根据这些数据来评定几何误差。如将实际被测线与模拟理想直线的刀口尺的刀刃相比较，根据光隙的大小来确定该线的直线度误差值，如图9－22（a）所示。

2. 测量坐标值原则

通过测量被测要素上各点的坐标值来评定被测要素的几何误差。如利用直角坐标系测量孔中心的纵横坐标值，经过计算后确定其位置度误差值，如图9－22（b）所示。

3. 测量特征参数原则

通过测量实际被测要素上的特征参数，评定有关几何误差。特征参数是指能近似反映有关几何误差的参数。例如，用两点法测量回转表面的横截面的实际直径，并以最大与最小直径之差的一半作为该截面的圆度误差，如图9－22（c）所示。

4. 测量跳动原则

通过测量圆跳动或全跳动来评定有关几何误差。例如，用V形块模拟体现基准轴线，测量被测要素对基准轴线的径向圆跳动作为其同轴度误差，如图9－22（d）所示。

5. 边界控制原则

检测实际被测要素是否超越边界，以判断工件是否合格。该原则常用于采用相关要求的场合。一般用边界量规来检验。例如，按最大实体要求设计的、基本尺寸等于孔的最大实体实效尺寸的垂直度量规，检验孔、轴线对端面的垂直误差，如图9－22（e）所示。

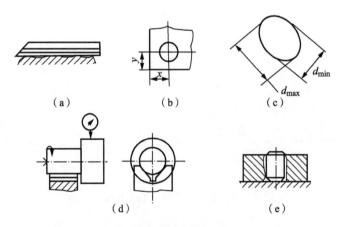

（a）　　　　　（b）　　　　　（c）

（d）　　　　　　　（e）

图9－22　检测原则示例

（a）与理想要素比较原则；（b）测量坐标值原则；（c）测量特征参数原则；
（d）测量跳动原则；（e）边界控制原则

9.5.2　检测方法

1. 被测要素的体现

测量几何误差时，从测量的可行性和经济性出发，通常采用两种方法体现被测要素。一种方法是用有限测点体现被测要素，即测量一定数量的离散点来代替整个实际要素，这种方法适用于轮廓要素。另外一种方法是用模拟的方法体现被测要素，例如测量孔轴线的方向、位置误差时，用与该孔呈无间隙配合的心轴的轴线模拟体现实际孔的轴线，如图 9 – 23 所示。

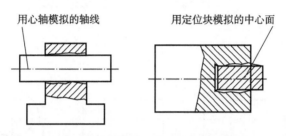

用心轴模拟的轴线　　　　用定位块模拟的中心面

图 9 – 23　模拟法体现实际被测要素

2. 基准的建立和体现

由于实际基准要素也是有误差的，因此，必须根据实际基准要素建立理想基准要素（基准）。

由实际基准要素建立基准时，对于轮廓基准要素，规定以其最小包容区域的体外要素作为理想基准要素；对于中心基准要素，规定以其最小包容区域的中心要素作为理想基准要素。前者称为体外原则，后者称为中心原则。

例如，以图 9 – 24（a）所示的实际轮廓面 A 建立基准时，基准平面应是包容实际平面且距离为最小的两平行平面中的体外平面（基准 A）；以图 9 – 24（b）所示的实际轴线 B 建立基准时，基准轴线应是其圆柱面最小包容区域的轴线（基准 B）。

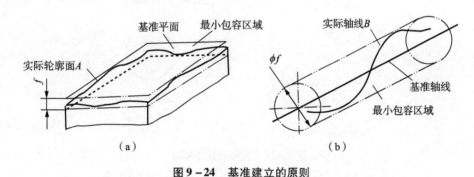

基准平面　　最小包容区域　　　　　　实际轴线B

实际轮廓面A　　　　　　　　　ϕf　　　　　　　　基准轴线

　　　　　　　　　　　　　　　　　　　　　最小包容区域

（a）　　　　　　　　　　　　　　（b）

图 9 – 24　基准建立的原则

（a）以 A 建立基准；（b）以 B 建立基准

当采用多基准时，第一基准为单一最小包容区域的体外平面（或轴线）。由第二或第三实际基准要素建立基准时，应以相应的定向或定位最小包容区域的体外要素或中心要素作为基准。

按上述原则确定理想基准要素（基准）后，在实际测量中还需要用适当的方法予以体现。体现基准要素的常用方法有模拟法、直接法和分析法等几种。

模拟法是以具有足够精度的表面与实际基准要素相接触来体现基准的。例如以平板表面体现基准平面，如图9-25（a）所示；以V形块体现外圆柱表面的基准轴线，如图9-25（b）所示。模拟法体现基准的精度取决于模拟表面的精度与实际基准要素的状况。

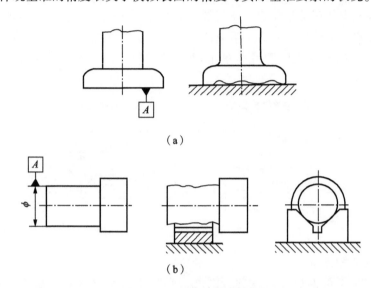

（a）

（b）

图9-25　模拟法体现基准

（a）模拟法体现基准平面；（b）模拟法体现基准轴线

直接法是以实际基准要素直接作为基准。例如，如图9-26（a）所示用两点法测量两平行平面之间的局部实际尺寸，以其最大差值作为平行度误差值；如图9-26（b）所示为测量圆心至两基准边对应点的距离，以确定被测圆心的位置度误差。显然，用直接法体现基准，将把实际基准要素的几何误差带入测量结果中，因此实际基准要素应具有足够精度。

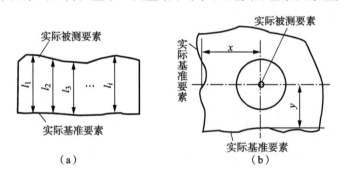

（a）

（b）

图9-26　直接法体现基准

（a）用两点法测量；（b）测量圆心至两基准边对应点的距离

分析法是根据对实际基准要素的测量结果，按基准建立的原则确定基准的位置。分析法比较麻烦，一般在高精度测量或做工艺分析时采用。

3. 形状误差的测量

1）直线度和平面度误差测量

直线度与平面度误差的测量方法基本相同，一般都采用与理想要素比较的测量原则。如用刀口尺通过光隙法测量直线度，用光学平晶通过干涉法测量平面度。对尺寸不大的工件，可以将其支承在平板上，用指示表沿被测表面均匀间隔测量其示值，如图9-27所示，并经过计算确定误差值。而对于尺寸较大的直线或平面，通常用水平仪或自准直仪测量。下面介绍用自准直仪测量直线度和平面度的方法。

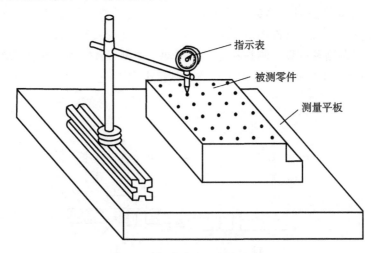

图9-27　用指示表测量平面度

自准直仪是按自准直原理测量小角度的精密测量仪器。图9-28所示的是用自准直仪测量直线度，将自准直仪放在固定位置，测量过程中保持不变。将带有反射镜的桥板放在被测直线上，并调整光轴与被测直线大致平行。然后依次移动桥板（首尾相接），从仪器上读取被测相邻两点（桥板两端点）连线对光轴的倾角，并将其换算成桥板两端点的高度差，处理测得数据后即可求出直线度误差。

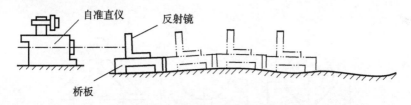

图9-28　用自准直仪测量直线度误差

自准直仪测量平面度的方法与测量直线度的方法相同，如图9-29所示。将自准直仪固定在平面外的某一位置，反射镜放在被测面上。调整自准直仪使其与被测面平行，按一定的布点和方向逐段测量，处理测得数据后即可求出平面度误差。

2）圆度和圆柱度误差测量

圆度误差通常用圆度仪、分度头或在V形块上进行测量。

圆度仪是用半径法测量圆度误差的专用仪器。它是将被测横截面的实际轮廓与仪器的精密主轴回转产生的

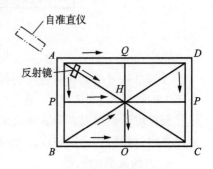

**图9-29　用自准直仪测量
平面度误差**

理想圆进行比较的测量方法。圆度仪一般配备数据记录和处理装置，能够自动处理测得数据，计算被测截面的圆度误差。

按圆度仪的结构形式可分为转轴式圆度仪和转台式圆度仪。

转轴式圆度仪在测量过程中被测工件不动，仪器主轴与测头、传感器一起回转，如图9-30（a）所示。测量时，测头与被测轮廓接触并随轮廓半径变化做径向移动，反映出被测轮廓的半径变化。由于工件固定不动，因此适合测量较大的工件。

转台式圆度仪在测量过程中测头和传感器不动，被测工件安置在回转工作台上并随之一起回转，如图9-30（b）所示。这种仪器适合测量小型工件。

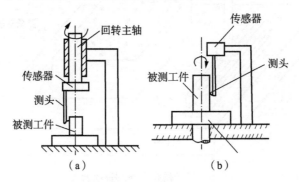

图9-30　圆度仪

（a）转轴式；（b）转台式

图9-31所示为在V形块上用三点法测量圆度误差。测量时被测工件在V形块中旋转一周，读出指示表的最大与最小示值之差 Δ，再除以反映系数 F，即可求出圆度误差为

$$f_0 = \frac{\Delta}{F}。$$

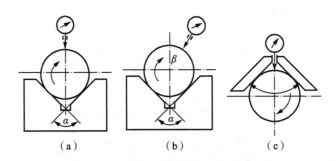

图9-31　三点法测量圆度误差

反映系数可根据被测轮廓的棱边数 n、V形块夹角 α 和测量偏角 β 从有关手册中查出。当工件的棱数未知时，应采用两点法和三点法组合测量，或用不同 α 角的V形块组合测量。

圆柱度误差可以在带有垂直坐标的圆度仪上进行测量，通过测量不同截面的圆度误差，经计算机处理后得出圆柱度误差值。

4. 方向误差的测量

方向误差通常都在平台上利用指示表、方箱、直角尺、塞尺和水平仪等器具进行测量。下面介绍几种常见的方向误差的测量方法。

1）平行度误差测量

图 9-32（a）所示为测量工件上表面对下表面的平行度误差。将工件放在测量平板上，用平板模拟体现基准平面。在整个被测表面上，按规定的测量线进行测量，指示器的最大与最小示值之差即为平行度误差

图 9-32（b）所示为测量工件 A 面对 B 面的平行度误差（宽度方向忽略不计，即认为是线对线平行度）。用水平仪沿箭头所示方向分别对被测要素和基准要素进行测量，通过数据处理求出平行度误差。

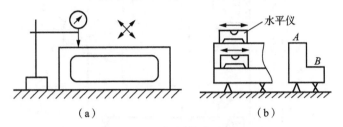

图 9-32　平行度误差测量
（a）测量工件上表面对下表面的平行度误差；（b）测量工作 A 面对 B 面的平行度误差

2）垂直度误差测量

图 9-33（a）所示为测量工件侧表面对下表面的垂直度误差。将工件放在测量平板上，用平板模拟体现基准平面。将直角尺靠近被测表面，观察直角尺与被测表面间的缝隙，并用塞尺进行测量。

图 9-33（b）所示为测量大型平面的垂直度误差。用水平仪沿箭头所示方向分别对被测要素和基准要素进行测量，通过数据处理求出垂直度误差。

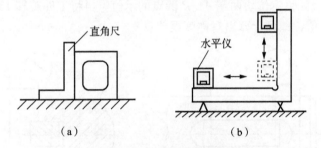

图 9-33　垂直度误差测量
（a）测量工件侧表面对下表面的垂直度误差；（b）测量大型平面的垂直度误差

5. 位置误差的测量

1）同轴度误差检测

同轴度误差通常根据工件的大小、结构特点和设计要求采用不同的方法进行检测，如用圆度仪、三坐标测量机、平台测量、功能量规检验等。

图 9-34 所示为在平台上用等高打表法测量同轴度误差，两心轴与孔呈无间隙配合，用心轴轴线模拟体现被测和基准孔轴线。调整基准心轴 1，使其与平板平行，用指示表在被测心轴两端的 A、B 点（靠近孔端面）测量，指示器相对基准轴线的差值分别为 f_{Ax} 和 f_{Bx}。然后将被测工件绕基准轴线方向翻转 90°，用同样的方法测取 f_{Ay} 和 f_{By}。这样 A、B 两点的同轴

度误差分别为

$$f_A = 2 \sqrt{f_{Ax}^2 + f_{Ay}^2}$$

$$f_B = 2 \sqrt{f_{Bx}^2 + f_{By}^2}$$

取其中的最大值作为该工件的同轴度误差。

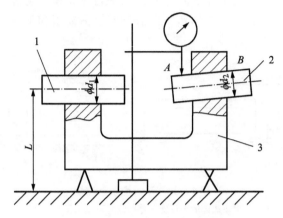

图 9 – 34　用指示表测量同轴度误差

2）对称度误差检测

对称度误差大多在平台上进行测量，大批量生产中也常用功能量规检验。

图 9 – 35 所示为在平台上用指示表测量键槽的对程度误差。被测工件放置在 V 形块上，用 V 形块体现基准轴线。用定位块（或量块）模拟体现键槽中心平面。将指示器的测头与定位块的顶面接触并沿径向移动，微转工件使指示器示值不变，即定位块的中心平面与平板平行，然后用指示表测量定位块两端 A、B 两点的示值。再将工件旋转 180°，用同样的方法测量 A′ 和 B′ 点的示值，即可计算出对称度误差。

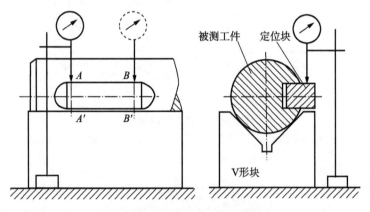

图 9 – 35　键槽对称度误差的检测

3）位置度误差检测

位置度误差一般在坐标类测量仪上进行测量，测得被测要素的实际坐标值后，通过计算确定其位置度误差。小型工件可用工具显微镜测量，大型工件应采用三坐标测量机测量。在大批量生产中多用功能量规检验。

6. 跳动的测量

跳动公差是以测量方法定义的，因此测量方法较为直观。图 9 - 36 所示为用跳动仪测量圆跳动的示意图，用两个顶尖的公共轴线模拟体现基准孔轴线。工件绕基准轴线旋转一周，位置固定的指示器的最大与最小示值之差即为径向（或端面）圆跳动。当测量径向（或端面）全跳动误差时，指示器相对工件还应该沿轴向（或径向）移动。

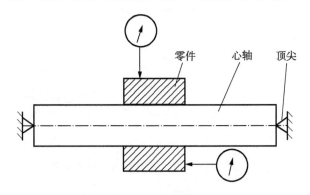

图 9 - 36 圆跳动测量

9.5.3 误差评定

用各种方法从实际被测要素上测得原始数据后，在多数情况下需要进行计算处理，并按相应的评定准则确定其几何误差值。

几何误差是被测实际要素对其理想要素的最大变动量，并用包容实际被测要素的最小区域的宽度或直径表示。

1. 形状误差评定

由于形状误差的最小包容区域是浮动的，所以确定其误差值时计算过程比较复杂。在不影响检验结果的情况下，允许采用近似的评定方法进行数据处理和形状误差计算。

1）给定平面内直线度误差的评定

给定平面内直线度误差的评定方法除了最小包容区域法以外，还有两端点连线法和最小二乘法两种近似评定方法。

（1）最小包容区域法。在给定平面内，由两平行直线包容实际被测要素时，形成高低相间（高—低—高或低—高—低）至少三点接触，即为最小包容区域，如图 9 - 37 所示，称其为"相间准则"，包容区域的宽度即为直线度误差。

（2）两端点连线法。根据实测数据做出实际被测要素的误差图形后，按两端点连线的方向作两平行直线包容误差图形，且具有最小距离，则此两平行包容直线沿纵坐标方向的距离即为直线度误差值。

（3）最小二乘法。根据实测数据确定被测要素误差图形的最小二乘直线，再按最小二乘直线的方向作两平行直线包容误差图形，且具有最小距离，则此两平行包容直线沿纵坐标方向的距离即为直线度误差值。

在一般情况下，两端点连线法和最小二乘法的评定结果大于最小包容区域法的评定结果。

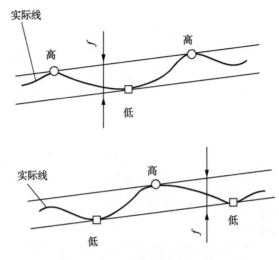

图 9 - 37　直线度误差最小包容区域判别准则

[例 9 - 2]　用自准直仪测量某导轨的直线度，依次测得各点读数 a_i 为 -20 μm、$+10$ μm、-30 μm、-30 μm、$+30$ μm、$+10$ μm、-30 μm、-20 μm，试分别按最小包容区域法、两端点连线法和最小二乘法评定其直线度误差值。

解：自准直仪是以仪器光轴为测量基准，测量后一点相对于前一点的高度差，所以应先将各测点的读数换算到同一坐标系。为此，可取定被测导轨的起始点（第 0 点）为原点，即其纵坐标值 $z_0 = 0$，则其余各点的坐标值可按 $z_i = z_{i-1} + a_i$ 进行累积后得到，见表 9 - 1。

表 9 - 1　直线度误差评定示例

点序 x_i	0	1	2	3	4	5	6	7	8
读数 a_i/μm		-20	$+10$	-30	-30	$+30$	$+10$	-30	-20
坐标值 $z_i = z_{i-1} + a_i$/μm	0	-20	-10	-40	-70	-40	-30	-60	-80

按各测点的坐标值 z_i 及相应的点序 x_i 作出误差图形，如图 9 - 38 （a）所示。

按最小包容区域法评定，则直线度误差值为 $f_- = 50$ μm，如图 9 - 38 （a）所示。

按两端点连线法评定的直线度误差值为 $f'_- = 60$ μm，如图 9 - 38 （b）所示。

按最小二乘法评定，求得最小二乘直线的截距 $a = -7$，斜率 $q = -8$，如图 9 - 38 （c）所示，其直线度误差为 $f_- = h_{max} - h_{min}$

第 4 点对最小二乘线的距离：$h_{min} = z_4 - (-7 - 8x_4) = -70 - (-7 - 8 \times 4) = -31$（μm）

第 6 点对最小二乘线的距离：$h_{min} = z_6 - (-7 - 8x_6) = -30 - (-7 - 8 \times 6) = +25$（μm）

则按最小二乘法评定的直线度误差值为

$$f_- = h_{max} - h_{min} = (+25) - (-31) = 56 \text{（μm）}$$

2）平面度误差的评定

平面度误差评定方法除了按最小包容区域法以外，还有三远点平面法、对角线平面法和最小二乘法等近似评定方法。

（1）最小包容区域法：由两平行平面包容实际被测要素时，形成至少四点或三点接触，且满足下列准则之一，即为最小包容区域，两包容平面之间的距离即为平面度误差。

（2）三角形准则：三个等值最高（低）点与一包容平面接触，一个最低（高）点与另一包容平面接触，且该点的投影位于三个最高（低）点所形成的三角形内，如图 9 – 39（a）所示。

（3）交叉准则：两个等值最高点和两个等值最低点分别与两个包容平面接触，并且最高点的连线与最低点的连线在包容平面上的投影交叉，如图 9 – 39（b）所示。

（4）直线准则：两个等值最高（低）点与一包容平面接触，一个最低（高）点与另一包容平面接触，三点在包容平面上的投影在同一直线上，如图 9 – 39（c）所示。

（5）对角线平面法：以通过实际被测表面上一条对角线且平行于另一条对角线的平面作为评定基面，并以实际被测表面对此评定基面的最大变动作为平面度误差值。

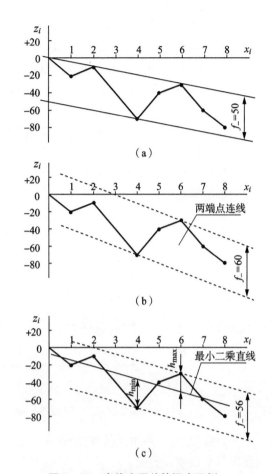

图 9 – 38　直线度误差的评定示例

（a）按各测点的坐标值 z_i 及相应的点序 x_i 作出误差图形；

（b）按最小包容区域法评定；（c）按两点连线法评定

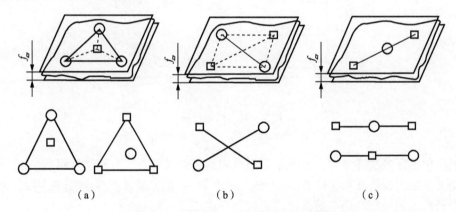

图 9 – 39　平面度最小包容区域的判别准则

（a）三角形准则；（b）交叉准则；（c）直线准则

（6）三远点平面法：以通过实际被测表面上相距较远的三点的平面作为评定基面，并以实际被测表面对此评定基面的最大变动作为平面度误差值。

（7）最小二乘法：以实际被测表面的最小二乘平面作为评定基面，并以实际被测表面对此评定基面的最大变动作为平面度误差值。最小二乘平面是使实际被测表面上各点对该平面的距离的平方和为最小的平面。该方法的数据处理较为复杂，一般要用计算机处理。

以上各种评定方法中，最小包容区域法符合平面度误差值的定义，评定结果为最小且唯一。

评定平面度误差时需要将实际被测表面上各点对测量基准平面的坐标值，转换为对与评定方法相应的评定基面的坐标值，即需要进行坐标变换。

处理平面度误差时，通常采用旋转变换法，设被测平面绕 x 轴的单位旋转量（即相邻两测得值的旋转量）为 P，绕 y 轴的单位旋转量为 Q，则各测得的旋转量如图 9 – 40 所示。

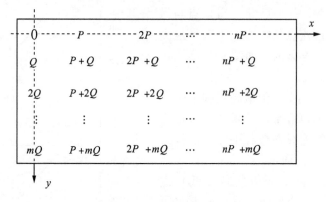

图 9 – 40　各测得点的旋转量

[例 9 – 3]　用水平仪按图 9 – 41（a）所示的布线方式测得均布 9 个点共 8 个读数，试评定其平面度误差值。

解： 按测量方向将各读数顺序累积，并取定起始点 a_0 的坐标值为 0，可得图 9 – 41（b）所示各测点的坐标值。

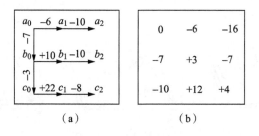

图 9 – 41　原始数据
（a）布线方式；（b）各测点的坐标值

按最小包容区域法评定时，首先根据被测表面近似马鞍形，分析估计可能实现最小包容区域的交叉准则。试选 0 和 +12 为最高点，– 10 和 – 16 为最低点 [见图 9 – 42（a）]，分别将两个最高点的坐标和两个最低点的坐标转换成相等，则有

$$0 + 0 = +12 + (P + 2Q)$$
$$-10 + 2Q = -16 + 2P$$

解得 $P = -2$，$Q = -5$。

由此得各点的旋转量如图 9 – 42（b）所示。将图 9 – 42（a）与图 9 – 42（b）所示的对应

点的数值相加，即得经坐标变换后的各点坐标值，如图9-42（c）所示，则平面度误差值为

$$f_\square = 0 - (-20) = 20 \ (\mu m)$$

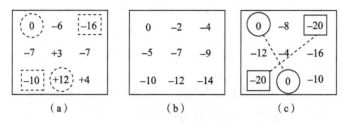

图9-42 最小包容区域法

（a）最低点；（b）旋转量；（c）各点坐标值

用对角线平面法评定时，经坐标变换后应分别使两对角线上两端点的坐标值相等，由图9-43（a）可知：

$$0 + 0 = +4 + (2P + 2Q)$$
$$-10 + 2Q = -16 + 2P$$

解得：$P = +0.5$，$Q = -2.5$。

由此得各点的旋转量如图9-43（b）所示。将图9-43（a）与图9-43（b）对应点的数值相加，即得经坐标变换后的各点坐标值，如图9-43（c）所示，则平面度误差值差为

$$f_\square = (+7.5) - (-15) = 22.5 \ (\mu m)$$

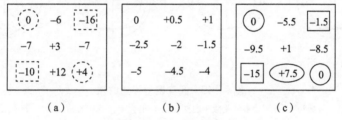

图9-43 对角线法

（a）变换坐标；（b）各点的旋转量；（c）经坐标变换后的各点坐标值

用三远点平面法评定时，若选定如图9-44（a）所示的-6、-10、+4三点确定的平面作为评定基面，则经坐标变换后此三点的坐标值应相等，由图9-44（a）可知：

$$-6 + P = -10 + 2Q = +4 + (2P + 2Q)$$

解得 $P = -7$，$Q = -1.5$。

由此得各点的旋转量如图9-44（b）所示。将图9-44（a）与图9-44（b）对应点

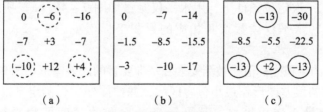

图9-44 三远点平面法

（a）三远点；（b）与（a）对应点的数值；（c）经坐标变换后的各点坐标值

的数值相加，即得经坐标变换后的各点坐标值，如图 9 – 44（c）所示，则平面度误差值差为

$$f_\square = (+2) - (-30) = 32 \text{（} \mu\text{m）}$$

3）圆度误差的评定

圆度误差的评定方法除了最小包容区域法以外，还有最小外接圆中心法、最大内接圆中心法和最小二乘圆中心法等近似评定方法。

（1）最小包容区域法：由两同心圆包容实际被测要素时，形成内外相间至少四点接触，也称"相间准则"，则两同心圆的半径差即为圆度误差，如图 9 – 45（a）所示。

（2）最小外接圆中心法：作实测轮廓曲线的最小外接圆，并作与该圆同心的内切圆，二者的半径差即为圆度误差，如图 9 – 45（b）所示，此法适用于外表面。

（3）最大内接圆中心法：作实测轮廓曲线的最大内接圆，并作与该圆同心的外切圆，二者的半径差即为圆度误差，如图 9 – 45（c）所示，此法适用于内表面。

（4）最小二乘圆中心法：作实测轮廓曲线的最小二乘圆，并作与该圆同心的外切圆和内切圆，外切圆和内切圆的半径差即为圆度误差，如图 9 – 45（d）所示，此法计算较为复杂，通常在计算机上进行数据处理。

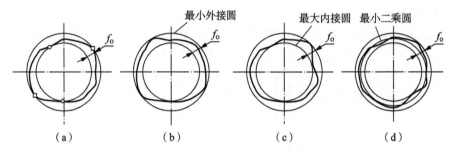

图 9 – 45　圆度误差评定方法

（a）最小包容区域法；（b）最小外接圆中心法；（c）最大内接圆中心法；（d）最小二乘圆中心法

2. 方向和位置误差评定

在方向误差测量时，由于理想被测要素对基准有确定的方向要求，在确定基准的方向后，即可相应地确定实际被测要素的定向最小包容区域，从而确定其方向误差值，而与基准的位置无关。

在位置误差的测量中，由于理想被测要素对基准有确定的位置（距离和方向）要求，所以在建立基准时必须严格按照体外原则或中心原则确定其位置，从而正确做出实际被测要素的定位最小包容区域，以确定其位置误差值。

[例 9 – 4]　在一次定位条件下，用水平仪测量如图 9 – 46（a）所示的被测要素和基准要素 A，各测点的水平仪读数及其相应的累积坐标值见表 9 – 2，试确定其平行度误差值。

解：按各测点的累积坐标值作被测要素和基准要素的误差图形如图 9 – 46（b）所示。

先对基准要素的误差图形作最小包容区域，并按体外原则确定基准 A。再对被测要素的误差图形做定向最小包容区域，其沿纵坐标方向的宽度即为平行度误差值：$f_{/\!/} = 0.11$ mm。

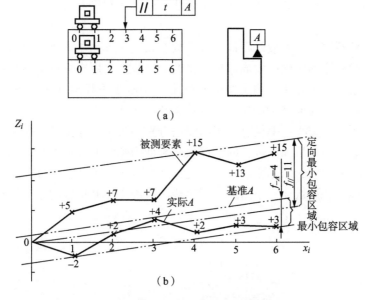

图 9 - 46　平行度误差评定示例

（a）被测要素和基准要素 A；（b）误差图

表 9 - 2　平行度误差评定示例

点序 x_i		0	1	2	3	4	5	6
基准要素	读数 $a_i/\mu m$		-2	+4	+2	-2	+1	0
	累积 $z_i/\mu m$	0	-1	+2	+4	+2	+3	+3
被测要素	读数 $a_i/\mu m$		+5	+2	0	+8	-1	+2
	累积 $z_i/\mu m$	0	+5	+7	+7	+15	+13	+15

9.6　螺纹检测

普通螺纹属于多参数要素，其检测方法分为单项测量和综合检验两种。

单项测量是对螺纹的各参数如中径、螺距、牙形半角等分别进行测量，主要用于单件、小批量生产的精密螺纹，如螺纹量规、测微螺杆等。在加工过程中，为分析工艺因素对加工精度的影响，也要进行单项测量。单项测量常用的计量器具有工具显微镜、螺纹量针等。内螺纹的单项测量比较困难，在生产中多用螺纹塞规进行综合检验。

9.6.1　用工具显微镜测量

在工具显微镜上可以对外螺纹的中径、螺距和牙形半角进行测量。精度不高的螺纹可用大型工具显微镜测量，高精度螺纹通常用万能工具显微镜测量，两种仪器的测量原理相同。

在工具显微镜上测量外螺纹的方法有影像法、轴切法和干涉法。

1. 影像法

影像法测量外螺纹几何参数是将被测螺纹放在仪器工作台的 V 形块上或装在顶针之间，通过光学系统将螺纹牙形轮廓放大成像在目镜的分划板上，用中央目镜中米字线的中间虚线瞄准轮廓进行测量的一种方法。测量中径和螺距时用压线法瞄准（中间虚线与轮廓重合），测量牙形半角用对线法瞄准（中间虚线与轮廓留出一狭小光缝）。

按图 9 – 47 所示方法测量中径时，用压线法分别瞄准 I 、II 位置的牙侧轮廓，并从读数目镜或投影屏上进行横向坐标读数，两次读数之差即为螺纹的实际中径；测量螺距时，用压线法分别瞄准 I 、V 位置的牙侧轮廓（轴向为 n 个螺距），纵向坐标两次读数之差即为螺纹的 n 个螺距的实际值；测量牙形半角时，用对线法瞄准 I 、II 位置的牙侧轮廓，从测角目镜中直接读出实际牙形半角 $\left(\dfrac{\alpha}{2}\right)_{\text{I}}$ 和 $\left(\dfrac{\alpha}{2}\right)_{\text{II}}$。

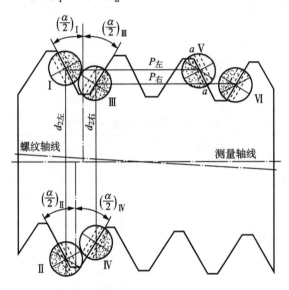

图 9 – 47　影像法测量螺纹参数原理图

测量时，为了消除测量轴线（仪器横向移动方向）与被测螺纹轴线不重合造成的被测工件安装误差，需在螺牙的另一侧再次进行测量，即由位置 III 和 IV 再测量一次中径，由位置 III 和 VI 再测量一次螺距，在位置 III 和 IV 再分别测量一次牙形半角。然后分别取相应的平均值作为测量结果，即

中径：$\qquad d_2 = \dfrac{d_{2\text{左}} + d_{2\text{右}}}{2}$ $\qquad$ 螺距：$\quad P = \dfrac{P_{\text{左}} + P_{\text{右}}}{2}$

右半角：$\left(\dfrac{\alpha}{2}\right)_{\text{右}} = \dfrac{\left(\dfrac{\alpha}{2}\right)_{\text{I}} + \left(\dfrac{\alpha}{2}\right)_{\text{IV}}}{2}$ $\qquad$ 左半角：$\left(\dfrac{\alpha}{2}\right)_{\text{左}} = \dfrac{\left(\dfrac{\alpha}{2}\right)_{\text{II}} + \left(\dfrac{\alpha}{2}\right)_{\text{III}}}{2}$

2. 轴切法

轴切法是利用万能工具显微镜的附件——量刀，在被测螺纹的轴向截面上进行测量。所用量刀如图 9 – 48（a）所示，其上刻有一条平行于刀刃的细线。测量时用反射

照明，使量刀刀刃在被测螺纹的水平轴向截面上与螺牙侧面接触，再用中央目镜中米字中间虚线旁边的一条虚线瞄准量刀上刻线，如图9-48（b）所示，其读数方法与影像法完全相同。

轴切法可以消除影像法中因影像畸变造成的误差。轴切法适用于测量直径大于3 mm 的外螺纹的中径、螺距和牙形半角。

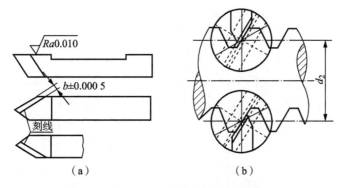

图9-48 轴切法测量外螺纹

（a）量刀；（b）刻线

3. 干涉法

干涉法是在仪器照明光路的适当位置上设置一如图9-49（b）所示的小孔光阑，使在距被测螺纹影像一定距离处形成干涉条纹，条纹的形状与被测轮廓一致，然后以干涉条纹代替被测螺纹轮廓进行测量，如图9-49（a）所示。

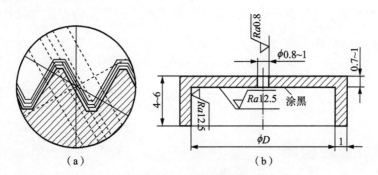

图9-49 干涉法测量螺纹

（a）干涉条纹；（b）小孔照明板

由于干涉条纹比被测螺纹轮廓边缘清晰，提高了压线精度。干涉法也可测量中径、螺距和牙形半角，但测量中径时应根据干涉条纹的宽度对测量结果进行修正。

9.6.2 用三针法测量

三针法是外螺纹单一中径的间接测量法。用三根直径相等的精密圆柱形量针按图9-50所示放在外螺纹的沟槽中，然后用通用量仪测量出尺寸M。根据被测螺纹的螺距P、牙形半角$\frac{\alpha}{2}$及量针直径d_0与M值的几何关系，计算出被测螺纹的单一中径d_{2s}，即

$$d_{2s} = M - d_0 \left[1 + \frac{1}{\sin\dfrac{\alpha}{2}} \right] + \frac{P}{2}\cot\frac{\alpha}{2}$$

当 $\dfrac{\alpha}{2} = 30°$ 时　$d_{2s} = M - 3d_0 + 0.866P$

当 $\dfrac{\alpha}{2} = 15°$ 时　$d_{2s} = M - 4.8637d_0 + 1.866P$

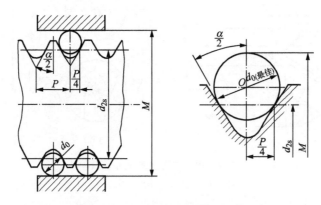

图 9 - 50　三针法测量螺纹单一中径

由上式可知，影响单一中径测量精度的因素有 M 的测量误差、量针直径 d_0 的尺寸偏差、形状误差、螺距偏差和牙形半角偏差。为避免牙形半角偏差对测量结果的影响，应按螺距 P 和螺纹牙形半角 $\dfrac{\alpha}{2}$ 选择量针，以使量针与被测螺纹的牙侧恰好在中径处接触，称为最佳量针直径，其计算公式为

$$d_{0(最佳)} = \frac{p}{2\cos\left(\dfrac{\alpha}{2}\right)}$$

9.7　圆柱齿轮检测

为了保证齿轮传动质量和进行齿轮加工精度的工艺分析，需要对齿轮几何参数误差进行测量。如前所述，齿轮误差分为同侧齿面误差和双侧齿面误差，由于齿轮工作时为单面啮合，因此同侧齿面误差更能符合齿轮的实际工作状况，但双侧齿面误差检测方便，所以在生产中也被广泛应用。此外，为了评定齿轮副的侧隙，还应对齿厚或公法线长度进行检测。

9.7.1　同侧齿面测量

1. 齿距测量

各种齿距误差评定项目（F_p、F_{pk}、f_{pt}）的测量原理是相同的，可以分为相对测量和绝对测量两种。测量所得数据按不同方法处理即可得到相应的误差值。

1）相对测量法

齿距相对测量法的基本原理是以被测齿轮的任一实际齿距作为基准齿距，把仪器按此齿距调零，然后依次测得各齿距对基准齿距的偏差，即相对齿距偏差。再按齿距偏差的圆周封闭原理，计算确定单个齿距的实际偏差 f_{pt}、k 个齿距的齿距累积偏差 F_{pk} 和齿距累积总偏差 F_p。

相对法测量齿距通常用齿顶圆或齿轮基准孔定位。用于测量中等精度齿轮的手持式齿距（周节）检查仪，多以齿顶圆定位，如图 9-51（a）所示；用于测量高精度齿轮的半自动齿距偏差测量仪、万能测齿仪等，则以齿轮基准孔定位。

图 9-51（b）是在万能测齿仪上用相对测量法测量齿距的原理示意图。被测齿轮借助于重锤的作用，使被测齿面紧靠在固定测头上。活动测头靠弹簧力的作用与另一相邻的被测齿面始终保持良好的接触。活动测头的位置可由测微表示出。固定测头与活动测头作为整体可以相对于破测齿轮做径向移动，并能正确地径向定位以便顺序变换不同的齿距进行测量。以任意一个齿距作为基准，将测微表调零，然后逐齿测量各齿距相对于基准齿距的偏差 ΔP_i，测得数据可用计算法或图解法处理。

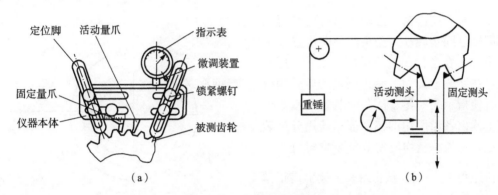

图 9-51　齿距相对测量法

（a）手持式齿距测量仪；（b）万能测齿仪测量齿距原理

[例 9-5]　用齿距的相对测量法测得读数如表 9-3 所示，试计算各项齿距误差。

解：计算相对齿距偏差平均值：$\Delta \overline{P} = \dfrac{\sum \Delta P_i}{z}$；

计算单个齿距偏差：$f_{Pti} = \Delta P_i - \Delta \overline{P}$，取诸齿距偏差中绝对值最大者作为该齿轮的单个齿距偏差 f_{Pt}。注意应含有正、负号。

将齿距偏差依次累加，得齿距累积偏差 F_{Pi}，其最大与最小累加值之差，即为齿距累积总偏差 F_P。

将相邻 k 个齿距偏差累加，得 k 个齿距累积偏差 F_{Pki}。取绝对值最大者作为该齿轮的 k 个齿距累积偏差 F_{Pk}。注意应有正、负号。

计算结果如表 9-3 所示。

2）绝对测量法

齿距偏差的绝对测量法是利用分度装置（如分度盘、分度头等）和测微仪直接测出被测齿轮各轮齿的实际位置对其理论位置的偏差，经计算后求出单个齿距的实际偏差 f_{Pt}、齿距累积偏差 F_{Pk} 和齿距累积总偏差 F_P。绝对测量法的基本原理如图 9-52 所示。

表 9-3 齿距偏差的相对测量法计算示例 (μm)

齿序 i	相对齿距偏差 ΔP_i	单个齿距偏差 f_{Pti}	齿距累积偏差 F_{Pi}	$k=3$ 个齿距累积偏差 F_{Pki}	计 算 结 果
1	0	+1	+1	+18	相对齿距偏差平均值为
2	+15	(+16)	(+17)	+23	$\Delta\overline{P} = \dfrac{\sum\Delta P_i}{z} = -\dfrac{8}{8} = -1$
3	-8	-17	+10	10	单个齿距偏差为
4	-5	-4	+6	+5	$f_{Pt} = +16$
5	-10	-9	-3	-20	齿距累积总偏差为
6	-15	-14	(-17)	(-27)	$F_P = (+17) - (-17) = 34$
7	+10	+11	-6	-12	k 个齿距累积偏差（$k=3$）为
8	+5	+6	0	+3	$F_{Pk} = -27$

测量时应使齿轮基准轴线与分度装置的轴线同轴且同步转动。测头的径向位置（分度圆附近）在各齿面上应保持不变。若用测微仪（指示表）定位，每齿测量均应转动分度装置使指示表对零，从分度装置的读数显微镜上读出各齿距角的累积值；若用分度装置定位，每齿测量均应使分度装置转过一个公称齿距角 $\left(\dfrac{360°}{z}\right)$，从指示表上读出齿距偏差的累积值。

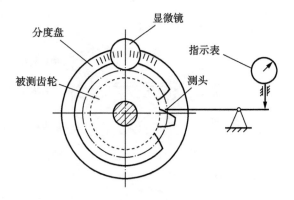

图 9-52 齿距绝对测量法原理图

对于精密读数齿轮、齿轮刀具（插齿刀、剃齿刀）及分度齿轮（或蜗轮），F_p（或 F_{pk}）和 f_{pt} 是必测项目，为此近年来我国已研制成半自动和自动齿距检查仪，以满足生产发展的需要。

[例 9-6] 用齿距绝对测量法测得读数见表 9-4，试计算齿距误差。

解： 计算步骤及结果见表 9-4。

表 9-4 齿距偏差的绝对测量法计算示例 (μm)

齿距序号	定位齿距角	绝对读数（累积值）	单个齿距偏差	齿距序号	定位齿距角	绝对读数（累积值）	单个齿距偏差
1	36°	-0.5	-0.5	6	216°	0	-2.5
2	72°	+2.0	+2.5	7	252°	(-4.5)	(-4.5)
3	108°	+3.5	+1.5	8	288°	-3.0	+1.5
4	144°	(+4.0)	+0.5	9	324°	-3.5	-0.5
5	180°	+2.5	-1.5	10	360°	0	+3.5
测量结果：$F_P = (+4) - (-4.5) = 8.5$ ‎ ‎ ‎ ‎ $f_{Pt} = -4.5$							

2. 齿廓测量

中等模数齿轮的齿廓误差可在专用的渐开线检查仪上测量，小模数齿轮的齿廓误差则可在投影仪或万能工具显微镜上测量。

图 9-53（a）所示的是渐开线检查仪的原理图，它是采用被测齿廓与理论渐开线相比较的方法测量的。根据被测齿轮基圆直径精确制造的基圆盘与被测齿轮同轴安装，调整仪器使直尺与基圆盘相切，固定在直尺上的测头借弹簧力与齿面接触，且测点正处于直尺与基圆的切平面上。当直尺相对于基圆盘做纯滚动时，直尺工作面上任一点相对于基圆盘的轨迹即为理论渐开线，测头测点相对于运动的基圆盘的轨迹也为理论渐开线。若被测齿轮的齿廓没有误差，在直尺与基圆盘纯滚动的过程中，测头测点与被测齿廓无相对运动，指示表始终指在零位。被测齿廓的误差可由指示表读出或由记录器绘制出齿廓迹线。

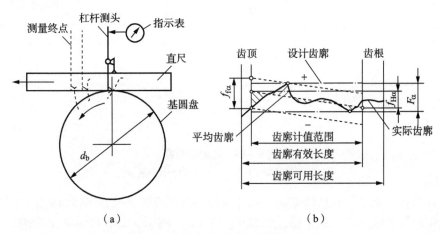

图 9-53　用渐开线检查仪测量齿廓
（a）渐开线检查仪原理；（b）齿廓偏差的评定

渐开线检查仪有单盘式和万能式两种。单盘式渐开线检查仪应配以与被测齿轮的基圆直径相同的基圆盘，适宜于在成批生产中测量低于 6 级精度齿轮的齿廓。万能式渐开线检查仪只有一个固定的基圆盘，它可通过缩放机构改变工作基圆的直径，以满足不同基圆直径齿轮的测量需要，可以测量 4 级精度齿轮的齿廓。但仪器结构复杂、价格昂贵，多在工厂计量室中使用。

渐开线检查仪记录的齿廓迹线图，以被测齿轮的理论展开长度作为横坐标，以实际齿廓对理论齿廓的偏离作为纵坐标，如图 9-54（b）所示。理论渐开线在齿廓迹线图上表现为一条平行于横坐标的直线。在齿廓计值范围内建立平均齿廓（实际齿廓迹线的最小二乘中线），即可对齿廓总偏差 F_α、齿廓形状偏差 $f_{f\alpha}$ 和齿廓倾斜偏差 $f_{H\alpha}$ 进行评定。

在万能工具显微镜上，可以用极坐标法测量齿廓误差，常用于测量 6 级精度以下的齿轮。小模数齿轮通常用投影仪把齿廓放大后进行测量，但测量精度较低。

3. 齿线测量

齿线误差（螺旋线误差）是实际螺旋线对设计螺旋线之间的偏离。对于直齿圆柱齿轮，由于螺旋角为 0°，其齿线是平行于齿轮轴线的直线。

齿线测量的专用仪器是螺旋线测量仪。螺旋线测量仪的工作原理如图 9-54（a）所示。移动纵向滑架，通过滑块和导尺推动横向滑架，经两条钢带（钢带两端分别固定在横向滑架和圆盘上）带动圆盘转动，再由带动器使装有被测齿轮的心轴转动，从而使安装在纵向滑架上的测头与被测齿轮形成一条理想的螺旋线。当被测齿轮的实际螺旋线有误差时，可由测头测出，并显示或记录绘制出螺旋线迹线。通过转动分度盘可以改变导尺的角度 β，以测量不同螺旋角的被测齿轮。

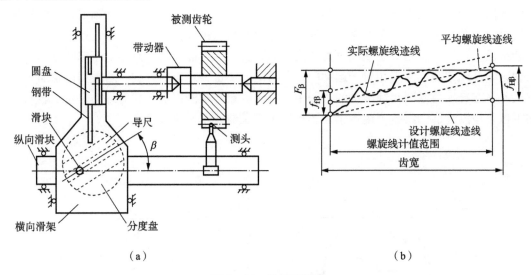

图 9 – 54　螺旋线测量

（a）螺旋线测量仪原理；（b）螺旋线偏差评定

螺旋线测量仪记录的螺旋线迹线图以被测齿轮的理论螺旋线方向作为横坐标，以实际齿线对理论螺旋线的偏离作为纵坐标，如图 9 – 54（b）所示。具有理论螺旋线的齿线在齿线迹线图上表示为一条平行于横坐标的直线。在螺旋线计值范围内建立平均螺旋线迹线（即螺旋线迹线的最小二乘中线），即可评定螺旋线总偏差 F_β、螺旋线形状偏差 $f_{f\beta}$ 和螺旋线倾斜偏差 $f_{H\beta}$。

4. 切向综合测量

切向综合测量是在单面啮合齿轮检查仪（单啮仪）上进行的。检测时，被测齿轮在公称中心距下与测量齿轮（或测量蜗杆）单面啮合，在确保单侧齿面相接触的情况下测量其转角的变化，绘制转角偏差曲线图。

单啮仪有机械式、光栅式及磁分度式等多种形式，目前应用较多的是光栅式。转角偏差曲线上的最大幅度值即为切向综合总偏差 F_i'，曲线在一个齿距范围内的最大变动为一齿切向综合偏差 f_i'。

单面啮合测量的优点是测量运动接近于实际工作状态，测量结果能连续地反映出齿轮所有啮合点上的偏差，能更充分而全面地反映齿轮使用质量，且测量效率高，因此常用于成批生产的完工检验。

9.7.2　径向测量

1. 径向综合测量

径向综合测量是在双面啮合齿轮检查仪（双啮仪）上进行的。检测时，通过测量双啮中心距变动来确定径向综合偏差 F_i'' 和一齿径向综合偏差 f_i''。该仪器也可用来检查齿面的接触斑点。

双啮仪的结构较简单，测量效率高。双面啮合综合测量的缺点是与齿轮工作状态不相符，其测量结果是轮齿两齿面偏差的综合反映。

2. 径向跳动测量

齿轮径向跳动 F_r 通常在图 9 - 55（a）所示的专用径向跳动检查仪上测量。被测齿轮支承在仪器的两顶尖之间，转动齿轮，使球形（或锥形）测头相继放入每个齿槽内，从指示表上读取相应的示值，其最大与最小示值之差即为齿轮径向跳动。为使测头在齿高中部附近与齿面接触，对于齿形角 $\alpha = 20°$ 的圆柱齿轮，应取球形测头的直径 $d = 1.68\,m$（模数）。

也可以用普通顶尖座和指示表、圆棒、表架相组合用于测量齿轮的径向跳动，如图 9 - 55（b）所示。但效率较低，只适用于单件、小批量生产。

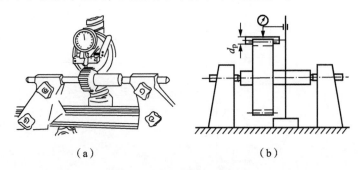

（a）　　　　　　　　　　（b）

图 9 - 55　齿轮径向跳动测量

（a）用径向跳动检查仪测量；（b）用顶尖架和指示表测量

9.7.3　公法线和齿厚的测量

1. 公法线长度测量

公法线长度可用公法线百分尺、公法线卡规测量，如图 9 - 56 所示。测量公法线长度时，要求量具的两测量面与被测齿轮的异侧齿面在分度圆附近相切。对于齿形角 $\alpha = 20°$ 的齿轮，可按 $n = \dfrac{z}{9} + 0.5$ 选择跨齿数。

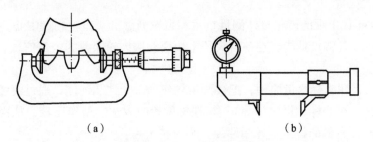

（a）　　　　　　　　　　（b）

图 9 - 56　公法线长度测量

（a）公法线百分尺；（b）公法线指示卡规

在被测齿轮圆周上均匀分布的位置上测得的公法线长度值（通常测量 6 条以上）与其公称值之差即为公法线长度偏差。

2. 齿厚测量

齿厚偏差 E_{sn} 是在分度圆柱面上，实际齿厚 S_{na} 与公称齿厚 S_n 之差。对于斜齿轮应为法向齿厚。

由于测量弧齿厚比较困难，通常都是测量弦齿厚，并以弦齿厚偏差代替弧齿厚偏差。

通常用齿厚游标卡尺（见图 9 – 57）以齿顶圆为基准测量齿厚。由于其位置精度不高，所以多用于测量中等精度以下的齿轮；对中等精度以上的齿轮，可测量公法线长度偏差代替齿厚偏差。

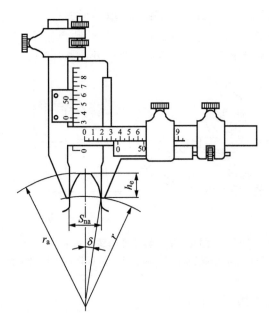

图 9 – 57 分度圆弦齿厚测量

精度要求高或齿轮的模数较小时，可在万能工具显微镜上采用影像法测量弦齿厚。测量时可以用齿轮齿顶圆作为定位基准，也可以用中心孔作为定位基准。

9.7.4 齿轮整体测量

20 世纪 70 年代出现的齿轮整体测量技术和齿轮测量机（齿轮测量中心）是齿轮测量技术发展的转折点，其特点是能够在一台仪器上快速获取齿轮误差的全部信息。

1. 齿轮测量机

齿轮测量机采用坐标测量原理，把被测齿轮作为一个纯几何体，通过测量实际齿轮的坐标值（直角坐标、柱坐标、极坐标等），与理想齿轮的数学模型作比较，从而确定被测量的误差。CNC 齿轮测量机的特点是通用性强，测量精度高。

齿轮测量机能够检测圆柱齿轮、圆锥齿轮、齿轮刀具、、蜗轮、蜗杆、螺杆等回转类工件的主要误差项目，还可测量轴类工件的几何误差，并具有强大的分析功能。齿轮测量机可耦合到加工系统中，进行实时检测，并可与齿轮整体误差测量技术结合，给出"虚拟整体误差"。

2. 齿轮整体误差测量

齿轮整体误差测量技术是从单面啮合综合测量中提取单项误差和其他有用信息，通过测量啮合运动误差来反求被测量的几何误差，并精确地揭示了齿轮单项误差的变化规律以及误差间的关系，特别适合齿轮工艺误差分析和动态性能预报。

在齿轮单面啮合测量中，由于被测齿轮与测量齿轮啮合的重合度大于1，测量过程中有时有两对轮齿参与啮合。因此，齿轮误差曲线上相当部分是在一对以上的轮齿同时啮合时测出的，只能反映参与啮合的两对齿轮中的误差较大者，难以分清相当部分的齿廓误差状态并分离各单项误差，不便于分析误差产生的原因和分析传动质量。齿轮整体误差测量技术避免了这个缺陷，采用双头或三头蜗杆作为测量基准器进行间齿测量。该蜗杆仅用一个头作为工作齿面，其余齿面经磨薄而不参与啮合，使重合度小于1，以保证在测量过程中只有一线与被测齿轮能在全齿高上啮合，从而测得完整的整体误差曲线。

显然，被测齿轮转完一圈，仪器只测量到一部分轮齿的误差，而另一些轮齿却被跳过而遗漏了，因此还要继续转动，测量未测量过的齿面。为了保证第二圈不重复测量已测量过的齿面，必须根据被测齿轮的齿数选择标准蜗杆的头数，双头蜗杆测量奇数齿齿轮，三头蜗杆测量偶数齿齿轮。但是，若碰到同时能被2和3整除的齿数齿轮，则需要停止转动后人工转过一齿，再进行测量。

由于采用间齿测量法，一个齿面啮合运动完成后，紧跟的下一对齿面不会立即接触，使蜗杆齿顶部在齿轮齿面刮行，造成蜗杆顶刃啮合，被测齿轮速度减慢。而后蜗杆上间齿后的另一个齿面与被测齿面的齿顶接触，造成齿轮顶刃啮合，迫使被测齿轮突然加快。所以测得的误差曲线如图9-58所示，较接近圆弧的一段为正常啮合线段的转速变化曲线，向圆心凹陷的部分是顶刃啮合时的转速变化曲线。这样使被测齿轮每个齿都会完成从齿顶到齿根全齿高的啮合过程。

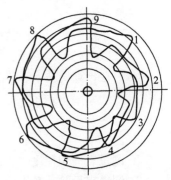

图 9-58　整体误差圆记录曲线

图9-58所示的是9个齿的被测齿轮，用减薄一头的双头蜗杆单面啮合，用圆形记录纸记录被测齿轮转两圈所测得的误差曲线示意图。由图可见，齿序为单数的齿在转第一圈测完后，会自动转为双数序号的齿面的测量，两圈得到的曲线会首尾相连。

图9-59所示的是截面整体误差曲线的直角坐标表示法。图中A_i（$i=1,2,\cdots,7$）是被测齿轮各齿面与分度圆的交点，相邻两A_i点所夹的圆心角等于$\dfrac{360°}{z}$（z为齿数），每相邻两A_i点的径向距离（纵坐标）是对应齿距的单个齿距偏差$f_{\mathrm{Pt}i}$（$i=1,2,\cdots,6$）。其中绝对值最大的偏差即被测齿轮的齿距偏差f_{Pt}。其他各项偏差均可由图中获得。

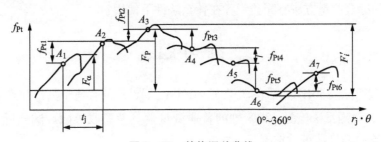

图 9-59　整体误差曲线

自动沿齿宽方向不断变换截面测量整体误差，并把每个截面整体误差曲线都记录在同一记录纸上，得到齿轮在全齿宽范围内同侧齿面的整体误差曲线，称为全齿宽整体误差曲线（简称 QZ 曲线）。在这一组曲线中，可从各截面整体误差曲线之间的相互关系分析得到齿向方面的误差参数，如直齿轮的螺旋线偏差 F_β 等。

9.8　几何量检测技术发展趋势

随着科技水平的迅速提高，近年来，几何量检测技术发展迅速，随着激光技术、纳米技术、计算机技术以及光机电一体化、系统化的发展，几何量测量技术有了迅速的发展，相应的测量方法和测量仪器产品大量涌现。未来几何量检测技术的发展方向大致如下：

（1）测量精度由微米级向亚纳米、纳米级乃至埃级发展，进一步提高测量分辨力。

（2）随着现代制造业对大、重型设备的巨大需求，大尺寸的高精度、高准确性的测量。

（3）由点测量向面测量过渡，提高整体测量精度（即由长度的精密测量扩展至形状、方向、位置的几何检测）。测量维度由传统的一维、二维分立测量发展为整体性、综合度更高的三维测量。

（4）非接触测量和高效率测量成为重要的发展方向。

（5）以激光干涉测量、扫描测量为代表的高精度光学测量技术。

（6）在计算机技术、传感技术迅猛发展的带动下，测量日趋自动化和智能化。

思 考 题

1. 测量表面粗糙度时，评定长度和取样长度的作用是什么？

2. 测量表面结构精度时，如何选择被评定的轮廓？

3. 尺寸测量时在什么条件下要设置安全裕度？为什么？如何选择测量器具？

4. 试简述三坐标测量技术的发展与应用。

5. 测量几何误差时，实际要素如何体现？

6. 测量几何误差时，基准如何体现？

7. 试述几何误差的五种检测原则，举例说明其应用。

8. 同一实际要素在同一基准体系中，其形状误差、定向误差和定位误差之间有何关系？

9. 螺纹的测量方法有哪些？为什么要测量螺纹的单个几何参数？螺纹中径的测量有哪些方法？

10. 齿轮的综合测量方法有哪些？各在什么条件下使用？

练 习 题

1. 试选择测量孔 $\phi 50H10\left(^{+0.100}_{\ 0}\right)$ 和轴 $\phi 20f8\left(^{-0.020}_{-0.053}\right)$ 的普通量具，并确定验收极限。

2. 确定用绝对测量法检测 $\phi 20f8$ 轴的普通测量器具及验收极限。试分析能否用外径千分尺通过扩大安全裕度法进行检测？

3. 用立式光学比较仪测量基本尺寸为 $\phi 30\ mm$ 的轴颈，用标称尺寸为 30 mm 的量块调零后，测量轴颈时的示值为 $+10~\mu\mathrm{m}$，若量块实际尺寸为 30.005 mm，试求被测轴颈的实际尺寸。

4. 按习题图 9 – 1 所示，使用两对不同直径的光滑圆柱（直径分别为 D 和 d）夹住被测圆柱，用通用计量器具测得尺寸 m 和 M，试确定被测圆锥角 α。

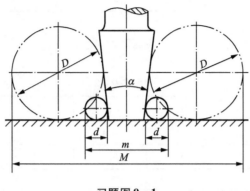

习题图 9 – 1

5. 用习题图 9 – 2 所示方法使用平直仪测量导轨，读数如习题表 9 – 1，试评定其直线度误差值。

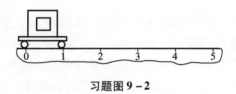

习题图 9 – 2

习题表 9 – 1

点序	0	1	2	3	4	5
读数/mm		– 0. 06	+ 0. 12	+ 0. 12	– 0. 09	+ 0. 06

6. 用习题图 9 – 3（a）所示方法在基准平板上用指示表测得被测平板，9 个测量点的读数（$\mu\mathrm{m}$）如习题图 9 – 3（b）所示，试评定其平面度误差值。

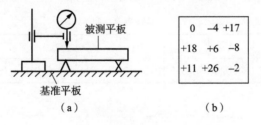

（a）　　　　　　　　（b）

习题图 9 – 3

7. 按习题图 9 – 4 所示方法依次测得 A，B 两平面上各测点的读数如习题表 9 – 2 所示。试分别评定 A，B 两平面的直线度误差值；A 平面习题表 9 – 2 对 B 平面；B 平面对 A 平面的平行度误差值。

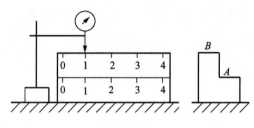

习题图 9-4

习题表 9-2

点　序		0	1	2	3	4
读数/μm	A	+4	+4	-2	-2	-2
	B	0	-2	+11	+9	+10

8. 某直齿圆柱齿轮的公法线公称长度 $W_k = 15.04$ mm，公法线长度极限偏差 $E_{bns} = -0.01$ mm，$E_{bni} = -0.03$ mm，若在齿轮一周内均布测得 4 条公法线长度，其数值分别为 15.02 mm，15.01 mm，15.03 mm．15.035 mm，试计算公法线长度偏差 E_{bn}，并判断其合格性。

9. 某 7 级精度直齿圆柱齿轮的模数 $m = 5$ mm，齿数 $z = 12$，标准压力角 $\alpha = 20°$。该齿轮加工后用双测头式齿距比较仪按相对法测量其各个右齿面的齿距偏差，即先按某一齿距将量仪指示表调零，然后依次测量其余齿距对基准齿距的偏差。测量数据见习题表 9-3。试确定该齿轮的齿距累积总偏差和单个齿距偏差，并判断其合格性。

习题表 9-3

齿序	1	2	3	4	5	6	7	8	9	10	11	12
齿距相对偏差/μm	0	+6	+9	-3	-9	+15	+9	+12	0	+9	+9	-3

10. 在万能工具显微镜上测量 Tr60×12-8 丝杠的 10 个螺牙的螺距，各螺牙的同名牙侧的轴向位置读数如习题表 9-4 所示，试计算该丝杠的单个螺距偏差和螺距累积偏差。若单个螺距极限偏差为 ±12 μm，螺距累积极限偏差为 ±55 μm，试判断其合格性。

习题表 9-4

牙侧序号	0	1	2	3	4	5	6	7	8	9	10
读数/mm	60.012	72.015	84.020	96.015	108.013	120.016	132.019	144.009	156.004	168.002	180.007

附　表

标准代号	标准名称
GB/T 18780.1—2002	产品几何量技术规范（GPS）几何要素 第1部分：基本术语和定义
GB/T 18780.2—2003	产品几何量技术规范（GPS）几何要素 第2部分：圆柱面和圆锥面的提取中心线、平行平面的提取中心面、提取要素的局部尺寸
GB/T 321—2005	优先数和优先数系
GB/T 19763—2005	优先数和优先数系的应用指南
GB/T 19764—2005	优先数和优先数化整值系列的选用指南
GB/T 15757—2002	产品几何量技术规范（GPS）表面缺陷术语、定义及参数
GB/T 1031—2009	表面粗糙度参数及其数值
GB/T 16747—2009	表面波纹度词汇
GB/T 3505—2009	产品几何技术规范 表面结构 轮廓法 表面结构的术语、定义及参数
GB/T 10610—2009	产品几何技术规范 表面结构 轮廓法评定表面结构的规则和方法
GB/T 7220—2004	产品几何量技术规范（GPS）表面结构 轮廓法 表面粗糙度 术语 参数测量
GB/T 18618—2009	产品几何量技术规范（GPS）表面结构 轮廓法 图形参数
GB/T 19067.1—2003	产品几何量技术规范（GPS）表面结构 轮廓法 测量标准 第1部分：实物测量标准
GB/T 19067.2—2004	产品几何量技术规范（GPS）表面结构 轮廓法 测量标准 第2部分：软件测量标准
GB/T 6060.1—1997	表面粗糙度比较样块 铸造表面
GB/T 6060.2—2006	表面粗糙度比较样块 磨、车、镗、铣、插及刨加工表面
GB/T 6060.3—2008	表面粗糙度比较样块 电火花加工表面
GB/T 6060.4—1988	表面粗糙度比较样块 抛光加工表面
GB/T 6060.5—1988	表面粗糙度比较样块 抛（喷）丸、喷砂加工表面
GB/T 18777—2009	产品几何量技术规范（GPS）表面结构 轮廓法 相位修正滤波器的计量特性
GB/T 18778.1—2002	产品几何量技术规范（GPS）表面结构 轮廓法 具有复合加工特征的表面 第1部分：滤波和一般测量条件
GB/T 18778.2—2003	产品几何量技术规范（GPS）表面结构 轮廓法 具有复合加工特征的表面 第2部分：用线性化的支承率曲线表征高度特性

标准代号	标准名称
GB/T 131—2006	机械制图 表面粗糙度符号、代号及其注法
GB/T1800.1—2009	极限与配合 第1部分：公差、偏差和配合的基础
GB/T1800.2—2009	极限与配合 基础 公差、偏差和配合的基本规定
GB/T1800.3—1998	极限与配合 基础 标准公差和基本偏差数值表
GB/T1800.4—1999	极限与配合 标准公差等级和孔、轴的极限偏差表
GB/T1801—2009	极限与配合 公差带和配合的选择
GB/T1803—2003	极限与配合 尺寸至18 mm孔、轴公差带
GB/T5371—2004	极限与配合 过盈配合的计算和选用
GB/T 4458.5—2003	机械制图 尺寸公差与配合注法
GB/T3177—2009	光滑工件尺寸的检验
GB/T 157—2001	产品几何量技术规范（GPS）圆锥的锥度与锥角系列
GB/T 4096—2001	产品几何量技术规范（GPS）棱体的角度与斜度系列
GB/T 11334—2005	产品几何量技术规范（GPS）圆锥公差
GB/T 12360—2005	产品几何量技术规范（GPS）圆锥配合
GB/T 15754—1995	技术制图 圆锥的尺寸和公差注法
GB/T 15755—1995	圆锥过盈配合的计算和选用
GB/T1804—2008	一般公差 线性尺寸和未注公差
GB/T 1182—2008	形状和位置公差 通则、定义、符号和图样表示法
GB/T16892—1997	形状和位置公差 非刚性零件注法
GB/T17851—2010	形状和位置公差 基准与基准体系
GB/T17852—1999	形状和位置公差 轮廓的尺寸和公差注法
GB/T 17773—1999	形状和位置公差 延伸公差带及其表示法
GB/T 13319—2003	产品几何量技术规范（GPS）几何公差 位置度公差注法
GB/T 1184—1996	形状和位置公差 未注公差值
GB/T 1958—2004	产品几何量技术规范（GPS）形状和位置公差 检测规定
GB/T 7234—2004	产品几何量技术规范（GPS）圆度测量 术语、定义及参数
GB/T 7235—2004	产品几何量技术规范（GPS）评定圆度误差的方法 半径变化量测量

标 准 代 号	标 准 名 称
GB/T 4380—2004	圆度误差的评定 两点、三点法
GB/T 11336—2004	直线度误差检测
GB/T 11337—2004	平面度误差检测
GB/T 275—2015	滚动轴承与轴和外壳的配合
GB/T 1144—2001	矩形花键尺寸、公差和检验
GB/T 3478.1—2008	圆柱直齿渐开线花键模数 基本齿廓 公差
GB/T 197—2003	普通螺纹 公差
GB/T 2516—2003	普通螺纹 极限偏差
GB/T 9145—2003	普通螺纹 中等精度、优选系列的极限尺寸
GB/T 9146—2003	普通螺纹 粗糙精度、优选系列的极限尺寸
JB/T 2886—2008	机床梯形螺纹丝杆、螺母 技术条件
GB/T 10095.1—2008	渐开线圆柱齿轮 精度 第1部分：轮齿同侧齿面偏差的定义和允许值
GB/T 10095.2—2008	渐开线圆柱齿轮 精度 第2部分：径向综合偏差与径向跳动的定义和允许值
GB/T 13924—2008	渐开线圆柱齿轮精度检验规范
GB/Z 18620.1—2008	圆柱齿轮 检验实施规范 第1部分：轮齿同侧齿面的检验
GB/Z 18620.2—2008	圆柱齿轮 检验实施规范 第2部分：径向综合偏差、径向跳动、齿厚和侧隙的检验
GB/Z 18620.3—2008	圆柱齿轮 检验实施规范 第3部分：齿轮坯、轴中心距和轴线平行度
GB/Z 18620.4—2008	圆柱齿轮 检验实施规范 第4部分：表面结构和轮齿接触斑点的检验
GB/T 18779.1—2002	产品几何量技术规范（GPS）工件与测量设备的测量检验 第1部分：按规范检验合格或不合格的判定规则
GB/T 18779.2—2004	产品几何量技术规范（GPS）工件与测量设备的测量检验 第2部分：测量设备校准和产品检验中GPS测量的不确定度评定指南
GB/T 19765—2005	产品几何量技术规范（GPS）—产品几何量技术规范和检验的标准参考温度
GB/T14249—1996	公差原则
GB/T 16671—2009	形状和位置公差 最大实体要求、最小实体要求和可逆要求
GB/T 5847—2004	尺寸链 计算方法
GB/T1957—2006	光滑极限量规
GB/T 6322—1986	光滑极限量规型式和尺寸
GB/T 11852—2003	圆锥量规公差与技术条件

标 准 代 号	标 准 名 称
GB/T 8069—1998	功能量规
GB/T 3934—2003	普通螺纹量规 技术条件
GB/T 10920—2008	普通螺纹量规 型式与尺寸
GB/T 1095—2003	平键 键槽的剖面尺寸

附表 2　标准公差数值

基本尺寸 /mm		标准公差等级																	
大于	至	IT1	IT2	IT3	IT4	IT5	IT6	IT7	IT8	IT9	IT10	IT11	IT12	IT13	IT14	IT15	IT16	IT17	IT18
		μm											mm						
—	3	0.8	1.2	2	3	4	6	10	14	25	40	60	0.1	0.14	0.25	0.4	0.6	1	1.4
3	6	1	1.5	2.5	4	5	8	12	18	30	48	75	0.12	0.18	0.3	0.48	0.75	1.2	1.8
6	10	1	1.5	2.5	4	6	9	15	22	36	58	90	0.15	0.22	0.36	0.58	0.9	1.5	2.2
10	18	1.2	2	3	5	8	11	18	27	43	70	110	0.18	0.27	0.43	0.7	1.1	1.8	2.7
18	30	1.5	2.5	4	6	9	13	21	33	52	84	130	0.21	0.33	0.52	0.84	1.3	2.1	3.3
30	50	1.5	2.5	4	7	11	16	25	39	62	100	160	0.25	0.39	0.62	1	1.6	2.5	3.9
50	80	2	3	5	8	13	19	30	46	74	120	190	0.3	0.46	0.74	1.2	1.9	3	4.6
80	120	2.5	4	6	10	15	22	35	54	87	140	220	0.35	0.54	0.87	1.4	2.2	3.5	5.4
120	180	3.5	5	8	12	18	25	40	63	100	160	250	0.4	0.63	1	1.6	2.5	4	6.3
180	250	4.5	7	10	14	20	29	46	72	115	185	290	0.46	0.72	1.15	1.85	2.9	4.6	7.2
250	315	6	8	12	16	23	32	52	81	130	210	320	0.52	0.81	1.3	2.1	3.2	5.2	8.1
315	400	7	9	13	18	25	36	57	89	140	230	360	0.57	0.89	1.4	2.3	3.6	5.7	8.9
400	500	8	10	15	20	27	40	63	97	155	250	400	0.63	0.97	1.55	2.5	4	6.3	9.7
500	630	9	11	16	22	32	44	70	110	175	280	440	0.7	1.1	1.75	2.8	4.4	7	11
630	800	10	13	18	25	36	50	80	125	200	320	500	0.8	1.25	2	3.2	5	8	12.5
800	1 000	11	15	21	28	40	56	90	140	230	360	560	0.9	1.4	2.3	3.6	5.6	9	14
1 000	1 250	13	18	24	33	47	66	105	165	260	420	660	1.05	1.65	2.6	4.2	6.6	10.5	16.5
1 250	1 600	15	21	29	39	55	78	125	195	310	500	780	1.25	1.95	3.1	5	7.8	12.5	19.5
1 600	2 000	18	25	35	46	65	92	150	230	370	600	920	1.5	2.3	3.7	6	9.2	15	23
2 000	2 500	22	30	41	55	78	110	175	280	440	700	1100	1.75	2.8	4.4	7	11	17.5	28
2 500	3 150	36	36	50	68	96	135	210	330	540	860	1350	2.1	3.3	5.4	8.6	13.5	21	23

注：1. 基本尺寸大于 500 mm 的 IT1 至 IT5 的标准公差数值为试行的。
2. 基本尺寸小于或等于 1 mm 时，无 IT14 至 IT18

附表3　角度公差

公　差　等　级

| 短边长度 L/mm | | AT1 | | | AT2 | | | AT3 | | | AT4 | | | AT5 | | | AT6 | | |
大于	至	ATₗ μrad	(")	AT_D μm	AT₂ μrad	(")	AT_D μm	ATₗ μrad	(")	AT_D μm	ATₗ μrad	(")	AT_D μm	AT₂ μrad	(")	AT_D μm	ATₗ μrad	(' ")	AT_D μm
自6	10	50	10	>0.3~0.5	80	16	>0.5~0.8	125	26	>0.8~1.3	200	41	>1.3~2.0	315	1'05"	>2.0~3.2	500	1'43"	>3.2~5.0
10	16	40	8	>0.4~0.6	63	13	>0.6~1.0	100	21	>1.0~1.6	160	33	>1.6~2.5	250	52"	>2.5~4.0	400	1'22"	4.0~6.3
16	25	31.5	6	>0.5~0.8	50	10	>0.8~1.3	80	16	>1.3~2.0	125	26	>2.0~3.2	200	41"	>3.2~5.0	315	1'05"	>5.0~8.0
25	40	25	5	>0.6~1.0	40	8	>1.0~1.6	63	13	>1.6~2.5	100	21	>2.5~4.0	160	33"	>4.0~6.3	250	52"	>6.3~10.0
40	63	20	4	>0.8~1.3	31.5	6	>1.3~2.0	50	10	>2.0~3.2	80	16	>3.2~5.0	125	26"	>5.0~8.0	200	41"	>8.0~12.5
63	100	16	3	>1.0~1.6	25	5	>1.6~2.5	40	8	>2.5~4.0	63	13	>4.0~6.3	100	21"	>6.3~10.0	160	33"	>10.0~16.0
100	160	12.5	2.5	>1.3~2.0	20	4	>2.0~3.2	31.5	6	>3.2~5.0	50	10	>5.0~8.0	80	16"	>8.0~12.5	125	26"	>12.5~20.0
160	250	10	2	>1.6~2.5	16	3	>2.5~4.0	25	5	>4.0~6.3	40	8	>6.3~10.0	63	13"	>10.0~16.0	100	21"	>16.0~25.0
250	400	8	1.5	>2.0~3.2	12.5	2.5	>3.2~5.0	20	4	>5.0~8.0	31.5	6	>8.0~12.5	50	10"	>12.5~20.0	80	16"	>20.0~32.0
400	630	6.3	1	>2.5~4.0	10	2	>4.0~6.3	16	3	>6.3~10.0	25	5	>10.0~16.1	40	8"	>16.0~25.0	63	13"	>25.0~40.0

公　差　等　级

| 短边长度 L/mm | | AT7 | | | AT8 | | | AT9 | | | AT10 | | | AT11 | | | AT12 | | |
大于	至	ATₗ μrad	(")	AT_D μm	AT₂ μrad	(")	AT_D μm	ATₗ μrad	(")	AT_D μm	ATₗ μrad	(")	AT_D μm	AT₂ μrad	(")	AT_D μm	ATₗ μrad	(' ")	AT_D μm
自6	10	800	2'45"	>5.0~8.0	1 250	4'18"	>8.0~12.5	2 000	6'52"	>12.5~20	3 150	10'49"	>20~32	5 000	17'10"	>32~50	8 000	27'28"	>50~80
10	16	630	2'10"	>6.3~10.0	1 000	3'26"	>10.0~16.0	1 600	5'30"	>16~25	2 500	8'35"	>25~40	4 000	13'44"	>40~63	6 300	21'38"	>63~100
16	25	500	1'43"	>8.0~12.5	800	2'45"	>12.5~20.0	1 250	4'18"	>20~32	2 000	6'52"	>32~50	3 150	10'49"	>50~80	5 000	17'10"	>80~125
25	40	400	1'22"	>10.0~16.0	630	2'10"	>16.0~25.5	1 000	3'26"	>25~40	1 600	5'30"	>40~63	2 500	8'35"	>63~100	4 000	13'44"	>100~160
40	63	315	1'05"	>12.5~20.0	500	1'43"	>20.0~32.0	800	2'45"	>32~50	1 250	4'18"	>50~80	2 000	6'52"	>80~125	3 150	10'43"	>125~200
63	100	250	52"	>16.0~25.0	400	1'22"	>25.0~40.0	630	2'10"	>40~63	1 000	3'26"	>63~100	1 600	5'30"	>100~160	2 500	8'35"	>160~250
100	160	200	41"	>20.0~32.0	315	1'05"	>32.0~50.0	500	1'43"	>50~80	800	2'45"	>80~125	1 250	4'18"	>125~200	2 000	6'52"	>200~320
160	250	160	33"	>25.0~40.0	250	52"	>40.0~63.0	400	1'22"	>63~100	630	2'10"	>100~160	1 000	3'26"	>160~250	1 600	5'30"	>250~400
250	400	125	26"	>32.0~50.0	200	41"	>50.0~80.0	315	1'05"	>80~125	500	1'43"	>125~200	800	2'45"	>200~320	1 250	4'18"	>320~500
400	630	100	21"	>40.0~63.0	160	33"	>63.0~100.0	250	52"	>100~160	400	1'22"	>160~250	630	2'10"	>250~400	1 000	3'26"	>400~630

注：1 μad 等于半径为1 m，弧长为1 μm 所对应的圆心角。5 μrad≈1"，300 μrad≈1'

附表 4　线性尺寸一般公差的极限偏差值

公差等级	基本尺寸分段/mm							
	0.5～3	>3～6	>6～30	>30～120	>120～400	>400～1 000	>1 000～2 000	>2 000～4 000
精密 f	±0.05	±0.05	±0.1	±0.15	±0.2	±0.3	±0.5	—
中等 m	±0.1	±0.1	±0.2	±0.3	±0.5	±0.8	±1.2	±2
粗糙 c	±0.2	±0.3	±0.5	±0.8	±1.2	±2	±3	±4
粗糙 v	—	±0.5	±1	±1.5	±2.5	±4	±6	±8

附表 5　倒圆半径和倒角高度尺寸一般公差的极限偏差值

公差等级	基本尺寸分段/mm			
	0.5～3	>3～6	>6～30	>30
精密 f	±0.2	±0.5	±1	±2
中等 m	±0.2	±0.5	±1	±2
粗糙 c	±0.4	±1	±2	±4
最粗 v	±0.4	±1	±2	±4

注：倒圆半径和倒角高度的含义见 GB/T 6403.4。

附表 6　角度尺寸一般公差的极限偏差值

公差等级	长度分段/mm				
	～10	>10～50	>50～120	>120～400	>400
精密 f	±1°	±30′	±20′	±10′	±5′
中等 m	±1°	±30′	±20′	±10′	±5′
粗糙 c	±1°30′	±1°	±30′	±15′	±10′
最粗 v	±3°	±2°	±1°	±30′	±20′

附表7 直线度、平面度公差值

主参数 /mm	公差等级											
	1	2	3	4	5	6	7	8	9	10	11	12
	公差值/μm											
≤10	0.2	0.4	0.8	1.2	2	3	5	8	12	20	30	60
>10~16	0.25	0.5	1	1.5	2.5	4	6	10	15	25	40	80
>16~25	0.3	0.6	1.2	2	3	5	8	12	20	30	50	100
>25~40	0.4	0.8	1.5	2.5	4	6	10	15	25	40	60	120
>40~63	0.5	1	2	3	5	8	12	20	30	50	80	150
>63~100	0.6	1.2	2.5	4	6	10	15	25	40	60	100	200
>100~160	0.8	1.5	3	5	8	12	20	30	50	80	120	250
>160~250	1	2	4	6	10	15	25	40	60	100	150	300
>250~400	1.2	2.5	5	8	12	20	30	50	80	120	200	400
>400~630	1.5	3	6	10	15	25	40	60	100	150	250	500
>630~1000	2	4	8	12	20	30	50	80	120	200	300	600

注：直线度主参数为被测要素的长度；平面度主参数为被测要素的长边或直径。

附表8 圆度、圆柱度公差值

主参数 /mm	公差等级												
	0	1	2	3	4	5	6	7	8	9	10	11	12
	公差值/μm												
≤3	0.1	0.2	0.3	0.5	0.8	1.2	2	3	4	6	10	14	25
>3~6	0.1	0.2	0.4	0.6	1	1.5	2.5	4	5	8	12	18	30
>6~10	0.12	0.25	0.4	0.6	1	1.5	2.5	4	6	9	15	22	36
>10~18	0.15	0.25	0.5	0.8	1.2	2	3	5	8	11	18	27	43
>18~30	0.2	0.3	0.6	1	1.5	2.5	4	6	9	13	21	33	52
>30~50	0.25	0.4	0.6	1	1.5	2.5	4	7	11	16	25	39	62
>50~80	0.3	0.5	0.8	1.2	2	3	5	8	13	19	30	46	74
>80~120	0.4	0.6	1	1.5	2.5	4	6	10	15	22	35	54	87
>120~180	0.6	1	1.2	2	3.5	5	8	12	18	25	40	63	100
>180~250	0.8	1.2	2	3	4.5	7	10	14	20	29	46	72	115
>250~315	1.0	1.6	2.5	4	6	8	12	16	23	32	52	81	130
>315~400	1.2	2	3	5	7	9	13	18	25	36	57	89	140
>400~500	1.5	2.5	4	6	8	10	15	20	27	40	63	97	155

注：主参数为被测要素的直径。

附表 9　平行度、垂直度、倾斜度公差值

主参数 /mm	公差 等 级											
	1	2	3	4	5	6	7	8	9	10	11	12
	公 差 值/μm											
≤10	0.4	0.8	1.5	3	5	8	12	20	30	50	80	120
>10~16	0.5	1	2	4	6	10	15	25	40	60	100	150
>16~25	0.6	1.2	2.5	5	8	12	20	30	50	80	120	200
>25~40	0.8	1.5	3	6	10	15	25	40	60	100	150	250
>40~63	1	2	4	8	12	20	30	50	80	120	200	300
>63~100	1.2	2.5	5	10	15	25	40	60	100	150	250	400
>100~160	1.5	3	6	12	20	30	50	80	120	200	300	500
>160~250	2	4	8	15	25	40	60	100	150	250	400	600
>250~400	2.5	5	10	20	30	50	80	120	200	300	500	800
>400~630	3	6	12	25	40	60	100	150	250	400	600	1 000
>630~1 000	4	8	15	30	50	80	120	200	300	500	800	1 200

注：主参数为被测要素的长度或直径。

附表 10　同轴度、对称度、圆跳动、全跳动公差值

主参数 /mm	公差 等 级											
	1	2	3	4	5	6	7	8	9	10	11	12
	公 差 值/μm											
≤1	0.4	0.6	1.0	1.5	2.5	4	6	10	15	25	40	60
>1~3	0.4	0.6	1.0	1.5	2.5	4	6	10	20	40	60	120
>3~6	0.5	0.8	1.2	2	3	5	8	12	25	50	80	150
>6~10	0.6	1	1.5	2.5	4	6	10	15	30	60	100	200
>10~18	0.8	1.2	2	3	5	8	12	20	40	80	120	250
>18~30	1	1.5	2.5	4	6	10	15	25	50	100	150	300
>30~50	1.2	2	3	5	8	12	20	30	60	120	200	400
>50~120	1.5	2.5	4	6	10	15	25	40	80	150	250	500
>120~250	2	3	5	8	12	20	30	50	100	200	300	600
>250~500	2.5	4	6	10	15	25	40	60	120	250	400	800

注：主参数为被测要素的宽度或直径。

附表 11　位置度公差值数系

1	1.2	1.5	2	2.5	3	4	5	6	8
1×10^n	1.2×10^n	1.5×10^n	2×10^n	2.5×10^n	3×10^n	4×10^n	5×10^n	6×10^n	8×10^n

注：n 为整数。

附表 12　几何公差的一般公差值　　　　　　　　　　　　　（mm）

基本长度范围	公差等级											
	直线度、平面度			垂直度			对称度			圆跳动		
	H	L	K	H	L	K	H	L	K	H	L	K
≤10	0.02	0.05	0.1									
>10~30	0.05	0.1	0.2	0.2	0.4	0.6			0.6			
>30~100	0.1	0.2	0.4					0.6				
>100~300	0.2	0.4	0.8	0.3	0.6	1	0.5		1	0.1	0.2	0.5
>300~1000	0.3	0.6	1.2	0.4	0.8	1.5		0.8	1.5			
>1000~10000	0.4	0.6	1.6	0.5	1	2		1	2			

附表 13　表面粗糙度参数值

$Ra/\mu m$	$(Rz,\ Ry)/\mu m$	$s_m,\ s/\mu m$	$t_p/\%$
0.012	0.025	0.006 0	10
0.025	0.050	0.012 5	15
0.050	0.100	0.025 0	20
0.100	0.200	0.050 0	25
0.200	0.400	0.100 0	30
0.400	0.800	0.200 0	40
0.800	1.600	0.400 0	50
1.600	3.200	0.800 0	60
3.200	6.300	1.600 0	70
6.300	12.500	3.200 0	80
12.500	25.000	6.300 0	100
25.000	50.000	6.300 0	
50.000	100.00	12.500 0	
100.000	200.00		
	400.00		
	800.00		
	1 600.00		

附表 14 轴的基本偏差数值

基本偏差代号	a	b	c	cd	d	e	ef	f	fg	g	h	js
公差等级					所有等级 上偏差 (es)/μm							偏差 $\pm\dfrac{IT}{2}$
基本尺寸/mm												
≤3	-270	-140	-60	-34	-20	-14	-10	-6	-4	-2	0	
>3~6	-270	-140	-70	-46	-30	-20	-14	-10	-6	-4	0	
>6~10	-280	-150	-80	-56	-40	-25	-18	-13	-8	-5	0	
>10~14	-290	-150	-95	—	-50	-32	—	-16	—	-6	0	
>14~18	-290	-150	-95	—	-50	-32	—	-16	—	-6	0	
>18~24	-300	-160	-110	—	-65	-40	—	-20	—	-7	0	
>24~30	-300	-160	-110	—	-65	-40	—	-20	—	-7	0	
>30~40	-310	-170	-120	—	-80	-50	—	-25	—	-9	0	
>40~50	-320	-180	-130	—	-80	-50	—	-25	—	-9	0	
>50~65	-340	-190	-140	—	-100	-60	—	-30	—	-10	0	
>65~80	-360	-200	-150	—	-100	-60	—	-30	—	-10	0	
>80~100	-380	-220	-170	—	-120	-72	—	-36	—	-12	0	
>100~120	-410	-240	-180	—	-120	-72	—	-36	—	-12	0	
>120~140	-460	-260	-200	—	-145	-85	—	-43	—	-14	0	
>140~160	-520	-280	-210	—	-145	-85	—	-43	—	-14	0	
>160~180	-580	-310	-230	—	-145	-85	—	-43	—	-14	0	
>180~200	-660	-340	-240	—	-170	-100	—	-50	—	-15	0	
>200~225	-740	-380	-260	—	-170	-100	—	-50	—	-15	0	
>225~250	-820	-420	-280	—	-170	-100	—	-50	—	-15	0	
>250~280	-920	-480	-300	—	-190	-110	—	-56	—	-17	0	
>280~315	-1 050	-540	-330	—	-190	-110	—	-56	—	-17	0	
>315~355	-1 200	-600	-360	—	-210	-125	—	-62	—	-18	0	
>355~400	-1 350	-680	-400	—	-210	-125	—	-62	—	-18	0	
>400~450	-1 500	-760	-440	—	-230	-135	—	-68	—	-20	0	
>450~500	-1 650	-840	-480	—	-230	-135	—	-68	—	-20	0	

续表

基本偏差代号　公差等级　基本尺寸/mm

下偏差 (ei) /μm　　所有等级

基本尺寸/mm	j (5、6、)	j (7)	j (8)	k (4~7)	k (≤3, >7)	m	n	p	r	s	t	u	v	x	y	z	za	zb	zc
≤3	−2	−4	−6	0	0	+2	+4	+6	+10	+14	—	+18	—	+20	—	+26	+32	+40	+60
>3~6	−2	−4	—	+1	0	+4	+8	+12	+15	+19	—	+23	—	+28	—	+35	+42	+50	+80
>6~10	−2	−5	—	+1	0	+6	+10	+15	+19	+23	—	+28	—	+34	—	+42	+52	+67	+97
>10~14	−3	−6	—	+1	0	+7	+12	+18	+23	+28	—	+33	—	+40	—	+50	+64	+90	+130
>14~18	−3	−6	—	+1	0	+7	+12	+18	+23	+28	—	+33	+39	+45	—	+60	+77	+108	+150
>18~24	−4	−8	—	+2	0	+8	+15	+22	+28	+35	—	+41	+47	+54	+63	+73	+98	+136	+188
>24~30	−4	−8	—	+2	0	+8	+15	+22	+28	+35	+41	+48	+55	+64	+75	+88	+118	+160	+218
>30~40	−5	−10	—	+2	0	+9	+17	+26	+34	+43	+48	+60	+68	+80	+94	+112	+148	+200	+274
>40~50	−5	−10	—	+2	0	+9	+17	+26	+34	+43	+54	+70	+81	+97	+114	+136	+180	+242	+325
>50~65	−7	−12	—	+2	0	+11	+20	+32	+41	+53	+66	+87	+102	+122	+144	+172	+226	+300	+465
>65~80	−7	−12	—	+2	0	+11	+20	+32	+43	+59	+75	+102	+120	+146	+174	+210	+274	+360	+480
>80~100	−9	−15	—	+3	0	+13	+23	+37	+51	+71	+91	+124	+146	+178	+214	+258	+335	+445	+585
>100~120	−9	−15	—	+3	0	+13	+23	+37	+54	+79	+104	+144	+172	+210	+254	+310	+400	+525	+690
>120~140	−11	−18	—	+3	0	+15	+27	+43	+63	+92	+122	+170	+202	+248	+300	+365	+470	+620	+800
>140~160	−11	−18	—	+3	0	+15	+27	+43	+65	+100	+134	+190	+228	+280	+340	+415	+535	+700	+920
>160~180	−11	−18	—	+3	0	+15	+27	+43	+68	+108	+146	+210	+252	+310	+380	+465	+600	+780	+1 000
>180~200	−13	−21	—	+4	0	+17	+31	+50	+77	+122	+166	+236	+284	+350	+425	+520	+670	+880	+1 150
>200~225	−13	−21	—	+4	0	+17	+31	+50	+80	+130	+180	+258	+310	+385	+470	+575	+740	+960	+1 250
>225~250	−13	−21	—	+4	0	+17	+31	+50	+84	+140	+196	+284	+340	+425	+520	+640	+820	+1 050	+1 350
>250~280	−16	−26	—	+4	0	+20	+34	+56	+94	+158	+218	+315	+385	+475	+580	+710	+900	+1 200	+1 550
>280~315	−16	−26	—	+4	0	+20	+34	+56	+98	+170	+240	+350	+425	+525	+650	+790	+1 000	+1 300	+1 760
>315~355	−18	−28	—	+4	0	+21	+37	+62	+108	+190	+268	+390	+475	+590	+730	+900	+1 150	+1 500	+1 900
>355~400	−18	−28	—	+4	0	+21	+37	+62	+114	+208	+294	+435	+530	+660	+820	+1 000	+1 300	+1 650	+2 100
>400~450	−20	−32	—	+5	0	+23	+40	+68	+126	+232	+330	+490	+595	+740	+920	+1 100	+1 450	+1 850	+2 400
>450~500	−20	−32	—	+5	0	+23	+40	+68	+132	+252	+360	+540	+660	+820	+1 000	+1 250	+1 600	+2 100	+2 600

附表 15　孔的基本偏差数值

基本偏差代号	A	B	C	CD	D	E	EF	F	FG	G	H	JS	J			K		M		N	
公差等级	所有等级　下偏差 (EI)/μm											偏差 = ±IT/2	上偏差 (ES)/μm								
基本尺寸/mm													6	7	8	≤8	>8	≤8	>8	≤8	>8
≤3	+270	+140	+60	+34	+20	+14	+10	+6	+4	+2	0		+2	+4	+6	0	0	+2	−2	−4	−4
>3~6	+270	+140	+70	+46	+30	+20	+14	+10	+6	+4	0		+5	+6	+10	−1+Δ	—	−4+Δ	−4	−8+Δ	0
>6~10	+280	+150	+80	+56	+40	+25	+18	+13	+8	+5	0		+5	+8	+12	−1+Δ	—	−6+Δ	−6	−10+Δ	0
>10~14	+290	+150	+95	—	+50	+32	—	+16	—	+6	0		+6	+10	+15	−1+Δ	—	−7+Δ	−7	−12+Δ	0
>14~18	+290	+150	+95	—	+50	+32	—	+16	—	+6	0		+6	+10	+15	−1+Δ	—	−7+Δ	−7	−12+Δ	0
>18~24	+300	+160	+110	—	+65	+40	—	+20	—	+7	0		+8	+12	+20	−2+Δ	—	−8+Δ	−8	−15+Δ	0
>24~30	+300	+160	+110	—	+65	+40	—	+20	—	+7	0		+8	+12	+20	−2+Δ	—	−8+Δ	−8	−15+Δ	0
>30~40	+310	+170	+120	—	+80	+50	—	+25	—	+9	0		+10	+14	+24	−2+Δ	—	−9+Δ	−9	−17+Δ	0
>40~50	+320	+180	+130	—	+80	+50	—	+25	—	+9	0		+10	+14	+24	−2+Δ	—	−9+Δ	−9	−17+Δ	0
>50~65	+340	+190	+140	—	+100	+60	—	+30	—	+10	0		+13	+18	+28	−2+Δ	—	−11+Δ	−11	−20+Δ	0
>65~80	+360	+200	+150	—	+100	+60	—	+30	—	+10	0		+13	+18	+28	−2+Δ	—	−11+Δ	−11	−20+Δ	0
>80~100	+380	+220	+170	—	+120	+72	—	+36	—	+12	0		+16	+22	+34	−3+Δ	—	−13+Δ	−13	−23+Δ	0
>100~120	+410	+240	+180	—	+120	+72	—	+36	—	+12	0		+16	+22	+34	−3+Δ	—	−13+Δ	−13	−23+Δ	0
>120~140	+460	+260	+200	—	+145	+85	—	+43	—	+14	0		+18	+26	+41	−3+Δ	—	−15+Δ	−15	−27+Δ	0
>140~160	+520	+280	+210	—	+145	+85	—	+43	—	+14	0		+18	+26	+41	−3+Δ	—	−15+Δ	−15	−27+Δ	0
>160~180	+580	+310	+230	—	+145	+85	—	+43	—	+14	0		+18	+26	+41	−3+Δ	—	−15+Δ	−15	−27+Δ	0
>180~200	+660	+340	+240	—	+170	+100	—	+50	—	+15	0		+22	+30	+47	−4+Δ	—	−17+Δ	−17	−31+Δ	0
>200~225	+740	+380	+260	—	+170	+100	—	+50	—	+15	0		+22	+30	+47	−4+Δ	—	−17+Δ	−17	−31+Δ	0
>225~250	+820	+420	+280	—	+170	+100	—	+50	—	+15	0		+22	+30	+47	−4+Δ	—	−17+Δ	−17	−31+Δ	0
>250~280	+920	+480	+300	—	+190	+110	—	+56	—	+17	0		+25	+36	+55	−4+Δ	—	−20+Δ	−20	−34+Δ	0
>280~315	+1 050	+540	+330	—	+190	+110	—	+56	—	+17	0		+25	+36	+55	−4+Δ	—	−20+Δ	−20	−34+Δ	0
>315~355	+1 200	+600	+360	—	+210	+125	—	+62	—	+18	0		+29	+39	+60	−4+Δ	—	−21+Δ	−21	−37+Δ	0
>355~400	+1 350	+680	+400	—	+210	+125	—	+62	—	+18	0		+29	+39	+60	−4+Δ	—	−21+Δ	−21	−37+Δ	0
>400~450	+1 500	+760	+440	—	+230	+135	—	+68	—	+20	0		+33	+43	+66	−5+Δ	—	−23+Δ	−23	−40+Δ	0
>450~500	+1 550	+840	+480	—	+230	+135	—	+68	—	+20	0		+33	+43	+66	−5+Δ	—	−23+Δ	−23	−40+Δ	0

续表

基本偏差代号　公差等级　基本尺寸/mm

P 至 ZC：≤7 时为"上偏差 (ES)/μm"，>7 时"在 >7 级的相应数值上增加一个 Δ 值"

上偏差 (ES)/μm（P 至 ZC，>7）

基本尺寸/mm	P	R	S	T	U	V	X	Y	Z	ZA	ZB	ZC	Δ 3	Δ 4	Δ 5	Δ 6	Δ 7	Δ 8
≤3	-6	-10	-14	—	-18	—	-20	—	-26	-32	-40	-60	0	0	0	0	0	0
>3~6	-12	-15	-19	—	-23	—	-28	—	-35	-42	-50	-80	1	1.5	1	3	4	6
>6~10	-15	-19	-23	—	-28	—	-34	—	-42	-52	-67	-97	1	1.5	2	3	6	7
>10~14	-18	-23	-28	—	-33	—	-40	—	-50	-64	-90	-130	1	2	3	3	7	9
>14~18	-18	-23	-28	—	-33	-39	-45	—	-60	-77	-108	-150						
>18~24	-22	-28	-35	—	-41	-47	-54	-63	-73	-98	-136	-188	1.5	2	3	4	8	12
>24~30	-22	-28	-35	-41	-48	-55	-64	-75	-88	-118	-160	-218						
>30~40	-26	-34	-43	-48	-60	-68	-80	-94	-112	-148	-200	-274	1.5	3	4	5	9	14
>40~50	-26	-34	-43	-54	-70	-81	-97	-114	-136	-180	-242	-325						
>50~65	-32	-41	-53	-66	-87	-102	-122	-144	-172	-226	-300	-405	2	3	5	6	11	16
>65~80	-32	-43	-59	-75	-102	-120	-146	-174	-210	-274	-360	-480						
>80~100	-37	-51	-71	-91	-124	-146	-178	-214	-258	-335	-445	-585	2	4	5	7	13	19
>100~120	-37	-54	-79	-104	-144	-172	-210	-254	-310	-400	-525	-690						
>120~140	-43	-63	-92	-122	-170	-202	-248	-300	-365	-470	-620	-800	3	4	6	7	15	23
>140~160	-43	-65	-100	-134	-190	-228	-280	-340	-415	-535	-700	-900						
>160~180	-43	-68	-108	-146	-210	-252	-310	-380	-465	-600	-780	-1000						
>180~200	-50	-77	-122	-166	-236	-284	-350	-425	-520	-670	-880	-1150	3	4	6	9	17	26
>200~225	-50	-80	-130	-180	-258	-310	-385	-470	-575	-740	-960	-1250						
>225~250	-50	-84	-140	-196	-284	-340	-425	-520	-640	-820	-1050	-1350						
>250~280	-56	-94	-158	-218	-315	-385	-475	-580	-710	-920	-1200	-1550	4	4	7	9	20	29
>280~315	-56	-98	-170	-240	-350	-425	-525	-650	-790	-1000	-1300	-1700						
>315~355	-62	-108	-190	-268	-390	-475	-590	-730	-900	-1150	-1500	-1900	4	5	7	11	21	32
>355~400	-62	-114	-208	-291	-435	-530	-660	-820	-1000	-1300	-1650	-2100						
>400~450	-68	-126	-232	-330	-490	-595	-740	-920	-1100	-1450	-1850	-2400	5	5	7	13	23	34
>450~500	-68	-132	-252	-360	-540	-660	-820	-1000	-1250	-1600	-2100	-2600						

附表 16 与滚动轴承相配的轴颈和座孔的形位公差值

基本尺寸/mm		圆柱度 t				端面圆跳动 t₁			
		轴颈		外座孔		轴颈		座孔	
		轴承公差等级							
		0	6	0	6	0	6	0	6
大于	至	公差值/μm							
18	30	4.0	2.5	6	4.0	10	6	15	10
30	50	4.0	2.5	7	4.0	12	8	20	12
50	80	5.0	3.0	8	5.0	15	10	25	15
80	120	6.0	4.0	10	6.0	15	10	25	15
120	180	8.0	5.0	12	8.0	20	12	30	20
180	250	10.0	7.0	14	10.0	20	12	30	20
250	315	12.0	8.0	16	12.0	25	15	40	25

附表 17 与滚动轴承相配的轴颈和座孔的表面粗糙度参数允许值的选取

轴颈或座孔直径/mm	轴颈或外壳孔配合表面直径公差等级								
	IT7			IT6			IT5		
	表面粗糙度/μm								
	Rz	Ra		Rz	Ra		Rz	Ra	
		磨	车		磨	车		磨	车
≤80	10	1.6	3.2	6.3	0.8	1.6	4	0.4	0.8
80~500	16	1.6	3.2	10	1.6	3.2	6.3	0.8	1.6
端面	25	3.2	6.3	25	3.2	6.3	10	1.6	3.2

附表 18 普通平键尺寸和键槽深度 t₁、t₂ 的基本尺寸及其极限偏差   （mm）

键尺寸 b×h	基本尺寸	键 槽									
		宽 度 b					深 度				
		极限偏差					轴键槽		轮毂孔键槽		
		正常联结		紧密联结	较松联结		t₁	d−t₁	t₂	d+t₂	
		轴 N9	轮毂孔 JS9	轴和轮毂孔 P9	轴 H9	轮毂孔 D10	基本尺寸	极限偏差	极限偏差	基本尺寸	极限偏差	极限偏差
5×5	5	0 −0.030	± 0.015	−0.012 −0.042	+0.030 0	+0.078 +0.030	3.0	+0.1 0	−0.1	2.3	+0.1 0	+0.1 0
6×6	6						3.5			2.8		

键尺寸 $b \times h$	基本尺寸	宽度 b 极限偏差 正常联结 轴 N9	正常联结 轮毂孔 JS9	紧密联结 轴和轮毂孔 P9	较松联结 轴 H9	较松联结 轮毂孔 D10	深度 轴键槽 t_1 基本尺寸	t_1 极限偏差	$d-t_1$ 极限偏差	轮毂孔键槽 t_2 基本尺寸	t_2 极限偏差	$d+t_2$ 极限偏差
8×7	8	0 −0.036	± 0.018	−0.015 −0.051	+0.036 0	+0.098 +0.040	4.0			3.3		
10×8	10						5.0	+0.2 0	0 −0.2	3.3	+0.2 0	+0.2 0
12×8	12	0 −0.043	± 0.0215	−0.018 −0.061	+0.043 0	+0.120 +0.050	5.5			3.3		
14×9	14						5.5			3.8		
16×10	16						6.0			4.3		
18×11	18						7.0			4.4		

附表 19　矩形花键键槽和键齿的位置公差值　　　　　　　（mm）

键宽或槽宽 B			3	3.5 ～ 6	7 ～ 10	12 ～ 18
t_1	槽宽		0.010	0.015	0.020	0.025
	键宽	滑动、固定	0.010	0.015	0.020	0.025
		紧滑动	0.008	0.010	0.013	0.016
t_2	一般用途		0.010	0.012	0.015	0.018
	精密传动		0.006	0.008	0.009	0.012

附表 20　普通螺纹的基本偏差和顶径公差

螺距 P/mm	内螺纹基本偏差 EI/μm G	H	外螺纹基本偏差 es/μm e	f	g	h	内螺纹小径公差 T_{D1}/μm 5	6	7	8	外螺纹大径公差 T_d/μm 4	6	8
0.75	+22		−56	−38	−22		150	190	236	−	90	145	—
0.8	+24		−60	−38	−24		160	200	250	315	95	150	236
1	+26		−60	−40	−26		190	236	300	375	112	180	280
1.25	+28		−63	−42	−28		212	265	335	425	132	212	335
1.5	+32	0	−67	−45	−32	0	236	300	375	475	150	236	375
1.75	+34		−71	−48	−34		265	335	425	530	170	265	425
2	+38		−71	−52	−38		300	375	475	600	180	280	450
2.5	+42		−80	−58	−42		355	450	560	710	212	335	530
3	+48		−85	−63	−48		400	500	630	800	236	375	600

附表 21 普通螺纹的中径公差和旋合长度

中径/mm		螺距	内螺纹中径公 T_{D2}/μm				外螺纹中径公差 T_{d2}/μm				旋合长度/mm			
			公 差 等 级								S		N	L
大于	至	P/mm	5	6	7	8	5	6	7	8	≤	>	≤	>
5.6	11.2	0.75	106	132	170	—	80	100	125	—	2.4	2.4	7.1	7.1
		1	118	150	190	236	90	112	140	180	3	3	9	9
		1.25	125	160	200	250	95	118	150	190	4	4	12	12
		1.5	140	180	224	280	106	132	170	212	5	5	15	15
11.2	22.4	1	125	160	200	250	95	118	150	190	3.8	3.8	11	11
		1.25	140	180	224	280	106	132	170	212	4.5	4.5	13	13
		1.5	150	190	236	300	112	140	180	224	5.6	5.6	16	16
		1.75	160	200	250	315	118	150	190	236	6	6	18	18
		2	170	212	265	335	125	160	200	250	8	8	24	24
		2.5	180	224	280	355	132	170	212	265	10	10	30	30

附表 22 齿距偏差允许值

分度圆直径 d/mm	法向模数 m_n/mm	单个齿距极限偏差 $\pm f_{pt}$/μm					齿距累积总公差 F_p/μm				
		精度等级					精度等级				
		5	6	7	8	9	5	6	7	8	9
>50~125	≥0.5~2	5.5	7.5	11	15	21	18	26	37	52	74
	>2~3.5	6.0	8.5	12	17	23	19	27	38	53	76
	>3.5~6	6.5	9.0	13	18	26	19	28	39	55	78
>125~280	≥0.5~2	6.0	8.5	12	17	24	24	35	40	69	98
	>2~3.5	6.5	9.0	13	18	26	35	35	50	70	100
	>3.5~6	7.0	10	14	20	28	25	36	51	72	102
>280~560	≥0.5~2	6.5	9.5	13	19	27	32	46	64	91	129
	>2~3.5	7.0	10	14	20	29	33	46	65	92	131
	>3.5~6	8.0	11	16	22	31	33	47	66	94	133

附表 23　齿廓偏差允许值

分度圆直径 d/mm	法向模数 m_n/mm	齿廓总公差 F_α/μm					齿廓形状公差 $f_{f\alpha}$/μm					齿廓倾斜极限偏差 $\pm f_{H\alpha}$/μm				
		精度等级					精度等级					精度等级				
		5	6	7	8	9	5	6	7	8	9	5	6	7	8	9
>50~125	≥0.5~2	6.0	8.5	12	17	23	4.5	6.5	9	13	18	3.7	5.5	7.5	11	15
	>2~3.5	8.0	11	16	22	31	6	8.5	12	17	24	5	7	10	14	20
	>3.5~6	9.5	13	19	27	38	7.5	10	15	21	29	6	8.5	12	17	24
>125~280	≥0.5~2	7.0	10	14	20	28	5.5	7.5	11	15	21	4.4	6	9	12	18
	>2~3.5	9.0	13	18	25	36	7	9.5	14	19	28	5.5	8	11	16	23
	>3.5~6	11	15	21	30	42	8	12	16	23	33	6.5	9.5	13	19	27
>280~560	≥0.5~2	8.5	12	17	23	33	6.5	9	13	18	26	5.5	7.5	11	15	21
	>2~3.5	10	15	21	29	41	8	11	16	22	32	6.5	9	13	18	26
	>3.5~6	12	17	24	34	48	9	13	18	26	37	7.5	11	15	21	30

附表 24　齿向偏差允许值

圆直径 d/mm	齿宽 b/mm	螺旋线总公差 F_β/μm					螺旋线形状公差 $f_{f\beta}$/μm 螺旋线倾斜极限偏差 $\pm f_{H\beta}$/μm				
		精度等级					精度等级				
		5	6	7	8	9	5	6	7	8	9
>50~125	≥4~10	6.5	9.5	13	19	27	4.8	6.5	9.5	13	19
	>10~20	7.5	11	15	21	30	5.5	7.5	11	15	21
	>20~40	8.5	12	17	24	34	6	8.5	12	17	24
	>40~80	10	14	20	28	39	7	10	14	20	28
>125~280	>10~20	8.0	11	16	22	32	5.5	8	11	16	23
	>20~40	9.0	13	18	25	36	6.5	9	13	18	25
	>40~80	10	15	21	29	41	7.5	10	15	21	29
	>80~160	12	17	25	35	49	8.5	12	17	25	35
>280~560	>20~40	9.5	13	19	27	38	7	9.5	14	19	27
	>40~80	11	15	22	31	44	8	11	16	22	31
	>80~160	13	18	26	36	52	9	13	18	26	37
	>160~250	15	21	30	43	60	11	15	22	30	43

附表 25　切向综合偏差、径向跳动允许值

分度圆直径 d/mm	法向模数 m_n/mm	一齿切向综合公差 f_i'/K 值/μm					径向跳动公差 F_r/μm				
		精度等级					精度等级				
		5	6	7	8	9	5	6	7	8	9
>50 ~ 125	≥0.5 ~ 2	16	22	31	44	62	15	21	29	42	52
	>2 ~ 3.5	18	25	36	51	72	15	21	30	43	61
	>3.5 ~ 6	20	29	40	57	81	16	22	31	44	62
>125 ~ 280	≥0.5 ~ 2	17	24	34	49	69	20	28	39	55	78
	>2 ~ 3.5	20	28	39	56	79	20	28	40	56	80
	>3.5 ~ 6	22	31	44	62	88	20	29	41	58	82
>280 ~ 560	≥0.5 ~ 2	19	27	39	54	77	26	36	51	73	103
	>2 ~ 3.5	22	31	44	62	87	26	37	52	74	105
	>3.5 ~ 6	24	34	48	68	96	27	38	53	75	106

注：①K 值由总重合度 ε_r 确定：当 $\varepsilon_r < 4$ 时，$K = \dfrac{0.2(\varepsilon_r + 4)}{\varepsilon}$；当 $\varepsilon_r \geq 4$ 时，$K = 0.4$
　　②切向综合总公差 F_i' 为齿距累积总公差和一齿切向综合公差之和：$F_i' = F_p + f_i'$

附表 26　径向综合偏差允许值

圆直径 d/mm	法向模数 m_n/mm	径向综合总公差 F_i''/μm					一齿径向综合公差 f_i''/μm				
		精度等级					精度等级				
		5	6	7	8	9	5	6	7	8	9
>50 ~ 125	>1.0 ~ 1.5	19	27	39	55	77	4.5	6.5	9.0	13	18
	>1.5 ~ 2.5	22	31	43	61	86	6.5	9.5	13	19	26
	>2.5 ~ 4.0	25	36	51	72	102	10	14	20	29	41
	>4.0 ~ 6.0	31	44	62	88	124	15	22	31	44	62
>125 ~ 280	>1.0 ~ 1.5	24	34	48	68	97	4.5	6.5	9.0	13	18
	>1.5 ~ 2.5	26	37	53	75	106	6.5	9.5	13	19	27
	>2.5 ~ 4.0	30	43	61	86	121	10	15	21	29	41
	>4.0 ~ 6.0	36	51	72	102	144	15	22	31	44	62
>280 ~ 560	>1.0 ~ 1.5	30	43	61	86	122	4.5	6.5	9.0	13	18
	>1.5 ~ 2.5	33	46	65	92	131	6.5	9.5	13	19	27
	>2.5 ~ 4.0	37	52	73	104	146	10	15	21	29	41
	>4.0 ~ 6.0	42	60	84	119	169	15	22	31	44	62

附表 27　齿轮副中心距偏差和轴线平行度允许值　　　　　　（μm）

		齿轮精度等级	5、6	7、8	9、10
中心距极限偏差 ±f_a		f_a	$\dfrac{IT7}{2}$	$\dfrac{IT8}{2}$	$\dfrac{IT9}{2}$
	齿轮副中心距（mm）	>30~50	12.5	19.5	31
		>50~80	15	23	37
		>80~120	17.5	27	43.5
		>120~180	20	31.5	50
		>180~250	23	36	57
		>250~315	26	40.5	65
		>315~400	28.5	44.5	70
轴线平行度公差 $f_{\sum\beta}$、$f_{\sum\delta}$		$f_{\sum\beta}$		$f_{\sum\delta}$	
		$f_{\sum\beta}=0.5\left(\dfrac{L}{b}\right)F_\beta$		$f_{\sum\delta}=2F_\beta$	

附表 28　中、大模数齿轮最小极限侧隙 $j_{bn\,min}$ 的推荐数据

模数 m_n /mm	中　心　距 a/mm					
	50	100	200	400	800	1 600
1.5	0.09	0.11	—	—	—	—
2	0.10	0.12	0.15	—	—	—
3	0.12	0.14	0.17	0.24	—	—
5	—	0.18	0.21	0.28	—	—
8	—	0.24	0.27	0.34	0.47	—
12	—	—	0.35	0.42	0.55	—
8	—	—	—	0.54	0.67	0.94

附表 29　齿坯尺寸公差和形位公差

	精度等级	4	5	6	7	8	9	10
尺寸公差	盘形齿轮基准孔	IT4	IT5	IT6	IT7		IT8	
	齿轮轴基准轴颈	IT4	IT5		IT6		IT7	
	齿轮顶圆	IT7			IT8		IT9	

精度等级		4	5	6	7	8	9	10
形位公差	圆度、圆柱度（t_1）	$0.04\left(\dfrac{L}{b}\right)F_\beta$ 或 $0.1F_p$						
	径向圆跳动（t_2）	$0.15\left(\dfrac{L}{b}\right)F_\beta$ 或 $0.3F_p$						
	端面圆跳动（t_3）	$0.2\left(\dfrac{D_d}{b}\right)F_\beta$						

注：①表中代号：L—支承跨距；b—齿宽；D_d—基准端面直径；F_β—螺旋线总公差；F_p—齿距累积总公差；

②当顶圆不作基准面时，尺寸公差按 IT11，但不大于 0.1 mm，且顶圆的径向圆跳动不需标注

附表 30　齿轮齿面和基准面的粗糙参数 Ra 的推荐值　　　　　　　　（μm）

表面种类		齿轮精度等级				
		5	6	7	8	9
齿面	$m_n \leqslant 6$	0.5	0.8	1.25	2.0	3.2
	$6 < m_n \leqslant 25$	0.63	1.0	1.6	2.5	4.0
齿轮基准孔		0.32 ~ 0.63	0.8 ~ 1.6	1.6 ~ 2.5		2.5 ~ 3.2
齿轮轴基准轴颈		0.32	0.63	0.8 ~ 1.6		1.6 ~ 2.5
基准端面、齿顶圆		0.8 ~ 1.6	1.6 ~ 3.2		3.2 ~ 6.3	

附表 31　成套量块的尺寸系列

套别	总块数	级别	标称尺寸系列/mm	间隔/mm	块数
1	83	0, 1, 2, 3	0.5	—	1
			1	—	1
			1.005	—	1
			1.01, 1.02, …, 1.49	0.01	49
			1.5, 1.6, …, 1.9	0.1	5
			2.0, 2.5, …, 9.5	0.5	16
			10, 20, …, 100	10	10
2	38	1, 2, 3	1	—	1
			1.005	—	1
			1.01, 1.02, …, 1.09	0.01	9
			1.1, 1.2, …, 1.9	0.1	9
			2, 3, …, 9	1	8
			10, 20, …, 100	10	10
3	10^+	0, 1	1, 1.001, …, 1.009	0.001	10
4	10^-	0, 1	0.991, 0.992, …, 1	0.001	10
5	4^*	1, 2, 3	1.5, 1.5, 2, 2 或 1, 1, 1.5, 1.5		

＊ 钢制护块，亦可按特殊订货供应硬质合金护块

附表 32　各级量块的长度极限偏差和长度变动允许量　　　　　　（μm）

标称尺寸范围 /mm		00 级		0 级		1 级		2 级		3 级		校准级 K	
大于	至	量块长度的极限偏差	长度变动量允许值	量块长度的极限偏差	长度变动量允许值	量块长度的极限偏差	长度变动量允许值	量块长度的极限偏差	长度变动量允许值	量块长度的极限偏差	长度变动量允许值	量块长度的极限偏差	长度变动量允许值
—	10	±0.06	0.05	±0.12	0.10	±0.20	0.16	±0.45	0.30	±1.0	0.50	±0.20	0.05
10	25	±0.07	0.05	±0.14	0.10	±0.30	0.16	±0.60	0.30	±1.2	0.50	±0.30	0.05
25	50	±0.10	0.06	±0.20	0.10	±0.40	0.18	±0.80	0.30	±1.6	0.55	±0.40	0.06
50	75	±0.12	0.06	±0.25	0.12	±0.50	0.18	±1.00	0.35	±2.0	0.55	±0.50	0.06
75	100	±0.14	0.07	±0.30	0.12	±0.60	0.20	±1.20	0.35	±2.5	0.60	±0.60	0.07
100	150	±0.20	0.08	±0.40	0.14	±0.80	0.20	±1.60	0.40	±3.0	0.65	±0.80	0.08
150	200	±0.25	0.09	±0.50	0.16	±1.00	0.25	±2.00	0.40	±4.0	0.70	±1.00	0.09
200	250	±0.30	0.10	±0.60	0.16	±1.20	0.25	±2.40	0.45	±5.0	0.75	±1.20	0.10
250	300	±0.35	0.10	±0.70	0.18	±1.40	0.25	±2.80	0.50	±6.0	0.80	-1.40	0.10
300	400	±0.45	0.12	±0.90	0.20	±1.80	0.30	±3.60	0.50	±7.0	0.90	±1.80	0.12
400	500	±0.50	0.14	±1.10	0.25	±2.00	0.35	±4.40	0.60	±9.0	1.0	±2.20	0.14
500	600	±0.60	0.16	±1.30	0.25	±2.60	0.40	±5.00	0.70	±11.0	1.1	±2.60	0.16
600	700	±0.70	0.18	±1.50	0.30	±3.00	0.45	±6.00	0.70	±12.0	1.2	±3.00	0.18
700	800	±0.80	0.20	±1.70	0.30	±3.40	0.50	±6.50	0.80	±14.0	1.3	±3.40	0.20
800	900	±0.90	0.20	±1.90	0.35	±3.80	0.50	±7.50	0.90	±15.0	1.4	±3.80	0.20
900	1 000	±1.00	0.25	±2.00	0.40	±4.20	0.60	±8.00	1.00	±17.0	1.5	±4.20	0.25

附表 33　工作量规的角度公差 T_β

短边长度 l/mm	≈6	>6～18	>18～30	>30～50	>50
$T_{\beta max}$	12′	8′	6′	5′	4′
T_β	$\dfrac{T_\alpha}{6}$	$\dfrac{T_\alpha}{7}$	$\dfrac{T_\alpha}{8}$	$\dfrac{T_\alpha}{9}$	$\dfrac{T_\alpha}{10}$
$T_{\beta min}$	1′30″	1′	50″	40″	30″

附表34　高度、深度量规公差

（μm）

工件公差等级	IT11				IT12				IT13			
	工件公差 IT	工作量规		校对量规尺寸公差 T_P	工件公差 IT	工作量规		校对量规尺寸公差 T_P	工件公差 IT	工作量规		校对量规尺寸公差 T_P
工件基本尺寸分段/mm		尺寸公差 T	允许最小磨损量 S			尺寸公差 T	允许最小磨损量 S			尺寸公差 T	允许最小磨损量 S	
~3	60	3	3	1.5	100	4	4	2	140	6	6	3
>3~6	75	4	3	2	120	5	5	2.5	180	7	7	3.5
>6~10	90	5	4	2.5	150	6	6	3	220	8	9	4
>10~18	110	6	5	3	180	7	8	3.5	270	10	10	5
>18~30	130	7	6	3.5	210	8	9	4	330	12	12	6
>30~50	160	8	7	4	250	10	11	5	390	14	15	7
>50~80	190	9	9	4.5	300	12	13	6	460	16	18	8
>80~120	220	10	10	5	350	14	15	7	540	20	20	10
>120~180	250	12	12	6	400	16	17	8	630	22	24	11
>180~250	290	14	14	7	460	18	20	9	720	26	27	13
>250~315	320	16	16	8	520	20	22	10	810	28	31	14
>315~400	360	18	18	9	570	22	25	11	890	32	34	16
>400~500	400	20	20	10	630	24	28	12	970	36	37	18

工件公差等级	IT14				IT15				IT16			
	工件公差 IT	工作量规		校对量规尺寸公差 T_P	工件公差 IT	工作量规		校对量规尺寸公差 T_P	工件公差 IT	工作量规		校对量规尺寸公差 T_P
工件基本尺寸分段/mm		尺寸公差 T	允许最小磨损量 S			尺寸公差 T	允许最小磨损量 S			尺寸公差 T	允许最小磨损量 S	
~3	250	9	8	4.5	400	14	13	7	600	20	20	10
>3~6	300	11	11	5.5	480	16	17	8	750	25	22	12.5
>6~10	360	13	13	6.5	580	20	20	10	900	30	25	15
>10~18	430	15	16	7.5	700	24	23	12	1 100	35	32	17.5
>18~30	520	18	19	9	840	28	26	14	1 300	40	40	20
>30~50	620	22	23	11	1 000	34	33	17	1 600	50	50	25
>50~80	740	26	27	13	1 200	40	40	20	1 900	60	60	30
>80~120	870	30	31	15	1 400	46	47	23	2 200	70	65	35
>120~180	1 000	35	35	17.5	1 600	52	54	26	2 500	80	80	40
>180~250	1 150	40	40	20	1 850	60	60	30	2 900	90	85	45
>250~315	1 300	45	44	22.5	2 100	66	67	33	3 200	100	100	50
>315~400	1 400	50	49	25	2 300	74	73	37	3 600	110	110	55
>400~500	1 550	55	53	27.5	2 500	80	80	40	4 000	120	120	60

附表35　光滑极限量规尺寸公差 T 和位置参数 Z

工件基本尺寸 D/mm	IT6/μm	T/μm	Z/μm	IT7/μm	T/μm	Z/μm	IT8/μm	T/μm	Z/μm	IT9/μm	T/μm	Z/μm	IT10/μm	T/μm	Z/μm	IT11/μm	T/μm	Z/μm
~3	6	1	1	10	1.2	1.6	14	1.6	2	25	2	3	40	2.4	4	60	3	6
大于3~6	8	1.2	1.4	12	1.4	2	18	2	2.6	30	2.4	4	48	3.	5	75	4	8
大于6~10	9	1.4	1.6	15	1.8	2.4	22	2.4	3.2	36	2.8	5	58	3.6	6	90	5	9
大于10~18	11	1.6	2	18	2	2.8	27	2.8	4	43	3.4	6	70	4	8	110	6	11
大于18~30	13	2	2.4	21	2.4	3.4	33	3.4	5	52	4	7	84	5	9	130	7	13
大于30~50	16	2.4	2.8	25	3	4	39	4	6	62	5	8	100	6	11	160	8	16
大于50~80	19	2.8	3.4	30	3.6	4.6	46	4.6	7	74	6	9	120	7	13	190	9	19
大于80~120	22	3.2	3.8	35	4.2	5.4	54	5.4	8	87	7	10	140	8	15	220	10	22
大于120~180	25	3.8	4.4	40	4.8	6	63	6	9	100	8	12	160	9	18	250	12	25
大于180~250	29	4.4	5	46	5.4	7	72	7	10	115	9	14	185	10	20	290	14	29
大于250~315	32	4.8	5.6	52	6	8	81	8	11	130	10	16	210	12	22	320	16	32
大于315~400	36	5.4	6.2	57	7	9	89	9	12	140	11	18	230	14	25	360	18	36
大于400~500	40	6	7	63	8	10	97	10	14	155	12	20	250	16	28	400	20	40

工件基本尺寸 D/mm	IT12/μm	T/μm	Z/μm	IT13/μm	T/μm	Z/μm	IT14/μm	T/μm	Z/μm	IT15/μm	T/μm	Z/μm	IT16/μm	T/μm	Z/μm
~3	100	4	9	140	6	9	250	9	20	400	14	30	600	20	40
大于3~6	120	5	11	180	7	11	300	11	25	480	16	35	750	25	50
大于6~10	150	6	13	220	8	13	360	13	30	580	20	40	900	30	60
大于10~18	180	7	15	270	10	15	430	15	35	700	24	50	1 100	35	75
大于18~30	210	8	18	330	12	18	520	18	40	840	28	60	1 300	40	90
大于30~50	250	10	22	390	14	22	620	22	50	1 000	34	75	1 600	50	110
大于50~80	300	12	26	460	16	26	740	26	60	1 200	40	90	1 900	60	130
大于80~120	350	14	30	540	20	30	870	30	70	1 400	46	100	2 200	70	150
大于120~180	400	16	35	630	22	35	1 000	35	80	1 600	52	120	2 500	80	180
大于180~250	460	18	40	720	26	40	1 150	40	90	1 850	60	130	2 900	90	200
大于250~315	520	20	45	810	28	45	1 300	45	400	2 100	66	150	3 200	100	220
大于315~400	570	22	50	890	32	50	1 400	50	110	2 300	74	170	3 600	110	250
大于400~500	630	24	55	970	36	55	1 550	55	120	2 500	80	190	4 000	120	280

附表 36　功能量规各工作部位的尺寸公差、几何公差、允许磨损量及最小间隙的数值（μm）

综合公差 T_t	检验部位		定位部位		导向部位			t_I, t_L, t_G	t'_G
	T_I	W_I	T_L	W_L	T_G	W_G	S_{min}		
≤16	1.5							2	
>16~25	2							3	
>25~40	2.5							4	
>40~63	3							5	
>63~100	4				2.5		3	6	2
>100~160	5				3			8	2.5
>160~250	6				4		4	10	3
>250~400	8				5			12	4
>400~630	10				6		5	16	5
>630~1 000	12				8			20	6
>1 000~1 600	12				8		6	25	8
>1 600~2 500	20				12			32	10

附表37　功能量规检验部位的基本偏差数值

（μm）

序号	0	1		2		3		4		5	
基准类型	无基准	无基准（成组被测要素）		一个中心要素		一个平表面和一个中心要素／三个平表面／一个成组中心要素		两个平表面和一个中心要素／两个中心要素／一个平表面和一个成组中心要素		一个平表面和两个中心要素／两个平表面和一个成组中心要素／一个中心要素和一个成组中心要素	
	一个平表面	两个平表面									
综合公差 T_f	整体型或组合型	整体型或组合型	插入型或活动型	整体型或组合型	插入型或活动型	整体型或组合型	插入型或活动型	整体型或组合型	插入型或活动型	整体型或组合型	插入型或活动型
≤16	3	4	—	5	—	5	—	6	—	7	—
>16~25	4	5	—	6	—	7	—	8	—	9	—
>25~40	5	6	—	8	—	9	—	10	—	11	—
>40~63	6	8	—	10	—	11	—	12	—	14	—
>63~100	8	10	16	12	18	14	20	16	20	18	22
>100~160	10	12	20	16	22	18	25	20	25	22	28
>160~250	12	16	25	20	28	22	32	25	32	28	36
>250~400	16	20	32	25	36	28	40	32	40	36	45
>400~630	20	25	40	32	45	36	50	40	50	45	56
>630~1 000	25	32	50	40	56	45	63	50	63	56	71
>1 000~1 600	32	40	63	50	71	56	80	63	80	71	90
>1 600~2 500	40	50	80	63	90	71	100	80	100	90	110

附表 38　铸铁平板的规格及其精度

平板尺寸/mm	平板精度等级					
	000	00	0	1	2	3
	用途色法检验工作面，在边长 25 mm 正方形面积中的接触点数					
	≥25			≥20	≥12	—
	平面度公差/μm					
400×400	2	3.5	6.5	13	25	62
630×400	2	3.5	7	14	28	70
630×630	2	4	8	16	30	75
800×800	2	4	9	17	34	85
1 000×630	2.5	4.5	9	18	35	87
1 000×1 000	2.5	5	10	20	39	96
1 250×1 250	3	6	11	22	44	111
1 600×1 000	3	6	12	23	46	115
1 600×1 600	3.5	6.5	13	26	52	130

附表 39　比较仪和指示表的不确定度

计量器具			尺寸范围/mm								
名称	分度值/mm	放大倍数或量程范围	≤25	>25~40	>40~65	>65~90	>90~115	>115~165	>165~215	>215~265	>265~315
			不确定度/mm								
比较仪	0.000 5	2 000 倍	0.000 6	0.000 7	0.000 8		0.000 9	0.001 0	0.001 2	0.001 4	0.001 6
	0.001	1 000 倍	0.001 0		0.001 1		0.001 2	0.001 3	0.001 4	0.001 6	0.001 7
	0.002	400 倍	0.001 7		0.001 8		0.001 9		0.002 0	0.002 1	0.002 2
	0.005	250 倍	0.003 0						0.003 5		
千分表	0.001	0 级全程内	0.005						0.006		
		1 级 0.2 mm 内									
	0.002	1 转内									
	0.001	1 级全程内	0.010								
	0.002										
	0.005										
百分表	0.01	0 级任意 1 mm 内	0.018								
	0.01	0 级全程内	0.018								
		1 级任意 1 mm 内									
	0.01	1 级全程内	0.030								

注：测量时，使用的标准器由 4 块 1 级（或 4 等）量块组成。

附表 40　千分尺和游标卡尺的不确定度　　　　　　　　　（mm）

尺寸范围	计量器具类型			
	分度值 0.01 外径千分尺	分度值 0.01 内径千分尺	分度值 0.02 游标卡尺	分度值 0.05 游标卡尺
	不确定度			
0 ~ 50	0.004	0.008	0.020	0.050
50 ~ 100	0.005			
100 ~ 150	0.006			
150 ~ 200	0.007	0.013		
200 ~ 250	0.008			
250 ~ 300	0.009			
300 ~ 350	0.010	0.020		0.100
350 ~ 400	0.011			
400 ~ 450	0.012			
450 ~ 500	0.013	0.025		
500 ~ 600	0.015	0.030		
600 ~ 700	0.016			
700 ~ 800	0.018			0.150

附表 41　取样长度和评定长度的选用

$Ra/\mu m$	$Rz/\mu m$	l_r/mm	l_n/mm
≥0.008 ~ 0.02	≥0.025 ~ 0.10	0.08	0.4
>0.02 ~ 0.1	>0.10 ~ 0.50	0.25	1.25
>0.1 ~ 2.0	>0.50 ~ 10.0	0.8	4
>2.0 ~ 10.0	>10.0 ~ 50.0	2.5	12.5
>10.0 ~ 80.0	>50.0 ~ 32.0	8.0	40

附表 42　安全裕度 A 与计量器具的测量不确定度允许值 u_1

公差等级		6					7					8					9				
基本尺寸/mm		T	A	u_1/μm			T	A	u_1/μm			T	A	u_1/μm			T	A	u_1/μm		
大于	至	/μm	/μm	I	II	III	/μm	/μm	I	II	III	/μm	/μm	I	II	III	/μm	/μm	I	II	III
10	18	11	1.1	1.0	1.7	2.5	18	1.8	1.7	2.7	4.1	27	2.7	2.4	4.1	6.1	43	4.3	3.9	6.5	9.7
18	30	13	1.3	1.2	2.0	2.9	21	2.1	1.9	3.2	4.7	33	3.3	3.0	5.0	7.4	52	5.2	4.7	7.8	12
30	50	16	1.6	1.4	2.4	3.6	25	2.5	2.3	3.8	5.6	39	3.9	3.5	5.9	8.8	62	6.2	5.6	9.3	14
50	80	19	1.9	1.7	2.9	4.3	30	3.0	2.7	4.5	.8	46	4.6	4.1	6.9	10	74	7.4	6.7	11	17
80	120	22	2.2	2.2	3.3	5.0	35	3.5	3.2	5.3	7.9	54	5.4	4.9	8.1	12	87	8.7	7.8	13	20
120	180	25	2.5	2.3	3.8	5.6	40	4.0	3.6	6.0	9.0	63	6.3	5.7	9.5	14	100	10	9.0	15	23
180	250	29	2.9	2.6	4.4	6.5	46	4.6	4.1	6.9	10	72	7.2	6.5	11	16	115	12	10	17	26

公差等级		10					11					12					13				
基本尺寸/mm		T	A	u_1/μm			T	A	u_1/μm			T	A	u_1/μm			T	A	u_1/μm		
大于	至	/μm	/μm	I	II	III	/μm	/μm	I	II	III	/μm	/μm	I	II		/μm	/μm	I	II	
10	18	70	7.0	6.3	11	16	110	11	10	17	25	180	18	16	27		270	27	24	41	
18	30	84	8.4	7.6	13	19	130	13	12	20	29	210	21	19	32		330	33	30	50	
30	50	100	10	9.0	15	23	160	16	14	24	36	250	25	23	38		390	39	35	59	
50	80	120	12	11	18	27	190	19	17	29	43	300	30	27	45		460	46	41	69	
80	120	140	14	13	21	32	220	22	20	33	50	350	35	32	53		540	54	49	81	
120	180	160	16	15	24	36	250	25	23	38	56	400	40	36	60		630	63	57	95	
180	250	185	18	17	28	42	290	29	26	44	65	460	46	41	69		720	72	65	110	

参 考 文 献

[1] 北京工业学院切削教研组. 互换性与技术测量 [M]. 北京：北京工业学院，1959.

[2] 严钦勇. 互换性与技术测量 [M]. 北京：北京科学教育出版社，1961.

[3] 刘巽尔. 互换性与技术测量 [M]. 北京：北京工业学院，1964.

[4] 北京工业学院长度计量教研室. 长度测量技术 [M]. 北京：北京工业学院，1975.

[5] 北京工业学院长度计量教研室. 平台测量 [M]. 北京：北京工业学院，1977.

[6] 北京工业学院长度计量教研室. 表面形状和位置公差 [M]. 北京：北京工业学院，1978.

[7] 北京工业学院长度计量教研室. 测量误差 [M]. 北京：北京工业学院，1981.

[8] 北京工业学院长度计量教研室. 互换性与技术测量 [M]. 北京：北京工业学院，1982.

[9] 刘巽尔. 形位误差检测 [M]. 北京：北京工业学院，1982.

[10] 刘巽尔. 互换性原理与测量技术基础 [M]. 北京：中央广播电视大学出版社，1983.

[11] 刘巽尔. 形状和位置公差 [M]. 北京：北京计量测试学会，1983.

[12] 何永熹. 计算机辅助计量 [M]. 北京：北京理工大学，1988.

[13] 刘巽尔. 形位误差检测 [M]. 北京：北京理工大学出版社，1988.

[14] 刘巽尔. 量规设计手册 [M]. 北京：机械工业出版社，1990.

[15] 刘巽尔. 互换性原理与测量技术基础 [M]. 北京：中央广播电视大学出版社，1991.

[16] 刘巽尔. 几何量公差 [M]. 北京：北京理工大学出版社，1992.

[17] 于春泾，齐宝玲. 几何量测量实验指导书 [M]. 北京：北京理工大学出版社，1992.

[18] 刘巽尔. 公差与配合 [M]. 北京：中国标准出版社，1995.

[19] 刘巽尔. 渐开线圆柱齿轮精度 [M]. 北京：中国标准出版社，1995.

[20] 阎荫棠. 几何量精度设计与检测 [M]. 北京：机械工业出版社，1996.

[21] 汪恺，刘巽尔，石梅. 形位公差在设计、制造及检测中的应用 [M]. 北京：中国计量出版社，1997.

[22] 刘巽尔. 互换性原理与测量技术基础 [M]. 北京：中央广播电视大学出版社，1998.

[23] 刘巽尔，于崇正. 互换性原理与测量技术基础学习指导 [M]. 北京：中央广播电视大学出版社，1998.

[24] 汪恺，刘巽尔. 新编形状和位置公差标注示例图册 [M]. 北京：中国标准出版社，1998.

[25] 刘巽尔. 形位公差新旧国家标准的对比分析 [M]. 北京：机械工业标准化，1998.

[26] 齐宝玲. 几何精度设计与检测基础 [M]. 北京：北京理工大学，1998.

[27] 齐宝玲. 几何精度设计与检测基础 [M]. 北京：北京理工大学出版社，1999.

[28] 刘巽尔. 形状和位置公差原理与应用 [M]. 北京：机械工业出版社，1999.

[29] 刘巽尔，于春泾. 机械制造检测技术手册 [M]. 北京：冶金工业出版社，2000.

［30］刘巽尔. 机械工程标准手册基础互换性卷［M］. 北京：中国标准出版社，2001.

［31］刘巽尔. 极限与配合国家标准讲解［M］. 北京：机械工业出版社，2001.

［32］刘巽尔. 极限与配合［M］. 北京：中国标准出版社，2004.

［33］刘巽尔. 形状和位置公差［M］. 北京：中国标准出版社，2004.

［34］刘巽尔. 渐开线圆柱齿轮［M］. 北京：中国计划出版社，2004.

［35］汪恺. 表面结构［M］. 北京：中国计划出版社，2004.

［36］甘永立. 几何量公差与检测［M］. 上海：上海科技出版社，2005.

［37］何永熹. 机械精度设计与检测［M］. 北京：国防工业出版社，2006.